W0253394

ALLE·ZEIT·WACH·1842

G. Vollmer D. Schenker N. Vreden

Springer Lebensmittelreport '92

Mißstände · Rückstände · Verstöße

Mit 18 Abbildungen

Springer-Verlag
Berlin Heidelberg New York
London Paris Tokyo
Hong Kong Barcelona
Budapest

Professor Dr. Günter Vollmer
Heinrich-Heine-Universität Düsseldorf
Lehrstuhl für Chemie und Ihre Didaktik
Universitätsstraße 1, 4000 Düsseldorf

Dr. Dieter Schenker,
Norbert Vreden
Chemisches- und Lebensmittel-Untersuchungsamt Duisburg
Wörth Straße 120, 4100 Duisburg 1

ISBN-13:978-3-540-55184-3 e-ISBN-13:978-3-642-77315-0
DOI: 10.1007/978-3-642-77315-0

Die Deutsche Bibliothek – CIP-Einheitsaufnahme
Springer-Lebensmittelreport ... : Mißstände, Rückstände, Verstöße. – Berlin ; Heidelbe
New York ; London ; Paris ; Tokyo ; Hong Kong ; Barcelona ; Budapest : Springer.
Erscheint jährlich. – Aufnahme nach 1992
Bis 1991 u.d.T.: Lebensmittelreport ...
1992 –

Vorwort

„Springer-Lebensmittelreport '92" – der dritte Jahresüberblick über den bundesdeutschen Lebensmittel- und Bedarfsgegenständemarkt liegt vor. Grundlage sind wieder die Berichte der Chemischen- und Lebensmitteluntersuchungsämter der Bundesrepublik Deutschland, die bis August 1991 bei uns eingingen. Daneben werden – stärker als in den vorigen Bänden – aktuelle Veröffentlichungen anderer staatlicher Institutionen berücksichtigt, z. B. des Bundesgesundheitsamtes.

Diese Quellen bieten Gewähr für die Zuverlässigkeit und Allgemeingültigkeit der Aussagen, beruht doch der „amtliche" Erkenntnisstand zur Lebensmittelversorgung im wesentlichen auf den Hunderttausenden von Einzeluntersuchungen, die in den etwa fünfzig Untersuchungsämtern jährlich durchgeführt werden. Ihre Aussagekraft geht weit über den bundesdeutschen Raum hinaus. Der intensive Warenaustausch bringt es mit sich, daß auch die Situation benachbarter Länder, insbesondere Österreichs und der Schweiz, mit erfaßt werden.

Es liegt im besonderen Auftrag der Untersuchungsämter, „Verdachtsmomenten nachzugehen". Damit konzentrieren sich ihre Untersuchungen auf die Schattenseiten des Marktes mit der Folge, daß in den Berichten negative Vorkommnisse und Verstöße eine überproportionale Rolle spielen. Mithin ist auch der darauf basierende Lebensmittelreport kein ausgewogener Jahresbericht in dem Sinne, daß positive und negative Seiten gleichermaßen berücksichtigt werden, sondern vielmehr eine „Jahres-Mängelliste". Zur Einschätzung der Gesamtsituation müssen vor allem die referierten Einzelverstöße vor dem Hintergrund eines gewaltigen Marktes gesehen werden.

Wir wollen die offiziellen Befunde der Untersuchungsämter nicht nur der Fachöffentlichkeit zur Verfügung stellen, sondern auch Nichtfachleuten, z. B. interessierten Verbrauchern, nicht zuletzt um ihnen damit eine verläßliche Grundlage zur Bewertung undurchsichtiger oder aus dem Zusammenhang gerissener Meldungen und Berichte in Massenmedien zu geben. Dies beinhaltete für uns die Aufgabe, aus den vielen Einzelbefunden der Ämter Zusammenhänge aufzuzeigen, allgemeinverständliche Kapitel zusammenzustellen.

Abgerundete, einen Gesamtüberblick vermittelnde Darstellungen liegen vor allem in den ersten beiden Kapiteln vor, die aktuelle lebensmittelrechtliche Probleme und Untersuchungsschwerpunkte behandeln. Im Vergleich zu den vorigen Bänden wurde der Umfang dieser beiden Kapitel und die Zahl der Unterkapitel vergrößert. Die dann folgenden Kapitel „Kontrollen bei Handel und Gewerbe“ und „Ergebnisse der Lebensmittel- und Bedarfsgegenständeuntersuchung“ sind stärker auf Einzelbefunde ausgerichtet. Allgemein interessierende Artikel wurden z. T. unverändert übernommen, wenn sie zu fachsprachlich oder komplex schienen, aber auch umformuliert und in eine verständlichere Form gebracht.

Herausgeber und Autoren haben vielen Personen zu danken, die sich um das Erscheinen des Buches verdient machten: Den Verantwortlichen in den Behörden und Untersuchungsämtern, den Referenten, auf deren Originalberichte wir zurückgreifen konnten, und nicht zuletzt den im Verlag damit befaßten Personen, allen voran Herrn Dr. Heinrich und Frau Blümer-Schwinum, die die Herstellung des Buches so engagiert vorantrieben, daß es schon wenige Monate nach Eingang der letzten Berichte erscheinen konnte.

Bonn und Duisburg im März 1992

GÜNTER VOLLMER
DIETER SCHENKER
NORBERT VREDEN

Inhalt

Erläuterungen von Fachausdrücken, Zeichen und Abkürzungen

ALS = Ausschuß Lebensmittelchemischer Sachveständiger
ALTS = Arbeitskreis lebensmittelhygienischer tierärztlicher Sachverständiger
BG = Bestimmungsgrenze
BGA = Bundesgesundheitsamt
BMG = Bundesministerium für Gesundheit
BMU = Bundesministerium für Umwelt, Naturschutz und Reaktorsicherheit
BSB5 = Biologischer Sauerstoffbedarf in fünf Tagen (Maßzahl bei Abwasser)
1,4-DCB = 1,4-Dichlorbenzol
DOC = Abk. engl.: dissolved organic carbon
GC/MS = Kombination Gaschromatographie und Massenspektrometrie
H = zulässige Höchstmenge
HMF = Hydroxymethylfurfurol
HPLC = Hochdruckflüssigkeitschromatographie (High Pressure Liquid Chromatography)
LMBG = Lebensmittel- und Bedarfsgegenständegesetz
LMKV = Lebensmittel-Kennzeichnungsverordnung
M, x = Mittelwert
Max. = Höchstwert
MHD = Mindeshaltbarkeitsdatum
Min. = kleinster Wert
N, n = Anzahl Proben
n. b. = nicht bestimmbar
n. n. = nicht nachweisbar
NG = Nachweisgrenze
NRW = Nordrhein-Westfalen
NWG = Nachweisgrenze
PAK = Polycyclische Aromatische Kohlenwasserstoffe
PCB = Polychlorierte Biphenyle
PCDD = Polychlordibenzodioxine
PCDF = Polychlordibenzofurane
PCP = Pentachlorphenol

pH-Wert	= 0 bis 7 = saurer Bereich 7 = Netralpunkt 7 bis 14 = alkalischer Bereich
TE	= Toxizitätsäquivalente (auch: TEq)
UBA	= Umweltbundesamt
Bq	= Becquerel
mg/kg	= Milligramm pro Kilogramm = 1 Millionstel Kilogramm = ppm
µg/kg	= Mikrogramm pro Kilogramm = 1 Milliardstel Kilogramm = ppb
ng/kg	= Nanogramm pro Kilogramm = 1 Billionstel Kilogramm = ppt
ppm	= parts per million (ein Teil pro Millionen Teile)
>	= Zeichen für „größer als“
<	= Zeichen für „kleiner als“

Liste der verwendeten Jahresberichte

(-AC-) – Chemisches und Lebensmitteluntersuchungsamt der Stadt Aachen, Blücherplatz 43, W-5100 Aachen, Tel. 0241/514048 und 514045

(-BI-) – Chemisches Untersuchungsamt der Stadt Bielefeld, Oststr. 55, W-4800 Bielefeld 1, Tel. 0521/512657

(-BO-) – Chemisches Untersuchungsamt der Stadt Bochum, Carolinenglückstr. 27, W-4630 Bochum 1, Tel. 0234/6218712–14 und 6218723–25

(-D-) – Chemisches und Lebensmitteluntersuchungsamt der Landeshauptstadt Düsseldorf, Lambertusstr. 1. W-4000 Düsseldorf 1, Tel. 0211/8993258

(-DU-) – Chemisches und Lebensmitteluntersuchungsamt der Stadt Duisburg, Wörthstraße 120, W-4100 Duisburg 1, Tel. 0203/2835909

(-FR-) – Chemische Landesuntersuchungsanstalt Freiburg, Bissierstraße 1, 7800 Freiburg

(-HA-) – Chemisches Untersuchungsamt der Stadt Hagen, Pappelstraße 1, 5800 Hagen, Tel. 2331/2074715–16 Telex 0823629

(-HAM-) – Chemisches Untersuchungsamt der Stadt Hamm, Sachsenweg 6, 4700 Hamm 1, Tel. 02381/6830

(-HH-) – Chemische und Lebensmitteluntersuchungsanstalt im Hygienischen Institut der Gesundheitsbehörde der Freien und Hansestadt Hamburg, Marckmannstraße 129a, W-2000 Hamburg 28, Tel. 040/7896411

(-KA-) – Chemische Landesuntersuchungsanstalt Karlsruhe, Hoffstraße 3, 7500 Karlsruhe 1, Tel. 0721/135–3611, –3600
Außenstelle Mannheim: C6, 6800 Mannheim 1, Tel. 0621/292–2234

(-ME-) – Chemisches und Lebensmitteluntersuchungsamt des Kreises Mettmann, Düsseldorfer Str. 26, 4020 Mettmann, Tel. 02104/790432

(-MS-) – Chemisches Landesuntersuchungsamt Nordrhein-Westfalen, Sperlichstr. 19, W-4400 Münster, Tel. 0251/7793200

(-NE-) – Chemisches und Lebensmittel-Untersuchungsamt für die Stadt Mönchengladbach und den Kreis Neuss, Königstr. 34, 4040 Neuss 1, Tel. 02101/528266–68

(-OB-) – Chemisches Untersuchungsamt Oberhausen, Buschhausener Str. 77, 4200 Oberhausen, Tel. 0208/825–2879, –2212, –2208, –2224

(-PB-) – Chemisches und Lebensmitteluntersuchungsamt des Kreises Paderborn, Aldegrever Str. 10–14, W-4790 Paderborn, Tel. 05251/308356

(-PF-) – Chemisches Untersuchungsamt Pforzheim, Am Schulberg 17, W-7530 Pforzheim, Tel. 07231/392444

(-RE-) – Chemisches Untersuchungsamt des Kreises Recklinghausen, Kurt-Schumacher-Allee 1, W-4350 Recklinghausen, Tel. 02361/532107

(-S-) – Chemische Landesuntersuchungsanstalt Stuttgart, Breitscheidstraße 4, W-7000 Stuttgart 1, Tel. 0711/20504711

(-S-St-) – Chemisches Institut im Amt für Umweltschutz der Landeshauptstadt Stuttgart, Staffelbergstr. 81, W-7000 Stuttgart 1, Tel. 0711/2163473

(-SI-) – Chemisches und Lebensmitteluntersuchungsamt für die Kreise Siegen-Wittgenstein und Olpe, Koblenzer Str. 73, W-5900 Siegen

(-SIG-) – Chemische Landesuntersuchungsanstalt Sigmaringen, Hedingerstraße 2/1, W-7480 Sigmaringen, Tel. 07571/101–1

(-BGA-) – Bundesgesundheitsamt, Thielallee 88–92, W-1000 Berlin 33, Tel. 030/8308–0

1 Aktuelle lebensmittelrechtliche Probleme

1.1 Die neue „Bio"-Verordnung – Jetzt nur noch echte Bio-Kost?

Klarheit und Wahrheit ist das Ziel der schon lange überfälligen und nun nach mehrjährigen Beratungen vom Rat der Europäischen Gemeinschaft verabschiedeten „Verordnung über den ökologischen Landbau und die entsprechende Kennzeichnung der landwirtschaftlichen Erzeugnisse und Lebensmittel (EWG) Nr. 2029/91", die Mitte 1991 veröffentlicht und damit europaweit bindendes Recht wurde.

Eine Regelung, was sich „Bio"- nennen dürfe, wurde seit vielen Jahren von den redlichen Herstellern und Verkäufern alternativer Produkte gefordert, um dem weitverbreiteten Mißbrauch des Begriffs begegnen zu können. Gleichfalls forderten auch die Verbraucher und ihre Verbände einen Schutz, damit jeder bei Bio-Ware sicher sein konnte, auch alternativ erzeugte Produkte zu erhalten. Denn da man den Produkten ihre Herkunft nun einmal nicht ansehen kann, ist es durchaus vorgekommen, daß konventionell oder in Umstellbetrieben Erzeugtes einfach als „Bio-Ware" vermarktet wurde.

Die ursprüngliche Erwartung an die Bio-Produkte umfaßte die Produktion nach alternativen Methoden, also ohne daß künstliche Düngemittel, Pestizide, Pharmazeutika etc. eingesetzt und das ökologische Gleichgewicht gestört wurden. Auch an die Weiterverarbeitung waren hohe Anforderungen gestellt, sie sollte so schonend und so wenig wie eben möglich erfolgen, damit die Produkte ihre ursprünglichen Werte weitestgehend behalten.

Verbunden und beworben wurden Bio-Produkte anfangs immer mit Attributen, wie „gesünder, geschmackvoller, wertvoller, frei von Giften, Schadstoffen und Zusatzstoffen" u.ä. Diese anfänglich hohen Erwartungen waren aus sachkundiger Sicht zu keiner Zeit voll erfüllbar, was einige Zeit später auch von den Anhängern der alternativen Produkte akzeptiert wurde. Denn die besten Anbaumethoden können nicht vor Umweltschadstoffen schützen. Verkannt wurde zeitweise die Gefahr durch toxische (natürliche) Verunreinigungen (z.B. Mutterkorn), die nur mittels hohem technischen Einsatz durch Reinigungsschritte in der Produktion zu begegnen ist. Die direkte Vermarktung, vom Erzeuger zum Verbraucher, konfrontierte letztere direkt mit diesen gefährlichen Getreideverunreinigungen, die bei unkritischen Verbrauchern oder starkem Befall in schlechten Erntejahren zu ernsten gesundheitlichen Gefahren hätten führen können.

Da die meisten Anhänger der Bio-Erzeugnisse zu den kritischen Verbrauchern zählen, erwarten sie auch heute noch, daß ihre Bio-Produkte gesünder, geschmackvoller und frei von Zusatzstoffen und Pestiziden sind. Solange bundesdeutsches Recht galt, konnten diese Verbraucherkreise auf die Unterstützung der Lebensmittelüberwachung in dieser Richtung rechnen. In Bio-Ware sollte z.B. nur ein verschwindender Anteil der sonst zulässigen Menge an Pestiziden nachweisbar sein oder gar nichts.

Was ist neu?

Mit Inkrafttreten der neuen Bio-Verordnung sind diese „nationalstaatlichen Anforderungen" den europäischen Gleichheitsbestrebungen zum Opfer gefallen. Die direkte Festlegung maximal zulässiger Schadstoffgehalte mag von vielen Bio-Anhängern erwartet worden sein, sie hat leider keinen Eingang in das sonst sehr umfangreiche Verordnungswerk gefunden. Nach der neuen Bio-Verordnung kann ein Bio-Lebensmittel nicht mehr aufgrund der Menge der in ihm enthaltenen Schadstoffe beanstandet werden, sofern die in den entsprechenden Verordnungen festgelegten Grenzwerte nicht überschritten sind. In diesem wichtigen Kriterium unterscheiden sich Bio-Produkte nun nicht mehr zwingend von konventionell erzeugten Produkten. Erforderlich ist nach der neuen Verordnung lediglich, daß die Produktion nach den dort festgelegten Mindestanforderungen erfolgt, bei der nur die direkte Behandlung mit Pflanzenschutzmitteln reglementiert ist, und selbst dafür gibt es bei Fehlen materieller Alternativen noch Möglichkeiten der Zulassung.

Löblich hervorzuheben: mit „Bio" darf nicht geworben werden, wenn das Lebensmittel oder eine Zutat mit ionisierenden Strahlen behandelt wurde.

Wenn auch die Verordnung ausgelegt ist für alle Lebensmittel, so kann sie derzeit noch nicht angewendet werden auf alle tierischen sowie für aus tierischen und pflanzlichen Zutaten zusammengesetzte Lebensmittel. Eine Begründung für diese ungleiche Behandlung ist nicht zu finden. Der Verbraucher, der sich aber wegen der besonderen Bedeutung der Anreicherung persistenter Organochlorverbindungen über die Nahrungskette durch Lebensmittel tierischer Herkunft gezielt auch hierbei mit Bio-Produkten ernähren sollte und möchte, wurde enttäuscht: Bio-Fleischwaren nach der Bio-Verordnung darf es noch nicht geben. Bis zum 01.07.1992 soll lediglich ein Vorschlag zu einer Regelung von der EG-Kommission vorgelegt werden. Wenn es bis zum Inkrafttreten ebensolange dauert wie bei der vorliegenden Verordnung, dann werden die Verbraucher noch einige Jahre auf Bio-Fleischwaren warten müssen.

Noch verzwickter wird diese Ungleichbehandlung der Lebensmittelgruppen durch fehlende Definitionen für das, was in der Verordnung unter „tierischem Ursprung" zu verstehen ist. Zählt Honig dazu? Wie sind Käse oder Butter oder Schmalz einzuordnen? Solche und andere nicht eindeutig definierten Zutaten sind häufig auch in Bio-Lebensmitteln anzutreffen, und das wird dazu führen, daß die damit zubereiteten Lebensmittel nicht als Bio-Produkte nach der Bio-Verordnung ausgewiesen werden könnten. Eine schizophrene Situation: für die alte

„Bio-Backware“ mit edlem Honig und guter Butter darf nicht mehr so geworben werden; dagegen könnte das mit (Bio-)Zucker und (Bio-)Pflanzenfett hergestellte Produkt rechtmäßig ein Bio-Zeichen tragen. War das noch im Sinne der alternativen Verbraucherkreise? Wenn nicht, dann bleibt die Frage: in wessen Interesse kann eine solche Regelung sein?

Die Kennzeichnung

Wie schon aus anderen Fällen bekannt, wird von der EG vieles auf ein Kennzeichnungsproblem reduziert, und so ist auch diese Bio-Verordnung hauptsächlich eine Verordnung über die Kennzeichnung. Bei der sind einige Besonderheiten von Bedeutung.

1. „Bio“ heißt jetzt überall anders: „ökologisch“ gilt in der Bundesrepublik Deutschland, Dänemark, Spanien und Griechenland; in Großbritannien nennt es sich „organic“; „biologisch“ lautet es in den Niederlanden, Frankreich, Italien und Portugal. Es ist schon schwierig, sich zu verständigen.
2. Was groß als „Ökokost“, die es vorerst nur pflanzlichen Ursprungs geben kann, beworben wird, kann dennoch bis zu 5% Zutaten anderer Herkunft enthalten, wenn diese Zutaten nicht ausreichend oder gar nicht innerhalb der EG aus Ökoproduktion erhältlich sind.
3. Auch wenn nur 50% der Zutaten (landwirtschaftlichen Ursprungs) die ökologischen Anforderungen erfüllen, darf noch in Verbindung mit der Zutat auf deren ökologische Herkunft verwiesen werden. Dies ist aber nur dann möglich, wenn in der Zutatenliste ihr Anteil prozentual angegeben wird. Da es Lebensmittel gibt und auch nach der Kennzeichnungs-VO einige Ausnahmen existieren, bei denen keine Zutatenliste erforderlich ist oder die lose verkauft werden, dürfte es dann in all diesen Fällen keine Produkte mit „Öko“-Werbung geben? Die andere Alternative wäre, daß nunmehr alle Produkte aus Ökoproduktion in Fertigpackungen auf den Markt gebracht werden (müssen), damit man sie überhaupt richtig bewerben kann. Eine sehr fragwürdige rechtliche Abstimmung mit den anderen von der EG erlassenen Kennzeichnungsvorschriften und eine für Ökoprodukte geradezu widersinnige Alternative, die den Bestrebungen nach Müllvermeidung völlig entgegenläuft.
4. Als Bestätigung, daß die Anforderungen der Verordnung an die Produktion und Kontrollverfahren für ein Produkt eingehalten wurden (Konformität der Produkte), kann dieses Produkt einen Konformitätsvermerk erhalten. Dieser Vermerk lautet in deutsch: „Ökologische Agrarwirtschaft – EWG-Kontrollsystem“. Ein solcher Vermerk darf aber nur angebracht werden, wenn die Erzeugnisse „bis zur Verkaufsstelle im Einzelhandel in geschlossenen Verpackungen verpackt und befördert werden“. Hier wird nun endgültig der Zwang zum Fertigpackungsmüll festgeschrieben.
5. Nicht geworben werden darf bei „Öko“-Produkten mit Hinweisen auf besseren Geschmack, Nährwert oder bessere Gesundheitsverträglichkeit.

Das Kontrollsystem

Als wenig problematisch wird die Anbringung der Konformitätsbescheinigung angesehen. Das Anbringen erfolgt immer durch den Erzeuger selber, der zwingend nur einmal pro Jahr (nicht unbedingt unangekündigt) kontrolliert werden muß. Die Zahl der unangemeldeten Kontrollen ist dagegen nicht mehr festgelegt.

Auch bei der Kontrollbehörde ist man großzügig. Auf unterster Ebene kann die Kontrolle der rechtmäßigen Verwendung der Kontrollzeichen von privaten Stellen erfolgen, die von einer zuständigen Behörde zugelassen und auch kontrolliert werden. Die privaten Stellen arbeiten gegen Entgelt und werden sich aus den Gebühren tragen müssen. Die zuständige Behörde selbst hat hauptsächlich nur Kontrollfunktion für die Kontrollstellen, nicht aber für die zu kontrollierenden Erzeuger.

Bei der Einfuhr aus Drittländern ergeben sich insbesondere für die dort meist sehr seltenen alternativen Betriebe Probleme, wenn sie nicht von einer starken Lobby unterstützt werden oder sich nicht großen Konzernen angeschlossen haben und so bei den jeweiligen Regierungen keine Unterstützung für ihr Landbaukonzept finden. Die Zulassung für eine Anerkennung der Konformität muß nämlich von dem Drittland gestellt werden. Anträge von Einzelbetrieben oder Vereinigungen sind nicht möglich. Damit wird für diese Betriebe eine hohe Exporthürde aufgebaut. Im Extremfall könnte damit der Export aus einzelnen Ländern völlig unmöglich werden.

Die Ausnahmen

Auch in anderen Bereichen der Verordnung ist zu erkennen, daß wohl kaum viele überzeugte Bio-Anhänger bei den Entscheidungen mitgewirkt haben. Viele Hintertüren und Eventualitäten werden offen gelassen. Wenn „Bedrohung für Kulturen besteht", wenn „andere biologische, anbautechnische, materielle oder pflanzenzuchtbezogene Alternativen fehlen", dann kann einiges zugelassen werden an Pflanzenschutzmitteln oder auch an behandeltem Saatgut oder an Bodenverbesserern.

Jetzt schon zugelassen sind Pyrethrumextrakte (in Insektenspray verbreitet) als Pflanzenschutzmittel oder Paraffinöl, bei dem es nicht einmal Anforderungen an die Zusammensetzung gibt, obwohl schon länger bekannt ist, daß Paraffin hohe Mengen an PAK enthalten kann.

Zugelassen als Bodenverbesserer oder Düngemittel sind z.B.:

- Kompost aus verbrauchten Substraten der Pilz- und Madenzucht; ohne Rücksicht darauf, daß gerade hierüber Rückstände an Pestiziden eingetragen werden können.
- Kompost aus organischen Siedlungsabfällen; so sinnvoll auch die Weiterverwertung in kompostierter Form ist, so sicher wird dadurch auch der Eintrag all der bei konventioneller Produktion zu erwartenden Schadstoffe ermöglicht.

Bekannt ist der nicht unerhebliche Eintrag von Schwermetallen über diesen Kompost.

- Verarbeitete tierische Erzeugnisse aus Schlachtbetrieben und der Fischindustrie; hier könnte es dazu kommen, daß wegen hoher Schadstoffgehalte nicht vermarktete Produkte einem solchen Verwendungszweck zugeführt werden.
- Organische Nebenprodukte der Nahrungsmittel- und der Textilindustrie; auch hier ist die Gefahr durch Eintrag unerwarteter Schadstoffe nicht von der Hand zu weisen.
- Mineralische Kalidünger, Kaliumsulfat, Thomasmehl; eigentlich zählen leicht lösliche Kalisalze und Thomasmehl zu den klassischen Düngemitteln; Thomasmehl ist ein Abfallprodukt der „hochtechnischen Stahlindustrie“, aber dennoch für alternative Produkte möglich.

Zusammenfassung

Insgesamt entspricht die Bio-VO in vielen Auswirkungen nicht den ursprünglichen Zielen derer, die alternative, gesunde Lebensmittel erzeugen wollten.

- Die Hürden werden insbesondere wegen der bürokratischen Probleme für die vielen kleinen Betriebe schwer zu überwinden sein. Geschickte Großbetriebe werden durchaus die nicht sehr hohen „Mindestanforderungen“ bei den vielen Ausnahmemöglichkeiten erfüllen können, so daß das im Vorspann der Verordnung genannte Ziel der „Neuausrichtung der gemeinsamen Agrarpolitik“ wohl das eigentliche ist, mit dem gleichzeitig das gewinnträchtige Bio-Angebot erhöht werden kann.
- Die große Gruppe der Erzeugnisse tierischen Ursprungs oder mit solchen Zutaten wird nicht geregelt. Grenzwerte für Rückstände oder Schadstoffe, die niedriger als bei konventionellen Produkten festgeschrieben werden, sind nicht zu finden.
- Dagegen werden Bodenzusätze geduldet, die nicht schadstoffreglementiert sind.
- Die Bedeutung der Kennzeichnung wird auf eine extreme Stufe angehoben.
- Das Kontrollsystem wird teils privat aufgebaut.
- Ein Vertrieb in Fertigpackungen ist fast unausweichlich und führt zu einem unnötigen Verpackungsmüllanfall.

Aktuelle Daten zum Thema Bio-Lebensmittel

Die Situation von derzeit angebotenen Bio-Lebensmitteln ist durchaus als zufriedenstellend zu bezeichnen, wie bei einem in Freiburg angestellten Vergleich anhand umfangreicher Untersuchungen leicht zu erkennen ist. Dieser Zustand wird sich mit dem Übergang auf die neue Bio-VO in den nächsten Jahren sicher ändern.

Noch war nur in einer Apfelprobe die Überschreitung eines Höchstwertes feststellbar. In der Hälfte der Gemüse und Obstproben waren geringe Rückstände nachweisbar. Dabei handelte „es sich um ubiquitäre Spuren von Stoffen, die sich noch aus früherer Anwendung in unserer Umwelt befinden. Bei den Gehalten an Bromid in Feigen, Datteln und Trockenobst kann eine natürliche Herkunft nicht ausgeschlossen werden. Ein Zusammenhang mit der Verwendung bromhaltiger Begasungsmittel läßt sich von hier nicht nachprüfen und belegen.

Bei den untersuchten acht Proben von Getreide und Getreideerzeugnissen waren zwar Rückstände nachweisbar; dabei handelte es sich jedoch bei fünf Proben um Spuren von γ-HCH in Mengen von 0,002 mg/kg und weniger. U. E. sind diese Rückstände als umweltbedingte Verunreinigungen einzuordnen. Lediglich eine Bio-Weizenprobe mußte mit 0,016 mg/kg γ-HCH beanstandet werden" (FR).

In immerhin 58% aller pflanzlichen Lebensmitteln mit Hinweisen auf „naturrein" konnten Pestizide nachgewiesen werden.

„Die mengenmäßig geringen Rückstände bei einem relativ hohen Prozentsatz alternativer Lebensmittel dürfen hier nicht als Mangel angesehen werden. Es handelt sich hierbei hauptsächlich um Produkte, die aufgrund ihrer langen Wachstumsperiode der durch Umweltchemikalien belasteten Luft in besonderem Maß ausgesetzt sind. Somit sind die ermittelten Rückstandsmengen als umweltbedingt zu beurteilen, zumal nach unserer Kenntnis über die Art der Erzeugung eine andere Deutung, wie z. B. mißbräuchlicher Wirkstoffeinsatz, auszuschließen ist.

Beim Vergleich alternativ und herkömmlich erzeugter Ware muß im übrigen eine klare Trennung zwischen authentischen Erzeugerproben und Handelsproben ungesicherter Herkunft gezogen werden, um dem alternativen Anbau gerecht zu werden.

Pestizide waren in tierischen Lebensmitteln mit Hinweisen auf ‚Naturreinheit' sowie Erzeugnisse aus biologisch-dynamischen und organisch-biologischen Betrieben in allen untersuchten Proben (siehe Tabelle 1.1) zu finden. Jedoch gab es keine Beanstandungen, da die Gehalte an Organochlor-Pestiziden unter dem analytischen Grenzwert von 0,01 mg/kg (+ 100% Streubereich) lagen" (FR).

(Bei Hinweis auf Naturreinheit dürfen keine Rückstände nachweisbar sein. Aus analytischen Gründen ist die Höchstmenge jedoch mit 0,01 mg/kg – zusätzlich Streubereich – angesetzt.)

1.2 Neue Süßstoffe für kalorienreduzierte Lebensmittel

„Mit der Verordnung zur Änderung der Zusatzstoff-Zulassungsverordnung und anderer lebensmittelrechtlicher Verordnungen vom 13. Juni 1990 (BGBl. I S. 1053 ff.) wurden die Süßstoffe *Aspartam* und *Acesulfam* in einer bestimmten (Höchst-)Menge für eine Reihe von Lebensmitteln zugelassen. Die betreffenden Lebensmittel lassen sich in 12 Gruppen zusammenfassen. Es handelt sich dabei

Tabelle 1.1. Gegenüberstellung durchschnittlicher Pestizidgehalte alternativ erzeugter Lebensmittel und solchen aus konventioneller Produktion (FR)

Bezeichnung	alt./konv.	n	HCB	α-HCH	β-HCH	γ-HCH	ΣDDT
Vollmilch	a	2	0,007	0,003	0,001	0,003	0,002
Tankwagenmilch	k	15	0,004	0,002	n.n.	0,005	0,009
Käse	a	2	0,004	0,003	0,002	0,016	0,003
Käse	k	7	0,006	0,003	0,002	0,009	0,021
Fleisch	a	3	0,004	0,001	0,001	0,005	0,008
Fleisch	k	15	0,004	0,002	0,011	0,010	0,018
Bezeichnung	**alt./konv.**	**n**	**Hepta-chlorepoxid**	**Dieldrin**	**PCB 138**	**PCB 153**	**PCB 180**
Vollmilch	a	2	0,001	0,001	0,003	0,004	0,0
Tankwagenmilch	k	15	0,001	0,002	0,006	0,007	0,0
Käse	a	2	0,001	0,003	0,025	0,041	0,0
Käse	k	7	0,001	0,002	0,009	0,014	0,0
Fleisch	a	3	n.n.	0,001	0,003	0,003	0,0
Fleisch	k	15	0,002	0,005	0,007	0,007	0,0

a = aus alternativer Produktion (Handel)
k = aus konventioneller Produktion (Handel)
n = Probenzahl
n.n. = nicht nachweisbar

meist um brennwertverminderte Erfrischungsgetränke, süße Suppen und Soßen, Puddings und Cremespeisen, Milcherzeugnisse mit und ohne Fruchtzubereitungen sowie um Obstkonserven, Gemüse-Sauerkonserven, Speisesenf, Mayonnaisen, Salatsoßen, Feinkost- (außer Fisch-)salate, Eßoblaten, Kaugummi ...

Im Zuge der gesetzlichen, technischen und wissenschaftlichen Entwicklung auf dem Lebensmittelgebiet werden europaweit spätestens am 30. April 1992 der Handel und die Verwendung von Süßstoffen noch weiter ausgedehnt. Das betrifft die Süßstoffe *Thaumatin* (E 957) und *Neohesperidin-DC* (E 959) in Süßwaren, ferner das Neohesperidin-DC in Nachspeisen, Speiseeis, Obst, nichtalkoholischen und alkoholischen Getränken, wie als vorbereitende Rechtsakte im Amtsblatt der Europäischen Gemeinschaften unter dem 29.09.1990 und der Nr. C 242/4 veröffentlicht wurde" (OB).

Thaumatin stellt ein Gemisch aus diversen Aminosäuren dar. Es wird aus einer westafrikanischen Pflanze gewonnen. Aufgrund seiner natürlichen Herkunft ist ein ADI-Wert nicht festgelegt. Seine Süßkraft wird mit dem 3.500fachen von Zucker angegeben, womit Thamatin die Spitzenstellung bezüglich der Intensität einnimmt. Der sensorische Süßeindruck setzt stark verzögert ein und hält sehr lange an. Aus diesem Grund kann er schlecht als Tafelsüße eingesetzt werden. Seine Hauptwirkung liegt in der Aromaverstärkung, so daß er auch als Geschmacksverstärker angesehen werden kann. Trotz seiner natürlichen Herkunft ist eine Zulassung nur für Kaugummi und Süßwaren vorgesehen.

Neohesperidin-Dihydrochaleon zählt zu den halbsynthetischen Süßstoffen. Es kann aus Schalen der bitteren Orange, aber auch aus Grapefruitschalen hergestellt werden. Der ADI-Wert wird mit 5 mg/kg Körpergewicht von der EG angegeben. Mit der 330fachen Süßkraft entspricht es etwa der von Saccharin, jedoch ist es mit weniger als 1 g/l schlecht löslich. Wegen dieses technischen Mangels, insbesondere aber weil die Süßwirkung stark verzögert eintritt und es auch einen Beigeschmack nach Lakritz-Menthol aufweist, wird sein Einsatz hauptsächlich in Mischungen erfolgen. Als positive Besonderheit sollte erwähnt werden, daß mit Neohesperidin-DC unerwünschte Geschmackseindrücke maskiert werden können.

Als Zuckerersatzstoff auf dem Vormarsch befinden sich *Isomalt* und *Maltitsirup*. Ihre Verwendung vermindert Kariesbefall und die Zufuhr von Kalorien im Vergleich zu Haushaltszucker.

Auch im Bereich der Zuckeraustauschstoffe sind Änderungen auf EG-Ebene geplant. Zugelassen werden sollen Lactit und Maltit. Ihre Verwendung wird entsprechend den anderen Zuckeraustauschstoffen möglich sein.

„Bei dem Zusatzstoff Isomalt handelt es sich um einen Stoff in Form weißer, geruchloser Kristalle von süßem Geschmack und der chemischen Formel $C_{12}H_{24}O_{11}\ H_2O$. Es handelt sich um hydrierte Isomaltulose in Mischungen etwa gleicher Teile von α-D- Glucopyranosido-1,6-D-sorbit (GPS) und α-D- Glucopyranosido-1,6-D-mannit-Dihydrat (GPM). Der Stoff ist auch unter der Handelsbezeichnung Palatinit® bekannt.

Maltitsirup stellt eine farblose, zähe Flüssigkeit mit mindestens 70% hydrierten, speziellen Glucosesirup und hydriertem Maltosesirup dar mit Dimeren und Oligomeren der D-Glucose, deren endständige Glucosemoleküle zu Sorbit hydriert wurden. Eine genau definierte chemische Formel wird für Maltitsirup nicht angegeben. Bei dem Hauptbestandteil Maltit handelt es sich um α-D- Glucosepyranosido-1,4-sorbit. Maltitsirup ist auch unter dem Namen Lycasin® bekannt.

Bei der Analyse von Isomalt und Maltitsirup wurden folgende Beschaffenheitsmerkmale festgestellt:

Merkmal	Isomalt	Maltitsirup
Sorbit lt. Vorschrift	max. 0,5%	max. 8% i. T.
Sorbit gefunden	0,15%	5,0% i. T.
Nickel lt. Vorschrift	max. 2 ppm	max. 2 ppm
Nickel gefunden (AAS)	0,034 ppm	0,012 ppm
Quecksilber gefunden (AAS)	< 0,01 ppm	< 0,01 ppm
Blei gefunden (AAS)	0,034 ppm	0,012 ppm
Arsen gefunden (AAS)	< 0,02 ppm	< 0,02 ppm

Die Festlegung eines Höchstwertes für den Nickelgehalt erfolgte, weil die Wasserstoffanlagerung (Hydrierung) bei der Herstellung von Isomalt und Maltitsirup großtechnisch im allgemeinen unter Verwendung von Nickelkatalysatoren ausgeführt wird. Für Quecksilber, Blei und Arsen gibt es spezielle Höchstmengenvorschriften für die beiden betreffenden Produkte nicht. Die für die Schwermetalle und Arsen ausgeführten Rückstandsuntersuchungen lassen für Quecksilber und Arsen keine meßbaren Rückstände erkennen. Nickel liegt weit unterhalb der zulässigen Höchstgrenze und Blei im tolierbaren Spurenbereich ... Die Höchstmengen an Isomalt und an Maltitsirup sind auf 100 g in 1 kg verzehrsfähigem Erzeugnis einzeln oder insgesamt begrenzt. Isomalt darf für Lebensmittel allgemein, ausgenommen Getränke, verwendet werden. Isomalt und Maltitsirup sind in Zuckerwaren, Kaugummi, Marzipan, marzipanähnlichen Erzeugnissen und Nougaterzeugnissen zulässig, Isomalt darüber hinaus auch in sog. Tafelsüßen. In diätetischen Lebensmitteln für Diabetiker dürfen Isomalt und Maltitsirup nicht verwendet werden" (OB).

1.3 Kennzeichnungsdschungel: Was ist „light"?

„Light"-Werbung – Hilfe oder Täuschung?

„Leicht ist ‚in' bei Essen und Trinken. Das Minuskonzept hat Erfolg: weniger Fett – weniger Alkohol – weniger Kalorien. Weniger ist mehr. Mehr Umsatz, mehr Gewinn." (Auszug aus einer Werbeschrift des Softdrink-Spezialisten Deka, Braunschweig).

Der Begriff „light" ist derzeit wohl das Streitobjekt zwischen Herstellern, Überwachung und Verbrauchern. Unstrittig ist, daß der Begriff aus der englischen Sprache stammt und schulmäßig am besten mit „leicht" zu übersetzen ist. Auch die Übersetzung wird meist in gleicher Weise benutzt wie der englische Begriff. Ansonsten ist dessen Verwendung, Bedeutung und lebensmittelrechtliche Wertung noch völlig im Fluß.

„Light-Bier"	bei Schankbier, aber auch für entalkoholisiertest Vollbier;
„Light-Butter"	für eine Halbfettbutter mit mehr Wasser und weniger Fett;
„Light-Duschbad"	soll ein hautverträgliches, reizarmes Duschbad sein;
„Light-Fruchtjoghurt"	für Joghurt, bei dem die Fruchtzubereitung Süßstoff enthält und dadurch weniger Kalorien;
„Light-Kaffee"	bei teilentcoffeiniertem Kaffee;
„Light-Käse"	für Käse mit einer niedrigen Fettgehaltsstufe;
„Light-Konfitüre"	wenn eine Diät-Konfitüre mit Süßstoff, mehr Wasser, mehr Dikkungsmittel, mehr Frucht und weniger Zucker hergestellt wurde;
„Light-Limonade"	ist moderner jetzt das, was früher wegen des Süßstoffzusatzes als Brause bezeichnet erden mußte;
„Light-Margarine"	wenn für eine Halbfettmargarine Fett gegen Wasser ausgetauscht wurde;
„Light-Mayonnaise"	für eine um 75% Fett reduzierte Mayonnaise;
„Light-Mineralwasser"	soll ein Mineralwasser mit 620 mg Mineralienanteil sein;
„Light-Nektare"	für Fruchtnektare, bei denen Zucker mit Süßstoffe ersetzt wurde;
„Light-Rum"	wird häufig weißer Rum bezeichnet;
„Light-Salatdressing"	für eine Salatdressing mit Buttermilch statt Fett;
„Light-Shampoo"	für ein gut verträgliches Shampoo;
„Light-Zigaretten"	wenn Zigaretten im Rauch wenig Nikotin enthalten.

Die Werbeagenturen haben den Begriff entdeckt und vermarkten ihn, solange er noch werbewirksam ist. Durch die vielen Streitfälle wird er eigentlich sogar noch interessanter für die Agenturen. „Die Produkte stellen mit jährlich zweistelligen Zuwachsraten den größten Wachstumsmarkt im Lebensmittelhandel dar" (Der Mineralbrunnen 4/1991). Erst wenn jeder jedes und alles mit „light" bewirbt, wird sich der Begriff selbst erledigt haben. Die Werbung befindet sich schon auf dem besten Weg dahin. Auf dem Markt anzutreffen sind beispielhaft folgende mit dem Begriff „light" oder „leicht" beworbene Produktgruppen:

Die so beworbenen Produkte kommen dem Wunsch des „neuen" Verbrauchers nach, sich modern zu ernähren. Modern bedeutet nicht nur gut und schmackhaft essen, sondern jetzt neu auch ohne viel Fett, Zucker, Kohlenhydrate. Eine Ernährung mit „Light-Produkten" soll die Zufuhr überflüssiger Kalorien vermeiden.

Der Boom der „Light-Lebensmittel" ist eigentlich eine traurige Bestätigung für die Unfähigkeit des Verbrauchers, sich durch Selbstbeschränkung richtig zu ernähren.

Was erwartet der Verbraucher aber nun bei Bezeichnungen oder Begriffen in Verbindung mit „leicht" oder „light"?

Wenn etwas „leicht gesalzen oder leicht gezuckert" ist, wird der Verbraucher es sicher auf den Geschmack beziehen, „leicht und locker" wird er mit der Konsistenz in Verbindung bringen. Unter „leichtem Wein" versteht man einen nicht sehr alkoholreichen Wein mit nicht sehr hohem Extraktgehalt. Bei „leichter Kost" wird jeder eine kalorienverminderte und auch wenig die Verdauung belastende Kost erwarten. Es ist erforderlich, immer im Einzelfall zu prüfen, welche Bedeutung „light" erlangt. Eine Tendenz ist andererseits aber ebenfalls erkennbar, die „leichte" Variante ist immer um einen bestimmten Teil, einen Stoff oder anderes Wertbestimmendes vermindert oder ärmer als das Bezugsprodukt. Damit wird ein Produkt mit dem Begriff „light" schon zwangsläufig immer zu einem, das direkt provoziert, unter die Nährwert-Kennzeichnungsverordnung (NWK-VO) eingestuft zu werden. Selbst wenn im Einzelfall nach ausgiebiger Diskussion und rechtlicher Prüfung durch Sachverständige festgestellt werden sollte, daß im Einzelfall einmal „light" nicht nährwertbezogen sein sollte, kann dies nicht zu Lasten des Verbrauchers gehen. Dem Verbraucher kann eine so tiefgehende Bewertung nicht zugemutet werden, während er vor dem Kühlregal steht und auswählen will, und er kann auch diese Sachkenntnis nicht haben, so daß in einem solchen Fall dann eine mißverständliche Werbung für den Verbraucher schlicht irreführend ist.

An einigen Beispielen soll die Schwierigkeit der Auslegung und rechtlichen Prüfung dargestellt werden.

Häufig findet sich im Angebot heute Bier mit der Bezeichnung „Light-Schankbier" und gleichzeitig wird bei diesen Produkten der Begriff „light" sehr augenfällig kombiniert mit Hinweisen wie: „Es hat 40% weniger Alkohol und 40% weniger Kalorien als . . .-Pilsener". Der Begriff „light" wird hier eindeutig sowohl als Hinweis auf einen verminderten Brennwert als auch als Hinweis auf einen verminderten Nährstoffgehalt verwendet. Es sind daher die entsprechenden Anforderungen nach der Nährwert-Kennzeichnungs-VO einzuhalten.

Der Hinweis „... hat 40% weniger Alkohol und 40% weniger Kalorien ...“ erweckt beim Verbraucher den Eindruck, daß hier zwei verschiedene Umstände zur Verminderung beigetragen haben, daß sowohl der Alkoholgehalt um 40% reduziert wurde als auch der Kaloriengehalt. Tatsächlich ist aber lediglich, wie bei Schankbier üblich, durch den verminderten Stammwürzegehalt der Gesamtbrennwert niedriger. Denn in Abhängigkeit vom Stammwürzegehalt kann nur ein geringerer Alkoholanteil erreicht werden. Insofern wird der Verbraucher über die tatsächlichen Hintergründe der Kalorienverminderung getäuscht.

Der Hinweis „Es hat 40% weniger Alkohol und 40% weniger Kalorien als ...-Pilsener“ vergleicht das Light-Bier mit einem Vollbier.

Die Anforderungen des § 7 NWK-VO sehen aber vor, daß die Verminderung um 40% immer mit einem vergleichbaren herkömmlichen Lebensmittel als Bezug zu erfolgen hat. Als vergleichbare herkömmliche Lebensmittel sind solche Lebensmittel anzusehen, die ansonsten eine vergleichbare Basisqualität, Grundbeschaffenheit, Gattung und/oder die gleiche Verkehrsbezeichnung tragen. Als vergleichbare herkömmliche Lebensmittel mit einem Schankbier sind daher hier nur andere Schankbiere zu sehen. Diese zählen zu einer eigenen und immer häufiger auf dem Markt anzutreffenden Biergattung, die damit die Bezugsgröße ist. Vollbier ist ein Bier anderer Gattung, mit einer anderen Qualitätsstufe und damit anderen Qualitätsmerkmalen. Daß sich ein Unterschied von Schankbier zu einem Vollbier ergeben muß, ist daher eine Selbstverständlichkeit, denn sonst wären in der Bier-VO keine unterschiedlichen Bezeichnungen und Beschaffenheitsmerkmale der Biergattungen festgelegt. Eine besondere Hervorhebung dieser Verminderung, die sich auf einen selbstverständlichen Unterschied bezieht, ist daher als Werbung mit Selbstverständlichkeiten aufzufassen.

Würde man den Vergleich mit Produkten anderer Gattungen als „herkömmlich“ zugestehen, wäre für den Verbraucher keine Differenzierung mehr möglich zwischen den „Light“-Schankbieren und den „Light“-Vollbieren, bei denen durch physikalische Maßnahmen eine Alkoholreduktion mit großem technologischen Aufwand durchgeführt wird und für die auch die höheren Steuerabgaben für ein Vollbier entrichtet werden müssen. Für diese alkoholreduzierten Vollbiere könnte die Bezeichnung „light“ im Sinne der Nährwert-Kennzeichnungs-VO angemessen und gerechtfertigt sein.

Auch ein weiteres Beispiel zeigt, daß sich der Vergleich der Verminderung nur auf Biere gleicher Gattung beziehen kann. Wenn z.B. ein „Bier mit niedrigem Stammwürzegehalt“ betrachtet wird, dann hat dieses auch von der Herstellung und gesetzlichen Vorgabe aus schon weniger Stammwürze und damit weniger Brennwert und potentiellen Alkohol als ein Schankbier und noch viel weniger als ein Vollbier. Man könnte es ebenfalls mit der Bezeichnung „light“ versehen, wenn man die Anforderung der Nährwert-Kennzeichnungs-VO anders als oben beschrieben auslegen würde. Diese Beispiele zeigen, daß, wenn nicht Produkte mit Produkten gleicher Gattung verglichen werden, eine Täuschung des Verbrauchers in erheblichem Umfang vorprogrammiert ist.

Wenn tatsächlich aber Vollbier als herkömmliches vergleichbares Lebensmittel zum Schankbier in Bezug gesetzt werden dürfte, dann wäre weiterhin noch § 6 NWK-VO anzuwenden. Die Anforderungen des § 6 NWK-VO sehen für brennwert- oder nährstoffverminderte Lebensmittel mit Angaben über einen verminderten oder geringen Brennwert oder Nährstoffgehalt zusätzlich die Kenntlichmachung der Art der Nährstoffveränderung und der Art und Menge der nährstoffvermindernden Bestandteile vor. Die Angabe der Art der Nährstoffveränderung, die zum geringeren Alkoholgehalt geführt hat, fehlt meist ebenso wie die Angabe von Art und Menge der nährstoffvermindernden Bestandteile. Für diesen Fall könnte dies, wenn es nicht schon eine Selbstverständlichkeit wäre, ja auch nur der Hinweis auf den geringeren Stammwürzegehalt und den damit verbundenen oder gezielt durch spezielle Gärführung erreichbaren verminderten Alkoholgehalt sein. Die zwingend anzugebende Verkehrsbezeichnung „Schankbier" kann nicht als Ersatz dafür angesehen werden.

Aus der Sicht des nicht immer sehr sachkundigen Verbrauchers ergibt sich auch noch eine andere Betrachtungsweise.

Beim Vergleich „Light-Schankbier – . . .-Pils" ist die Bezeichnung Pils für den Verbraucher mehr eine Information über die Geschmacks- bzw. Herstellungsart. Nicht erkennbar wird in solchem Fall für ihn, daß es sich bei dem Bezugs-Pils lebensmittelrechtlich um ein Vollbier mit einem höheren Stammwürzegehalt handelt. Für den Verbraucher könnte ein Pils auch ein Schankbier Pilsener-Art sein. Durch den fehlenden Begriff „Vollbier" wird der Verbraucher folglich auch schon getäuscht.

Als weiteres Beispiel soll eine „Light-Konfitüre" betrachtet werden. Bei diesem Beispiel ist erkennbar, daß häufig nicht allein mit „light" geworben wird, sondern sehr häufig eine komplexe Werbeaussage in Verbindung mit einem Diätetischen Lebensmittel vorkommt. In der Kennzeichnung kommen real folgende Werbeverbindungen vor, die Nährwertangaben i. S. d. § 1 NWK-VO sein könnten:

- der Werbehinweis „light";
- eine brennwertbezogene Angabe z.B. „50% weniger Kalorien";
- eine brennwert- sowie nährstoffbezogene Angabe „Brennwertvermindert durch verringerten Zuckerzusatz und erhöhten Zusatz von Wasser und Frucht (30%)".

Das Wort „light" kann im beschriebenen Fall einer Konfitüre als Hinweis auf einen verringerten Energie- oder Zuckergehalt, folglich als brennwert- oder nährstoffbezogen gedeutet werden. Findet sich die Aufmachung für „light" auf dem Etikett in ähnlicher Art wie die Angabe „50% weniger Kalorien" sowie die Angabe über die Brennwertverminderung, so ergibt sich ein derartiger Zusammenhang zwischen den Angaben, daß der mit der Bezeichnung „light" eindeutig einen brennwertbezogenen Charakter verliehen wird.

Nach § 7 Abs. 2 Nr. 2b NWK-VO ist es im Verkehr mit Lebensmitteln verboten, Angaben zu verwenden, die auf einen verminderten Brennwert hindeuten (hier also: „light", „50% weniger Kalorien", „Brennwertvermindert durch . . ."), wenn der Brennwert den durchschnittlichen Brennwert vergleichbarer herkömmlicher Lebensmittel um weniger als 40 vom Hundert unterschreitet. Entsprechendes gilt nach § 7 Abs. 2 Nr. 3 NWK-VO für Angaben, die auf einen verminderten Nährstoffgehalt hindeuten (hier: „... durch verringerten Zuckerzusatz ...“).

Der durchschnittliche Nährstoffgehalt bzw. Brennwert einer vergleichbaren herkömmlichen Konfitüre beträgt: 62 g verwertbare Kohlenhydrate bzw. 1.044 kJ (250 kcal) pro 100 g Konfitüre. Da diese Werte von der Probe um jeweils mehr als 50 vom Hundert unterschritten werden, sind die o. g. Angaben aber zulässig.

§ 6 NWK-VO fordert für brennwert- oder nährstoffverminderte Lebensmittel mit Angaben über einen verminderten oder geringen Brennwert oder Nährstoffgehalt zusätzlich die Kenntlichmachung der Art der Nährstoffveränderung und der Art und Menge der nährstoffvermindernden Bestandteile. Aus dem Wortlaut und Sinn dieser Vorschrift ergibt sich im Fall von mehreren anzugebenden nährstoffvermindernden Bestandteilen, daß diese nach Art und Menge getrennt angeführt werden müssen.

In der Angabe „Brennwertvermindert durch verringerten Zuckerzusatz und erhöhtem Zusatz von Wasser und Frucht (30%)“ ist die Art der Nährstoffveränderung mit den Worten „durch verringerten Zuckerzusatz“ kenntlich gemacht. Die nährstoffvermindernden Bestandteile, in diesem Fall Wasser und Frucht, sind zwar nach Art getrennt, nach Menge aber nicht getrennt angeführt: „erhöhtem Zusatz von Wasser und Frucht (30%)“. Statt dessen kann die Angabe „(30%)“ nur die Summe des erhöhten Wasser- und Fruchtzusatzes darstellen, da im Verhältnis zu einer vergleichbaren herkömmlichen Konfitüre mit einem Fruchtgehalt von 45 g Früchten je 100 g der Fruchtzusatz nur um 22% erhöht ist, der Fehlbetrag zu 30% folglich den erhöhten Wasserzusatz darstellen muß. Der Eindruck als Summenangabe soll vermutlich auch erweckt werden durch Positionierung des Abschnitts „von Wasser und Frucht (30%)“ in eine einzelne Zeile.

Ebenfalls wird für Fertigmenüs mit dem Hinweis „light“ geworben. Bei den „Leicht-Menüs“ ist nach einem OVG-Urteil in Niedersachsen davon auszugehen, daß dieser Hinweis auf ein kalorienarmes bzw. -reduziertes Produkt hinweist. Daher fallen Fertigmenüs, bei denen mit „leicht“ geworben wird, unter die Nährwert-Kennzeichnungs-VO. Immer wenn solche nährwertbezogene Werbung vorliegt, ist daher neben den Angaben nach der Lebensmittel-Kennzeichnungs-VO auch noch eine Deklaration nach der Nährwert-Kennzeichnungs-VO erforderlich, d. h. eine Nährwertanalyse muß angegeben sein (Eiweiß, Fett, Kohlenhydrate und kJ (kcal), Vitamine, falls zugesetzt). Wenn sie Lebensmittel i. S. d. § 14 Diät-VO sind, müssen die Menüs bestimmte Mengen an Eiweiß, essentiellen Fettsäuren und Vitaminen haben und dürfen einen Höchstbrennwert nicht überschreiten.

Zusammenfassung

Wird ein Lebensmittel mit dem Hinweis „light“ beworben, so wird der Begriff „light“ von Verbrauchern allgemein immer in Verbindung gebracht mit einem verminderten Brennwert- oder Nährstoffgehalt. Teilweise gehen die Erwartungen der Verbraucher sogar soweit, daß ein kalorienarmes Produkt erwartet wird.

Die Prüfung im Einzelfall ist erforderlich, wird aber dann auch die Einbeziehung einer möglichen Täuschung des Verbrauchers erfordern.

1.4 Gentechnik in der Lebensmittelwirtschaft [1]

Ein wichtiger Anwendungsbereich der Gentechnik, dessen weitere Entwicklung auch von verschiedenen Forschungsprogrammen der Bundesregierung und der EG-Kommission gefördert wird, ist die Lebensmittelherstellung. „Fast alle in der Lebensmitteltechnologie verwendeten Mikroorganismen", so Prof. Dr. Teuber von der Bundesanstalt für Milchforschung in seiner Stellungnahme zur Anhörung des Gentechnik-Gesetzes vor dem Bundestagsausschuß für Jugend, Familie, Frauen und Gesundheit, „können bereits genetisch manipuliert werden." Es wird nicht nur daran gearbeitet, für den menschlichen Verzehr bestimmte Tiere und Pflanzen durch gentechnische Eingriffe zu verändern, sondern auch solche Mikroorganismen genetisch zu modifizieren, die lange in den traditionellen biotechnologischen Verfahren genutzt werden. Dabei stehen die Verbesserung der prozeßtechnischen Eigenschaften sowie eine gesteigerte Leistung der eingesetzten Organismen im Vordergrund. Außerdem wird angestrebt, daß Stoffwechselprodukte von Mikroorganismen wie etwa Enzyme, welche in der Lebensmittelherstellung relevant sind, in Zukunft mit Hilfe gentechnischer Methoden gewonnen werden können.

Einige Produkte aus dem weit gefächerten potentiellen Einsatzbereich der Gentechnik in der Lebensmittelherstellung haben das Forschungsstadium verlassen und stehen mittlerweile an der Schwelle zur Marktreife. Es ist hier sowohl mit verbrauchsfertigen Erzeugnissen zu rechnen, als auch mit neuartigen Roh- und Zusatzstoffen für die Lebensmittelindustrie.

Sofern diese Produkte gentechnisch veränderte Organismen enthalten oder aus solchen bestehen, muß ihr Inverkehrbringen nach dem im Gentechnik-Gesetz festgelegten Verfahren genehmigt werden. Darüber hinaus sind für alle neuartigen Lebensmittel und Lebensmittelzusatzstoffe die Bestimmungen des Lebensmittelrechts einzuhalten.

Die bevorstehende Vermarktung gentechnisch hergestellter Lebensmittel stellt besondere Anforderungen an die einschlägigen Zulassungs- und Genehmigungsverfahren. Sie müssen eine zweifelsfreie Gewähr dafür bieten, daß Verbraucherinnen und Verbraucher zuverlässig und lückenlos vor den möglichen, im Lebensmittelrecht jedoch bisher unbekannten Risiken geschützt werden, die von diesen Lebensmitteln ausgehen.

Zum Stand in der EG

In verschiedenen EG-Mitgliedstaaten sind bereits einzelne Lebensmittel oder Lebensmittelzusätze zugelassen, die unter Einsatz gentechnischer Verfahren produziert werden. Erzeugnisse dieser Art können damit auch in den Handel gebracht werden.

Wenn über die einzelnen Produkte in der Bundesrepublik Deutschland Informationsbedarf besteht, so begründet sich dieser nicht allein mit dem gerade auf dem Lebensmittelsektor besonders intensiven Warenverkehr zwischen den Staaten der Europäischen Gemeinschaft. Hinzu kommt, daß im Zuge der Vorbereitungen des gemeinsamen europäischen Binnenmarktes von der EG-Kommission eine Reihe von Gemeinschaftsregeln vorbereitet werden, die sich auf die Zulassung neuer Lebensmittel und -zusätze beziehen und für alle Mitgliedstaaten verbindlich sein werden. Darüber hinaus setzt das jüngst in Kraft getretene Gentechnik-Gesetz Genehmigungen des Inverkehrbringens durch das Bundesgesundheitsamt solchen gleich, die von den Behörden anderer Mitgliedstaaten der Europäischen Gemeinschaft nach vergleichbaren Vorschriften erteilt worden sind.

Der Ministerrat hat am 23. April 1990 die Richtlinie 90/220/EWG des Rates über die absichtliche Freisetzung genetisch veränderter Organismen in die Umwelt verabschiedet. Diese Richtlinie regelt auch das Inverkehrbringen von Produkten, die gentechnisch veränderte Organismen sind oder solche enthalten. Mit dem GenTG (Gentechnikgesetz) wurden diese Regelungen bereits in deutsches Recht umgesetzt.

Alle Mitgliedstaaten hatten diese Richtlinie bis zum 23. Oktober 1991 umzusetzen. Es ist davon auszugehen, daß in allen Mitgliedstaaten gleichartige Regelungen bestehen.

Nach Pressemitteilungen soll im Vereinigten Königreich durch Ministererlaubnis nach Anhörung des „Advisory Committee on Novel Foods and Processes" die Verwendung von gentechnisch veränderter Backhefe bei Lebensmitteln zugelassen worden sein.

In der Begründung des Entwurfes eines Vorschlages für eine Verordnung des Rates über neuartige Lebensmittelzutaten und neuartige Lebensmittelproduktions- und -verarbeitungsverfahren (111/3562/89) ist davon die Rede, daß bei der Kommission bereits zahlreiche Vorlagen betreffend Lebensmittelzutaten zur Überprüfung durch den wissenschaftlichen Lebensmittelausschuß eingegangen sind.

Nach Mitteilung der Kommission der Europäischen Gemeinschaften hat der Wissenschaftliche Lebensmittelausschuß zwei Vorlagen erhalten. Eine betrifft Fructooligosaccharide, die zweite ein aus gentechnisch veränderten Mikroorganismen gewonnenes Chymosinpräparat (Labaustauschstoff).

Situation in der Bundesrepublik Deutschland

Nach Auskunft der Bundesregierung sind Anträge auf Genehmigung für das Freisetzen oder Inverkehrbringen von Lebensmitteln, die gentechnisch veränderte Organismen sind oder solche enthalten, sind bei den zuständigen Behörden bisher nicht eingegangen.

Das GenTG ist seit dem 1. Juli 1990 in Kraft. Da bisher keine Genehmigung für ein Inverkehrbringen erteilt wurde, wird davon ausgegangen, daß sich aus gentechnisch veränderten Organismen bestehende oder solche enthaltende Lebensmittel nicht im Handelt befinden.

Nach den Vorschriften des Lebensmittel- und Bedarfsgegenständegesetzes (§§ 8, 11 Abs. 3) dürfen bei der Herstellung von Lebensmitteln grundsätzlich auch aus gentechnisch veränderten Mikroorganismen gewonnene Enzyme oder andere Stoffwechselprodukte verwendet werden, sofern sie gesundheitlich unbedenklich sind.

Nach dem GenTG können Gesetzesverstöße sowohl bei der Herstellung von Lebensmitteln mit gentechnisch veränderten Organismen (gentechnische Arbeiten im geschlossenen System) als auch beim Inverkehrbringen dieser Organismen bußgeldrechtlich geahndet werden. § 38 GenTG sieht ein Bußgeld bis zu 100.000 DM vor. Darüber hinaus wird in § 39 GenTG insbesondere geregelt, daß in bestimmten Fällen, in denen Leib oder Leben eines anderen, fremde Sachen von bedeutendem Wert oder Bestandteile des Naturhaushalts von erheblicher Bedeutung gefährdet werden, Freiheitsstrafen bis zu fünf Jahren verhängt werden können. Insofern sind auch strafrechtlich relevante Tatbestände vom GenTG erfaßt.

Im Lebensmittel- und Bedarfsgegenständegesetz (LMBG), dem Dachgesetz für das Lebensmittelrecht, werden Enzyme und Starterkulturen allgemein als Zusatzstoffe (§ 2 LMBG) aufgefaßt. Andererseits werden Enzyme und Starterkulturen von den Beschränkungen der übrigen Zusatzstoffe ausgenommen (§ 11 Abs. 1 Nr. 1a; § 11 Abs. 3 LMBG) und damit von dem Verbot nicht zugelassener Zusatzstoffe befreit. Das Lebensmittelrecht und seine verschiedenen Produktgesetze bzw. -verordnungen müßten eigentlich daraufhin überprüft werden, ob sie den neuartigen und spezifischen Anforderungen gentechnisch hergestellter Lebensmittel oder Enzyme sowie genetisch modifizierter Starterkulturen überhaupt gerecht werden.

Die Frage einer Regelungsnotwendigkeit ist von der EG-Kommission auf Gemeinschaftsebene aufgegriffen worden. Sie hat einen Entwurf für eine Verordnung des Rates über neuartige Lebensmittelzutaten und neuartige Lebensmittelproduktions- und -verarbeitungsverfahren erarbeitet. Außerdem liegt ein Entwurf für einen Verordnungsvorschlag über die Vermarktung gentechnisch veränderter Tiere und ihrer Erzeugnisse vor. Beide Entwürfe sehen – falls notwendig – Verkehrsverbote oder -beschränkungen vor. Die Entwürfe werden derzeit in den zuständigen EG-Arbeitsgruppen bzw. innerhalb der Dienststellen der EG-Kommission beraten.

Angesichts dieser Aktivitäten der Gemeinschaft bestehen für den nationalen Gesetzgeber über das GenTG hinaus derzeit keine Möglichkeiten, ohne Einschaltung der EG-Kommission und der anderen Mitgliedstaaten nationale Regelungen für das Inverkehrbringen gentechnisch veränderter Organismen oder mit gentechnisch veränderten Organismen hergestellte Lebensmittel zu erlassen.

Es ist im übrigen festzustellen, daß die Herstellung von Lebensmitteln oder Enzymen mit Hilfe von gentechnisch veränderten Organismen eine gentechnische Arbeit im Sinne des § 3 Nr. 2 GenTG ist. Insofern werden menschliche Gesundheit und/oder Umwelt vor möglichen Gefahren gentechnischer Verfahren geschützt und dem Entstehen solcher Gefahren vorgebeugt. Das GenTG erfaßt die möglichen Auswirkungen auf die o.a. Rechtsgüter bei der Herstellung von Lebensmitteln mit Hilfe von gentechnisch veränderten Organismen (gentechnische Arbeiten im geschlossenen System) sowie bei der Freisetzung und dem Inverkehrbringen von Lebensmitteln, die aus gentechnisch veränderten Organismen bestehen oder solche enthalten. Es gilt somit für Starterkulturen, wenn diese Organismen als lebende Bestandteile im Produkt verbleiben.

Bestimmte gentechnisch hergestellte Enzyme oder andere mikrobielle Stoffwechselprodukte, welche in der Lebensmittelindustrie Verwendung finden, fallen bei ihrem Inverkehrbringen nicht unter die Genehmigungspflicht des Gentechnik-Gesetzes, welches diese nur dann vorschreibt, wenn die entsprechenden Produkte aus gentechnisch veränderten Organismen bestehen oder diese enthalten.

Von vielen gentechnischen herstellten Enzymen oder anderen mikrobiellen Stoffwechselprodukten heißt es, sie seien mit den jeweils natürlich vorkommenden oder gewonnenen Stoffen „chemisch“, „biologisch“ und/oder „genetisch“ vergleichbar oder gar identisch. Aus dieser Übereinstimmung wird die Auffassung abgeleitet, daß sich die gentechnisch erzeugten Produkte von ihren natürlichen Vorbildern in ihren Wirkungen nicht unterscheiden.

Das Beispiel des Gerinnungsenzyms Chymosin

In einigen Staaten ist bereits Chymosin, ein gentechnisch hergestelltes Gerinnungsenzym, zugelassen oder zur Zulassung beantragt. Chymosin in seiner natürlichen Form ist ein Bestandteil des Labs aus Kälbermägen und wird bei der Käsereifung eingesetzt.

Nach Auskunft der Bundesregierung liegt – auch bei den zuständigen Behörden der Länder – ein solcher Antrag nicht vor und es finden in den zuständigen Ministerien über die Zulassung der Verwendung von mit Hilfe gentechnisch veränderter Organismen hergestelltes Chymosin in Lebensmitteln auch keine konkreten Beratungen statt.

Die Bundesregierung hält die lebensmittelrechtlichen Vorschriften in der Käseverordnung über die Herstellung, das Inverkehrbringen und die Verwendung von Labaustauschstoffen – wozu auch das mit Hilfe von gentechnisch veränderten Organismen gewonnene Chymosin gehört – für ausreichend.

Sowohl das herkömmliche als auch das mit Hilfe von gentechnisch veränderten Organismen gewonnene Chymosin sind Labaustauschstoffe. § 20 Abs. 1 Satz 2 der Käseverordnung definiert diese als Zubereitungen von Enzymen mikrobiellen Ursprungs, die dazu bestimmt sind, anstelle von Lab zur Dicklegung von Milch bei der Käseherstellung verwendet zu werden.

Das gentechnisch hergestellte Chymosin wird als „bio-chemisch identisch mit dem natürlichen Kälberlab“ charakterisiert.

Die Bundesregierung teilt die Auffassung, daß für gentechnisch hergestelltes Chymosin die Vorschriften zur Herstellung von Labaustauschstoffen der Käseverordnung (§ 20) anzuwenden sind.

Soweit Labaustauschstoffe mit Hilfe von gentechnisch veränderten Organismen hergestellt werden, unterliegt sie zusätzlich den Bestimmungen des GenTG. Die Überwachung der Einhaltung dieser Vorschrift obliegt den Bundesländern.

Für die Herstellung und Prüfung von Laubaustauschstoffen sind in § 20 der Käseverordnung die Anforderungen an die Prüfung der gesundheitlichen Unbedenklichkeit festgelegt. Dies gilt auch für mit Hilfe von gentechnisch veränderten Organismen hergestelltes Chymosin.

Nach Auffassung der Bundesregierung reichen diese Vorschriften aus, um sicherzustellen, daß das gentechnisch hergestellte Chymosin keine chronisch-toxische, carcinogene, teratogene, mutagene oder sonst gesundheitlich bedenkliche Eigenschaften aufweist.

Bei der Zulassung von mit Hilfe von gentechnisch veränderten Organismen hergestelltem Chymosin ist nach der Käseverordnung und nach dem GenTG sicherzustellen, daß keine gentechnisch veränderten Organismen enthalten sind; nach der Käseverordnung ist auch sicherzustellen, daß das Produkt frei von unerwünschten Begleitstoffen ist.

Die Verpflichtung zur besonderen Kennzeichnung von Lebensmitteln, die mit Hilfe von gentechnisch veränderten Organismen hergestellt worden sind oder solche enthalten, setzt eine Änderung des Gemeinschaftsrechtes über die Kennzeichnung von vorverpackten Lebensmitteln voraus.

Ob diese Frage im Wege der Festlegung der Verkehrsbezeichnung nach Artikel 4 des Entwurfs eines Vorschlags für eine Verordnung des Rates über neuartige Lebensmittelzutaten und neuartige Lebensmittelproduktions- und -verarbeitungsverfahren geregelt werden kann, hängt von dem Ergebnis der laufenden Beratungen dieses Verordnungsentwurfes in Brüssel ab.

Literatur

[1] (Drucksache 11/8000 vom 27.09.90, Deutscher Bundestag, 11. Wahlperiode, Antwort der Bundesregierung auf die Kleine Anfrage der Abgeordneten Frau Rust, Frau Saibold und der Fraktion DIE GRÜNEN – Drucksache 11/7750 –)

1.5 Levitiertes Wasser – neue Wirkung oder Betrug

Vertrieben wird das Wasser über „Wasserquellen" in vielen Städten. Die Werbung erfolgt durch Faltblätter, pseudowissenschaftliche Artikel und Mund-zu-Mund-Propaganda.

Wer die Werbeblätter oberflächlich liest, glaubt, daß er nun damit den Urquell des Lebens gefunden hat. Levitiertes Wasser soll Allergikern Hoffnung geben und Umweltschäden kompensieren. Wer möchte da nicht auch mitmachen und neue Kräfte schöpfen?

Weiterhin soll es die Milchsäure bei der Sauerteigherstellung stabilisieren; die Bindefähigkeit von Eiweißstoffen steigern; den Geschmack bei Kaffee und Tee verbessern; die Krebsanfälligkeit reduzieren; die Zellen entgiften; von den vielen Wirkungen auf Pflanzen und Tiere ganz zu schweigen. Es scheint sich für Alle und Alles ideal zu empfehlen.

Der Begriff stammt laut Brockhaus aus der Parapsychologie, ist synonym mit Elevation, worunter man „die physikalisch nicht erklärbare Anhebung oder das freie Schweben eines Gegenstandes" ohne Unterstützung durch sichtbare Hilfsmittel versteht; nur bei „Personen spricht man meist von Levitation". Danach müßte es eigentlich „elevitiertes Wasser" genannt werden. Levitation soll durch geistige Konzentration erreichbar sein und wird als paranormale Fähigkeit manchen sensitiven Trancemedien und Fakiren zugeschrieben. So sollen auch die Steinfiguren der Osterinseln mittels Levitation aufgerichtet worden sein.

In der Werbung wird als Geheimnis der Levitation die rhythmische Beschleunigung der Wassermoleküle benannt, die zu einer Veränderung der Molekülstruktur führen soll. Das alles geschieht in einer geheimnisvollen Maschine, die an allen Verkaufsorten, mit dem jeweiligen Trinkwasser aus der dortigen Wasserleitung, levitiertes Wasser produzieren kann. Verkauf wird das Wasser dann zum Preis von 1 DM je Liter. Selbst bei einem Einkaufspreis von 2 oder 3 DM je Kubikmeter (= 1.000 Liter) Wasser aus der städtischen Wasserleitung bietet sich hier eine weitere Möglichkeit, mit viel Wasser viel Geld zu machen.

Wer dieses Wasser schon gekauft hat, wird möglicherweise der verwirrenden Mischung aus Wunsch und Wahrheit in den Werbeunterlagen erlegen sein. Sehr geschickt wird in einem als Zeitungsartikel aufgemachten Text die eigentliche, stark gesundheitsbezogene Werbung plaziert. Aus diesen wenigen Sätzen werden chronisch Kranke neue Hoffnung schöpfen und es mit dem Wasser wagen wollen.

Auf dem eigentlichen Werbefaltblatt finden sich dann unter dem Hinweis „zum Trinken" deutlich schwächer Gesundheitsversprechen und wissenschaftlich nicht nachweisbare Aussagen über die „Saugenergie im Darmbereich" (Parapsychologie?). Die sonstigen angepriesenen Wirkungen entsprechen denen, die auch bei starkem Konsum normalen Trinkwassers zu erwarten sind; wie z. B. „. . . Wasser wirkt auf den Stoffwechsel" oder „. . . Speicherdepots geben toxische Stoffwechselprodukte zur Ausscheidung an das Blut ab, so daß von einer allgemeinen Entschlackung . . . gesprochen werden kann."

Wer genau liest, dem wird dann unter der Rubrik „praktische Hinweise" auch eindeutig mitgeteilt, „das levitierte ist ein Trinkwasser und kein Heilmittel." Ein wenig Wahrheit nach viel Werbung, die mit der Angst der Menschen spielt.

Insgesamt dürfte das „Levitierte Wasser" eher eine Sache für den Staatsanwalt sein, als für den geeignet, der Heilung sucht. Über zu erwartende mikrobiologische Probleme ist bisher in den Jahresberichten nicht berichtet worden. Ebensowenig wurde bisher untersucht, ob die Qualität nach der Behandlung und dreiwöchigem Stehenlassen noch die Anforderungen der Trinkwasserverordnung erfüllt. Berichtet wird von zwei Ämtern (HH, FR) über die rechtliche Bewertung des Wassers und der Werbeaussagen.

Die Levitationsmaschine

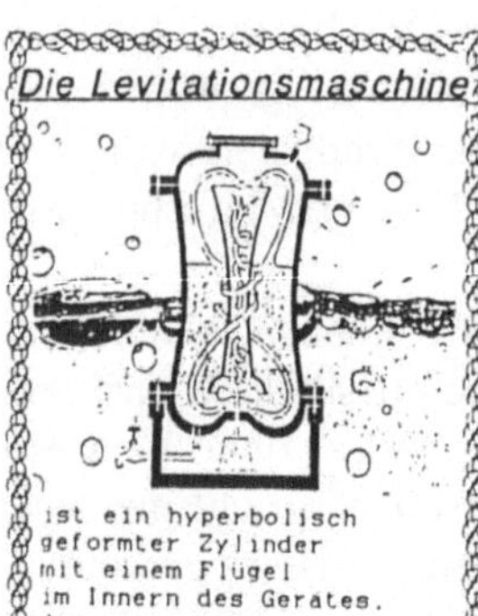

ist ein hyperbolisch geformter Zylinder mit einem Flügel im Innern des Gerates, der von einem E- Motor angetrieben wird.

Füllmenge 35l.

Das Wasser erfährt in der Levitationsmaschine eine starke Beschleunigung. Aufgrund der hyperbolischen Struktur kommt es zu einer rhythmisch verlaufenden Richtungsumkehr, ohne daß Turbulenzen auftreten.

Der Levitationsprozeß bewirkt eine Veränderung der Molekularstruktur des Wassers.

Die so eingetragene Saugenergie hält sich ca. 2-3 Wochen.

zum Trinken

Das levitierte Wasser wirkt auf den Stoffwechsel

Es gibt seine Saugenergie im Darmbereich direkt an die Lymphe und über die Lymphe an das Blut weiter.

Die Lymphaktivität im Organismus nimmt stark zu.

Die im levitierten Wasser enthaltene Saugenergie verhindert ein Verstopfen der Lymphgefäße, so daß häufig ein Abschwellen eines prall gespannten Dickdarmes beobachtet werden konnte.

Die im Bindegewebe lokalisierten Speicherdepots geben vermehrt toxische Stoffwechselprodukte zur Ausscheidung an das Blut ab, so daß von einer allgemeinen Entschlackung aufgrund der Saugenergie des levitierten Wassers gesprochen werden kann.

praktische Hinweise

Das levitierte Wasser ist ein Trinkwasser und kein Heilmittel.

Eine allgemein verbindliche Tagesmenge kann nicht angegeben werden.

Eine Wirkung tritt sehr oft erst nach längerem Genuß ein.

Ideal wäre es, wenn für den ganzen Haushalt, z.B. zum Zubereiten von Speisen, für Kaffee oder Tee, nur levitiertes Wasser verwendet würde.

Therapeutische Anwendung

Levitiertes Wasser ist keine Medizin.
Die enthaltene Saugenergie führt dem menschlichen Organismus die Kräfte zu, die er für den Stoffwechsel benötigt.

Die vielfältigen und oft erstaunlichen Wirkungen, von denen Wassertrinker berichten, sind daher nur indirekt auf das levitierte Wasser zurückzuführen.

Herstellung von Brot und Backwaren

Vollkornhefeteig mit levitiertem Wasser angesetzt, bekommt eine kompaktere Struktur.

Die Backwaren sind lokkerer und 3 - 4 Tage länger haltbar.

In einem mit levitiertem Wasser angesetzten Sauerteig ist die Aktivität der Milchsäurebakterien erhöht, und der Gehalt an Essigsäure gegenüber herkömmlich gebackenen Broten um die Hälfte verringert.

Vollkornbrote, mit levitiertem Wasser gebacken, lassen sich auch im warmen Zustand schneiden.

So gebackene Sauerteigbrote haben einen milden, fein säuerlichen Geschmack.

Die Backwaren sind aufgrund reduzierter Essigsäuregehalte bekömmlicher als normale Sauerteigbrote.

Außerdem kann die Schimmelbildung weit verzögert werden.

Levitiertes Wasser für Pflanzen

Levitiertes Wasser hat eine positive Wirkung auf das Pflanzenwachstum und stärkt die natürlichen Abwehrkräfte der Pflanzen gegen Krankheiten und Schaderreger.

Auch bereits mit Krankheiten oder Schädlingen befallene Pflanzen konnten erfolgreich kuriert werden.

Levitiertes Wasser

Es sollte nicht direkter UV-Einstrahlung ausgesetzt werden.
Die Aufbewahrung in Plastikbehältern ist nicht empfehlenswert.
Glasbehälter in der Wasserstelle erhältlich.

Levitiertes Wasser

in Gebinden von 5l, 10l, 15l

Abb. 1.1. Werbefaltblatt für Levitiertes Wasser

1.6 Grenzfälle zwischen Lebensmitteln, Arzneimitteln und kosmetischen Mitteln

Lebensmittel und Kosmetika sollen in der Bundesrepublik Deutschland nach den Vorschriften des Lebensmittel- und Bedarfsgegenständegesetzes vermarktet werden. Arzneimittel dagegen fallen unter die Bestimmungen des Arzneimittelgesetzes. Immer wieder gibt es jedoch Produkte und Produktgruppen, bei denen es zweifelhaft ist, ob es sich nun um Lebensmittel oder Arzneimittel oder gar kosmetische Mittel handelt. Teilweise entstehen solche Schwierigkeiten, weil die Produkte in ihrer ursprünglichen Zusammensetzung nicht den speziellen Definitionen des Lebensmittel- oder Arzneimittelrechts folgen, teilweise aber auch durch das gezielte Suchen der Hersteller nach Marktvorteilen im „Grau"-Bereich der beiden Gesetzeswerke.

Nach dem Lebensmittel- und Bedarfsgegenständegesetz ist es für die Abgrenzung eines Arzneimittels von einem Lebensmittel entscheidend, ob die zum Verzehr bestimmten Stoffe überwiegend dazu bestimmt sind, zu anderen Zwecken als der Ernährung oder dem Genuß verzehrt zu werden. Ist ein Produkt ausdrücklich als Mittel zur Heilung oder Linderung von Krankheiten bezeichnet, ist es ein Arzneimittel. Bestehen Zweifel an den Angaben, ist die für die Arzneimittelüberwachung zuständige Behörde einzuschalten. Fehlt allerdings ein ausdrücklicher Hinweis auf Wirkungen, ist aus der Sicht eines durchschnittlich informierten Verbrauchers zu ermitteln, ob das Erzeugnis in Anbetracht seiner Aufmachung zum Heilen oder Verhüten von Krankheiten verwendet werden soll. Hierbei können die gattungsgemäße Verwendung der Inhaltsstoffe sowie die Aufmachung, insbesondere die äußere Form wie Kapseln, Tabletten oder Pillen, eine Rolle spielen, also die Kriterien, die nach der herrschenden Meinung zur Abgrenzung verwendet werden. Es kommt zur Bestimmung des Zwecks entgegen der üblichen Meinung aber nicht auf die allgemeine, sondern auf die zu ermittelnde konkrete Zweckbestimmung des Produktes an. Entsteht beim Verbraucher mit Gewißheit der Eindruck, das Produkt solle als Mittel zur Heilung oder Verhütung von Krankheiten in den Verkehr gebracht werden, handelt es sich nicht um ein Lebensmittel, sondern um ein Arzneimittel. Produkte, die Stoffe mit oder in pharmakologischer Wirkung enthalten, sind in Übereinstimmung mit der herrschenden Meinung keine Lebensmittel, sondern Arzneimittel.[1]

Ein einfaches Beispiel stellen die Brause-Vitamin-Tabletten dar. Allgemein gilt, das Brausetabletten Lebensmittel sind. Auch wenn sie vitaminiert sind und mit ihnen eine zusätzliche Vitaminzufuhr zum Ausgleich jahreszeitlich bedingter Schwankungen der natürlichen Vitamingehalte in der Nahrung oder zur Deckung eines erhöhten Vitaminbedarfs bei starker körperlicher Anstrengung verbunden ist. Man würde sie als ebenfalls zu den Lebensmitteln zählenden Nahrungsergänzungsmitteln einordnen. Aber es gibt auch Brause-Vitamin-Tabletten-Präparate, die gezielt in stärkerer, den Tagesbedarf eines Menschen um das Zwei- bis Dreifache übersteigenden Dosis gegen bestimmte Krankheits- oder Mangelerscheinungen eingesetzt werden. Sie dienen dann also nicht dem Zwecke der Ernährung, sondern speziellen Heil- oder Vorbeugemaßnahmen und sind Arzneimittel.

Aktuelles zur Abgrenzung Arzneimittel – Lebensmittel

„Eine ‚Schönheitskur von innen' mit Aufbaustoffen für gesunde Haut, glänzendes Haar und feste Fingernägel als Tabletten in Blisterstreifen nach Dr. med. Sch. wurde den Arzneimitteln zugeordnet. Neben Bierhefe enthielt das Produkt Blütenpollen, Brennesselextrakt, Lecithin, verschiedene Vitamine.

Ein Nahrungsergänzungsmittel und Spirulina in Tabletten soll als Appetitbremse dienen. Es wird also nicht überwiegend zum Genuß oder zur Ernährung verzehrt, sondern soll ein Sättigungsgefühl hervorrufen, dient primär arzneilichen Zwecken.

Flohsamenschalen wurden in einer Fertigpackung angeboten. Die Qualität der Ware entsprach den Anforderungen des Deutschen Arzneimittel-Codex (DAC). Aufgrund des hohen Schleimgehaltes wird die Droge überwiegend als leichtes Abführmittel eingesetzt. Analog dazu wurde Flohsamen beurteilt, für den sogar eine Standardzulassung existiert. Die Anforderungen hinsichtlich der Kennzeichnung waren nicht erfüllt.

Tamarindenmus mit Kernen kann sowohl als leichtes Laxans wie auch als Zusatz zu Getränken und als Gewürz eingesetzt werden. Das Produkt war weder als Lebensmittel noch als Arzneimittel verkehrsfähig.

Eine als Nußmischung eingelieferte Probe enthielt lt. englischer Deklaration als Hauptbestandteil Betelnüsse. Diese sind im westlichen Kulturkreis überwiegend mit arzneilicher Wirkung bekannt, heute jedoch ungebräuchlich. Der für die Wirkung als Stimulans bzw. euphorisierendes Mittel verantwortliche Alkaloidgehalt betrug 0,5%. Das Betelkauen ist in Indien und Ostasien weit verbreitet, in Europa ist die Verwendung nur noch in der Veterinärmedizin als Vermifugum üblich. Da Betelkauen außerdem im Zusammenhang mit Krebserkrankungen der Mundhöhle gesehen wird, wurde die Mischung aufgrund der gesundheitlichen Risiken sowohl als Arzneimittel wie auch als Lebensmittel als nicht verkehrsfähig beurteilt" (HH).

Beobachtungen zur Abgrenzung Arzneimittel – kosmetische Mittel

„Wochenmarktstände und Messen verfügen nach wie vor über ein reichhaltiges Angebot aus der Grauzone. Über zugehörige Werbeprospekte erfolgte die Zuordnung meist in Richtung Arzneimittel.

Heilpflanzenöl, zum Einreiben bei Rheuma und zum Inhalieren bei Erkältungen bestimmt, wird wie die Öle zur Aromatherapie als Arzneimittel beurteilt. Nach der Informationsschrift ‚Einführung in die Aromatherapie' von M. Jones ist die Aromatherapie eine Behandlungsmethode, ‚die mit aromatischen Pflanzenessenzen Geist, Gemüt und Krankheiten zu heilen und zu lindern vermag'. ‚Ätherische Öle werden so aufgrund ihrer enormen Heilkraft in der Medizin als therapeutisches Mittel eingesetzt', z.B. Orangenblütenöl, Citronell und Lavendel wirken angeblich antidepressiv und sollen herzwirksam sein. Als weitere Anwendungsgebiete für die Aromatherapie gelten u.a. Klimakterium, Verstopfung, Migräne, Schlaflosigkeit.

In einer Gruppe ,Natur- und Bienenkosmetik' wurden die Produkte Propoliskapseln als Kosmetikum von innen und Propolisurtinktur angeboten und den Arzneimitteln zugeordnet. Neben der allgemeinen Verkehrsauffassung von Propolis als einem Stoff mit antibakterieller, fungizider und wundheilender Wirkung verstärkten die Bezeichnung als Urtinktur in Verbindung mit einem relativ hohen Preis (DM 31,50/50 ml) den Eindruck einer besonders wirksamen Zubereitung. Neben der unzulänglichen Kennzeichnung fehlte bei allen Propolisprodukten ein Hinweis auf die starke sensibilisierende Wirkung.

Ein mit ,Super Bio-Bombe' bezeichnetes Produkt aus dieser Serie enthielt laut Deklaration 100 mg Gelée Royale und 200 mg Weizenkeimöl/Kapsel. Aus der vom Verbraucher erwarteten tonisierenden Wirkung für Gelée royale in Kapselform als Kosmetikum von innen resultierte eine arzneiliche Zuordnung, wobei die angepriesene Wirkung als irreführend beurteilt wurde.

Vitamin-E-Kapseln, 200 mg/Kapsel, wiesen einen Mindergehalt auf. Die stark überhöhte Dosis (Empfehlung der Deutschen Gesellschaft für Ernährung: 12 mg/Tag), in der Fertigung als Kapsel, ergänzt durch die in Verbraucherkreisen inzwischen gefestigte Erwartung für Vitamin E als Fänger chemischer Radikale und Vorbeugungsmittel gegen degenerative Erkrankungen, führte zu einer Beurteilung als Arzneimittel.

Ein als ,Drying Lotion' deklariertes Produkt enthielt u.a. 3% Campher, 21% Zinkoxid, 6% Schwefel und sollte ausschließlich bei Akne und Entzündungen als tiefenwirkende trocknende Aufschlämmung verwendet werden.

Ein bereits in Japan und England weit verbreitetes Haarwuchsmittel sollte auf den deutschen Markt gelangen. Das Bundesgesundheitsamt (BGA) vertrat als zunächst vom Importeur angeschriebene Behörde folgende Zuordnung: Unter Berücksichtigung der Entscheidung des OVG Hamburg ist das Produkt ein Haarwuchsmittel, das außer zur Pflege des Haares ausschließlich zur Behandlung androgenetisch bedingten Haarausfalls bestimmt ist, den Kosmetika zuzuordnen, weil dies nach Feststellung des Gerichtes keine Krankheit ist. In allen anderen Fällen, in denen die Anwendung eines Haarwuchsmittels angezeigt ist, dürfte es sich dagegen um ein Arzneimittel handeln, das zugelassen werden muß. Die Extrakte der eingesetzten Pflanzen wie Rad. Ginseng, Rhiz. Chuanxiong (Spasmolytikum), Sem. Cuscutae (Diuretikum) u.a. sind überwiegend über Aufnahme durch den Mund in der aufgeführten Weise wirksam, nicht jedoch äußerlich aufgetragen als Haarwuchsmittel" (HH).

Besonderheit: Asiatische Arzneimittel

„Die folgenden Produkte wurden überwiegend mit chinesischer und englischer Deklaration in Chinaläden angeboten:

Yin-Tjiao-Tabletten mit den Wirkstoffen Paracetamol, Chlorpheniramin und Coffein wurden im Zusammenhang mit den Anwendungsgebieten Grippe etc. als apothekenpflichtiges Arzneimittel beurteilt. Außerdem waren pflanzliche Bestandteile mitverarbeitet, alle mit arzneilicher Verwendung wie Rhiz. Amenarrhenae als Fiebermittel.

Ein ‚Medizinisches Pflaster' mit Bestandteilen wie Methylsalicylat Menthol, Campher, Glycolsalicylat, hergestellt in Japan, wurde im Einzelhandel angeboten. Mindergehalte der Wirkstoffe und unzureichende Kennzeichnung führten zur Beanstandung.

Die nachfolgenden Drogen bzw. Mischungen wurden ebenfalls als Arzneimittel beurteilt:

- Radix Astragali (Astragulus mongolicus): in der traditionellen chinesischen Medizin zur Behandlung an Atemdysfunktionen und Harnbrennen verwendet.
- Rhiz. Rehmannial (Sheng Di Pian): blutstillend und fiebersenkend in der chinesischen Medizin.
- Koryo Insam: identisch mit Panax Ginseng, entsprach den Anforderungen des DAB 9. Aus den chinesischen Schriftzeichen ergab sich als Anwendungsgebiet: Energie für den Kreislauf, gut für ein langes Leben.
- Nguan Heng Chan Special Herbing Tea enthielt überwiegend Sennesblätterschoten und Süßholzwurzel neben einem Pulver aus zahlreichen pflanzlich morphologischen Elementen: Zur Anwendung bei Gewichts- und Fettreduktion, Verdauungsschwäche, zur Entwässerung.
- 10000-Wirkungen-zwei-Himmel-Öl war eine Mischung aus 50% Pfefferminzöl mit verschiedenen Drogenpulvern wie Fruct. Gardeniae, Sanguis draconis und Myrrha. Es soll bei Beschwerden im Magen-Darm-Bereich, bei Kopf- und Muskelbeschwerden eingesetzt werden.
- Chinaprodukt II, als besonders wertvolle 3-Penis-Pille bezeichnet, enthielt laut Deklaration in einer breiförmigen Zubereitung von 40 Drogen aus dem Pflanzen- und Tierreich eingearbeitet u. a. die Genitalien vom Hund, Hirsch und von der Ohrenrobbe. Anwendungsgebiete: frühzeitiges Altern, Neurasthenie, Insomnia etc. Nichtdeklarierte Wirkstoffe, wie androgene Steroide, waren nicht nachweisbar.
- Chinaprodukt III, ein Durchfallpulver, enthielt neben Kaolin, Süßholzwurzel und zwei weiteren Drogen keine Wirkstoffe aus Opium oder entsprechende synthetische Wirkstoffe.
- Chinaprodukt IV, Tigerknochen-Dragées: zur Behandlung bei Arthritis, verschiedenen Muskelbeschwerden, enthielten keine nichtdeklarierten Stoffe wie Antiphlogistika, Analgetika nichtsteroidaler Art bzw. Corticosteroide. Neben Tigerknochen waren noch Panax Ginseng, Süßholzwurzel, Evodiarinde u. a. angegeben" (HH).

Literatur

[1] Rabe HJ (1990) Arzneimittel und Lebensmittel – Abgrenzungsproblematik und europarechtliche Dimension, NJW 1390–1397

1.7 Verzehrsempfehlungen des Bundesgesundheitsamtes [1]

Schadstoffe können aus der modernen Industrieproduktion in die Umwelt und aus Boden, Wasser und Luft in die Lebensmittel gelangen. Zu den Schadstoffen zählen die Schwermetalle Blei, Cadmium und Quecksilber, aber auch Polychlorierte Biphenyle, andere persistente chlororganische Verbindungen und Nitrat. Ebenso können durch landwirtschaftliche Maßnahmen wie übermäßige Düngung und Anwendung von Pflanzenschutzmitteln, die unsachgemäße Anwendung von Tierarzneimitteln und den übermäßigen Gebrauch von Konservierungsstoffen usw. Belastungen von Lebensmitteln auftreten.

Gesetze (z. B. Lebensmittel- und Bedarfsgegenständegesetz) und Verordnungen (z. B. Schadstoff-Höchstmengenverordnung und Pflanzenschutzmittel-Höchstmengenverordnung), Richtwerte des Bundesgesundheitsamtes sowie administrative Maßnahmen zur Einhaltung der Bestimmungen durch die zuständigen Lebensmittelüberwachungsbehörden der Bundesländer sollen sicherstellen, daß die Belastung der Lebensmittel mit diesen Stoffen gesundheitlich unbedenklich bleibt.

Auch der einzelne Verbraucher kann einen Beitrag zur Verminderung seiner individuellen Schadstoffaufnahme über Lebensmittel leisten. Die Verzehrsempfehlungen des Bundesgesundheitsamtes sollen dem Verbraucher dies erleichtern.

Um diese Verzehrsempfehlungen den Verbrauchern in den neuen Bundesländern bekannt zu machen und den Verbrauchern in den alten Bundesländern in Erinnerung zu rufen, werden sie nachfolgend zusammengefaßt wiedergegeben:

Obst und Gemüse waschen/schälen

Eingehende Untersuchungen haben belegt, daß durch gründliche küchenmäßige Reinigung bzw. Aufbereitung von pflanzlichen Lebensmitteln oberflächlich anhaftende Schwermetallkontaminationen beträchtlich reduziert werden können. Dies ist für Verbraucher, die Obst und Gemüse von belasteten Standorten verzehren, von Bedeutung. Da nicht vorausgesetzt werden kann, daß dem Verbraucher im einzelnen bekannt ist, ob das erworbene Obst und Gemüse von belasteten Standorten stammt, wird grundsätzlich empfohlen, nur gründlich gewaschenes Obst und Gemüse zu verzehren.

Besonders gründliche Reinigung ist erforderlich bei Pflanzenteilen mit gekräuselten und behaarten Oberflächen, z. B. Grünkohl oder Pfirsichen. Bei Früchten und Gemüsen, die sowohl gewaschen als auch geschält verzehrt werden können, wird das Schälen empfohlen.

Innereien vom Wild meiden

Insbesondere auf dem Gebiet der ehemaligen DDR sind hohe Quecksilberbelastungen vor allem bei Wildschweinen festgestellt worden, die auf die langjährige Verwendung von quecksilberhaltigen Beizmitteln in der Landwirtschaft zurückzuführen sind.

Innereien älterer Schlachttiere nur gelegentlich verzehren

Innereien von Rind und Schwein, insbesondere von älteren Tieren, können häufig höhere Cadmiumgehalte aufweisen als dies sonst in tierischen Lebensmitteln üblich ist. Den Verbrauchern wird daher empfohlen, Nieren und andere Innereien nur gelegentlich zu verzehren. Als gelegentlich ist eine Mahlzeit in zwei- bis dreiwöchentlichem Abstand zu verstehen.

Wildpilze nur gelegentlich verzehren

Die Cadmium- und Quecksilbergehalte, aber auch die Radionuklidgehalte von wildwachsenden Pilzen (nicht von Zuchtpilzen) können erheblich höher sein als in anderen pflanzlichen Lebensmitteln. Bei regelmäßigem Wildpilzverzehr sollten daher pro Woche nicht mehr als 200 bis 250 g Wildpilze verzehrt werden. Gegen einen gelegentlichen Verzehr auch größerer Mengen ist nichts einzuwenden. Kinder sollten (entsprechend ihrem Körpergewicht) weniger Wildpilze essen.

Saisongerechter Verzehr senkt Belastung

Das Bundesgesundheitsamt hat als ein Ergebnis des Lebensmittel-Monitoring (eines Bund-Länder-Forschungsprojekts zur Gewinnung von repräsentativen Aussagen über die Belastung von Lebensmitteln) darauf hingewiesen, daß die Pestizid- und Nitratbelastung bei Obst und Gemüse starken jahreszeitlichen Schwankungen unterliegt. Z. B. waren in den Monaten Oktober bis März angebotene Äpfel deutlich seltener und weniger mit Pflanzenschutzmitteln belastet als in den anderen Monaten. Kopfsalat war zwischen April und September weniger belastet, Erdbeeren zwischen Juni und August. Diese Zeiten entsprechen den hiesigen Wachstums- und Vermarktungsperioden dieser Lebensmittel. Solche Lebensmittel sollten daher möglichst dann verzehrt werden, wenn sie unter den natürlichen Klimabedingungen erzeugt bzw. angeboten werden.

Das BGA empfiehlt den Verbrauchern die Beachtung der Verzehrsempfehlungen, weil die genannten Schadstoffe grundsätzlich unerwünscht, in vielen Fällen aber nicht zu vermeiden sind. Bis zu bestimmten Konzentrationen sind sie gesundheitlich unbedenklich, tragen jedoch zur Gesamtbelastung des Verbrauchers bei.

Literatur

[1] bga-pressedienst 1/1991 vom 3. Januar 1991

1.8 Gift – Was ist das heute eigentlich?

„In Presseveröffentlichungen über umweltrelevante Themen werden in zunehmendem Maße Begriffe wie „Ultragift", „hochtoxisch", „hochgiftig" u.ä. unkritisch verwendet. Verständlicherweise lösen derartige Artikel Beunruhigung in der Bevölkerung aus. In diesem Zusammenhang erscheint es notwendig, den Giftbegriff bzw. Adjektive wie „hochtoxisch" bzw. „hochgiftig" eindeutig zu definieren.

Für den Begriff „Gift" gilt auch heute noch die klassische Definition von Paracelsus: „Alle Dinge sind Gift und nichts ohne Gift; allein die Dosis macht, daß ein Ding kein Gift ist". Demnach ist die Entstehung einer Vergiftung durch einen Stoff entscheidend von der aufgenommenen Menge dieses Stoffes abhängig. Eine ebenso entscheidende Rolle spielt die Einwirkungsweise (oral, dermal, inhalativ) des Stoffes. Diese Zusammenhänge leuchten auch dem Laien ein, wenn man an die Wirkung von Arzneimitteln denkt. In geringen Dosen eingenommen, haben sie oft eine lebensrettende Wirkung, in hohen Dosen eingenommen, können sie tödliche Gifte sein.

Ein Begriff wie „hochgiftig" beinhaltet eine Wertung in der Weise, daß es sich bei einem derartigen Stoff um einen besonders giftigen Stoff handeln muß. Dies kann im Sinne der obigen Gift-Definition nur bedeuten, daß dieser Stoff bereits in sehr geringen Dosen eine Giftwirkung (oral, dermal oder inhalativ) verursacht. In § 1 der Verordnung über die Gefährlichkeitsmerkmale von Stoffen und Zubereitungen nach dem Chemikaliengesetz vom 18. Dezember 1981 (Gefährlichkeitsmerkmale-VO) wird folgende Klassifizierung vorgenommen: sehr giftig, giftig und mindergiftig. Ein Begriff wie „Ultragift" oder „hochgiftig" dürfte der o.a. Klassifizierung „sehr giftig" gleichzusetzen sein. Nach § 1 Abs. 1 Nr. 1 der o.g. Verordnung sind Stoffe oder Zubereitungen sehr giftig, wenn sie infolge von Einatmen, Verschlucken oder einer Aufnahme durch die Haut äußerst schwere akute oder chronische Gesundheitsschäden oder den Tod bewirken können; dies ist insbesondere der Fall, wenn mit ihnen

a) nach Verbringen in den Magen der Ratte eine LD_{50} bis zu 25 mg/kg Körpergewicht,
b) nach Verbringen auf die Haut der Ratte oder des Kaninchens eine LD_{50} bis zu 50 mg/kg Körpergewicht,
c) nach Aufnahme über die Atemwege der Ratte eine LC_{50} bis zu 0,5 mg/l Luft pro 4 Stunden

ermittelt wurde.

Nach § 1 Abs. 2 sind:

a) LD_{50} (tödliche Dosis): die mittlere tödliche Menge eines Stoffes oder einer Zubereitung, die nach Verbringen in den Magen oder auf die Haut von Versuchstieren derselben Art von deren Körper aufgenommen wird und die Hälfte der Versuchstiere tötet; sie wird ausgedrückt in Milligramm pro Kilogramm Körpergewicht (mg/kg).

b) LC_{50} (tödliche Konzentration): die mittlere tödliche Konzentration eines Stoffes oder einer Zubereitung, die nach Aufnahme über die Atemwege von Versuchstieren innerhalb eines bestimmten Zeitraums die Hälfte der Versuchstiere tötet. Sie wird ausgedrückt in Milligramm pro Liter Luft pro 4 Stunden und wird an der Ratte als Versuchstier bestimmt.

In den Technischen Regeln für gefährliche Arbeitsstoffe, hochgiftige Stoffe (Kriterien, Liste), TRgA 110, Ausgabe Oktober 1978 werden etwas abweichende Bewertungskriterien für hochgiftige Stoffe verwendet. Hiernach ist ein Stoff als hochgiftig anzusehen, wenn die akute Toxizität einen der folgenden Werte unterschreitet:

LCLo ihl hmn:	50 ppm über 1 h für Gase und Dämpfe bzw. 500 mg/m³ über 1 h für Stäube und Nebel
LDLo skn hmn:	40 mg/kg
LDLo orl hmn:	5 mg/kg

Sofern Erfahrungen am Menschen nicht vorliegen, gelten folgende aus Tierversuchen gewonnene Werte:

Die Bewertungskriterien der TRgA 110 sind demnach z. T. strenger als die der Gefährlichkeitsmerkmale-VO (übernommen in Anhang I der Gefahrstoff-Verordnung).

Die TRgA 110 enthält eine Liste von 59 hochgiftigen Stoffen und Angaben zur akuten Toxizität dieser Stoffe. Für einige auch dem Laien mittlerweile bekannte Substanzen sind in der Folge die toxikologischen Daten angegeben.

LC_{50} ihl rat:	50 ppm über 1 h für Gase und Dämpfe bzw. 500 mg/m³ über 1 h für Stäube und Nebel
LD_{50} skn rbt	
oder skn rat:	40 mg/kg
LD_{50} orl rat:	5 mg/kg
LCLo:	niedrigste veröffentlichte tödliche Konzentration in Luft
LDLo:	niedrigste veröffentlichte tödliche Dosis
Applikationsart:	
ihl	= Inhalation
skn	= Haut
orl	= oral
hmn	= Mensch
rat	= Ratte
rbt	= Kaninchen

Alle o. a. toxikologischen Daten beziehen sich auf die Reinsubstanzen. Diese Tatsache ist außerordentlich wichtig und wird bei Presseveröffentlichungen o. ä. häufig außer acht gelassen. Wird nämlich z. B. in einem Boden eine Substanz festgestellt, die nach o. a. Kriterien als sehr giftig einzustufen ist, so wird häufig der Schluß gezogen, daß dieser Boden ebenfalls als sehr giftig anzusehen ist, ohne die

1)	Arsentrioxid	LDLo (orl	hmn):	1,43	mg/kg Körpergewicht
2)	Cyanwasserstoff	LDLo (orl	hmn):	0,57	mg/kg Körpergewicht
	(Blausäure)	LCLo (ihl	hmn):	120	mg/m^3 über 1 h
3)	Phosgen	LCLo (ihl	rat):	75	ppm über 30 min
4)	Phosphorwasserstoff	LCLo (ihl	rat):	11	ppm über 4 h
5)	2,3,7,8-Tetrachlordibenzodioxin (TCDD)	LD_{50} (orl	rat):	0,01	mg/kg Körpergewicht
		LD_{50} (skn	rat):	0,275	mg/kg Körpergewicht

Konzentration der betreffenden Reinsubstanz im Boden zu berücksichtigen. Um z.B. einen mit Arsentrioxid kontaminierten Boden als sehr giftig einzustufen, müßte die LDLo dieses Bodens bei höchstens 5 mg/kg Körpergewicht liegen. Berücksichtigt man die oben unter 1) aufgeführte LDLo von 1,43 mg/kg, so müßte ein entsprechender Boden einen Arsentrioxidgehalt von mindestens 28,6% aufweisen! Ein solches Material wird man sicherlich nicht mehr als Boden bezeichnen können.

Häufig wird in letzter Zeit der Begriff „Ultragift“ verwendet, wenn man in Materialien 2,3,7,8-Tetrachlordibenzodioxin (2,3,7,8-TCDD) gefunden hatte. So wurden Filterstäube mit einer Konzentration von 0,09 µg/kg an 2,3,7,8-TCDD unter dem Begriff „Umweltgift“ in Schlagzeilen gehandelt. Legt man die oben unter 5) angegebene LD_{50} (orl, rat) von 0,01 mg/kg Körpergewicht zugrunde, so wäre ein Filterstaub hinsichtlich seiner akuten Toxizität erst ab einer 2,3,7,8-TCDD-Konzentration von 0,2% als sehr giftig einzustufen. Diese Konzentration ist rund zweimillionenmal höher als die tatsächlich in dem Filterstaub gemessene Konzentration!

Im Sinne einer objektiven Berichterstattung wäre es wünschenswert, wenn die klassische Definition von Paracelsus auch bei den Medien beachtet würde: Die z.Zt. häufig beobachtete Praxis führt nur zu einer unnötigen Beunruhigung der Bevölkerung und trägt zur Versachlichung der Probleme nichts bei“ (DU).

1.9 Trinkwasser – Wie gut wird es nun werden?

Erhöhung der Parameterzahl – auch Erhöhung der Qualitätsanforderungen?

Die neue Trinkwasserverordnung vom 5. Dezember 1990 (TrinkwV) spiegelt sichtbar die internationalen Bemühungen, insbesondere der Europäischen Gemeinschaft (EG) wider, die Sicherheit und Akzeptanz des Trinkwassers zu erhalten und zu verbessern. So werden in der Verordnung neue Grenz- bzw. Richtwerte festgesetzt und bisherige Grenz- und Richtwerte dem gegenwärtigen Stand der wissenschaftlichen Erkenntnis und der EG-Richtlinie 80/778 über die Qualität von Wasser für den menschlichen Gebrauch vom 15. Juli 1980 angepaßt. Außerdem wurden die Bestimmungen der Trinkwasser-Aufbereitungsverordnung, in der die zugelassenen Zusatzstoffe mit Mengenbegrenzung aufgeführt sind, in die Trinkwasserverordnung eingefügt.

Trinkwasser muß frei sein von Krankheitserregern. Da der unmittelbare Nachweis, daß Trinkwasser keine Krankheitserreger enthält, routinemäßig nicht zu führen ist, sind Grenz- bzw. Richtwerte für bestimmte Indikatoren festgelegt, die auf ein mögliches Vorhandensein von Krankheitserregern hinweisen. Zusätzlich zu den bisherigen Grenzwerten für die Gesamtkeimzahl, E.coli und coliforme Keime wird in der neuen Trinkwasserverordnung auch für Fäkalstreptokokken ein Grenzwert festgelegt. Danach darf Trinkwasser in 100 ml Fäkalstreptokokken nicht enthalten. Nach neueren Erkenntnissen kommt auch den Mikroorganismen Legionella pneumophila sowie den atypischen Mykobakterien erhebliche gesundheitliche Relevanz zu, der durch die ausdrückliche Nennung in § 13 Abs. 1 Nr. 4b Rechnung getragen wird.

Neu ist auch die Einführung von Richtwerten für Kupfer und Zink. Dies berücksichtigt die überragende Bedeutung der beiden Metalle als Werkstoffe für die Hausinstallation und trägt zugleich dem Problem „Stagnationswasser" Rechnung. Danach sollen die Richtwerte von 3 mg/l Kupfer und 5 mg/l Zink nicht überschritten werden. Diese Richtwerte gelten nach 12stündiger Stagnation des Wassers in den Leitungen. Für neu installierte (nicht älter als 2 Jahre) Kupferrohre bzw. verzinkte Stahlrohre gelten die genannten Richtwerte ohne Berücksichtigung der Stagnation. Mit dieser nicht sehr strengen, sondern eher „großzügigen" Regelung soll berücksichtigt werden, daß es technisch bedingt in den ersten 2 Jahren nach der Installation von Rohren aus Kupfer oder verzinktem Stahl zu erhöhten Kupfer- bzw. Zinkwerten kommen kann, wenn das Wasser längere Zeit in der Leitung gestanden hat.

Laut neuer TrinkwV darf Trinkwasser nur noch enthärtet werden, wenn nach der Aufbereitung ein Gehalt an Erdalkalien von 60 mg/l, berechnet als Calcium, und eine Säurekapazität KS 4,3 von 1,5 mmol/l nicht unterschritten werden. Bei einer Enthärtung durch Ionenaustausch darf der Gehalt an Natriumionen im Trinkwasser nicht erhöht werden. Die Verwendung von zugelassenen Zusatzstoffen bei der Trinkwasseraufbereitung muß dem Verbraucher in geeigneter Form bekanntgegeben werden. In diese Regelung sind die Anlagen der Hausinstallation einbezogen. Somit muß auch jeder Hauseigentümer, der zwecks Aufbereitung des Trinkwassers zulassungspflichtige Zusatzstoffe in der Hausinstallation zusetzt, die Mieter über die Art und Menge der Zusatzstoffe im Trinkwasser durch Aushang oder durch sonstige schriftliche Mitteilung in Kenntnis setzen.

Der Grenzwert für Arsen wird von 0,04 auf 0,01 mg/l herabgesetzt. Diese Herabsetzung ist angesichts neuer Aufbereitungstechniken und einer toxikologischen Neubewertung von Arsen aus Vorsorgegründen geboten. Die Aufnahme von Arsen sollte soweit wie möglich vermieden werden, da es als ein Humancancerogen angesehen wird.

Da einige kleinere Wasserwerke bislang noch Aufbereitungsschwierigkeiten haben, tritt der genannte neue Arsen-Grenzwert allerdings erst am 1. Januar 1996 in Kraft. Neu aufgenommen in die Tinkwasserverordnung sind auch die in der Bundesrepublik Deutschland relativ selten vorkommenden Stoffe Antimon und

Selen. Hier liegen die Grenzwerte jeweils bei 0,01 mg/l. Wegen ihrer Seltenheit bedürfen diese Stoffe keiner routinemäßigen Kontrolle, sondern es reicht aus, wenn auf diese Stoffe nur bei besonderen Gegebenheiten bzw. Verdachtsmomenten untersucht wird.

In Anlehnung an die EG-Richtlinie wird der bisherige Grenzwert von 0,025 mg/l für organische Chlorverbindungen auf 0,01 mg/l herabgesetzt. Dieser Summenwert gilt für die am häufigsten vorkommenden fünf Halogenkohlenwasserstoffe 1,1,1-Trichlorethan, Trichlorethen, Tetrachlorethen, Dichlormethan und Tetrachlormethan. Mit dieser Verschärfung der Anforderungen soll der Tatsache Rechnung getragen werden, daß zumindest bei einigen dieser Stoffe begründeter Verdacht auf krebsauslösendes Potential besteht. Um eventuell erforderliche Verbesserungen der analytischen Nachweisgrenzen bei der Bestimmung von organischen Chlorverbindungen zu ermöglichen, tritt der genannte Summengrenzwert von 0,01 mg/l erst am 1. Januar 1992 in Kraft. Für den Einzelstoff Tetrachlormethan bleibt der bisherige Grenzwert von 0,003 mg/l weiter bestehen.

In Angleichung an die EG-Richtlinie wird der Gehalt an Chloriden jetzt auf 250 mg/l begrenzt. Stark erhöhte Chloridgehalte, die nicht geogen bedingt sind, können Indikatoren für die Einleitung industrieller Abwässer oder Verunreinigungen durch Streusalz oder Mineraldünger sein. Der Calciumgehalt sollte 400 mg/l und der Kjeldahl-Stickstoff 1 mg/l nicht überschreiten. Unter Kjeldahl-Stickstoff versteht man den in organischen Verbindungen enthaltenen Stickstoff, der analytisch nicht als Nitrat-, Nitrit- oder Ammoniak-Stickstoff erfaßt wird. Der Gehalt an mit Chloroform extrahierbaren Stoffen, berechnet als Abdampfrückstand, sollte nicht über 1 mg/l liegen. Phenole werden auf 0,0005 mg/l begrenzt, wobei natürliche Phenole, die nicht mit Chlor reagieren, von dieser Regelung ausgenommen sind. Der Gehalt an gelösten oder emulgierten Kohlenwasserstoffen und Mineralölen sollte 0,01 mg/l nicht übersteigen. Kohlenwasserstoffverbindungen sind meist nur schwer abbaubar, führen schon in geringen Konzentrationen zu Geschmacks- und Geruchsbeeinträchtigungen und können beim Auftreten als Film auf Wasseroberflächen den Gasaustausch zwischen Wasser und Luft unterbinden. Mit der Begrenzung der Kohlenwasserstoffe dürften allerdings ziemlich große analytische Schwierigkeiten verbunden sein, da solch niedrige Konzentrationen zumindest nach der DIN-Norm 38409 H18 der Deutschen Einheitsverfahren zur Wasser-, Abwasser- und Schlammuntersuchung in der Regel gar nicht erfaßbar bzw. nachweisbar sind. Der Gehalt an Bor, das u. a. als Indikator für die Einleitung von häuslichen Abwässern in Oberflächenwasser betrachtet werden kann, wird auf 1 mg/l beschränkt.

Für Phosphat, berechnet als PO_4, wurde der Grenzwert auf 6,7 mg/l festgelegt. Hierbei ist anzumerken, daß dem hiesigen Trinkwasser seitens der Wasserwerke üblicherweise Phosphat in geringen Mengen zudosiert wird, da Phosphat in den Leitungsrohren korrosionshemmend und eisenkomplexierend wirkt. Für Barium wurde der Höchstgehalt auf 1 mg/l beschränkt. Neu ist auch die flexiblere Handhabung bei den Parametern Sulfat und Magnesium, wo geogen bedingte Überschreitungen bis 500 mg/l bzw. bis 120 mg/l tolerierbar sind.

Insgesamt beinhaltet somit die Neufassung der Trinkwasserverordnung eine Ausweitung der zu untersuchenden Inhaltsstoffe und eine teilweise Verschärfung der Anforderungen an die Qualität des Trinkwassers.

Hausinstallationen – Schwermetallbelastungen – Beurteilung durch das Gesundheitsamt

Mit Inkrafttreten der Neufassung der Trinkwasserverordnung (TrinkwV) sind nunmehr erstmalig auch die Zuständigkeiten der Überwachung bis an die Zapfstellen, also auch bis hinein in die Hausinstallation, einschließlich ggf. angeschlossener Trinkwasserbehandlungsanlagen, geregelt worden; (nicht mehr nur – wie früher – von den Wasserwerken über den Hausanschluß bis zur Wasseruhr).

Übrigens wurde die im Entwurf dieser Änderungsverordnung der Trinkwasserverordnung vorgesehene, folgende Legaldefinition des Begriffes „Trinkwasser" im Bundesrat letztlich nicht akzeptiert; hier ihr Wortlaut: „Trinkwasser im Sinne dieser Verordnung ist Wasser, welches dazu bestimmt ist, als Lebensmittel oder für den sonstigen menschlichen Gebrauch verwendet zu werden, insbesondere für die Zubereitung von Speisen und Getränken, für die Körperpflege und -reinigung oder für die Verwendung im Haushalt, ausgenommen, Schwimm- und Badebeckenwasser". Kam die Ablehnung nur, weil der Verkehrsminister im letzten Moment noch erreichen mußte (Sachzwang?), daß das in Bahn, Schiff und Flugzeug mitgeführte Wasser weiterhin davon nicht berührt werden sollte? Somit bleibt es wie bisher bei den durch das Bundesseuchengesetz und das Lebensmittel- und Bedarfsgegenständegesetz festgesetzten Vorschriften.

„Nulla dies sine aqua! Keinen Tag ohne Wasser!..." beginnt ein erläuternder Kommentar hierzu von U. Hässelbarth [1], in dem er u. a. schreibt: „... Da es bislang auch keinem noch so wohlhabendem Land gelungen ist, Trinkwasser an allen Zapfstellen (in Deutschland: 180 bis 240 Millionen Zapfstellen) zu untersuchen, muß weiterhin durch Anwendung technischer Regelungen sichergestellt sein, daß das Trinkwasser in der Hausinstallation nicht beeinträchtigt wird. Im Fall von Beanstandungen ist das Gesundheitsamt ermächtigt, Proben zu entnehmen, zu untersuchen oder untersuchen zu lassen und bei Abweichungen Auflagen zu erteilen, die der Betreiber der Hausinstallation zu erfüllen hat. Bewertungsgrundlage sind die Vorschriften der §§ 1 bis 4 und 4a TrinkwV. Damit dürften viele Beanstandungen, insbesondere solche wegen erhöhter Bleigehalte, in einfacherer Weise als bisher zu einem befriedigenden Ende gebracht werden ...".

Blei

Wie sich bei überhöhten Bleigehalten im Trinkwasser für die betreffenden Hauseigentümer künftig konkrete Konsequenzen ergeben dürften, das signalisiert ein neuerliches Urteil des Landgerichts Hamburg vom 05.02.1991 – AZ.: 16 S33/88, mit folgendem Ergebnis: „Soweit die im Wohnhaus installierten Wasserleitungen aus Blei eine gesundheitsgefährdende Bleikonzentration im Trinkwasser bewirken, kann der Mieter vom Vermieter grundsätzlich verlangen, daß der Mangel durch Verlegen anderer Leitungen beseitigt wird, auch wenn der Mangel eine Mietminderung nicht rechtfertigt".[2] Eine Gesundheitsgefährdung durch Blei im Wasser sieht das Gericht als gegeben an, wenn der Grenzwert von 40µg/l Wasser regelmäßig überschritten wird. Übrigens soll es sich bundesweit um das erste rechtskräftige Urteil dieses Inhalts handeln. Welch hoffnungsvolle Fortschritte, um künftig wenigstens die bekanntgewordenen stärkeren Bleiverunreinigungen in Trinkwässern durch Neuinstallationen veranlassen, notfalls erzwingen zu können.

Doch ohne bundesweit und gezielt durchgeführte Trinkwasseruntersuchungen an wahrscheinlich zehntausenden von Altbauwohnungen, in denen noch Bleileitungen – teils nur noch unbekannte Restabschnitte – liegen, wird noch über Jahre hinaus für zahllose Verbraucher eine Belastung mit bleihaltigem Trinkwasser weiterbestehen.

Hinzu kommt, daß von den wirklich aufgeklärten Fällen bleibelasteten Trinkwassers eine Vielzahl noch unter dem Grenzwert (0,040 mg/l) liegen und deshalb – aus formal rechtlichen Gründen – nicht beanstandet und den Betroffenen in der Regel wahrscheinlich überhaupt nichts bekannt wird, wodurch solche Fälle dann auch nicht im Sinne einer Sanierung abgeändert werden können.

Im Gegensatz dazu haben die Chemischen und Lebensmitteluntersuchungsanstalten in den letzten Jahren jeden – auch deutlich unterhalb dieses Grenzwertes liegenden – Wert ernst genommen, solche Befunde allerdings wie folgt abgesichert: Falls auch die in Nähe der Wasseruhr (Kellerraum) entnommene Probe Blei aufwies, sind Erkundigungen bei den Wasserversorgungsunternehmen eingeholt worden, ob das betreffende Haus eventuell noch zu dem Restbestand derjenigen Altbauten gehört, deren Wasseranschluß (vom Hauptstrang der Straße aus) noch aus einer alten Bleirohrleitung besteht. (Durch jährliche, umfangreiche Austauschmaßnahmen solcher Bleirohranschlüsse – teils erst aus den 50er Jahren stammend – wird es davon allerdings bald keine mehr geben).

Auch wenn nur Eisen- oder Kupferrohre sichtbar und auch sonst weiter keine Bleirohre aufgefallen waren, mußte man – und muß man erfahrungsgemäß immer – bei erhöhten Bleibefunden im Trinkwasser auf Vorhandensein noch eingebauter Bleileitungen schließen; öfter sind es zwar „nur noch" kurze Verteilerstränge, doch sie vermögen darin stehendes Wasser schon auffallend an Blei anzureichern.

In jedem Falle analytisch gesicherter Bleibefunde sollten diese nicht nur dem Mieter mitgeteilt, der die amtliche Probenahme und Untersuchung erbeten hatte, sondern gleichzeitig auch stets dem Hauswirt. Zwar im vollen Bewußtsein, daß insbesondere für unterhalb des Grenzwertes liegende Bleigehalte keine rechtliche Handhabe für eine Auflage besteht, werden dennoch über die Information der Bleibefunde hinaus (Proben von Wasseruhr-Nähe, Stagnations- und Fließwasser in Küche oder Bad) auf den Anspruch jedes Mieters auf „völlig bleifreies Trinkwasser . . ." hingewiesen, sowie daß bleifreies Wasser „nur nach vollständigem Austausch aller Bleirohr(teile) gegen Rohre aus anderem Material erzielbar . . ." sei und daß man vorläufig „. . . behelfsweise nach Pausen beim Wasserverbrauch (auch tagsüber nach schon ca. 4 Stunden) vor Entnahme für

Trinkzwecke oder Speisenbereitung das gestandene Wasser mehrere Minuten (je nach Etagenhöhe) wegfließen lassen (oder für Reinigungszwecke nutzen) ..." sollte.

Kupfer

Die in der neuen Trinkwasserverordnung neu aufgenommenen Richtwerte für Kupfer von 3 mg/l und für Zink von 5 mg/l in Trinkwasser nach 12 Stunden Stagnation und innerhalb von 2 Jahren nach der Installation (neuer Kupferrohre) sollen jedoch nach Ablauf der 2jährigen Frist auch ohne Berücksichtigung der Stagnation gelten. Diese Regelung ist nicht nur für die sensibleren Lebensmittelchemiker, sondern auch für die anderen Fachleute – wenn zwar von der EG-Richtlinie her aufgezwungen – doch kaum verständlich. Als Begründung dieser Richtwerte überhaupt nennt die EG-Richtlinie mögliche geschmackliche Beeinträchtigungen des Trinkwassers bei höheren (> 3 mg/l liegenden) Kupfergehalten, während gesundheitliche Bedenken erst gar nicht angeführt werden. Was die sensorische Beeinträchtigung betrifft, so sollen für echt gelöstes Kupfer erst Gehalte zwischen 2,4 bis 3,2 mg/l als Geschmacksschwellenwerte ermittelt worden sein.[3]

Was die zwar nicht gewünschte, aber angesichts der inzwischen sehr verbreiteten Kupferrohrinstallationen auch entsprechend weit verbreiteten Kupferverunreinigungen unseres Trinkwassers in bezug auf die physiologische Wirkung auf den Menschen betrifft, so scheint man weithin – auch in Wissenschaftskreisen recht bedenkenlos zu sein:

„Zu den lebensnotwendigen Elementen gehört Kupfer. Ein gesunder Erwachsener hat durchschnittlich etwa 100 mg Kupfer in seinem Körper. Da Kupfer nicht für immer im Körper gespeichert, sondern laufend ausgeschieden wird, muß der Mensch eine bestimmte Menge Kupfer mit der Nahrung, täglich etwa 2 bis 3 mg, neu aufnehmen.

Die Art der chemischen Bindung von Kupfer im Nahrungsmittel bestimmt mit, wieviel Kupfer der Körper davon tatsächlich verwerten kann. Die Resorptionsrate wird im Durchschnitt mit etwa 30% angegeben. Die vom Körper aufgenommene Menge wird aber auch davon beeinflußt, wieviel Kupfer im Körper bereits vorhanden ist. Bei einem niedrigen Kupferniveau wird mehr Kupfer aus der Nahrung aufgenommen und weniger Kupfer ausgeschieden und umgekehrt. Diese natürliche Steuerung schafft Reserve und Sicherheit gegen Unterversorgung und Überversorgung".[4]

Trotz dieser „Unbedenklichkeit" möchte sicherlich niemand wenn auch nur schwach kupferhaltiges Trinkwasser regelmäßig wissentlich aufnehmen. Diejenigen, denen die Problematik bekannt ist, lassen nach Standzeiten Wasser abfließen, bevor sie es für Trink- und Speisezwecke verwenden. Deshalb sollten fairerweise auch bei allen erhöhten Kupferbefunden – oberhalb des Richtwertes von 0,1 mg/l (EG-Richtlinie) – diese in Gutachtenform den Betreffenden mitgeteilt und sie zusätzlich darüber informiert werden, daß stärkere Kupferkorrosionen an mehrjährigen Leitungen auch z.B. durch unsachgemäß, d.h. entgegen der Fließregel miteinander verbundene, sog. Mischinstallationen entstanden sein können, was ggf. erst durch einen Fachgutachter eindeutig geklärt werden könnte. Auch hier gilt der Ratschlag in bezug auf das regelmäßige Abfließenlassen von Trinkwasser nach längerem Stehen in Kupferrohren. Denn wenig bekanntgeworden sind die Ausmaße an Korrosionsschäden bis zu Lochfraß, die es seit der verbreiteten Einführung von Kupferrohren in den europäischen Trinkwasser-Leitungssystemen während der letzten zwei Jahrzehnte gegeben hat. Zwar konnten die Kupferqualitäten in den 80er Jahren verbessert werden – nach DIN genormte und mit DIN-Nummern deutlich markierte Kupferrohre gibt es schon länger. Nach erfolgter Neuinstallation einer Trinkwassersteigleitung (DIN 25-Hauptleitung, 20 m Steiglänge) wurden z.B. über mehrere Monate die Kupferkonzentrationen in Trinkwasser nach nächtlicher Stagnation des Wassers im Rohr und kurzzeitigem Ablaufen (2 und 5 min) untersucht.[6] Die Ergebnisse zeigten, daß zunächst eine hohe Kupferbelastung des Wassers nach nächtlicher Stagnation von > 2 bis 4 mg/l bestand, die nach kurzzeitigem Ablaufen (2 bis 5 min) deutlich auf < 0,3 mg/l zurückging. Etwa 4 Monate nach erfolgter Leitungsinstallation gingen die Kupferkonzentrationen im Trinkwasser nach nächtlicher Stagnation von ca. 8 Stunden Dauer auf Werte von < 1,7 mg/l zwar zurück, waren aber noch hoch. Nach Ablaufen des Wassers (2 und 5 min) ergaben sich noch Konzentrationen von 0,8 bzw. 0,2 mg/l. Aufgrund der gleichzeitig ermittelten Härtegrade von 15,5 bis > 21 und der pH-Werte von 7,6 bis 7,9 war hier auch mit einer zunehmenden Schutzschichtbildung im Trinkwasser zu rechnen. Da eine solche jedoch stark von der Säurekapazität und der „Aggressivität" des Wassers abhängig ist, dürfte der zeitliche Rückgang der Kupferkonzentrationen unter anderen Bedingungen erfahrungsgemäß auch anders, oft sehr verzögert verlaufen.

Im Warmwasserbereich liegen diese Verhältnisse im allgemeinen noch ungünstiger; daher soll Trinkwasser aus Warmwasserversorgungsnetzen im Haus zumindest für die Bereitung von Säuglingsnahrung nicht benutzt werden, da wegen vielfältiger Kupferverwendung im Wärmetauscher, in Heizelementen sowie durch die hohe Temperatur und längere Verweildauer des Wassers in der Leitung mit erhöhten Kupfersalzen zu rechnen ist.[7]

Wer verhindert zudem im „harten Wettbewerb" den Einbau importierter Kupferrohre geringerer Qualität und wer überprüft, ob nicht regelwidrige Mischinstallationen stattfinden, weil sie nicht selten schneller und ebenfalls billiger machbar sind? Und auch erst bei allgemeinem Einhalten höherer pH-Werte in den gelieferten Trinkwässern werden darin die Korrosionserscheinungen und damit die heutige Verbreitung stärkerer Verunreinigungen mit Kupfersalzen abnehmen.

Probenahme

Dazu stellt kein Geringerer als der in Fachkreisen anerkennend als „Wasserpabst" titulierte K.E. Quentin u.a. folgende grundsätzliche Anforderungen: „Eine fachkundige Probenahme ist maßgebende Voraussetzung für die einwandfreie Untersuchung des Wassers und eine zutreffende Beurteilung der Untersuchungsergebnisse mit den entsprechenden Folgerungen. Nur Sachverständige können die Untersuchungen an Ort und Stelle sowie die verschiedenen Entnahmen mit den zugehörigen Vorbereitungen für die analytischen Einzelbestimmungen im Laboratorium vornehmen. Jegliche Probenahme wird sich dem Untersuchungsziel ... anzupassen haben ... Grundsätzlich soll die Probenahme durch den Wasserchemiker bzw. durch Fachkräfte erfolgen ..." (Für verschiedenartige Probenahmetechniken bieten die DIN- und ISO-Normen sowie DVGW- und DVWK-Merkblätter detaillierte Beschreibungen.[5] Wichtig ist auch die Verwendung materialmäßig geeigneter, insbesondere nicht geruchsabgebender (weichmacherhaltiger) Probenflaschen und deren Verschlüsse.

Für Probenahmen an Zapfstellen in Wohnungen sind für den ja stets beabsichtigten Erhalt repräsentativer Wasserproben an den mindestens zwei Zapfstellen in Keller sowie Küche und hier wegen der zeitlich versetzten Entnahmen (erste und – nach Abfließenlassen – die zweite) auch unabdingbar spätestens tags zuvor zu treffende Verabredungen mit den Wohnungsinhabern, damit bei den Probenahmen frühmorgens garantiert noch (genügend) Stagnationswasser angetroffen wird; das bedeutet, daß sowohl alle Bewohner der betreffenden Wohnung als auch die an demselben Trinkwasserstrang angeschlossenen Mieter mindestens 8 Stunden keinerlei Wasser entnehmen bzw. bewegen (für Toilettenspülung Wasserreserve hinstellen lassen). Auch damit die in Wasseruhr-Nähe liegende Zapfstelle (= Keller) gleich zugänglich ist. Der für die Hausinstallation Zuständige oder der am meisten Sachkundige sollte bei der Probenahme für technische Auskünfte möglichst zugegen sein.

Alle sachdienlichen und plausiblen Informationen sollten – Telegrammstil genügt – protokolliert und zugleich mit den Proben zur Untersuchung übergeben werden (weil Hinweise oft die Analytik beeinflussen oder gleich die Wiederholung der Probenahme veranlassen können). Erfahrungsgemäß sind insbesondere das Auffinden von Verunreinigungsursachen am ehesten möglich, wenn man als Sachverständiger die Probenahme schon vorbereiten, sie anleiten, an Ort und Stelle alle erforderlichen Auskünfte einholen sowie manchmal noch zusätzliche Hinweise auffangen kann.

Übernahme durch das Gesundheitsamt

Als eine wesentliche „Neuerung" gemäß der geltenden Trinkwasserverordnung gilt die Regelung, daß das wichtigste Lebensmittel, das Trinkwasser, jetzt auch aus den Zapfstellen der Hausinstallationen nicht mehr von der zuständigen Lebensmittelüberwachung, sondern vom nunmehr dafür ausdrücklich als besonders zuständig erklärten Gesundheitsamt überwacht werden soll.

Der fundamentale Unterschied zwischen solchen künftigen „Auftragsproben" und der bisherigen von Anfang bis Abschluß vom Lebensmittelchemiker betreuten Probe besteht vor allem darin, daß er auf die gerade hierbei so ausschlaggebende Probenahme (siehe oben) keinen Einfluß nehmen kann – weil künftig durch Gesundheitsaufseher durchgeführt – und daß damit eine korrekte Begutachtung gar nicht mehr möglich ist.

Macht man sich bewußt, daß Trinkwasser innerhalb der Hausinstallationen – von Verkeimungen privater Wasserfilter abgesehen – sonst bakteriologisch kaum auffällt, statt dessen jedoch regelmäßig mit anorganisch-chemischen Stoffen angereichert wird – siehe auch die verschiedensten, mittels Wasserbehandlungsanlagen oft unsachgemäß eingespeisten Zusatzstoffe – so braucht man über die Frage nach der hier getroffenen Kompetenzzuordnung nicht mehr zu diskutieren.

Damit beantwortet sich zugleich auch die Frage, ob diese ursprünglich zum Schutze des Verbrauchers gedachte organisatorische Neuregelung den Verbraucher überhaupt noch zu schützen vermag. (DU)

Literatur

[1] Hässelbarth U (1991) Änderungen und Ergänzungen der Trinkwasserverordnung – ein erläuternder Kommentar. Bundesgesundhbl. 34: 1,17

[2] Waßmann (1991) Gerichtsurteil LG Hamburg, Wohnungswirtschaft und Mietrecht, 3: 161–163

[3] Beguin-Bruhin Y et al. (1983) Threshold concentration of copper in drinking water. Lebensm.-Wiss. u. Techn. 16: 22–28

[4] Deutsches Kupfer-Institut (DKI), Kupfer im Trinkwasser, Informationsdruck. Deutsches Kupfer-Institut, 1000 Berlin 12

[5] Quentin KE (1988) Trinkwasser. Springer, Berlin, S 23

[6] Moriske HJ et al. (1989) Kupferbelastung im Trinkwasser nach Neuinstallation einer Wasserversorgungsleitung. Gesundheits-Ingenieur-Haustechnik-Bauphysik-Umwelttechnik, 110: 133

[7] Schuch P (1989) Kupferbelastung von Leitungswasser. Öff. Gesundh.-Wes. 50: 655

1.10 Buchweizen – Hält er, was sein guter Ruf verspricht?

Buchweizen stammt vermutlich aus Mittel- und West-China, sei von Mittel- oder Nordostasien nach Europa eingeführt (daher „Heiden-" oder „Tartarenkorn") und in Deutschland erstmals im 14. Jahrhundert erwähnt worden. Fagopyrum esculentum oder sagittatum ist als Knöterichgewächs (Polygonacea) ein einjähriges, 15 bis 60cm hohes, stark verästeltes Kraut mit kahlem, zuletzt rötlichem Stengel. Aus den nektarreichen und duftenden Blüten – das sind zu Doldenrispen zusammengestellte, achselständige Scheintrauben – entwickeln sich schnell reifende, glänzend grau-braune, dreikantig zugespitzte Früchte. Diese 4 bis 6, maximal 7 mm langen und halb so breiten Nüßchen sind in Form, Farbgebung und Festigkeit wie Miniaturausgaben von Bucheckern. Dieser Ähnlichkeit verdankt „Buchweizen" die Vorsilbe seines Namens. Mit Weizen hat er zwar das – auch für die anderen Getreidekörner charakteristische – von der Samenschale eingeschlossene und innerhalb einer Aleuronschicht stärkehaltige Endosperm mit dem Embryo gemeinsam; aber durch die beim Buchweizensamen – ähnlich dem Maiskorn – aus Horn- und Mehlendosperm bestehenden Stärkekörner sowie das fehlende Klebereiweiß unterscheidet er sich gerade vom Weizenkorn besonders deutlich. Die mit dem Samen nicht verwachsene Fruchtschale ist auch stofflich mit der fast aller Getreidekörner (der Gramineen) nicht vergleichbar, am ehesten eventuell mit der von Hirsekörnern.

Anbau

Die anspruchslose, auch auf mageren, sandigen Böden gedeihende Pflanze ist weitgehend widerstandsfähig gegen Schädlingsbefall und kann auch bei kühler Witterung guten Ertrag bringen. Aufgrund seiner – bei warmer und trockener Witterung – kurzen Vegetationszeit wurde Buchweizen in tieferen Lagen Südeuropas früher als zweite Frucht (Juli bis Oktober!) angebaut.

Angebaut wird Buchweizen jetzt in der Sowjetunion, in China, Japan, Nordamerika, Brasilien, Südafrika, Frankreich, in den Niederlanden, Polen, Balkanländern, Kärnten, Südtirol und neuerdings auch wieder in der Schweiz und (Süd-)Deutschland (nicht mehr in Norddeutschland). Buchweizen ist heute – im Gegensatz zu früher – teurer als Brotgetreide. Dennoch nehmen die deutschen Importe aus Kanada, den Vereinigten Staaten, Brasilien, Südafrika und Polen zu; auch chinesische Provenienzen werden importiert.

Verarbeitung

Technologisch gehört Buchweizen zu den Schälgetreidearten, denn nach redlichem Handelsbrauch müssen die Körner – nach Reinigung und Größensortierung – von ihrer spelzenartig harten Fruchtschale völlig befreit, d.h. diese vom Samen abgeschält bzw. abgeschliffen und voneinander getrennt werden. Wie schwierig jedoch das vollständige Schälen und Gewinnen schalenfreier Samenkerne ist, zeigt der Umstand, daß Buchweizenkörner selbst in der modernsten Schälmühle drei aufeinanderfolgenden Vorgängen der Schälung und Abtrennung von den Samenkernen unterworfen werden müssen.

Aus so geschälten, grün-bräunlichen Buchweizensamen wird durch Schneidvorgänge Buchweizengrütze (grob, mittel, fein) und aus feiner Grütze dann teils „helles“ Buchweizenmehl (schalenfrei) gewonnen. Als Verbraucher erhält man schalenfreies Buchweizenmehl am sichersten, indem man „geschälte Buchweizenkörner“ oder Grütze kauft und diese vermahlt.

Da man früher in den herkömmlichen Mühlen neben Brotgetreide auch gleich den Buchweizen verarbeitete, wurden dessen ungeschälte Körner einfach direkt vermahlen! Darauf weisen auch neuere Beschreibungen und Abbildungen von Buchweizenmehl (durchsetzt mit graubraunen Stippen) hin. Solches Buchweizenmehl aus ungeschälten Körnern oder Buchweizenmehl mit einem – wenn auch verminderten – Anteil an (gemahlenen) Schalen soll regional, z.B. in Nordwestfalen, bis heute noch sogar bevorzugt werden. Trotz der modernen technischen Möglichkeiten hat man jedoch in Mitteleuropa noch heute und in Deutschland bis vor kurzem sogar in namhaften Buchweizenmühlen einfach ungeschälte Körner vermahlen bzw. noch schalenhaltiges Buchweizenmehl hergestellt. Soweit man schalenhaltiges Buchweizenmehl als „handelsüblich“ erklärt (hat), dann beruht das einerseits auf der überlieferten Verbrauchervorstellung von einem „normalerweise dunkel-stippigen“ Buchweizenmehl sowie dem neuerdings hier irrtümlich ausgelegten Prinzip einer gesunden Vollkornkost und ist andererseits –

gelinde ausgedrückt – dem nicht wohlverstandenen „Kundendienst" solcher Hersteller und Vertreiber zuzuschreiben, die dieses altgewohnte (schalenhaltige) Buchweizenmehl weiterhin weniger aufwendig gewinnen bzw. anbieten. Insbesondere dürfte man von einem größeren Inverkehrbringer von „Vollkorn-Buchweizenmehl" erwarten, daß er sich vorher fachkundig darüber hätte beraten lassen, ob ein solches Produkt mit Vollkornmehlen aus Gramineenkörnern botanisch-histologisch überhaupt vergleichbar ist. Denn auch nach gültiger Lehrmeinung enthält Buchweizenmehl lediglich die Bestandteile des Samens, einschließlich der Samenschale, nicht jedoch die der Fruchtwand.

Ernährungsphysiologisches

In geschältem Zustand haben Buchweizenerzeugnisse – nach denen aus Hirse – ein beachtlich hohes Wasseraufnahme- bzw. Quellvermögen, wodurch sich mit wenig Buchweizengrütze oder -mehl beachtliche Portionen zähflüssigen Breies bzw. dickflüssiger Suppe erzielen lassen, die stärker sättigend wirken können als vergleichbare Ausgangsmengen der meisten anderen Getreidearten. Dieser für die Hungernden der Dritten Welt günstige Effekt könnte auch von den Übergewichtigen westlicher Wohlstandsgesellschaften genutzt werden – wenn diese sich nur kalorienbewußt ernähren wollten. Dabei bieten solche Zubereitungen aus Buchweizen, z.B. gegenüber – ernährungsphysiologisch sonst überlegenen – Hafererzeugnissen immerhin im Mundgefühl und Geschmack eine interessante Alternative. Der neuerlich auch in den USA wieder in Mode gelangte Buchweizenbrei heißt dort schlicht „porridge".

Verglichen mit der biologischen Wertigkeit z.B. von Weizeneiweiß ist die von Buchweizeneiweiß hoch: insbesondere enthält es einen verhältnismäßig hohen Gehalt an Lysin und anderen lebenswichtigen Aminosäuren. Buchweizeneiweiß ergänzt daher insbesondere vegetarische Ernährungsformen.

Hervorzuheben ist, daß für eine glutenfreie Ernährung von Zöliakie- bzw. Sprue-Kranken (= Kleberunverträglichkeit) Lebensmittel, Zubereitungen und ganze Mahlzeiten aus Buchweizengrütze, -schrot und/oder -mehl – neben den bekannten Erzeugnissen aus Hirse, Mais, Reis und (reiner) Weizenstärke – gut geeignete, Abwechslung bietende Diätprodukte darstellen.

Abgesehen von dem an wichtigen Inhaltsstoffen allen Getreidearten überlegenen Haferkorn enthält Buchweizen an lebenswichtigen Inhaltsstoffen auch gegenüber den anderen Getreidearten eher weniger, teils nur vergleichbare Gehalte, jedenfalls nicht mehr davon. Geschälte Buchweizen- und Hirsekörner weisen die weitaus niedrigsten Ballaststoffgehalte auf, weil der Randbereich (von Samenschale bis Aleuronschicht) weniger Ballaststoffe enthält als die anders zusammengesetzten Gramineensamen. Wahrscheinlich erklären sich damit auch die vergleichsweise niedrigeren Gehalte an Makroelementen, wie Kalium und Magnesium.

Zusammenfassend ist festzuhalten, daß hervorhebende Bewerbungen für Buchweizenerzeugnisse im Sinne einer (pauschalen) Überlegenheit an hochwertigen Inhaltsstoffen gegenüber anderen Getreidearten keinesfalls berechtigt, sondern sogar als irreführend zu beurteilen wären.

Gebräuchliche Verwendungsformen

Schon seit alters her – lange bevor Brotmahlzeiten allgemein möglich und üblich wurden – bildete Buchweizenbrei auch in Teilen Europas sogar die Hauptmahlzeit. Und noch bis Mitte dieses Jahrhunderts gehörten Buchweizenbrei und -pfannkuchen auch in Deutschland – regional begrenzt – zu den häuslichen Speiseplänen.

Buchweizengrütze wurde früher regional häufig – jetzt wieder auflebend – einigen Wurstsorten zugesetzt, am bekanntesten ist der „Pannas" („Panhas", „Panhans"), eine gebratene Blutwurstspezialität.

„Blini" ist ein bekanntes russisches Nationalgericht aus (überwiegend) Buchweizenmehl, dessen mit Hefe getriebener Teig wie Eierkuchen gebacken wird. Man ißt es z.B. mit gesalzenem Aufstrich oder mit gesalzenen Soßen; berühmt sind Blini mit saurer Sahnesoße und Kaviar oder Matjesfilet.

In der Bretagne sind die Crêpes, diese hauchdünnen, ursprünglich nur auf der Grundlage von Buchweizenmehl zubereiteten Eierpfannkuchen beheimatet.

Mit ausschließlich aus Buchweizenerzeugnissen bereiteten Teigen kann man nur Fladenbrot herstellen; denn mangels Kleber und auch fehlender roggenähnlicher Eigenschaften läßt sich kein dem Brotgetreide vergleichbares backfähiges Teiggerüst entwickeln und somit auch kein reines Buchweizenbrot mit einer Krumenbeschaffenheit backen, wie man Brot jetzt in westlichen Ländern gewohnt ist. So diente Buchweizenmehl auch früher nur zum „Strecken" der damals teuereren Weizen- und Roggenmehle. Demgegenüber kosten Buchweizenerzeugnisse heute ein Mehrfaches.

Bei vergleichenden Backversuchen mit den herkömmlichen Nichtbrotgetreidearten wurde u.a. ermittelt, daß sich aus Weizenmehl sowie auch aus Roggenmehl bzw. -schrot mit einem jeweiligen Höchstanteil von 30% vorgequollener Buchweizengrütze noch gut backfähige Mischbrote herstellen lassen; die Krumenbeschaffenheit wurde beim Weißbrot mit „grob", bei den Roggenbroten als „gut" und der Geschmack als „etwas herb, etwas erdig" bzw. als „herb, erdig" eingestuft. Unter solchen oder ähnlichen Herstellungsbedingungen erscheint es mit mindestens 20 kg Buchweizen neben 100 kg Weizen und/oder Roggen, also auch unter Einhaltung der einschlägigen Vorschriften (8, 9) machbar, „Buchweizenbrot" in den Verkehr zu bringen.

Buchweizen wird auch zum namengebenden Bestandteil Feiner Backwaren, wie z.B. bei Buchweizentorte, die neuerdings wieder mehr verbreitet ist und ihres kernigen, kräftigen Geschmacks wegen geschätzt wird.

Dank der großen Nektarausbeuten können Bienen recht trachtenreinen Buchweizenhonig eintragen, der – unvermischt – wegen seines sehr eigenartigen Geschmacks, nämlich wegen seiner „Schweinestall"-Note (tatsächlich wie Schweinestall-Geruch!) von Uneingeweihten als abstoßend empfunden wird (DU).

2 Ausgewählte Untersuchungsschwerpunkte

2.1 Benzol und Toluol – Belastung von Lebensmitteln an Tankstellen

Das immer größer werdende Angebot an Lebensmitteln im Tankstellenbereich hat zu der Überlegung geführt, ob nicht etwa organische Lösungsmittel als Komponenten des vermarkteten Kraftstoffes auch auf die dort angebotenen, wenn auch überwiegend verpackten Lebensmittel übergehen können. Besonders diskutiert werden in diesem Zusammenhang die organischen Verbindungen Benzol und Toluol.

Im Hinblick auf die krebserzeugenden Eigenschaften des Benzols lassen sich hier keine Rückstandsmengen angeben, die als gesundheitlich unbedenklich bezeichnet werden können. Deshalb sollte die Verunreinigung von Lebensmitteln mit Benzol grundsätzlich vermieden oder auf das niedrigst mögliche Maß beschränkt werden. Nach Schätzungen aus den USA soll die tägliche Aufnahme von Benzol über Lebensmittel etwa 250 µg betragen. Hinzu kommt für den Raucher von 10 Zigaretten pro Tag eine zusätzliche Aufnahme zwischen 100 und 1.000 µg.

Für die Bewertung der Kontamination von Lebensmitteln mit Toluol ist vor allem entscheidend, daß bei Toluol keine Anhaltspunkte für eine krebserzeugende Wirkung vorliegen. Hinzu kommt, daß die zulässige maximale Arbeitsplatzkonzentration eine Menge von etwa 3.700 mg pro 8 Stunden durch Einatmen noch als gesundheitlich tolerierbar ausweist.

Zahlreiche Untersuchungen haben gezeigt, daß zwar in Lebensmitteln an Tankstellen mehr oder weniger hohe Gehalte an Benzol und Toluol gefunden wurden, aber sich diese nicht erheblich von anderen Verkaufsstätten unterscheiden. Vielmehr sind einige Untersucher zu der Erkenntnis gekommen, daß nicht so sehr Kraftstoffemissionen zu einer Beeinträchtigung führen, sondern der gleichzeitige Vertrieb von Zeitschriften. Damit sind also nicht nur Tankstellen betroffen, sondern auch eine Reihe Zeitschriftenvertriebsstellen mit gleichzeitigem Lebensmittelverkauf. Dies gilt insbesondere für das Toluol, das aus Druckfarben in die Raumluft gelangt und vorrangig in unzureichend verpackte, fetthaltige Lebensmittel übergehen kann. Sicherlich sind auch die Druckfarben der Verpackungen für Lebensmittel in solche Ursachenfindungsüberlegungen einzubeziehen.

Die zusätzliche Belastung durch Benzol kann man etwa mit 5 µg pro Tag ansetzen, wenn man annimmt, daß so kontaminierte Lebensmittel in einer Menge von

100 g pro Tag verzehrt werden. Für Toluol ließe sich unter dieser gleichen extremen Annahme eine zusätzliche Belastung von 100 µg am Tag errechnen.

Die Untersuchung von Zeitschriften am Erscheinungstag auf ihren Toluolgehalt ergab Hinweise, die es erlauben, die Größenordnung der Ausgasung abzuschätzen.

Tabelle 2.1. Toluolgehalte zweier Zeitschriften, bezogen auf das Gewicht der Gesamtzeitschrift, das Gewicht der Umschlagseiten und der Fläche der Umschlagseiten (DU)

	bezogen auf	Toluolgehalt
Farbige Zeitschrift 1	Gewicht der Gesamtzeitschrift	1,8 mg/kg
	Gewicht der Umschlagseiten	67,5 mg/kg
	Fläche der Umschlagseiten	0,7 $\mu g/cm^2$
Farbige Zeitschrift 2	Gewicht der Gesamtzeitschrift	9,9 mg/kg
	Gewicht der Umschlagseiten	195 mg/kg
	Fläche der Umschlagseiten	1,6 $\mu g/cm^2$

Die größten Toluolgehalte fanden sich hierbei in den Umschlagseiten. Will man die Größenordnung der Belastung mit Toluol bewerten, kann man sicherlich zu dem Schluß kommen, daß diese zusätzliche Belastung in der allgemeinen Gesamtbelastung ohne schwerwiegende Folgen aufgeht. Zu denken gibt jedoch, daß ständig neue Kontaminationsquellen erkannt werden, die konsequenterweise durch entsprechende Maßnahmen hätten vermieden werden können (DU).

Das Bundesgesundheitsamt berichtet von einer speziellen Untersuchungsreihe zur Problematik von Benzol und Toluol an Tankstellen und an Zeitungskiosken.

„Dazu wurden zwei typische, weit verbreitete Süßigkeiten (Schokoladenhohlkörper und Haselnußschnitte) als Modell-Lebensmittel ausgewählt, durch eine Wasserdampfdestillation nach dem Clevenger-Prinzip extrahiert und mittels GC/FID bzw. GC/MS auf Benzol und Toluol untersucht.

Bei der Probenahme wurde nach typischen Angebotsorten differenziert, nämlich Proben aus dem Lebenmitteleinzelhandel, aus dem Einzelhandel mit gleichzeitigem Verkauf von Druckerzeugnissen (Zeitungskiosk) und in Lebensmittel von Tankstellen mit und ohne Verkauf von Druckerzeugnissen.

Insbesondere bei Toluol scheint eine Kontamination der Lebensmittel hauptsächlich durch Emission von Druckerzeugnissen zu erfolgen. Abhängig vom Probenahmeort wurden folgende Medianwerte der Toluolbelastung in den Markern ermittelt: Lebensmitteleinzelhandel: 47 ppb (µg/kg), Lebensmitteleinzelhandel (Lagerung der Proben direkt neben Druckerzeugnissen): 102 ppb, Tankstellen ohne Verkauf von Druckerzeugnissen: 47 ppb, Tankstellen mit Verkauf von Druckerzeugnissen: 216 ppb, Zeitschrifteneinzelhandel mit Verkauf von Süßwaren: 476 ppb.

Benzol wurde in 15 von insgesamt 177 untersuchten Proben nachgewiesen. Vier dieser Proben enthielten den Aromaten in Konzentrationen zwischen 20 und 53 ppb, 11 Proben waren im Bereich der Nachweisgrenze kontaminiert“ (BGA).

2.2 Mykotoxine und ihre Verbreitung

Durch Information und Aufklärung ist dem Verbraucher die Giftigkeit vieler Schimmelpilz-Stoffwechselprodukte zunehmend bekannt. Unter diesen als „Mykotoxine“ bezeichneten Substanzen sind die Aflatoxine, Patulin und Ochratoxin zu nennen. Aflatoxine finden sich insbesondere auf verschimmelten Erdnüssen, Paranüssen und Pistazien, Mandeln, Pfirsich- und Aprikosenkernen, Sojabohnen, Mais und Milch (in die Milch können Mykotoxine über kontaminiertes Futter gelangen); Patulin kommt vor auf einigen verschimmelten Obstsorten, insbesondere Äpfel, weshalb es sich auch verschiedentlich noch in Apfelsäften nachweisen läßt. Ochratoxin wurde in Getreide und Getreideerzeugnissen angetroffen.

Mit Sicherheit voraussehbar ist die Bildung von Mykotoxinen jedoch nicht: so produzieren nur bestimmte Schimmelarten Giftstoffe, und selbst innerhalb der gleichen Art gibt es hinsichtlich der Toxinbildung gefährliche und ungefährliche Spezies. Andererseits kann selbst bei noch nicht sichtbarem Schimmelbewuchs bereits eine Mykotoxinbildung erfolgt sein. Auch kann man in der Regel den Weiterverarbeitungsprodukten aus befallener Rohware eine Schimmelung nicht ansehen; trotzdem können sie Mykotoxine enthalten. Als Beispiel seien hier Erdnußcremes, zerkleinerte Mandeln o. ä. angeführt.

Zu den Schimmelpilzarten, die keine Toxine bilden, gehören erwiesenermaßen die Kulturschimmel, z. B. bei der Käsereifung oder anderen Lebensmittelherstellungsverfahren (Sojasaucen).

Wegen der Gefährlichkeit der Schimmelpilzgifte verlangte die Aflatoxinverordnung von 1977 für als besonders gefährdet geltende Lebensmittel, daß die Aflatoxingehalte eine bestimmte Höchstmenge nicht überschreiten. Diese Grenze lag für das als B_1 bezeichnete Aflatoxin bei 5 µg/kg, für den Gesamtgehalt aller Aflatoxintypen B_1, B_2, G_1 und G_2 bei 10 µg/kg Lebensmittel. Für andere Mykotoxine wie Patulin, Aflatoxine M_1 und M_1 (in Milch und Milchprodukten), Ochratoxin u. a. gab es bisher keine gesetzlichen Bestimmungen, weil die Problematik relativ neu war und ausreichende wissenschaftliche Unterlagen über Toxizität und Vorkommen noch nicht vorlagen.

Nach jahrelanger Ankündigung ist im November 1990 die erste Änderung der Aflatoxinverordnung 1977 erfolgt. Sie tritt nach 6 Monaten, also im Mai 1991, in Kraft.

Gegenüber der bisher geltenden Verordnung hat es einschneidende Änderungen gegeben:

- Die Regelung erstreckt sich nunmehr bei den Aflatoxinen B und G auf alle Lebensmittel.
- Die Grenzwerte wurden drastisch heruntergesetzt: statt bisher 5 µg/kg für Aflatoxin B_1 und 10 µg/kg für die Summe der Aflatoxine B und G gelten nunmehr 2 µg/kg für B_1 und 4 µg/kg für die Summe.
- Neu aufgenommen wurde der Grenzwert von 0,05 µg/kg für Aflatoxin M_1 in Milch.

- Ebenfalls neu sind die Grenzwerte von 0,05 µg/kg für die Aflatoxine B, G (einzeln oder als Summe) und von 0,01 µg/kg für Aflatoxin M_1 in diätetischen Lebensmitteln für Säuglinge und Kleinkinder (D).

Obwohl viele Schimmelpilzarten keine Toxine erzeugen, vielfach auch die eventuell gebildeten Toxine aus der Schimmelzone nicht herauswandern, empfehlen wir dennoch grundsätzlich nicht, verschimmelte Lebensmittel nach Ausschneiden des Schimmelherdes zu verzehren, weil auch viele Beispiele von Verteilung der Giftstoffe in das Lebensmittel hinein bekannt sind. Der Verbraucher ist mit der Beurteilung, wann ein Ausschneiden des Schimmels möglich und wann davon abzuraten ist, überfordert (D).

Eine Abschätzung der gesundheitliche Risiken ist trotz vieler Veröffentlichungen auf dem gesamten Gebiet der Mykotoxikologie immer noch schwer möglich. Mit Ausnahme der Aflatoxine und in jüngster Zeit auch des Ochratoxin A weiß man bislang wenig über Ausbreitungs- und Verteilungsmuster der Mykotoxine in der Nahrungskette sowie ihre Auswirkungen beim Menschen. Neben den am besten erforschten und bereits lebensmittel- und futtermittelrechtlich erfaßten Aflatoxinen sind viele weitere Mykotoxine bekannt, die in ihrer Analytik und Bedeutung z. T. noch nicht im wünschenswerten Ausmaße bearbeitet sind.[1]

Aflatoxine

Als im Jahr 1960 Tausende von Truthühnern, Enten, Rebhühnern, Fasanen und Regenbogenforellen starben, wurde die Suche nach der Ursache verstärkt: 1961 fand man in dem verabreichten Ernußfutter die giftige Stoffgruppe. Als Produzent dieser Gifte stellte sich der bereits lange bekannte Schimmelpilz „Aspergillus flavus“ heraus, der auch zum Namensgeber wurde: „Aflatoxine“ sind chemische Verbindungen, die im Stoffwechsel dieses Pilzes gebildet und ausgeschieden werden.

Innerhalb der Aflatoxine unterscheidet man verschiedene Einzelkomponenten. So werden zwei Substanzen aufgrund ihrer blauen Fluoreszenz im UV-Licht als B_1 und B_2 bezeichnet, andere – grün fluoreszierend – heißen G_1 und G_2. Schließlich sind noch zwei weitere Aflatoxine bekannt, die in der Milch und in Milchprodukten vorkommen: M_1 und M_2. Sie leiten sich von den Aflatoxinen B_1 und B_2 ab.

Aflatoxine können grundsätzlich überall dort vorkommen, wo Schimmelwachstum möglich ist. Warme, feuchte Umgebung wirkt begünstigend. (Betroffen sind allerdings nicht Kulturschimmel von Käse etc.; die Gattungen produzieren keine Aflatoxine.)

Das Vorhandensein von Aflatoxin ist aber nicht notwendigerweise an sichtbaren Schimmelbefall geknüpft; der Giftstoff kann auch schon in vorherigen Verarbeitungsstufen der Lebensmittel gebildet worden sein.

Am Beispiel von Erdnüssen von der Ernte bis zum Verkauf an den Endverbraucher werden Schwachstellen, an denen Schimmelwachstum eintreten kann, deutlich:

- Ernte,
- Trocknung im Freien,
- Schädlingsbekämpfung im Freien oder in Lagerhallen,
- Schiffstransport (ca. 6 Wochen),
- Lagerung beim Importeur/Weiterverarbeiter,
- Lagerung im Handel,
- Lagerung beim Verbraucher.

Bis zur Stufe des Weiterverarbeiters werden regelmäßig verdächtige Kerne durch elektronische, optische oder manuelle Verleseverfahren aussortiert. Auf diese Weise senkt man den Anteil befallener Kerne zwar drastisch, dennoch bleibt wegen der hohen Giftigkeit der Aflatoxine noch ein erhebliches Konsumentenrisiko bestehen.

Zur Weiterverarbeitung dürfen nur solche Chargen gelangen, die die gesetzlichen Anforderungen erfüllen. So verlangt die für den Bereich der Bundesrepublik Deutschland geltende Aflatoxinverordnung, daß z.B. Erdnüsse in einem Kilogramm nicht mehr als 2 µg Aflatoxin B_1 oder 4 µg Gesamtaflatoxine (= Summe der Gehalte an Aflatoxin B_1, B_2, G_1 und G_2) enthalten sind. Die Chargen müssen also vor Weiterverarbeitung chemisch auf Aflatoxine untersucht werden. Wegen der ungleichen Verteilung der befallenen Kerne – man arbeitet mit dem Erfahrungswert, daß etwa jeder 10.000ste Kern befallen ist – sind hierzu ausreichend große (über 20 kg) Stichprobenumfänge notwendig.

Da die Sporen der aflatoxinproduzierenden Schimmelpilze praktisch ubiquitär vorkommen, ist ein erneutes Schimmelwachstum bei Lagerung im Handel und selbst zu Hause beim Verbraucher durchaus möglich. Es ist daher wichtig, aflatoxingefährdete Lebensmittel möglichst trocken und kühl aufzubewahren. Hitzeeinwirkung wie Kochen oder Backen bewirkt keinen Abbau der Toxizität.

Aflatoxine finden sich bevorzugt auf folgenden Lebensmitteln und ihren Zerkleinerungs- oder Weiterverarbeitungsprodukten: Erdnüsse, Haselnüsse und sonstige Nüsse, Mandeln, Pfirsich- und Aprikosenkernen, Pistazien, Kokosflocken, Mohn, Getreide, Soja, Mais und Milch.

In Milch, Milcherzeugnissen und Käse gelangen Aflatoxine über kontaminiertes Futter (Aflatoxine B und G). Sie werden im Verdauungstrakt der Kühe umgesetzt und finden sich als Aflatoxin M_1 und M_2 wieder.

Tierversuche zeigen, daß Aflatoxine sowohl toxisch (akut und chronisch) wie auch krebserregend wirken.

Akute Vergiftungen sind selten, hierzu müßten stark befallene Lebensmittel in großen Mengen verzehrt werden, was in der Praxis nicht zu erwarten ist. Immerhin liegt aber die Toxizität der Aflatoxine um ein Vielfaches höher als die der Blausäure (Zyankali).

Chronische Vergiftungen konnten bei der Bevölkerung mancher tropischer Länder nachgewiesen werden, insbesondere wenn schimmelpilzanfällige Lebensmittel (z.B. Erdnüsse) wesentlicher Bestandteil der Ernährung waren.

Die krebsauslösende Wirkung fordert besondere Vorsicht; Schwellenwerte, bei denen also durch die Aflatoxine eine carcinogene Wirkung einsetzt, sind umstritten oder werden grundsätzlich abgelehnt. Die Untersuchungsergebnisse sprechen auch eher dafür, daß eine Wirkungsbeziehung aus der aufgenommenen Dosis (selbst sehr kleiner) und der Zeit besteht, die sich auch auf spätere Generationen übertragen könnte. Eine Nulltoleranz zu fordern, hieße allerdings, daß ein großer Teil häufig vorkommender Lebensmittel verboten werden müßte.

So konnten auch die in der Aflatoxinverordnung festgelegten Höchstwerte – zwar unter Beachtung von Ergebnissen aus dem Tierexperiment – in erster Linie nur pragmatischen Grundsätzen folgen. In jedem Fall muß der Aufnahme selbst sehr kleiner Aflatoxinmengen in der Nahrung große Aufmerksamkeit zukommen (D).

Aktuelle Untersuchungsergebnisse aus dem Jahre 1990 lassen sich wie folgt zusammenfassen:

- Vermehrt wurden bei Pistazien höhere Aflatoxingehalte festgestellt. Diese Häufung an Aflatoxinbefunden bei diesem Lebensmittel ist nicht üblich. Ob die Kontamination wetterbedingt oder ungenügende Überwachung der Ware vor dem Export die Ursache war, ist nicht bekannt (S). Auch in Düsseldorf (D) sind verstärkt Pistazien (hier iranischer Herkunft) untersucht worden. In drei von 11 Fällen wurden Aflatoxine nachgewiesen, zwei Proben waren wegen Überschreitung der Grenzwerte zu beanstanden. Dagegen waren in Karlsruhe (KA) bei Pistazien keine Aflatoxine nachweisbar.
- Bei einer stark befallenen Probe handelte es sich um Erdnußschrot, das zur Weiterverarbeitung zu Würze bestimmt war. Da bei dem Würzeherstellungsverfahren die Aflatoxine vollständig abgebaut werden, ist die Aflatoxinverordnung nicht anzuwenden. Der Aflatoxin-B_1-Gehalt lag auch deutlich unter der Grenze von 200 µg B_1/kg, die sich die würzeverarbeitende Industrie selbst als Reinheitskriterium vorgegeben hat (D).
- In Muskatnußpulver wurden hohe Aflatoxingehalte festgestellt. Es besteht der Verdacht, daß minderwertige sog. BWP-Ware (Broken, Wormy, Petty) für Muskatnußpulver aufgearbeitet wurde (S).
- Weitere Untersuchungen bei Buchweizen haben den Trend vom letzten Jahr weiter bestätigt. Vermutlich ist nicht nur die Beschädigung der Schalen des Samens die Ursache an dieser Kontamination; es könnte auch die maximale Luftfeuchtigkeit von 16% bei der Lagerung der Getreide nicht eingehalten werden (S).
- Von insgesamt 30 Milch und Milchprodukten, die in Stuttgart (S) untersucht wurden, konnte lediglich in einem Trockenmilcherzeugnis, einem Vollmilchpulver und zwei Magermilchpulver Aflatoxin M, allerdings unter der Höchstmenge von 0,5 µg/kg, nachgewiesen werden. In Milch, Joghurt, verschiedenen Käsesorten, Milchzucker und diätetischen Lebensmitteln wurden bei der Untersuchung keine Toxine festgestellt.

Ochratoxine

Schimmelpilzarten der Gattungen Aspergillus und Penicillium sind in der Lage, Ochratoxine zu bilden. Als toxikologisch bedeutsamstes Ochratoxin erwies sich das Ochratoxin A, es handelt sich um ein Cumarinderivat. Gegenüber allen eingesetzten Testtieren zeigte Ochratoxin A eine ausgeprägte Nephrotoxizität (schädigende Wirkung auf Nieren). Auch teratogene und immunsupressive Eigenschaften werden dem Ochratoxin A zugeschrieben. Ob Ochratoxin A zusätzlich eine cancerogene Potenz aufweist, ist umstritten.

Die Kontamination kann einerseits durch das Wachstum von ochratoxinbildenden Schimmelpilzen auf oder in Lebensmitteln, andererseits dann erfolgen, wenn Tiere, aus denen Lebensmittel gewonnen wurden, ihrerseits Mykotoxine mit dem Futter aufgenommen hatten. Diese Weitergabe von Stoffen in der Nahrungskette, an deren Ende der Endverbraucher Mensch steht, wird „carry over" genannt.

Bei den Rindern als Wiederkäuer dürfte das über das Futter aufgenommene Ochratoxin A durch Metabolisierung im Pansenbereich keine Bedeutung mehr haben. Bei Schweinen sind dagegen Anreicherungen des Ochratoxins A im Blut und in den Nieren beobachtet worden.[1]

Auch für Ochratoxin gibt es zur Zeit keine gesetzlich festgelegten Grenzwerte. Die Untersuchungsanstalten beschreiben folgende Situation:

- Bei den Ergebnissen der Untersuchungen auf Ochratoxin A fällt der hohe Anteil der positiven Befunde (fünf von sechs Proben) bei Vollkornteigwaren (Teigwaren besonderer Art) sowie der relativ hohe Ochratoxin-A-Gehalt von 4,7 μg/kg bei einer Haselnußprobe auf. Sollte sich diese Beobachtung der Ochratoxin-A-Kontamination bei Vollkornprodukten über einen längeren Zeitraum bestätigen, dürfte eine rechtliche Höchstmengenregelung angezeigt sein (KA).
- Ochratoxin A ist im Blut von 50% der bundesrepublikanischen Bevölkerung in Konzentrationen bis 10 ppb nachweisbar. Die im menschlichen Blut gemessenen Ochratoxin-A-Konzentrationen liegen zwar nicht im dramatischen Bereich, sollten aber gesenkt werden. Die Ochratoxin-A-Aufnahme dürfte durch Getreide und Getreideprodukte verursacht werden. Dies bestätigten die Untersuchungen in diesem Jahr auf Getreide und Getreideprodukte, die Höchstwerte von z.B. 3,6 und 4,7 μg/kg aufwiesen (S).
- Bei der Überprüfung von insgesamt 38 Proben Getreide und Getreideerzeugnissen konnten 13 positive Befunde festgestellt werden (insbesondere bei Weizen, Roggen, Gerste, Hafer, Mais und Hirse) (HA).
- Von 10 untersuchten Schweinenieren enthielt eine Probe 10,2 μg Ochratoxin A/kg. Gesetzliche Grenzwerte gibt es nicht. (In Dänemark werden Schlachttiere mit Nieren, die über 25 μg Ochratoxin A/kg enthalten, als genußuntauglich eingestuft.) Dagegen wurde bei acht Proben Grünkern kein positiver Befund festgestellt (D, DU).

Patulin

Patulin ist ebenfalls ein Mykotoxin, gebildet von einigen Aspergillus- und Penicillinarten, speziell von Penicillium expansum. Besonders häufig kommt es vor bei verschimmeltem Kernobst und den Erzeugnissen hieraus (Apfelsaft); jedoch können auch eine Vielzahl anderer Früchte betroffen sein. Auch bei verschimmeltem Getreide und Getreideerzeugnissen wurde verschiedentlich Patulin angetroffen.

Über die Stärke der Giftwirkung von Patulin gibt es keine fundierten Erkenntnisse. Zunächst als erfolgversprechendes Antibiotikum eingeschätzt, wurde bei den pharmakologischen Tests die Giftigkeit gegenüber Ratten und Mäusen festgestellt. die Toxizität dürfte auf der Reaktion mit SH-Gruppen und Enzymen und in der Störung der Proteinsynthese liegen. Eine krebsauslösende Wirkung ist in der Diskussion aber noch nicht gesichert. Bekannt ist auf jeden Fall auch die Bildung von Sarkomen bei Prüftests mit Ratten.

Unter Berücksichtigung der gegenüber den Aflatoxinen geringeren Giftigkeit und dem noch fehlenden Beweis der Carcinogenität wird in der Literatur allgemein von einem anzustrebenden pragmatischen Höchstwert von 50 µg/kg (= 50 ppb) gesprochen (D).

Aktuelle Untersuchungsergebnisse zeigen Besonderheiten bei Apfelsaft:

- Auffällig war, daß etwa ein Drittel der insgesamt 31 Apfelsaftproben Patulin enthielten. Die nachgewiesenen Mengen an Patulin waren bei mehreren Proben erheblich hoch. Vermutlich ist diese Kontamination auf Verarbeitung nicht gesunder (fauler) Früchte oder nachträgliche Schimmelinfektion des Saftes zurückzuführen, obwohl das Jahr 1990 qualitätsmäßig als ein sehr gutes Jahr zu bezeichnen ist (S).
- Die in zwei Apfelsaftproben festgestellten Patulingehalte lagen deutlich unter dem Grenzwert von 50 µg/l, dessen Überschreitung in der Regel ein Nachweis für die Verarbeitung von nicht mehr gesunden Äpfeln ist (KA).
- In 17 von 57 Proben Apfelsaft (überwiegend naturtrüb) konnte Patulin nachgewiesen werden (> 5 µg/l). Eine Überschreitung des Richtwertes von 50 µg/l lag nur bei einer als „Bio-Apfelsaft naturtrüb" bezeichneten Probe vor (FR).
- Im Gegensatz zum Untersuchungsschwerpunkt 1989 konnte ein vergleichsweise hoher Anteil positiver Befunde ermittelt werden: 10 Proben, entsprechend 33%; 1989 waren es zwei Proben, entsprechend 2,4%. Bei den patulinhaltigen Erzeugnissen handelt es sich ausschließlich um Apfelsaft (HA).

Literatur

[1] Hadlok RM u. Mitarbeiter (1989) Mykotoxine in vom Tier stammenden Nahrungsmitteln – Ochratoxin A und Sterigmatocystin in der Nahrungskette. Aus dem Institut für Tierärztliche Nahrungsmittelkunde der Justus-Liebig-Universität, Gießen

2.3 „Dioxine" in Lebensmitteln

Die Polychlordibenzodioxine (PCDD) und Polychlordibenzofurane (PCDF) sind zwei Verbindungsklassen (chemisch gesehen: chlorierte aromatische Ether) mit insgesamt 210 möglichen Einzelverbindungen (Kongenere). Die Anzahl der Chloratome im Molekül wird durch den Präfix Mono-(1) bis Octa-(8) ausgedrückt. Die unterschiedliche Stellung der Chloratome wird durch eine systematische Bezifferung wiedergegeben. Das durch den Chemieunfall in Seveso bekanntgewordene sog. „Seveso-Dioxin" hat die genaue Bezeichnung 2,3,7,8-Tetrachlordibenzodioxin. Es ist wie, alle anderen 2,3,7,8-substituierten Kongenere, wegen seiner Giftigkeit von besonderer toxikologischer und ökologischer Bedeutung. Die Toxizität der vielen möglichen Einzelverbindungen ist sehr unterschiedlich. Um überhaupt eine Risikoabschätzung vornehmen zu können, hat das Bundesgesundheitsamt ein sog. Äquivalenzfaktoren-Konzept entwickelt. Die Toxizität der einzelnen Substanzen wird auf die wichtigste von ihnen bezogen, nämlich das 2,3,7,8-Tetrachlordibenzodioxin. Um die Gesamttoxizität der Gehalte an allen Dioxinen und Furanen in einer Probe zu ermitteln, wird auf toxische Äquivalente (TA) umgerechnet.

Nach heutigem Erkenntnisstand werden die Polychlorierten Dibenzodioxine (PCDD) und Dibenzofurane (PCDF) – auch verkürzt oft „Dioxine" genannt – im wesentlichen in den Bereichen der Produktion und Verwendung chlororganischer Stoffe, der Papierbleiche sowie bei thermischen Prozessen freigesetzt. Im Bereich der thermischen Prozesse sind vor allem die Quellen Abfallverbrennung, Abfallverwertung (Schrott-/Metallrecycling, Kabelverschwelung), Hausbrand und Kfz-Abgase (Einsatz der Scavenger in bleihaltigem Benzin) zu nennen.

Der größte Dioxineintrag in die Umwelt ist vermutlich auf die frühere Anwendung von Polychlorierten Biphenylen (PCB) zurückzuführen. Für die letzten 20 Jahre wird der Gesamteintrag an PCDD und PCDF aus dieser Quelle auf ca. 90 kg geschätzt. Durch den Einsatz von technischem Pentachlorphenol (PCP) gelangten in der Vergangenheit schätzungsweise 1.300 g pro Jahr in die Umwelt. Müllverbrennungsanlagen älterer Bauart, die ca. 10 ng TE/m^3 im Rauchgas emittierten, führten zu einer jährlichen Umweltbelastung von ca. 400 g. Der Dioxineintrag als Folge der Verbrennung der dem bleihaltigen Kraftstoff zugefügten Scavenger wird auf ca. 50 g pro Jahr geschätzt. Der Anteil der mit der landwirtschaftlichen Klärschlammverwertung in die Umwelt gelangt, dürfte bei etwa 30 g pro Jahr liegen.

Der Gesetzgeber versucht durch rechtliche Regelungen sicherzustellen, daß zumindest der Neueintrag an Dioxinen in die Umwelt in erheblichem Umfange gesenkt wird. Beispiele hierfür sind die PCP- und PCB-Verbotsverordnungen sowie die in Vorbereitung oder Novellierung befindlichen Verordnungen über „Verbrennungsanlagen für Abfälle", „Teeröle", „Klärschlämmen" und „chlor- und bromhaltigen Treibstoffzusätzen".

Die größte Belastung des Menschen mit „Dioxinen" erfolgt über die Lebensmittel. Aufgrund seiner extrem geringen Wasserlöslichkeit werden „Dioxine" von Pflanzen so gut wie gar nicht aufgenommen. Die Belastung pflanzlicher Nahrungsmittel erfolgt vielmehr durch die Luft. Demnach sind Blattgemüse naturgemäß stärker gefährdet als Obst und Wurzelgemüse. Tierische Nahrungsmittel sind sehr unterschiedlich belastet. „Dioxine" reichern sich als lipophile Substanzen speziell im Fettgewebe an.

Die tatsächliche Situation bei der Belastung von Lebensmitteln mit Polychlorierten Dibenzodioxinen und Dibenzofuranen ist immer noch weitestgehend unklar. Ursache dafür sind die analytischen Schwierigkeiten bei der Bestimmung der Dioxine. Das Vorstoßen in einen unvorstellbar kleinen Spurenbereich und die extreme Giftigkeit einiger der Dioxine machen die Untersuchung in Hochsicherheitstrakten von Laboratorien und eine sehr aufwendige apparative Ausrüstung notwendig. Das Ergebnis ist, daß auch bei bester Ausrüstung von den Speziallabors nur wenige Proben in der Woche bearbeitet werden können. Systematische oder gar flächendeckende Untersuchungen sind zur Zeit noch kaum machbar. Für einzelne Lebensmittel gibt es einige Orientierungswerte.

Tabelle 2.2. Neuere Gehalte an „Dioxinen" in Lebensmitteln (* bezogen auf Frischgewicht)

Produkt	Anzahl der Proben	Mittelwert in ng TE/kg Fett	Bemerkungen	Jahr/Quelle
Rohmilch (Sammelmilch)	20	1,22	aus Tankfahrzeugen	1990 S
Milch (verpackt)	8	1,24	Glas und Karton	1990 S
Sonnenblumenöl	1	0,52		1990 S
Fisch	8	6,3 bis 9,2	Rheinaale	1989 S
Mischpilze	1	0,1 *		1990 S

„Im Berichtsjahr 1990 wurden insgesamt 220 Lebensmittel auf PCDD/PCDF analysiert. Davon wurden allein 197 Proben im Rahmen des NRW-Meßprogrammes ‚Chloraromaten – Herkunft und Transfer' auf PCDD, PCDF, PCB, Pentachlorphenol und Hexachlorbenzol HCBuntersucht. Ein Ziel dieses Meßprogrammes war die Beantwortung der Frage, wie hoch die Belastung der in Nordrhein-Westfalen produzierten Konsummilch ist. Zu diesem Zweck wurden alle 43 Molkereien des Landes zwischen März und September 1990 insgesamt viermal beprobt. Dieses Meßprogramm stellt unseres Wissens die erste flächendeckende Untersuchung von Konsummilch dar und ermöglicht eine repräsentative Aussage sowohl über die Belastungshöhe als auch über zeitliche Variationen und Korrelationen zwischen den analysierten einzelnen Meßparametern.

Auch drei Rohmilch- und zwei Konsummilchproben aus der ehemaligen DDR wurden untersucht.

Die Gehalte der Konsummilchproben lagen mit 0,63 und 0,78 pg TEq/g Milchfett am unteren Ende des vom BGA für die Hintergrundbelastung von Kuhmilch angegebenen Bereiches von 0,6 bis 1,6 pg TEq/g Milchfett. Ebenfalls in diesem Bereich lagen die Gehalte der drei Rohmilchproben aus dem Bereich Bitterfeld.

Nach einer von der Verbraucherzentrale in Niedersachsen verbreiteten Warnung vor Ostseefischen wurden sieben Fischproben aus der Ostsee untersucht. In allen Proben konnten die für tierische Lebensmittel typischen PCDD- und PCDF-Kongenere mit 2,3,7,8-Chlorsubstitution nachgewiesen werden.

Die ermittelten Gehalte liegen in einem Konzentrationsbereich, der auch von anderen Arbeitsgruppen bei Fischen festgestellt wurde. Die Untersuchungen bestätigen ferner die Aussage, daß das Kongenerenmuster und die Höhe der Schadstoffbelastung nicht nur von der Herkunft, sondern auch ganz entscheidend vom Alter der untersuchten Fische abhängig ist. Dies muß beachtet werden, wenn PCDD- und PCDF-Gehalte in Fischen aus unterschiedlichen Fanggebieten verglichen werden.

Ein weiteres wesentliches Kriterium, gerade im Hinblick auf eine Risikoabschätzung für den Verbraucher, stellt der Fettgehalt der Proben dar. Wie bereits oben erwähnt, sollte nach Auffassung des BGA unter dem Vorsorgeaspekt eine tägliche Aufnahme von maximal 1 pg TEq/kg Körpergewicht und Tag nicht überschritten werden. Hieraus folgt, daß ein Mensch mit einem durchschnittlichen Körpergewicht von 70 kg maximal 70 pg TEq/Tag aufnehmen sollte. Dieser Wert würde bereits allein durch den täglichen Verzehr von etwa 60 g des höher belasteten Aals bzw. Hering erreicht werden. Günstiger sieht es dagegen bei den Magerfischen aus. Obwohl die PCDD/PCDF-Konzentrationen im Lipidanteil der Dorsche eine ähnliche Größenordnung wie die Heringe aufweisen, liegen ihre Gehalte, bezogen auf den eßbaren Anteil des Frischgewichtes, aufgrund des geringen Fettgehaltes sehr viel niedriger. So könnten täglich 1.320 g Dorsch verzehrt werden, um auf den oben genannten Wert von 70 pg TEq/Tag zu kommen. Obwohl es sich bei diesen Berechnungen um rein hypothetische Annahmen handelt, da sich der Mensch naturgemäß nicht nur von Fisch ernährt, zeigen diese Beispiele doch die besondere Problematik, die von der Schadstoffbelastung fettreicher Fische ausgehen kann.

Andererseits würde ein kompletter Verzicht auf Fisch und Fischerzeugnisse nicht unbedingt zu einer signifikanten Reduzierung der PCDD/PCDF-Aufnahme mit der Nahrung führen, da in diesem Fall der Verzehr von anderen, ebenfalls mit diesen Schadstoffen belasteten Lebensmitteln zwangsläufig erhöht würde.

Im Berichtsjahr wurden schließlich auch fünf Kakaoproben auf einen möglichen Übergang von Dioxinen und Furanen aus der Pappverpackung in das Lebensmittel untersucht. Ein meßbarer Transfer war jedoch in keiner Probe festzustellen“ (MS).

„Nachdem bekannt geworden war, daß Milchtüten aus gebleichten Papierprodukten eine Quelle erhöhter Dioxin- und Furanbelastungen von Milch darstellen können, wurden zwischen September 1989 und August 1990 insgesamt 42 Milchkartonbehältnisse auf eine etwaige Belastung mit PCDD und PCDF untersucht. Pro Probe wurden von den zuständigen Kreisordnungsbehörden jeweils 20 unbefüllte Milchkartonbehältnisse der drei führenden europäischen Herstellerfirmen direkt in mehreren Molkereien Nordrhein-Westfalens entnommen.

In allen Proben konnten die für gebleichtes Papier charakteristischen Kongenere 1,2,7,8-Tetrachlordibenzofuran, 2,3,7,8-Tetrachlordibenzofuran und 2,3,7,8-Tetrachlordibenzodioxin nachgewiesen werden. Daneben enthielten einige Milchkartonbehältnisse weitere höherchlorierte Kongenere in geringen Konzen-

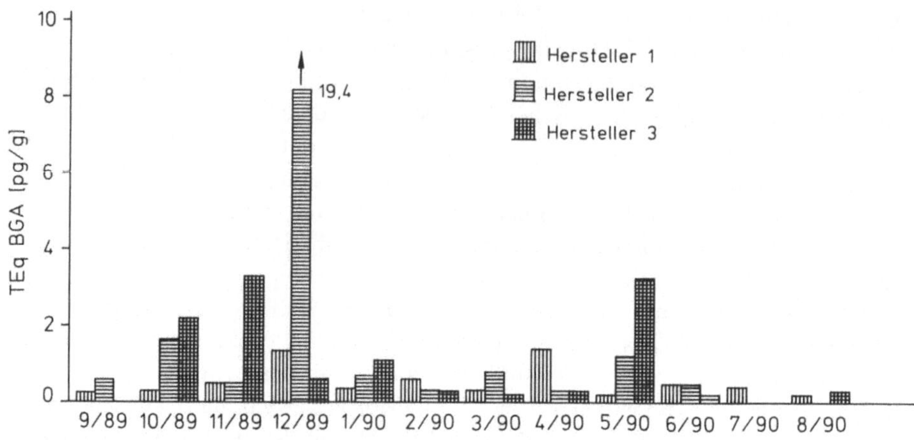

Abb. 2.1. PCDD und PCDF in Milchkartons; September 1989 bis August 1990 (MS)

trationen. Die in den Proben bestimmten Gehalte sind in der folgenden Abbildung, nach Hersteller und Probenahmezeitpunkt geordnet, aufgeführt. Aus Gründen der Übersichtlichkeit und besseren Vergleichbarkeit wurden jeweils die TCDD-Äquivalent (TEq) angegeben, wobei die vom BGA vorgeschlagenen Äquivalentfaktoren für die Berechnung verwendet wurden" (MS).

„Die Ergebnisse zeigen, daß lediglich eine im Dezember 1989 gezogene Probe mit einem Gehalt von 19,4 pg TEq/g den vom Fachverband Kartonverpackungen für flüssige Nahrungsmittel (FKN) anläßlich einer Sitzung im BGA am 25. Mai 1989 garantierten Maximalwert von 8 pg TEq/g überschreitet. Hierzu ist allerdings anzumerken, daß diese Probe aus einer kleinen Molkerei stammte, wobei die Vermutung naheliegt, daß es sich um Restbestände von umfangreicheren alten Chargen handelte. Milchkartonbehältnisse desselben Herstellers, die im vergleichbaren Zeitraum in großen Molkereien gezogen wurden, wiesen dagegen sehr viel geringere PCDD- und PCDF-Gehalte auf.

Die Untersuchungen des Jahres 1990 lassen dagegen einen deutlichen Trend zu Gehalten von weniger als 1 pg TEq/g erkennen. Insofern bestätigen die neuesten Analysenergebnisse die vom FKN mittlerweile gemachte Zusage, daß die Dioxin- und Furangehalte in Getränkekartonverpackungen auf das nicht mehr unterschreitbare Maß ubiquitären Vorkommens von 1 pg TEq/g gesenkt werden.

Ein Übergang von PCDD und PCDF aus Kartonverpackungen mit Gehalten von weniger als 1 pg TEq/g in die Milch dürfte nicht mehr nachweisbar sein" (MS).

Eine lebensmittelrechtliche Beurteilung eines PCDD/F-Gehaltes mit den derzeit zur Verfügung stehenden Gesetzen und Verordnungen ist praktisch nicht möglich. Nicht nur, daß keine Grenz- oder Richtwerte festgelegt sind, auch die Toxikologen vertreten bei der toxikologischen Beurteilung sehr gegensätzliche Standpunkte. So besteht kein Einvernehmen darüber, ob 2,3,7,8-TCDD als Initiator oder als Promoter zu bewerten ist, sowie darüber, welche Toxizität den anderen Kongeneren zukommt. In diesem Zusammenhang sei ausdrücklich darauf hingewiesen, daß die hier verwendeten Begriffe wie NOAEL und Sicherheitsabstand zum NOAEL von manchen Toxikologen als nicht zulässig für PCDD/F angesehen werden, was sicher dann zutreffend wäre, wenn diese Stoffe als gentoxisch zu beurteilen wären; dies ist aber nach dem derzeitigen Kenntnisstand unwahrscheinlich. Über diese Wissenslücken Klarheit zu schaffen, sollte eine vordringliche Aufgabe der Toxikologen sein. Denn Untersuchungsergebnisse, die nicht interpretierbar sind, nützen dem Verbraucher wenig" (S: 1989).

2.4 Nitratbelastung von Gemüse

Im Hinblick auf eine mögliche Gefährdung der menschlichen Gesundheit durch Methämoglobinämie oder Nitrosaminbildung wird die Untersuchung von Lebensmitteln auf den Nitrat- und Nitritgehalt durchgeführt. Nitrat- und Nitritbestimmungen werden auch durchgeführt, um die Einhaltung rechtlich festgelegter Höchstmengen zu kontrollieren und um mögliche Verfälschungen zu erkennen.

Die direkte Gefahr durch Nitrat ist relativ gering, solange es nicht zu Nitrit reduziert werden kann. „Die Reduktion von Nitrat zu Nitrit erfolgt innerhalb des Körpers in der Mundhöhle sowie im Magen-Darm-Trakt, außerhalb während einer unsachgemäßen Lagerung von Lebensmitteln oder bei langem Stehenlassen und Warmhalten von zubereiteten Speisen. In beiden Fällen handelt es sich um einen bakteriell verursachten Abbau. Über den Reaktionsweg Nitrat → Nitrit → Nitrosamin steht das Nitrat im Verdacht, ursächlich an der Entstehung von Krebs beteiligt zu sein. In saurer Lösung, z. B. in Lebensmitteln als auch im menschlichen Magen, kann Nitrit mit Aminen unter Bildung von Nitrosaminen reagieren.

Nitratfreie Pflanzen gibt es nicht, da Nitrat als Nährstoff für das Wachstum der Pflanzen unentbehrlich ist. Der Nitratgehalt in der Pflanze wird durch eine Reihe von Faktoren beeinflußt. Maßgeblichen Einfluß haben insbesondere pflanzenspezifische Faktoren, so daß je nach Pflanzenart nitratreiche und nitratärmere Gemüsesorten unterschieden werden können.

Daneben wird die Höhe des Nitratgehaltes in Pflanzen durch eine Reihe weiterer Faktoren beeinflußt, die zum Teil steuerbar sind. Zu diesen zählen:

1. Der Erntezeitpunkt und die damit zusammenhängende, jahreszeitlich unterschiedliche Lichtintensität,
2. das Nährstoffangebot,
3. die Anbauart, z. B. im Gewächshaus oder im Freiland, und
4. die Witterungseinflüsse.

Dem Bundesgesundheitsamt liegen Erkenntnisse vor, daß in Einzelfällen bei den besonders nitratspeichernden Gemüsesorten überhöhte Nitratkonzentrationen aufgetreten sind, die bei Anwendung der sog. guten fachlichen Praxis vermieden werden könnten. In diesen Fällen liegen die Ursachen für diese Belastungen insbesondere im Zusammentreffen mehrerer ungünstiger Bedingungen. So trafen beispielsweise in stark nitrataufnehmenden Gemüsesorten Spitzenbelastungen auf, wenn diese während einer lichtarmen Jahreszeit bei gleichzeitigem hohen Düngerangebot geerntet wurden.

Gemüsearten, die im Pflanzengewebe weniger Nitrat speichern, sind nach Auffassung des Bundesgesundheitsamtes als gesundheitlich unbedenklich anzusehen.

Zusammenfassend läßt sich feststellen, daß die Nitratbelastung von Gemüse sowohl bei den nitratreichen als auch bei den nitratarmen Gemüsen im Durchschnitt innerhalb der tolerierbaren Bereiche liegt. Gleichwohl sind in der Vergangenheit Maßnahmen ergriffen worden, um Belastungsspitzen weiter abzuschneiden. Im übrigen kann der Verbraucher seine Aufnahme von Nitrat erheblich dadurch verringern, daß er überwiegend saisongerecht erzeugtes Gemüse verzehrt.[1]

Gemüse mit besonders hoher Nitratbelastung

Zu den besonders nitratreichen Lebensmitteln zählen: Kopfsalat, Feldsalat, Rettich, Radieschen, Spinat und Rote Rüben. Für diese Gemüse hat das Bundesgesundheitsamt Richtwerte veröffentlicht, die den für die Lebensmittelüberwachung zuständigen Behörden sowie denjenigen Personen, die Lebensmittel erzeugen bzw. vermarkten, aufzeigen sollen, bei welchen Konzentrationen unerwünscht hohe Nitratgehalte vorliegen und gezielte Maßnahmen zur Reduzierung der Nitratbelastung der Lebensmittel z.B. durch Anbau-, Dünge- und Ernteempfehlungen an die Landwirtschaft i.S. einer guten landwirtschaftlichen Praxis ergriffen werden sollten. Als weitere nitratreiche Gemüsearten werden in einer Veröffentlichung des Niederländischen Büros für Ernährungsberatung weitere Gemüsearten genannt: alle übrigen Salatarten, Bleichsellerie, Chinakohl, Kohl, Kohlrabi, Rübstiel, Spitzkohl und Fenchel.

In diesem Zusammenhang muß jedoch ausdrücklich darauf hingewiesen werden, daß für die gesundheitliche Bewertung nicht allein der Gehalt an Nitrat in einem bestimmten Lebensmittel, sondern auch die jeweilige Verzehrsmenge maßgeblich ist.[1]

Gesundheitliche Bewertung hoher Nitratgehalte im Gemüse

Nitrat selbst besitzt eine geringe Toxizität und ist aus toxikologischer Sicht nur wegen seiner möglichen Umwandlung zu Nitrit und dem dadurch bedingten Auftreten des Krankheitsbildes einer Methämoglobinämie bei Säuglingen von besonderem Interesse. Insbesondere Spinat und Spinatsäfte, die einen hohen Nitratanteil haben, können bei unsachgemäßer Aufbewahrung bzw. bei Wiedererwärmung durch bakterielle Einwirkung größere Mengen von Nitrit bilden, das durch Methämoglobinämiebildung bei Säuglingen die bekannten Symptome einer Blausucht hervorrufen.

Als Grundlage für die gesundheitliche Bewertung wird vom Bundesgesundheitsamt der von der Weltgesundheitsorganisation (WHO) aufgestellt ADI-Werte (Acceptable Daily Intake = Duldbare tägliche Aufnahmemenge) für Natriumnitrat in Höhe von 0 bis 5 mg/kg Körpergewicht (entsprechend 3,65 mg Nitrat/kg Körpergewicht) herangezogen. Das bedeutet, daß hohe Nitratbelastungen in Gemüse, die zu Überschreitungen des ADI-Wertes führen können, vermieden werden sollten. Dies gilt insbesondere deshalb, weil bei der gesundheitlichen Beurteilung nicht nur die Toxizität des Nitrats entscheidend ist, sondern auch die Möglichkeit berücksichtigt werden muß, daß Nitrat nach Umwandlung zu Nitrit im Speichel bei gleichzeitiger Anwesenheit bestimmter Amine im menschlichen Körper zur endogenen Bildung geringer Mengen von Nitrosaminen führen kann. Wegen dieser potentiellen Gefahr ist das Bundesministerium für Gesundheit der Auffassung, daß weitere Maßnahmen i. S. eines vorbeugenden Gesundheitsschutzes ergriffen werden müssen, um beim Verzehr besonders nitratspeichernder Gemüsearten vermeidbar hohe Nitratzufuhren zu verhindern. Das Bundesministerium für Gesundheit hat deshalb das Bundesgesundheitsamt beauftragt, Vorschläge für die Festsetzung rechtsverbindlicher Höchstmengen vorzulegen.

Bei der realistischen Annahme, daß alle verzehrten Lebensmittel Nitratkonzentrationen in Höhe ihrer Mittelwerte oder Mediane aufweisen, wird der ADI-Wert allerdings unterschritten (vgl. Ernährungsbericht 1988). Dies bedeutet, daß für den Normalverbraucher eine Gefährdung durch Nitrat im Gemüse nicht zu erwarten ist. Allerdings sind bei Spitzenbelastungen, wie sie z. B. beim Kopfsalat gemessen werden, und bei bestimmten von der Norm abweichenden Verzehrsmengen Überschreitungen des ADI-Wertes nicht auszuschließen. Das Bundesgesundheitsamtes vertritt hierzu jedoch die Auffassung, daß in diesen Fällen nicht zwangsläufig eine akute gesundheitliche Gefährdung eintreten muß, weil bei der Festsetzung des ADI-Wertes immer eine lebenslange und regelmäßige Aufnahme zugrunde gelegt wird. Gelegentliche Überschreitungen des ADI-Wertes liegen daher nach Auffassung des Bundesgesundheitsamtes im tolerierbaren Bereich.[1]

Die Nitratbelastung von Gemüse im Verhältnis zu der anderer Lebensmittel

Die Nitrataufnahme durch Gemüse und Obst stellt mit etwa 55 bis 60 v. H. (Gemüse 42 bis 47 v. H., Obst 12 bis 13 v. H.) den Hauptanteil der Gesamtbelastung dar. Andere Lebensmittel spielen in der Einzelbetrachtung eine untergeordnete Rolle. Die Konzentrationen im Trinkwasser liegen im Verhältnis zu denen im Gemüse in der Regel niedrig. Das Trinkwasser trägt daher unter Zugrundelegung des in der Trinkwasserverordnung zulässigen Grenzwertes von 50 mg/l lediglich 6 bis 6,5 v. H. zur Gesamtnitrataufnahme bei.

Das Nitrit ist mengenmäßig bei gepökelten Lebensmitteln tierischer Herkunft von Bedeutung. In der Fleischverordnung sind bei Nitrit bzw. Nitrat je nach Lebensmittel Höchstmengen zwischen 100 bis 600 mg/kg festgesetzt worden.[1]

Gemüse ist also die wesentlichste Nitratquelle in der Nahrung. Eine Übersicht über aktuelle Nitratgehalte einzelner Lebensmittel aus dem Jahre 1990 findet sich in Tabelle 2.3.

Tabelle 2.3. Nitratgehalte in Lebensmitteln (in mg/kg bzw. mg/l verzehrsf. Lebensmittel) (FR)

Lebensmittel	Probenzahl	Mittelwert	Niedrigster Wert	Höchster Wert
Milch	24	9	0	67
Milchprodukte	3	8	0	14
Käse	9	12	0	36
Fleisch/Geflügel/Wild	2	9	4,6	14
Fleisch-/Geflügel-/Wilderzeugnisse	31	86	0	454
Wurstwaren	42	33	0	416
Hülsenfrüchte/Ölsaaten/Schalenobst	2	9	4,0	13
Kartoffeln/stärkereiche Pflanzenteile	24	169	37	353
Chicoree	5	122	19	381
Blumenkohl	4	216	43	416
Chinakohl	5	651	118	1.246
Rosenkohl	3	41	0	123
Rotkohl (-kraut)	3	296	154	434
Weißkohl (-kraut)	15	291	65	911
Wirsingkohl	4	396	66	973
Broccoli/Spargelkohl	1	277	277	277
Kresse	1	4.189	4.189	4.189
Porree/Lauch	4	392	181	545
Kopfsalat	27	1.429	32	3.855
Endivie/Eskariol/Eissalat/Frisee	1	778	778	778
Feldsalat	6	2.108	710	3.038
Spargel	5	14	0	32
Spinat	11	1.561	484	3.032
Zwiebeln	1	0	0	0
Bohnen	3	232	179	265
Auberginen	3	634	414	976
Gurken	6	122	13	271
Zucchini	2	823	334	1.311
Melonen/Kürbisse	4	283	13	859
Paprika	4	83	56	154
Tomaten	2	49	47	51
Kohlrabi	4	1.209	808	1.852
Karotten/Möhren	8	196	84	549
Meerettich	1	1.001	1.001	1.001
Radieschen	3	946	912	982
Rettiche	3	2.009	1.156	2.731
Rote Rüben	4	2.879	324	6.857
Knollensellerie	6	367	70	736
Gemüsemischungen	4	370	14	512
Gemüse tropische und subtropische sonstige	4	8	0	15
Gemüseerzeugnisse (ausgenommen Rhabarber)	36	357	0	1.622
Fruchtsäfte	4	1	0,3	1,5
Fruchtnektare	12	7	0	12

Tabelle 2.3. (Fortsetzung)

Lebensmittel	Probenzahl	Mittelwert	Niedrigster Wert	Höchster Wert
Alkoholfreie Erfrischungsgetränke	7	5	1,3	8,2
Bier/bierähnliche Getränke	112	25	2,7	71
Säuglingsnahrung/Kleinkindernahrung	37	71	14	182
Mineral- und Tafelwasser	114	3	0	33
Trinkwasser	229	46	0,5	98
Rohwasser für Trinkwasser	7	15	2,9	33
Brauchwasser/Betriebswasser	15	33	1,1	47

Von noch größerer Bedeutung als der Nitratgehalt ist in Lebensmitteln der Gehalt an Nitrit, das als direkt reaktiver Partner mit den natürlichen Sekundären Aminen der Nahrung krebserregende Nitrosamine bilden kann. Nitrit wird am meisten über Fleisch und Wurst aufgenommen, ein Umstand, der bei der allgemeinen Nitratdiskussion oft vergessen wird

Tabelle 2.4. Nitritgehalte in Lebensmitteln (in mg/kg bzw. mg/l verzehrsf. Lebensmittel) (FR)

Lebensmittel	Probenzahl	Mittelwert	Niedrigster Wert	Höchster Wert
Milch	24	1	0	12
Milchprodukte	3	0,7	0	2,1
Käse	9	1,4	0	4,4
Fleisch/Geflügel/Wild	2	1,0	0	2,0
Fleisch-/Geflügel-/Wilderzeugnisse	31	23	0	470
Wurstwaren	42	7	0	31
Hülsenfrüchte/Ölsaaten/Schalenobst	1	0,1	0,1	0,1
Kartoffeln/stärkereiche Pflanzenteile	19	0,6	0,2	1,5
Frischgemüse (ausgenommen Rhabarber)	110	0,3	0	1,1
Gemüseerzeugnisse (ausgenommen Rhabarber)	25	0,3	0	0,9
Säuglingsnahrung/Kleinkindernahrung	37	0	0	0
Mineral- und Tafelwasser	91	0	0	0,1
Trinkwasser	295	0	0	0,9
Rohwasser für Trinkwasser	7	0,2	0	1,1
Brauchwasser/Betriebswasser	10	0	0	0,4

Wie werden Nitratgehalte überwacht und wie sind die Ergebnisse der letzten Jahre?

Die Überwachung von Lebensmitteln ist Aufgabe der Länder. Die zuständigen Lebensmittelüberwachungsbehörden überprüfen nach den §§ 40ff. des Lebensmittel- und Bedarfsgegenständegesetzes (LMBG) regelmäßig Lebensmittel auf ihre Nitratgehalte.

Die überwachungsmaßnahmen erstrecken sich sowohl auf inländische als auch auf in die Bundesrepublik Deutschland eingeführten Erzeugnisse.

Wegen seiner besonderen Bedeutung ist auch in den Stichprobenuntersuchungsplan des vom Bundesgesundheitsamt in Zusammenarbeit mit den für die amtliche Lebensmittelüberwachung zuständigen Behörden durchgeführten Forschungsvorhabens „Bundesweites Lebensmittel-Monitoring" die Untersuchung besonders nitratreicher Lebensmittel, wie Kopfsalat, einbezogen worden. Die ersten Ergebnisse der im Rahmen dieses Forschungsvorhabens durchgeführten Untersuchungen auf Nitrat sind vom Bundesgesundheitsamt inzwischen veröffent-

Tabelle 2.5. Ergebnisse der im Rahmen des Forschungsvorhabens „Bundesweites Lebensmittel-Monitoring" durchgeführten Untersuchungen auf Nitrat in bestimmten pflanzlichen Lebensmitteln – Auszug (Angaben in mg/kg Frischsubstanz) [1]

Quartal/LM	Anzahl der Proben	Min.-Wert	Mittelwert	Max.-Wert
Kartoffeln				
1988/4	62	0,5	61,4	260,0
1989/1	62	0,5	114,6	420,0
1989/2	84	0,5	88,7	452,0
1989/3	88	0,5	82,4	327,0
1989/4	76	0,5	86,5	312,0
1990/1	67	10,0	105,4	331,0
Kopfsalat				
1988/4	157	2,7	2.558,2	5.800,0
1989/1	176	5,0	2.895,5	5.679,0
1989/2	55	184,0	1.431,8	4.125,0
1989/3	202	0,5	1.521,6	4.900,0
1989/4	217	138,0	1.949,0	4.680,9
1990/1	169	124,0	3.265,0	6.834,0
Weißkohl				
1988/4	248	0,5	423,6	1.628,0
1989/1	213	4,3	383,4	1.573,0
1989/3	4	132,0	302,2	383,0
1989/4	316	0,5	454,0	1.650,0
1990/1	196	10,0	372,4	2.650,0
Erdbeere				
1989/2	98	0,5	24,1	183,0
1989/3	44	0,5	3,8	56,0
Äpfel				
1988/4	31	0,5	2,0	13,0
1989/1	16	–	–	–
1989/2	23	0,5	0,5	1,0
1989/3	21	–	–	–
1989/4	17	–	–	–
1990/1	6	2,5	8,0	21,0

LM: Lebensmittel
Quartale: 1988/4 = 4. Quartal 1988
Monitoringproben von Oktober 1988 bis März 1990; nur alte Bundesländer

licht worden (Polychlorierte Biphenyle und Nitrat in Lebensmitteln der Anlaufphase des Forschungsvorhabens „Bundesweites Lebensmittel-Monitoring", Arbeitsbericht 14, ZEBS-Hefte 1/91 S. 6ff.).[1]

Diese erste Auswertung der Nitratgehalte von 2.648 Proben der Lebensmittel Kartoffeln, Kopfsalat, Weißkohl, Erdbeeren und Äpfel ergab statistisch sehr gesicherte Ergebnisse, die in Tabelle 2.5 mit allen notwendigen Angaben zusammengefaßt sind.

Wie die Ergebnisse zeigen, weist insbesondere Kopfsalat in den lichtarmen Monaten der Winterquartale deutliche höhere Nitratwerte auf (Treibhaussalat). Eine Länderauswertung der Kopfsalatproben ergab, daß insbesondere Salat aus den Niederlanden und Belgien in den Wintermonaten deutlich erhöhte Nitratgehalte haben. So überschritten mehr als 90% aller niederländischen Proben des Quartals 1/1990 den Richtwert für Nitrat (BGA).

Forderung nach gesetzlichen Höchstwerten für besonders nitratreiche Gemüsearten

Das Bundesministerium für Gesundheit hat inzwischen die entsprechenden Vorarbeiten für den Erlaß einer Nitrat-Höchstmengenverordnung für bestimmte Gemüsearten aufgenommen.

Auf die Ermächtigung des § 14 Abs. 2 des Lebensmittel- und Bedarfsgegenständegesetzes gestützte rechtsverbindliche Höchstmengen bieten der amtlichen Lebensmittelüberwachung eine bessere Eingriffsmöglichkeit als die vom Bundesgesundheitsamt herausgegebenen Richtwerte, die orientierenden und empfehlenden Charakter besitzen. Auf diese Weise dürfte es künftig gelingen, Spitzenbelastungen zu vermeiden.

Literatur

[1] Deutscher Bundestag, Drucksache 12/1026 vom 05.08.1991, Nitratbelastung von Gemüse, Antwort der Bundesregierung auf die Kleine Anfrage Drucksache 12/919

2.5 Formaldehydabkömmlinge in Textilien

Textilien werden zur Erreichung bestimmter Materialeigenschaften mit einer Vielzahl von chemischen Mitteln behandelt. Solche Textilhilfsmittel sind in großem Umfange auch formaldehydhaltige Verbindungen oder Abkömmlinge (z. B. Aminoplaste). Sie werden insbesondere für die Knitterfrei- und Pflegeleichtausrüstung von Baumwolle und Mischtextilien mit Kunstfasern eingesetzt. Verwendung finden in diesem Bereich besonders stabile Aminoplaste, um sicherzustellen, daß sie im Laufe der Lebensdauer der Textilwaren nicht zerfallen. Es konnten in solchen Geweben nach Literaturangaben Formaldehydgehalte zwischen 1 und 3.000 mg/kg nachgewiesen werden. Moderne Verarbeitungsverfahren sollen zwischenzeitlich gewährleisten, daß solche Textilien nur noch sehr geringe Mengen des Wirkstoffes Formaldehyd abgeben. Die Gefahr einer Allergie für empfindliche Personengruppen soll damit erheblich verringert werden. In einem gemeinsamen Bericht des Bundesgesundheitsamtes, der Bundesanstalt für Arbeitsschutz und dem Umweltbundesamt aus dem Jahre 1984 zum allgemeinen Formaldehydproblem wird den Herstellern empfohlen, durch geeignete Verfahren sicherzustellen, daß Textilien Formaldehyd nicht freisetzen und nur in sehr geringen Mengen enthalten (diskutiert wird zur Zeit ein Wert von 0,05 bis 0,2%). Kann dies nicht gewährleistet werden, so sollen die Textilien den Hinweis tragen: „Achtung, gibt Formaldehyd ab. Das Kleidungsstück sollte vor dem ersten Tragen gewaschen werden". Da man in der Praxis selten darüber Auskunft bekommt, nach welchen Verfahren die Textilien ausgerüstet wurden, sollten Allergieempfindliche vorsichtshalber Textilien vor dem ersten Tragen immer waschen.

Ein genauer Sachstand zu dieser Problematik ist zur Zeit nicht bekannt. Die nachfolgenden Untersuchungsergebnisse geben allerdings Hinweise.

„Die Untersuchungen auf Formaldehyd in Textilien heimischer Hersteller (hauptsächlich wurden Hemdenstoffe, Blusenstoffe und Futterstoffe untersucht) ergaben ein gemischtes Bild. Insgesamt wurden hier 69 Proben untersucht. In einer Probe konnte ein Gehalt von über 1.500 mg/kg, dem durch die Gefahrstoff-Verordnung festgelegten Höchstwert, ermittelt werden, ohne daß eine Kennzeichnung vorhanden war. Aus unserer Sicht sollte in eine Bedarfsgegenstände-Verordnung ein Grenzwert übernommen werden, der jedoch deutlich unterhalb des bislang existierenden Grenzwertes liegen müßte. Praktikabel wäre durchaus eine Höchstmenge von 100 mg/kg, die von mehr als 75% der in diesem Jahre untersuchten Proben eingehalten worden wäre.

Tabelle 2.6. Formaldehydgehalt in Bedarfsgegenständen (BI)

Gehalt in mg/kg	Probenzahl
< 1	12
1 bis 10	2
10 bis 50	21
50 bis 100	18
100 bis 500	13
500 bis 1.500	2
> 1.500	1

Da die Mehrzahl der Stoffe in irgendeiner Weise ausgerüstet ist, häufig jedoch kaum Formaldehyd nachweisbar ist, stellt sich die Frage, ob grundsätzlich andere als mit Aldehyden vernetzte Harze eingesetzt werden oder ob lediglich der Formaldehyd gegen einen anderen Aldehyd, der jedoch ebenso reaktiv sein muß und somit ähnliche Probleme mit sich bringen würde, ausgetauscht wurde" (BI).

„Bei 20 hautnah getragenen Kleidungsstücken aus Baumwolle und Baumwollmischgeweben wurde ihre Formaldehyabgabe geprüft. 11 davon waren Baby-Bekleidungsstücke. Bei allen Proben lag die Formaldehydabgabe unter 0,01%" (KA).

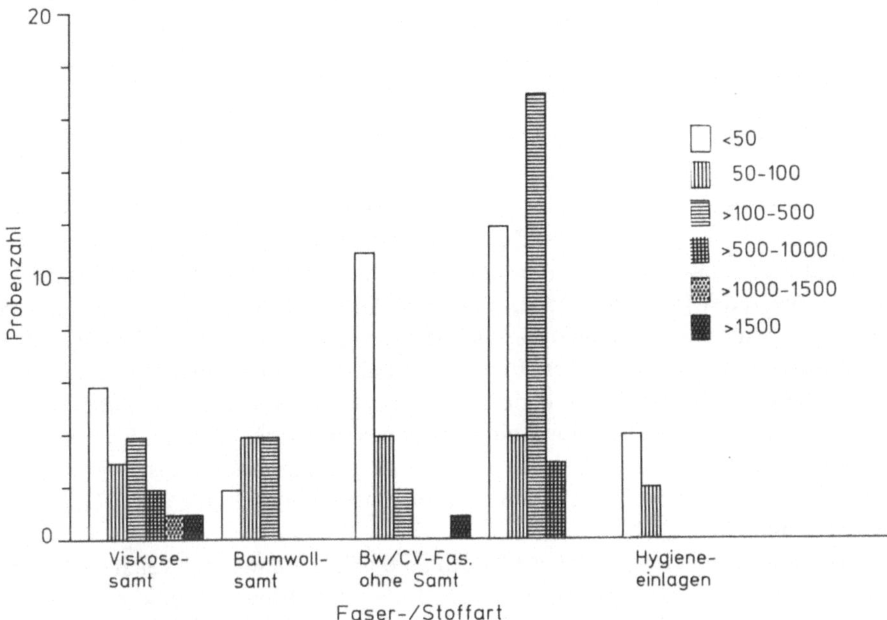

Abb. 2.2. Formaldehydabgabe (mg CH_2O/kg Erzeugnis) (FR)

„Textile Bedarfsgegenstände mit Hautkontakt (Meterware für Oberbekleidung aus Viskose- und Baumwollfasern) wurden auf ihre Formaldehyd- und Glyoxalabgabe geprüft. Beide Stoffe werden zum Hochveredeln von Geweben aus Cellulosefasern benötigt. Eine Probe Viskosesamt (1.650 mg Formaldehyd/kg) und eine Probe Viskose-Blusenstoff (1.730 mg Formaldehyd/kg) wurden beanstandet, weil ihre Gehalte an freiem Formaldehyd und dem unter Tragebedingungen entstehenden freien Formaldehyd, den Grenzwert von 1.500 mg/kg, der eine Kennzeichnung nach der Gefahrstoff-Verordnung auslöst, überstiegen und der vorgeschriebene Hinweis fehlte. Bei allen anderen Faser- und Gewebearten lag die Formaldehydabgabe unter dem Grenzwert.

	Maximalwerte
Viskosesamt	1.650 mg/kg
Baumwollsamt	460 mg/kg
Baumwolle/Viskose ohne Samt	1.730 mg/kg
Futterstoff	760 mg/kg

Bei den Überprüfungen der Formaldehydabgabe wurde festgestellt, daß hochveredelte Viskose- und Baumwollsamtgewebe unter den Bedingungen zur Ermittlung der Formaldehydabgabe (dest. Wasser, 20 °C, 1 Stunde) zwar wenig Formaldehyd, dafür jedoch erhöhte Mengen an Glyoxal abgeben. Folgende Angaben wurden ermittelt:

Gewebeart	Formaldehyd g/100 g (%)	Glyoxal g/100 g (%)
Viskosesamt	0,010	3,67
	0,011	3,34
Baumwollsamt	0,010	2,95
	0,010	2,56
	0,008	2,06

Glyoxal ist in bezug auf Struktur, Reaktivität und Molekülgröße dem Formaldehyd sehr ähnlich. Die Substanz hat in verschiedenen Testsystemen (Bakterien und Säugerzellen) ein mutagenes Potential. In der Literatur wird eine durch Glyoxal in einem Polyvinylharz ausgelöste Kontaktdermatitis beschrieben. Zur dermatologisch-toxikologischen Bewertung hat das BGA mitgeteilt, daß zwar wesentliche Daten zur Toxikologie von Glyoxal z. Zt. noch fehlen, andererseits aber beschriebene Tatsachen auf ein mutagenes und sensibilisierendes Potential hindeuten. Eine Exposition mit Glyoxal, wie sie gefunden worden ist, wird als unerwünscht angesehen. Die Proben wurden unter Hinweis auf das BGA-Gutachten bemängelt" (FR).

„Wie aus einer Vielzahl von Anfragen an das BGA sowie zahlreichen Presseveröffentlichungen hervorgeht, besteht in Teilen der Öffentlichkeit eine Verunsicherung in bezug auf eine mögliche Gesundheitsgefährdung durch Formaldehyd freisetzende Textilien. Formaldehyd ist als wichtiges Kontaktallergen einzustufen. In früheren Jahren haben kleidungsbedingte Formaldehydekzeme in einzelnen Ländern, beispielsweise in Japan sowie in Skandinavien und Großbritannien, eine erhebliche Bedeutung gehabt, nicht dagegen in der Bundesrepublik Deutschland.

Nach Anhang I Nr. 2.6.2.2. der Gefahrstoff-Verordnung sind Textilien, die beim bestimmungsgemäßen Gebrauch mit der Haut in Berührung kommen, mit einer Ausrüstung versehen sind und mehr als 0,15% freies Formaldehyd enthalten, wie folgt zu kennzeichnen: ‚Enthält Formaldehyd. Es wird empfohlen, das Kleidungsstück zur besseren Hautverträglichkeit vor dem ersten Tragen zu wachsen'.

Um zu klären, ob allergische Reaktionen durch Formaldehyd in Textilien in den letzten Jahren in Deutschland eine klinische Bedeutung hatten, haben wir im Oktober 1989 eine entsprechende Anfrage an die Universitätshautkliniken verschickt. Unter anderem wurden dabei folgende Fragen gestellt:

- Haben Sie Fälle von allergischen Reaktionen beobachtet, die durch Formaldehyd in Textilien ausgelöst worden sind?
- Wieviele solcher Fälle sind beobachtet worden und in welchem Verhältnis stehen sie zu der Gesamtzahl der Formaldehyd-positiven Fällen?
- Können Aussagen zur Art der beteiligten Textilien gemacht werden?

Von insgesamt 33 verschickten Anfragen wurden ca. 2/3 beantwortet. Von 16 Kliniken wurde geantwortet, daß keine Fälle von allergischen Reaktionen beobachtet wurden, die durch Formaldehyd in Textilien ausgelöst worden waren, eine Klinik konnte keine Angaben machen.

Nur von fünf Kliniken wurde ein gelegentlicher Zusammenhang zwischen Formaldehyd in Textilien und allergischen Hautreaktionen in ihrem Patientengut hergestellt. Von einer dieser Kliniken wurde angegeben, daß es ‚früher in Einzelfällen allergische Reaktionen auf Formaldehyd in Textilien gegeben habe, jedoch in den letzten Jahren nicht mehr'. Aus einer anderen Klinik wurde geantwortet, daß bis ‚1986 gelegentlich Fälle beobachtet wurden, bei denen der dringende Verdacht bestand, daß ein Ekzem durch frische nicht gewaschene Unterwäsche verursacht wurde'. Seit 1986 wurden auch dort keine Fälle mehr beobachtet. Eine weitere Klinik gab an, daß pro Jahr etwa ein Fall beobachtet wurde und daß es sich bei den verursachenden Textilien immer um vor der ersten Benutzung nicht gewaschene Unterwäsche und Bettwäsche gehandelt habe.

Aus dem Zeitraum nach dem Inkrafttreten der Gefahrstoff-Verordnung (ab 1986), seitdem die Deklarationspflicht besteht, wurden aus zwei Kliniken insgesamt nur fünf Fälle berichtet. Bei zwei Patienten wurden ‚Kontaktekzeme beobachtet, die fraglich durch Formaldehyd in Textilien ausgelöst wurden'. Bei drei weiblichen Patienten wurden ‚allergische Reaktionen durch engsitzende Unterwäscheteile beobachtet'. In einer dritten Klinik wurde etwa ein Patient pro Jahr registriert. Angaben, die es erlauben würden, den Anteil textilbedingter Formaldehydallergien bezogen auf die Gesamtzahl von auf Formaldehyd zurückgeführte Allergien zu ermitteln, wurden nicht gemacht.

Die Befragung bestätigte, daß in der Bundesrepublik Deutschland allergische Reaktionen, die durch Formaldehyd in Textilien verursacht wurden, selbst in der Zeit vor dem Inkrafttreten der Gefahrstoff-Verordnung keine erhebliche klinische Relevanz hatten. Seitdem hat sich die Situation offensichtlich weiter verbessert.

Die geringe Zahl beobachteter Fälle könnte damit zusammenhängen, daß der bestehende Grenzwert in der Praxis nicht ausgeschöpft wird und die tatsächliche Formaldehydfreisetzung deutlich unter dem bestehenden Deklarationsgrenzwert liegt. Das wurde durch systematische Untersuchungen zur Formaldehydfreisetzung aus Textilien nach der Methode des § 35 LMBG in der Chemischen Landesuntersuchungsanstalt Offenburg bestätigt. Während nur in drei Fällen der Deklarationswert der Gefahrstoff-Verordnung (0,15%) überschritten wurde, lag der Gehalt in mehr als 80% der Fälle sogar unter dem Deklarationswert der Kosmetik-Verordnung (0,05%). Es stehen also heute offensichtlich Ausrüstungsverfahren zur Verfügung, die eine niedrige Formaldehydfreisetzung ermöglichen und damit zu einer niedrigen Exposition des Verbrauchers führen. Es gibt daher aus technologischer Sicht keine Hinderungsgründe, den Grenzwert der Deklarationspflicht in der Gefahrstoff-Verordnung im Sinne des vorbeugenden Verbraucherschutzes auch für Bekleidungstextilien auf den für kosmetische Mittel geltenden Wert von 0,05% zu senken.

Damit wäre zwar eine einheitliche Regelung erreicht und auch dem generellen Minimierungsgebot Genüge getan. Andererseits darf aber Formaldehyd als Komponente von Textilausrüstungsmitteln nicht isoliert betrachtet werden. Wenn eine Substanz in der Öffentlichkeit derartig kritisch diskutiert wird, wie es beim Formaldehyd der Fall ist, liegt es nahe, auf ‚Ersatzstoffe' auszuweichen, in diesem Falle also andere Aldehyde einzusetzen. Aus neueren Untersuchungen ergibt sich beispielsweise, daß aus bestimmten Textilien anstelle des Formaldehyds Glyoxal freigesetzt wird. Dieser ‚Ersatzstoff' ist in bezug auf Struktur,

Reaktivität und Molekülgröße dem Formaldehyd sehr ähnlich, jedoch toxikologisch bei weitem nicht so gründlich untersucht. Das Gebiet der Textilausrüstungsmittel bedarf daher nach unserer Auffassung dringend einer systematischen Untersuchung insbesondere unter Berücksichtigung toxikologischer Aspekte" (BGA).

2.6 „Dioxine" und Pentachlorphenol in Lederwaren

„Die Untersuchung von Lederhandschuhen, in denen Pentachlorphenol (PCP) nachgewiesen worden war, ergaben einen PCDD/PCF-Gehalt von 17,4 pg TEq pro Gramm. Das dabei analysierte Kongenerenprofil war typisch für Verunreinigungen in technischem PCP. Dieses Ergebnis verdeutlicht, daß bei einem Nachweis von PCP ebenso mit dem Verhandensein von Dioxinen und Furanen gerechnet werden muß" (MS).

Es „konnte in der eingelieferten Probe das für Pentachlorphenol typische Muster an PCDD/PCDF-Isomeren nachgewiesen werden. Dieses bedeutet, daß insbesondere der Anteil hochchlorierter Verbindungen stärker vertreten ist als der Anteil der mittelchlorierten Verbindungen, die toxikologisch bedenklicher sind.

Im einzelnen wurden folgende Gehalte ermittelt:

Tabelle 2.7. PCDD und PCDF in Lederhandschuhen (Angaben in ng/kg) (BI)

2,3,7,8-TCDF	10
andere TCDF	20
2,3,7,8-TCDD	2
1,2,3,7,8-PCDF	< 1
2,3,4,7,8-PCDF	< 1
andere PCDF	5
1,2,3,7,8-PCDD	< 1
1,2,3,4,7,8-HCDF	< 1
1,2,3,6,7,8-HCDF	< 1
2,3,4,6,7,8-HCDF	14
andere HCDF	115
1,2,4,6,7,9-HCDD + 1,2,4,6,8,9-HCDD	6,6
1,2,3,4,6,8-HCDD	< 1
1,2,3,6,7,9-HCDD + 1,2,3,6,8,9-HCDD	19
1,2,3,4,6,9-HCDD	< 1
1,2,3,4,7,8-HCDD	< 1
1,2,3,6,7,8-HCDD	2,9
1,2,3,4,6,7-HCDD + 1,2,3,7,8,9-HCDD	2
1,2,3,4,6,7,8-H_7CDF	250
andere H_7CDF	2.100
1,2,3,4,6,7,9-H_7CDD	220
1,2,3,4,6,7,8-H_7CDD	265
OCDF	142
OCDD	3.200
toxische Äquivalente:	17,4

Zur Untersuchung gelangte ein Arbeitshandschuh, der nicht einmal extrem hoch mit PCP belastet war, was das Ergebnis noch brisanter macht.

Aus unserer Sicht ist es dringend notwendig, diesen ersten Befund zum Anlaß zu nehmen, um gezielt Bedarfsgegenstände aus Leder auf Pentachlorphenol und polychlorierte Dibenzodioxine und Dibenzofurane zu untersuchen. Auch macht es deutlich, daß die Kapazitäten zur Bestimmung dieser Schadstoffe im Ultraspurenbereich bei weitem nicht dem entsprechen, was eigentlich notwendig ist.

Kurz eingegangen sei noch auf die rechtliche Beurteilung von erhöhten Gehalten an PCP. Rechtsgrundlage ist die auf dem Chemikaliengesetz beruhende Pentachlorphenol-Verbotsverordnung. Danach ist das Herstellen und in den Verkehr bringen von mit PCP-haltigen Zubereitungen behandelten Produkten mit Gehalten an Pentachlorphenol von mehr als 5 mg/kg verboten, d. h., es besteht ein absolutes Verkehrsverbot. Damit trägt der Gesetzgeber der Gefährlichkeit des Pentachlorphenols, welcher nicht allein mehr durch eine Gefahrengutkennzeichnung begegnet werden kann, Rechnung. Schwierigkeiten macht offensichtlich der Nachweis, daß das Erzeugnis in Folge einer Behandlung mit PCP oder dessen Zubereitungen einen Gehalt an PCP von über 5 mg/kg aufweist. Es stellt sich natürlich die Frage, wie sonst derart hohe Gehalte zustande kommen können, außer durch eine aktive Behandlung; durch eine allgemeine Umweltkontamination doch wohl nicht!

Der Grenzwert der PCP-Verbotsverordnung ist unseres Erachtens auch direkt lebensmittelrechtlich zu verwerten. Produkte mit Gehalten an Pentachlorphenol von mehr als 5 mg/kg sind geeignet, die menschliche Gesundheit konkret zu gefährden, weshalb sonst besteht ein absolutes Verkehrsverbot. Auch das LMBG sieht für solche Fälle ein Verkehrsverbot vor. Ein Verstoß gegen die angeführten Bestimmungen ist als Straftat eingestuft und müßte der Staatsanwaltschaft mitgeteilt werden“ (BI).

2.7 Radioaktivität – 5 Jahre nach Tschernobyl

Allgemeines. Der Kernkraftwerksunfall in Tschernobyl/UdSSR am 26.04.1986 führte zur Freisetzung einer großen Menge radioaktiver Spaltprodukte in die Atmosphäre. Luftmassen, die sich infolge der zu dieser Zeit herrschenden Großwetterlage nach Westen verlagerten, transportierten radioaktiven Staub auch in das Gebiet der Bundesrepublik Deutschland, wo er sich als Fallout niederschlug. Von diesem Fallout ging eine Strahlung aus, die vorübergehend die Radioaktivitätswerte der Luft bis auf 70 Bq/m^3 (Gesamt-Beta-Aktivität) am 02.05.1986 ansteigen ließ. Durch den dann gebietsweise einsetzenden Regen vom 03. auf den 04.05.1986 verlagerte sich die Radioaktivität durch Auswaschen der Luftmassen in den Boden, wodurch sich die Radioaktivität im Boden in den folgenden Tagen stark erhöhte. Durch die Ablagerung des Fallouts infolge Auswaschung durch Regen stieg die Ablagerung radioaktiver Staubpartikeln auf Bodengewächsen wie Blattgemüse und Gras und dadurch bedingt, soweit bereits Freilandfütterung des Milchviehs erfolgt war, auch in der Milch an. Aufgrund dieser festgestellten hohen Kontaminationswerte gaben die Landesregierungen weitgehende Vorsorgemaßnahmen und Verhaltensempfehlungen an die Bevölkerung bekannt. Diese Verhaltensempfehlungen warnten im wesentlichen vor dem Genuß verschiedener Nahrungsmittel, wie z.B. Freilandgemüse und Milch. Darüber hinaus beinhalteten die Empfehlungen Verhaltensmaßnahmen im Bereich der persönlichen Lebensführung der Bevölkerung, Aufenthaltseinschränkung insbesondere für Kinder im Freien, Spielen auf Rasenflächen und in Sandkästen.

Strahlenbelastung – Grundbegriffe

Radioaktivität bedeutet, daß sich ein Atomkern unter Abgabe von Energie und gleichzeitiger Änderung seiner Ladung und/oder Masse in einen anderen Atomkern verwandelt. Das Atom besteht aus einem Kern, der aus positiv geladenen Teilchen, den Protonen, und elektrisch neutralen Teilchen, den Neutronen, aufgebaut ist. Um diesen Atomkern kreisen die negativ geladenen Elektronen.

Bei radioaktivem Zerfall von Elementen entstehen drei verschiedene Arten von Strahlen, die man auch unter dem Begriff „radioaktive Strahlen" zusammenfaßt:

Alpha-Strahlen bestehen aus den Atomkernen des Edelgases Helium. Ihre Geschwindigkeit ist hoch, ihre Eindringtiefe gering – in organischem Gewebe haben sie bereits nach wenigen Bruchteilen eines Millimeters ihre gesamte Energie verloren.

Beta-Strahlen sind fortgeschleuderte, negativ geladene Elektronen, die über eine etwas größere Durchdringungsfähigkeit als Alpha-Strahlen verfügen – in organischem Gewebe beträgt die Eindringtiefe etwa 1 cm.

Gamma-Strahlen sind elektromagnetische Wellen, den Röntgenstrahlen verwandt, jedoch von kürzerer Wellenlänge als diese. Sie bewegen sich mit Lichtgeschwindigkeit fort. 10 cm Wasser werden von 60% der Gamma-Strahlen passiert; 10 cm Blei nur von 0,04%.

Die Zeit, nach der die Zahl der Ausgangsatome auf die Hälfte abgesunken ist, bezeichnet man mit Halbwertszeit (physikalische Halbwertszeit). Die Halbwertszeit ist eine für jedes Radionuklid (Atomkern, der Radioaktivität besitzt) kennzeichnende Größe, die unabhängig von Temperatur, Druck oder Art der chemischen Verbindung mit anderen Elementen ist. Je nach Radionuklid kann sie von einem Bruchteil einer Sekunde bis zu mehreren Billionen von Jahren betragen.

Die *physikalische Halbwertszeit* für das Radionuklid Jod-131 beträgt z.B. 8 Tage, d.h. nach 8 Tagen ist die Zahl der Ausgangsatome auf 50% herabgesunken. Nach 16 Tagen würde sie noch 25%, nach 24 Tagen noch 12,5% und nach 80 Tagen noch 0,1% betragen.

Die biologische Halbwertszeit, d.h. die Zeit, in der die Hälfte des vom Körper aufgenommenen Stoffes wieder aus dem Körper ausgeschieden wird, ist wiederum für jedes Radionuklid spezifisch, hängt jedoch auch von der körperlichen Verfassung des Menschen ab.

Unter Berücksichtigung der Verweilzeit im Körper erhält man für Jod-131 eine effektive Halbwertszeit von ca. 7 Tagen. Die physikalische Halbwertszeit von

Cäsium-137 beträgt 30 Jahre, die biologische Halbwertszeit 100 Tage; analog von Strontium-90 20 Jahre bzw. 30 Tage.

Es wird zwischen natürlicher und künstlicher Radioaktivität unterschieden. Bestimmte Elemente weisen *natürliche Radioaktivität* auf. So entdeckte der Physikprofessor der Pariser Ecole Polytechnique Henry Becquerel im Jahre 1896, daß Uran eine Strahlung besitzt, die direkt von diesem Element ausgeht.

Künstliche Radioaktivität ist eine Folge künstlicher Kernumwandlungen, bei denen sowohl stabile als auch radioaktive Kerne entstehen, für die auch das Zerfallsgesetz gilt. Außer den etwa 50 natürlich vorkommenden Radionukliden kennt man noch über 500 künstlich hergestellte und weitere ca. 1.000 wurden als Spaltprodukte bei der Kernspaltung bekannt. Fast alle künstlich radioaktiven Nuklide emittieren Beta- oder Gamma-Strahlen, die Alpha-Strahlung ist dagegen sehr gering.

Maßeinheiten der Radioaktivität und der Strahlendosis

Für die Einschätzung der Strahlenbelastung und für die quantitative Festlegung von Strahlenschutzmaßnahmen sind die Maßeinheiten der Radioaktivität und der Strahlendosis die Grundlage. Die Maßeinheiten sind durch das „Gesetz über Einheiten im Meßwesen“ vom 21.02.1985 (BGBl. I S.401) geregelt.

Dadurch, daß seit 1986 die Umstellung der alten bisherigen Einheiten auf die neuen „SI-Einheiten“ des „System International“ verbindlich ist, andererseits aber noch häufig die alten Einheiten benutzt werden, stellen sich die Maßeinheiten der Radioaktivität und der Strahlendosis sehr verwirrend dar.

Radioaktivität. Maßeinheit ist die Anzahl der Zerfälle pro Zeiteinheit, genauer gesagt, die Kernumwandlungen, die in der betrachteten Menge radioaktiven Materials pro Zeiteinheit stattfinden.

Alte Einheit: das Curie, abgekürzt Ci, Dimension s^{-1}, definiert als 1 Curie = 3,7 mal 10 hoch 10 Zerfälle pro Sekunde, es entspricht der Zerfallsrate von 1 g Radium.

Neue SI-Einheit: das Becquerel, abgekürzt Bq, Dimension s^{-1}, definiert als 1 Becquerel = 1 Zerfall pro Sekunde

Beziehung: Neu SI	Alt				
1 Bq	= $2{,}7 \cdot 10^{-11}$ Ci			1 Ci	= $3{,}7 \cdot 10^{10}$ Bq
1.000 Bq	= 10^{3} Bq	= 1 K Bq	1 m Ci	= 0,001 Ci	= $3{,}7 \cdot 10^{7}$ Bq
1.000.000 Bq	= 10^{6} Bq	= 1 M Bq	1 u Ci	= 0,000 001 Ci	= $3{,}7 \cdot 10^{4}$ Bq
10^{9} Bq	= 1 G Bq		1 n Ci	= 10^{-9} Ci	= $3{,}7 \cdot 10^{1}$ Bq
					= 37 Bq
0,001 Bq	= 1 mBq		1 p Ci	= 10^{-12} Ci	= 0,037 Bq
					= 37 mBq

Strahlendosis. Hier unterscheidet man zwischen der Ionendosis, der Energiedosis und der Äquivalentdosis.

a) *Ionendosis.* Sie ist definiert als die Übertragung der Energie elektromagnetischer Strahlung auf Luftmoleküle durch Ionisierung. Maßeinheit ist die in der Volumeneinheit Luft unter Normalbedingungen durch Gamma- oder Röntgenstrahlung erzeugte elektrische Ladungsmenge der Ionen eines Vorzeichens.

b) *Energiedosis.* Sie beschreibt die Übertragung der Energie der Strahlung auf die durchstrahlte Materie bzw. das biologische Material, Gewebe usw., unabhängig von der Art der Strahlung und dem durchstrahlten Material. Maßeinheit ist die an das durchstrahlte Material übertragene Energie.

Zusammenhang Ionendosis und Energiedosis. Der Zusammenhang zwischen Ionendosis und Energiedosis folgt aus der mittleren Ionisierungsenergie der Luft von 33,7 eV (Elektronenvolt) pro Ionenpaar. Mit diesem Wert ergibt sich für die Ionendosis folgendes Energieäquivalent:

Alte Einheit:	1 R 1 C kg^{-1}	= 0,869 rd	= 33,7 Gy
	R	= Röntgen	
	C	= Coulomb	
	rd	= rad	
	Gy	= Gray	

c) *Äquivalentdosis.* Sie definiert die im Körper verursachte Schädigung. Sie ist proportional zur Energiedosis, zur Ionisierungsdichte der betreffenden Strahlung und zur Strahlenempfindlichkeit des durchstrahlten biologischen Materials. Die von der Art der Strahlung abhängige Ionisierungsdichte und die Strahlenempfindlichkeit hat man zusammengefaßt zu der dimensionalen Größe der relativen biologischen Wirksamkeit, abgekürzt RBW-Faktor. Je nach Strahlenart und damit auch Ionisierungsdichte hat man für den RBW-Faktor Zahlen festgelegt.

Für α-Strahlung:	RBW-alpha	= 20 (relative biologische Wirksamkeit)
Für β- und γ-Strahlung:	RBW-beta/gamma	= 1
Alte Einheit:	das rem (röntgen equivalent men),	
Dimension:	erg g^{-1}, definiert als 1 rem	= rd · RBW
SI-Einheit:	das Sievert, abgekürzt Sv,	
Dimension:	J kg^{-1}, definiert als 1 Sievert	= 1 Gy · RBW
Beziehung:	1 rem	= 0,01 Sv
	1 Sv	= 100 rem

- Die Äquivalentdosis des Bundesbürgers liegt etwa bei 100 bis 250 mrem pro Jahr.

Dosiseinheiten, Abkürzungen und Definitionen

R = Röntgen (Dosiseinheit der Röntgen- und Gamma-Strahlung) = die Strahlenmenge, die als Folge der Ionisation in 1 cm^3 trockener Luft (bei 0° und 1 atm Druck) 1 elektrostat. Einheit der Ladung beiderlei Vorzeichens erzeugt (2,08 10^9 Ionenpaare je cm^3).

Die Dosis von Teilchenstrahlung (Alpha-, Beta-, Protonen- und Neutronenstrahlung) wird in physikalischen Röntgenäquivalenten (Abk. rep) gemessen.

1 rep→ entspricht der Absorption von 93erg in 1 g weichem tierischen Gewebe oder Wasser.

Eine weitere Dosiseinheit ist das rad.

rad→ (Abk. engl: radiation absorbed dose) Einheit der absorbierten Strahlendosis, genauer des Verhältnisses der Energie, die durch die ionisierende Strahlung übertragen wird, zur Masse der bestrahlten Materie.

Es ist 1 rad = 100 erg/g
(erg = Maßeinheit der Arbeit
1 erg = 1 dyn · 1 cm
1 dyn ist die Kraft, die der Masse von 1 g die Beschleunigung 1 cm sec^{-2} erteilt)

Wie oben ausgeführt, haben gleiche Dosen verschiedener Strahlensorten, gemessen in physikalischen Röntgenäquivalenten, nicht ohne weiteres die gleiche biologische Wirkung. Deshalb ist die relative biologische Wirksamkeit (Abk. RBW) eingeführt worden.

RBW→ = Maß für die biologische Wirksamkeit verschiedener radioaktiver Strahlen. Da die verschiedenen Teilchenstrahlungen (Alpha-, Beta-, und Neutronenstrahlen) im Körper verschiedene Wirkungen auslösen, ist die Angabe der Strahlungsmenge (Dosis) in rp als Angabe der je Gramm Körpersubstanz absorbierten Energie kein ausreichendes Maß für den im Körper angerichteten Schaden.

Man führt daher die Einheit rem (Abk. engl.: röntgen equivalent men) ein.

1 rem→ (Einheit der Äquivalentdosis) ist die absorbierte Dosis irgendeiner ionisierenden Strahlung, die die gleiche biologische Wirksamkeit hat wie 1 rad einer 200 kV Röntgenstrahlung.

Die Dosis gemessen in rem ist gleich der Dosis gemessen in rad, multipliziert mit dem entsprechenden RBW-Faktor.

Strahlenschutz

Zum Schutz der Gesundheit von Personen vor der Wirkung ionisierender Strahlung muß in der Bundesrepublik Deutschland nach der Strahlenschutzverordnung „jede unnötige Strahlenexposition oder Kontamination von Personen, Sachgütern oder Umwelt vermieden werden".

Für Einzelpersonen, die an ungünstigen Einwirkungsstellen in der Umgebung von kerntechnischen Anlagen leben, sind zusätzlich zur natürlichen Strahlenbelastung (auf Meereshöhe etwa 1,1 mSv = 110 mrem) die Dosisgrenzwerte so festgelegt worden, daß die durch Ableitung radioaktiver Stoffe mit der Luft oder Wasser bedingte Strahlenexpositionen pro Jahr höchstens 0,3 mSv (30 mrem) für Ganzkörper, Knochenmark und Gonaden, 1,8 mSv (180 mrem) für die Knochen und die Schilddrüse und 0,9 mSv (90 mrem) für die übrigen Organe betragen darf. Über die Nahrungskette darf die Schilddrüse höchstens eine Dosis von 0,9 mSv (90 mrem) erhalten.

Die Ganzkörperdosis ist in der Strahlenschutzverordnung definiert als Mittelwert der Äquivalentdosis über Kopf, Rumpf, Oberarme und Oberschenkel als

Folge einer als homogen angesehenen Bestrahlung des ganzen Körpers. Bei einer Strahlenexposition von Teilen des Körpers oder eines Organs geht neben dem Volumen des entsprechenden Teiles auch die Strahlensensibilität des entsprechenden Gewebes ein. Zu den strahlensensiblen Organen bezüglich der Induktion von Krebs gehören insbesondere Brustdrüse, Schilddrüse, rotes Knochenmark und Lunge.

Für beruflich strahlenexponierte Personen sind höhere Werte für die Belastung erlaubt. Für die Ganzkörperbestrahlung betragen sie für Personen der Kategorie A 50 mSv (5 rem) pro Jahr, für die der Kategorie B 15 mSv (1,5 rem) pro Jahr. Entsprechend höher sind die Werte für die Teilkörperbestrahlung.

Tabelle 2.8. Mittlere effektive Dosis der Bevölkerung der Bundesrepublik Deutschland im Jahr 1989

		Mittlere effektive Dosis mSv
1.	Natürliche Strahlenexposition	
1.1	durch kosmische Strahlung	ca. 0,3
1.2	durch terrestrische Strahlung von außen im Mittel	ca. 0,5
	bei Aufenthalt im Freien	ca. 0,43
	bei Aufenthalt in Gebäuden	ca. 0,57
1.3	durch Inhalation von Radon in Wohnungen im Mittel	ca. 1,3
1.4	durch inkorporierte natürliche radioaktive Stoffe	ca. 0,3
	Summe der natürlichen Strahlenexposition	**ca. 2,4**
2.	Zivilisatorische Strahlenexposition	
2.1	durch kerntechnische Anlagen	< 0,01
2.2	durch Anwendung radioaktiver Stoffe und ionisierender Strahlen in der Medizin	ca. 1,5 *)
2.3	durch Anwendung radioaktiver Stoffe und ionisierender Strahlung in Forschung, Technik und Handel (ohne 2.4)	< 0,02
2.3.1	Industrieerzeugnisse	< 0,01
2.3.2	technische Strahlenquellen	< 0,01
2.3.3	Störstrahler	< 0,01
2.4	durch berufliche Strahlenexposition (Beitrag zur mittleren Strahlenexposition der Bevölkerung)	< 0,01
2.5	durch besondere Vorkommnisse	0
2.6	durch Fallout von Kernwaffenversuchen	< 0,01
2.6.1	von außen im Freien	< 0,01
2.6.2	durch inkorporierte radioaktive Stoffe	< 0,01
	Summe der zivilisatorischen Strahlenexposition	**ca. 1,55**
3.	Strahlenexposition durch den Unfall im Kernkraftwerk Tschernobyl im Mittel	
3.1	von außen	ca. 0,02
3.2	durch inkorporierte radioaktive Stoffe	ca. 0,01
	Summe der Strahlenexpositionen durch den Unfall im Kernkraftwerk Tschernobyl	**ca. 0,03**

*) Der Schwankungsbereich dieses Wertes beträgt ca. 50%.

(Deutscher Bundestag – 12. Wahlperiode, Drucksache 12/69)

Cäsium-137 und Cäsium-134 (Cs-137 und Cs-134)

„Aus kerntechnischen Anlagen (auch bei Normalbetrieb) und bei Kernwaffentests gelangen große Mengen künstlicher Radionuklide in die Umwelt. Die aus den Kernwaffenversuchen der 50er und 60er Jahre stammenden Radionuklide, wie Cs-137 und Sr-90 strahlen noch lange. Die aus dem Fallout von Tschernobyl stammenden ‚langlebigen' Radionuklide (Halbwertszeit in Klammern) sind u.a. Strontium Sr-90, Cs-134, Cs-137, Ruthenium-106, das chemisch und radiologisch hochtoxische Plutonium Pu-239 und Pu-238.

Nach dem Reaktorunfall haben sich die radioaktiven Elemente, ihren chemischen und physikalischen Eigenschaften entsprechend, an Aerosole angelagert und wurden unterschiedlich transportiert und abgelagert.

In den ersten Wochen nach dem Unfall dominierte Jod-131, danach Strontium Sr-90 und Radiocäsium. Sr-90 wird vom Körper mit Calcium ‚verwechselt' und in Knochen und Zähnen eingelagert, vor allem während des Wachstums und bei Calciummangel. Es kann das blutbildende Knochenmark schädigen und so Leukämie hervorrufen. Sr-90 ist als reiner Beta-Strahler nur umständlich zu messen, so daß leider wenig darüber berichtet wird.

Cs-137 und Cs-134 stehen in Konkurrenz mit Kalium (K) wegen der chemischen Ähnlichkeit von Cs und K. Sie befinden sich nach dem Fallout jetzt vor allem in der obersten Bodenschicht und werden (wie auch Sr) über die Wurzeln von den Pflanzen aufgenommen und gelangen dann weiter bei Tier und Mensch vor allem ins Muskelfleisch, aber auch in Leber, Niere, Eierstöcke, Milch. Radiocäsium trägt überwiegend zur Gesamtkörperbelastung bei. Die biologische Halbwertszeit für Cs-137 beträgt 70 Tage. Seine maximal zugelassene Jahreszufuhr über Nahrung und Wasser beträgt 27.000 Bq.

Der Übergang der Elemente vom Boden in die Pflanze ist nuklid- und artspezifisch und auch von den Bodeneigenschaften abhängig. Er wird durch den Transferfaktor charakterisiert, das ist das Verhältnis Radiocäsiumkonzentration in der Pflanze zu derjenigen im Boden. Liegt der Transferfaktor > 1, ist das Radionuklid in der Pflanze angereichert. Das ist bei vielen Pilzen der Fall.

Warum ist Molke so hoch radioaktiv belastet?

Cäsium ist ein chemisches Element, das gut wasserlösliche Salze bildet. Die Milch (Kuhmilch) besteht zu 87 bis 88% aus Wasser. Darin sind radioaktive Cäsiumverbindungen aus dem Reaktorunfall gelöst. In dieser wäßrigen Lösung schwimmen zwischen 3,6 bis 4,0% Fettkügelchen, die als Butter (Rahm, Sahne) bei der Verarbeitung gewonnen werden und deren Radioaktivität nahezu 0 Bq/kg ist. Außerdem ist ca. 3,1% Milcheiweiß enthalten, das nach dem Ausflocken zu Käse verarbeitet wird. Dabei werden mit dem Wasser der Milchzucker und die Mineralstoffe abgetrennt und damit zugleich die wasserlöslichen radioaktiven Cäsiumverbindungen. Diese wäßrige Lösung heißt Molke und hat durchschnittlich folgende Zusammensetzung: 94% Wasser, 4,5% Milchzucker, 0,8% Eiweiß und 0,2% Fett. Es ist erkennbar, daß die Molke ein Rest der Milch ist, der nach dem Entzug von Fett und Eiweiß übrigbleibt.

Nach der Verfütterung von cäsiumhaltigem Futter (Gras, Heu, Silage, Rüben) sind in Süddeutschland Werte von 100 bis 200 Bq pro Liter Milch festgestellt worden. Eine Milch von 200 Bq/l würde eine Molke von 212 Bq/l ergeben. Wird dieser Molke das Wasser durch Verdampfen entzogen und Molkepulver hergestellt, dann hat dieses Pulver eine Radioaktivität von 3.604 Bq/kg. Dieses Pulver enthält ca. 72% Milchzucker. Wird nun der Milchzucker wie üblich teilweise entzogen, dann hat der Rest eine Radioaktivität von 7.200 Bq/kg.

Die durch radioaktives Cäsium bedingte Radioaktivität einer Milch von 200 Bq/l entspricht etwa der Hälfte der Radioaktivität, die für Milch als EG-Wert zulässig ist. Es handelt sich also hier um ein Problem der Menge und der Anreicherung, daß aus der ursprünglich noch unbedenklichen Milch, die von Menschen oder von Tieren verzehrt bzw. gefressen werden konnte (Kälberaufzucht), durch die oben geschilderte Aufarbeitung Molkepulver mit einer hohen Radioaktivität entsteht, das für die direkte Verfütterung nicht mehr geeignet ist" (DU).

Kalium-40 (K-40)

Das für den Menschen lebenswichtige Kalium enthält natürlicherweise stets K-40 mit 31.000 Bq/kg. Der K-40-Gehalt kann daher als Maß für den Kaliumgehalt betrachtet werden. Die Halbwertszeit von K-40 beträgt 1,3 10^9 Jahre. K-40 ist ein Betaund Gamma-Strahler.

Pilze gehören zu den sehr kaliumreichen Lebensmitteln. sie enthalten 0,06 bis 1,46% K und reichern es dem Boden gegenüber 20- bis 40fach an. Der Kaliumgehalt der Pilze ist art- und gattungsspezifisch. Schnellwüchsige Arten enthalten viel K und viel Wasser. Eine Korrelation zwischen Cäsium- und Kaliumaufnahme in Pilzen ist nicht erkennbar, überraschenderweise auch nicht zwischen Cäsium und Radiocäsium, das 100mal mehr angereichert wird.

Da die Kaliumkonzentration im menschlichen Körper homöostatisch reguliert wird, ist die interne Strahlenexposition weitgehend unabhängig von der Kaliumzufuhrmenge. Kalium ist fast gleichmäßig über alle Organe und Gewebe verteilt mit 2 g/kg. Ein 60 kg schwerer Mensch enthält im Gleichgewicht 120 g K mit 3.720 Bq K-40. Dies führt zu einer mittleren internen Dosis von ca. 0,16 mSv/a.

Es wird allseits beschwichtigt, die Belastung durch künstliche Radionuklide liege doch nur in der Schwankungsbreite der natürlichen Strahlenexposition. Dabei werden auch externe Quellen mit zum Vergleich herangezogen, wobei doch die interne Belastung weit gefährlicher ist. Tatsache ist, daß jede zusätzlich radioaktive Belastung auch eine zusätzliche Gefahr bedeutet und vermieden werden sollte" (SI).

Die Überwachung der Radioaktivität der Lebensmittel erfolgte sowohl im Rahmen des Bundes-Meßprogrammes nach § 3 des Strahlenschutz-Vorsorgegesetzes als auch im Rahmen der allgemeinen Lebensmittelüberwachung. Im Mittelpunkt stand dabei die Messungen langlebiger Cäsium- und Strontium-Nuklide.

Gemäß § 3 Strahlenschutz-Vorsorgegesetz wurden Messungen der Radioaktivität in Lebensmitteln, Gesamtnahrung, importierten Arzneimittelausgangsstoffen und Rohtabak durchgeführt.

„Diese Routineüberwachung soll gleichzeitig zur Vorbereitung und Übung für einen eventuellen Ereignisfall gemäß § 1 StrvG dienen. Dann wird das Routineprogramm durch ein ‚Intensivprogramm' abgelöst, um eine definitive Bewertung der Lage und eine Prognose der Entwicklung durchführen zu können" (HH).

Die Meßprogramme entsprachen häufig dem Lebensmittel-Warenkorbprinzip; so wurden Grundnahrungsmittel wie Milch, Fleisch, Fisch, Getreide, Gesamtnahrung, Muttermilch, Säuglings- und Kindernahrung sowie Menüs untersucht.

Außerdem wurden schwerpunktmäßig verschiedene Lebensmittel wie Pilze, Nüsse, Wild, Waldbeeren etc. und saisonbedingte Proben verstärkt auf Radionuklide geprüft. Insgesamt dürfte sich damit ein repräsentativer Überblick ergeben.

„Wegen der weiter stark abgeklungenen Kontamination, insbesondere einheimischer landwirtschaftlicher Produkte, und der geforderten niedrigen Nachweisgrenze ist die Verlängerung der Meßzeit und die Ermittlung anderer Nuklide, wie Co-60, Te-132, J-131, Ru-103 und Ru-106, bei den hier angesetzten niedrigen Nachweisgrenzen erforderlich.

Bei den meisten untersuchten Lebensmitteln wiesen die Aktivitäten langlebiger Radionuklide, vor allem Cäsium-134 und Cäsium-137, weiter abnehmende Tendenz auf" (HH).

„Etwa 10% der Proben wurden zusätzlich auch auf Sr-90 untersucht. Dabei zeigte sich, wie schon in den Jahren zuvor, daß der Reaktorunfall von Tschernobyl keine signifikante Erhöhung der Kontamination mit Sr-90 zur Folge hatte" (S).

Milch. „Die -Aktivität von Rohmilch (Sammelmilch), auch aus den stark belasteten Gebieten Oberschwabens, lag fast durchweg unter 1 Bq/l, der Höchstwert betrug 1,8 Bq/l" (S).

„22 Rohmilch- und 46 Vollmilchproben (past.) aus Hamburger Molkereien wurden als wöchentliche Mischprobe untersucht. Dabei lag die Aktivität bei 0,6 Bq/l. Die Monats- und Jahresmittelwerte über den Zeitraum der Untersuchungen seit Tschernobyl (bzw. seit 1961) sind in Abb. 2.3 und 2.4 dargestellt" (HH).

Muttermilch. „Die ermittelten Gehalte an Radionukliden von sechs untersuchten Humanmilchproben Hamburger Mütter lagen generell niedriger als in Frischmilch und gaben somit keinen Anlaß zu Bedenken:" (HH)

Cs-137:	< 0,1 bis 0,7	$\bar{x}$ = 0,37
Cs-134:	< 0,1 bis 0,2	$\bar{x}$ = 0,1
Sr-90:	0,05 bis 0,18	$\bar{x}$ = 0,05

(Angaben in Becquerel pro Liter)

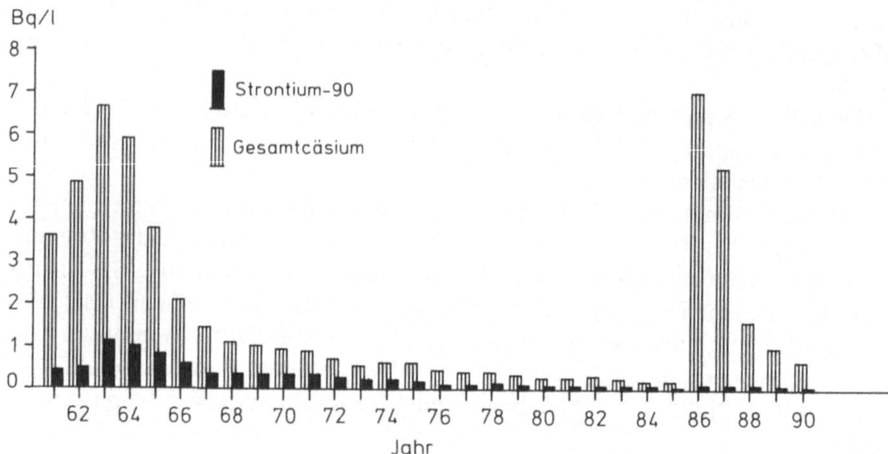

Abb. 2.3. Radioaktive Stoffe in Frischmilch, Hamburger Molkereien, Jahresmittelwerte (CLUA Hamburg, Euratom-Meßstelle 02020) (HH)

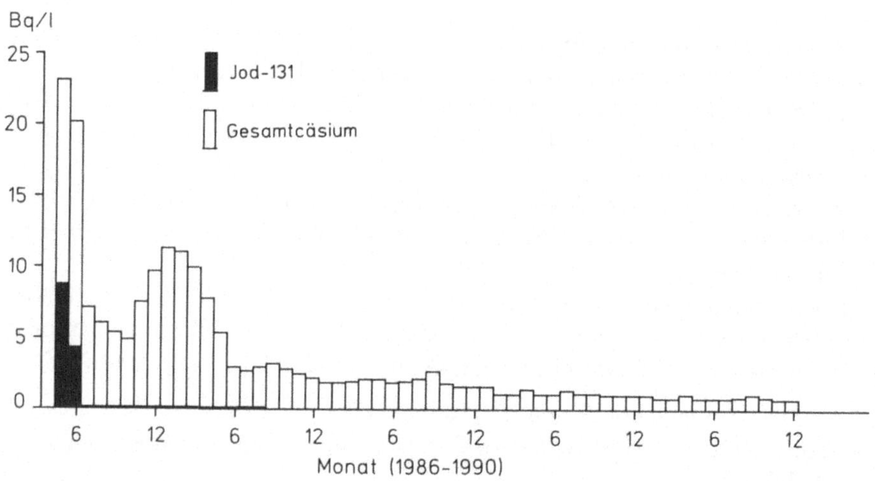

Abb. 2.4. Radioaktive Stoffe in Frischmilch, Hamburger Molkereien, Monatsmittelwerte (CLUA Hamburg, Euratom-Meßstelle 02020) (HH)

Fleisch. „Rind-, Kalb-, Schweine- und Geflügelfleisch war im allgemeinen nur noch sehr gering mit Radiocäsium kontaminiert (unter 2 Bq/kg), der Höchstwert betrug 5,2 Bq/kg" (S).

„Bei Schlachttieren (aus dem In- und Ausland), Rind-, Schweine- und Kalbfleisch sowie Geflügel ergab sich nur eine geringe Belastung, meistens unter 0,2 Bq/kg" (HH).

Wild. „Die Belastung von Wildfleisch mit Radiocäsium hat sich im Vergleich zu den Vorjahreswerten weiter verringert. Von den 10 Wildproben aus Südbaden konnten bei zwei Proben noch Werte von 388 bzw. 355 Bq/kg festgestellt werden, während die anderen meist deutlich unter 50 Bq/kg lagen" (FR). „Wildproben aus Südwürttemberg wiesen dennoch vereinzelt Cs-Aktivitäten bis 750 Bq/kg auf" (S).

„Bei Auslandswild, besonders bei Rentierfleisch aus Schweden und Rehfleisch aus Polen war die Belastung hoch, so daß zwei Proben über 600 Bq/kg lagen und Beanstandungen nach EG-Verordnung 737/90 und damit Einfuhrverbote ausgesprochen wurden" (HH).

Fisch. „Fische aus Flüssen und Teichwirtschaften waren nur sehr gering kontaminiert. Bodenseefische wiesen Cs-Werte bis zu 5 Bq/kg, Barsche aus dem Schluchsee und Titisee bis zu 171 Bq/kg auf, ein Hecht aus einem oberschwäbischen See erreichte sogar 1.232 Bq/kg" (S). „In den untersuchten Fischen war Radiocäsium nicht nachweisbar (< 0,2 Bq/kg)" (FR). „Bei den Meßergebnissen für Süßwasserfische aus Flüssen und Teichwirtschaft aus dem Hamburger Raum sowie bei Meeresfischen aus der Ostsee, Nordsee und dem Mittelmeer ergaben sich nur geringe Belastungen" (HH).

Getreide. „Einheimisches Getreide wies generell Cs-Aktivitäten unter 1 Bq/kg auf, dasselbe gilt auch für Kartoffeln" (S).

Obst und Gemüse. Wenig kontaminiert waren Gemüse und Obst aus dem In- und Ausland (HH, S, FR), mit einigen Ausnahmen wie „Beerenobst aus Norddeutschland mit einer Belastung von 50 Bq/kg" (HH) und „Heidelbeeren mit Werten bis zu 38 Bq/kg" (S) bzw. „109 Bq/kg aus dem Bayerischen Wald" (SI).

Honig. „Den höchsten Cäsiumgehalt von 26 untersuchten Honigproben wies mit 80 Bq/kg ein Waldhonig auf (MW: 13 Bq/kg)" (PF).

Trinkwasser. „In Trinkwasser konnten keine künstlichen Radionuklide nachgewiesen werden" (SI). „128 Trinkwasser- und 11 Gewässerproben zeigten keine Belastung an Cäsium-Isotopen" (PF).

Sedimente. „Weitere Untersuchungen auf Radioaktivität erfolgte in Flußsedimenten mit Werten bis zu 90 Bq/kg (MW: 38 Bq/kg) und in Klärschlämmen mit Werten bis zu 22 Bq/kg" (PF).

Importierte Lebensmittel. „Importierte Lebensmittel, auch aus Ost- und Südosteuropa waren in der Regel nur unwesentlich stärker kontaminiert als einheimische Erzeugnisse" (S). „Weder bei griechischem Schafskäse noch bei türkischen Gewürzen konnten nennenswerte Konzentrationen an Radiocäsium festgestellt werden" (FR).

„Türkische Haselnüsse wiesen bis auf eine Ausnahme Cs-Aktivitäten unter 30 Bq/kg auf, der Höchstwert betrug 60 Bq/kg. Die Haselnüsse wiesen mit 2 bis 7 Bq/kg auch relativ hohe Gehalte an Sr-90 auf. Türkischer Schwarztee war mit 200 bis 300 Bq/kg noch deutlich kontaminiert. Der EG-Grenzwert für importierte Lebensmittel von 600 Bq/kg Radiocäsium wurde in zwei Fällen überschritten: Eine Probe getrockneter Täublinge aus der Tschechoslowakei wies 4.600 Bq/kg auf, getrockneter Oregano aus der Türkei 2.164 Bq/kg. Die betroffenen Lebensmittel durften daher nicht eingeführt werden" (S).

„Getrocknete Feigen, Aprikosen, Pistazien und Bohnen aus der Türkei wiesen keine nachweisbaren Mengen (< 2 Bq/kg) an Cs-Aktivitäten auf" (SI).

Pilze. „Die Fähigkeit mancher Pilzarten, dem Boden Cäsium zu entziehen und dieses zu speichern, führte auch 1990 zu teilweise beachtlich hohen Kontaminationen mit Werten bis zu 6.500 Bq/kg Cs-134 und Cs-137. Werte über 1.000 Bq/kg wurden in erster Linie bei Maronenröhrlingen aus Südwürttemberg festgestellt" (S).

„Trotz weiter Streuungen wird deutlich, daß bestimmte Arten zu höheren Radiocäsium-Gehalten neigen, andere zu mittleren und manche zu geringen Radiocäsium-Gehalten. Von den bekannteren Arten relativ gering belastet sind Parasol, Hallimasch, Steinpilz, Violetter Rötelritterling, Perlpilz. Eine Anreicherung von Radiocäsium gegenüber dem Fichtennadel'boden' (eigentlich erst wenig humifizierte Fichtennadelstreu) wurde hier für die Fliegenpilze und Perlpilze festgestellt. Für Champignons werden in der Literatur generell niedrige Cs-Aktivitäten gefunden. Am stärksten radioaktiv belastet sind generell die Maronen. Sie liegen in Süddeutschland meist über dem EG-Grenzwert von 600 Bq/kg (Verordnung 1707/86; Milch: 370 Bq/l). Aber auch im Siegener Raum treten noch Belastungen dieser Größenordnung auf" (SI).

„Den Spitzenwert von 2.280 Bq/kg zeigen die zimtbraunen Zimthautköpfe. Es sei hier der Verdacht geäußert, daß Radiocäsiumgehalte an bestimmte intensivere Farben geknüpft sein können. Die Sektion Dermocybe enthält typischerweise Anthrachinon-Farbstoffe. die Pilze mit erhöhten Aktivitäten haben braune Farben (Marone, Alkalischer Rötling, Kahler Krempling, Rotbrauner Milchling, Pappelritterling). Kräftig gefärbt sind auch die Gelben Täublinge, die Gelben Knollenblätterpilze, Grünspanträuschlinge und Violetten Lacktrichterlinge. Letztere zeigen in der Literatur meist viel höhere Aktivitäten als hier, werden aber auch mit einer großen Schwankungsbreite verzeichnet. Ein Unsicherheitsfaktor ist, daß manche Pilze vor dem Wägen vielleicht schon etwas eingetrocknet waren ... In der Literatur wurde berichtet, „daß Maronenröhrlinge bestimmte Kalium-Farbkomplexe in ihrer braunen Huthaut enthalten, die z. B. beim Steinpilz fehlen. Kalium kann durch Cäsium, also auch Cs-137, weitgehend substituiert werden. Damit wäre eine Deutung der hohen Radiocäsiumbelastung der Maronen gegeben. Andere Autoren können diese Anreicherung in der Huthaut nicht bestätigen" (SI).

„Getrocknete Maronen aus dem Bayerischen Wald zeigten Gesamtcäsiumgehalte von 25.000 bis 29.620 Bq/kg.

„Wegen eines durchschnittlichen Wassergehaltes von Frischpilzen in Höhe von ca. 90% ist bei der Umrechnung von Trocken- auf Frischgewicht die ermittelte Belastung in Bq/kg durch 10 zu dividieren. Die Ergebnisse zeigen, daß bei Maronen aus Bayern nach wie vor Zurückhaltung beim Verzehr geboten ist. Sogar bei Maronen aus dem Hagener Einzugsbereich liegt die Belastung mit ca. 880 Bq/kg im Frischpilz knapp über dem EG-Grenzwert von 600 Bq/kg" (HA).

Auch in Pforzheim wurden die höchsten Werte (bis zu 400 Bq/kg) von Maronenröhrlingen erreicht.

Von „insgesamt 80 Pilzproben, die ausnahmslos der Region Südbaden entstammten, wiesen 16 einen Gesamtcäsiumgehalt von mehr als 100 Bq/kg auf. Von diesen wiederum war bei acht Proben ein Wert von 500 Bq/kg überschritten. Werte von mehr als 1.000 Bq/kg fanden sich bei drei Pilzproben, zwei davon aus dem Raum Denzlingen (Birkenröhrling mit 1.268 Bq/kg und Reifpilz mit 1.705 Bq/kg), eine aus der Nähe von Emmendingen (Maronenröhrling mit 1.316 Bq/kg)" (FR).

„54 Pilzproben, meist heimische Waldpilze aus Norddeutschland, wurden uns von Sammlern zur Untersuchung zugestellt; dabei wiesen auch im vierten Jahr nach Tschernobyl weiterhin, insbesondere Maronen- und Butterpilze, höhere Cäsiumgehalte auf. Bei fünf Proben lag diese radioaktive Belastung bereits über 600 Bq/kg (EG- Handelsgrenzwert für Landwirtschaftserzeugnisse aus Drittländern). Eine Probe getrockneter Steinpilze aus Polen wies 6.709 Bq/kg Gesamtcäsium auf" (HH).

Eine andere Probe „(getrocknete Pilze aus Polen, Ernte: Herbst 1989) zeigte eine Spitzenwert von 1.100 Bq/kg" (BI).

„Ag-110m konnte auch 1990 noch in einigen Pilzproben, insbesondere Champignons, mit Aktivitäten bis 3,6 Bq/kg nachgewiesen werden.

Zuchtpilze waren durchweg nur sehr gering kontaminiert" (S).

Gesamtnahrung. „Zur Abschätzung der Radioaktivitätsbelastung durch Ingestion werden weiterhin (und seit 1963 regelmäßig die Aktivitätskonzentrationen von Cäsium und Strontium in Personalessen eines Hamburger Krankenhauses bestimmt. Die Untersuchung von 50 Wochen-Sammelproben der Personal-Tagesverpflegung liegt der Berechnung der Radioaktivitätszufuhr im Jahre 1990 zugrunde, wobei von einer mittleren, täglichen Speiseaufnahme von 2,3 kg pro Person ausgegangen wird. Die erhaltenen Werte entsprechen denjenigen, die auf der Basis der Ganzkörpermessungen ermittelt wurden.

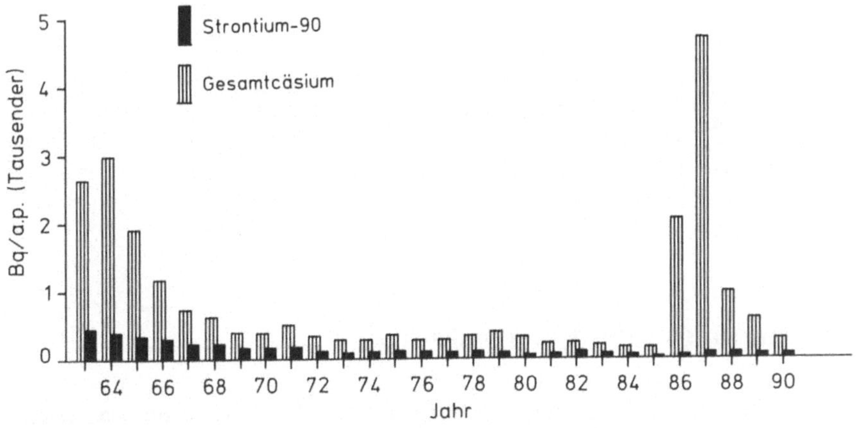

Abb. 2.5. Aufnahme radioaktiver Stoffe mit der Gesamtnahrung (CLUA Hamburg, Euratom-Meßstelle 02020) (HH)

Die graphische Darstellung (Abb. 2.5) spiegelt die jährliche Radionuklidzufuhr pro Person mit der Gesamtnahrung von 1963 bis Ende 1990; die Cs-Werte lagen 1990 niedriger als die vier Jahre zuvor. Die Aufnahme von Strontium-90 mit der Gesamtnahrung war der Menge nach noch geringer als 1989 und als in den 70er und 80er Jahren" (HH).

„Auch die Gesamtkost aus einer Stuttgarter Klinik wurde in wöchentlichen Abständen untersucht. Dabei ergaben sich die folgenden Monatsmittelwerte für die Kontamination mit künstlichen Nukliden und dem natürlichen Radionuklid K-40.

Tabelle 2.9. Radionuklide in der Gesamtnahrung 1990. Monatsmittelwerte (Bq/Tagesration) kompletter Tagesmenüs, inkl. Getränke, einer Stuttgarter Klinik (S)

Monat	^{134}Cs + ^{137}Cs	^{90}Sr	^{40}K
Januar	0,53	0,14	98
Februar	0,37	0,15	90
März	–	–	–
April	0,12	0,06	81
Mai	0,24	0,09	90
Juni	0,23	0,12	89
Juli	0,25	0,13	93
August	0,20	0,11	86
September	0,30	0,15	97
Oktober	0,27	0,11	99
November	0,35	0,14	110
Dezember	0,13	0,08	89

Unter Berücksichtigung der Dosisfaktoren für die Ingestion von Radionukliden (Bundesgesundheitsamt, ISH-Heft 63, April 1986) ergab sich daraus für eine erwachsene Person eine Gesamtbelastung mit künstlichen Radionukliden von 3,0 µSv/Jahr, die durchschnittliche natürliche Strahlendosis beträgt in der Bundesrepublik Deutschland dagegen etwa 2.000 µSV/Jahr" (S).

Aktive Partnerschaftshilfe der Radioaktivitätsmeßstelle der Stadt Bielefeld.

„Die seit Mitte Mai 1986 durchgeführten Radioaktivitätsmessungen wurden zum 01.07.1990 eingestellt. Das Gammaspektrometer wurde nach Kiew gesandt, da dort der Untersuchungsbedarf bei Radioaktivitätsmessungen noch nicht gedeckt ist" (BI).

2.8 Muttermilch oder Ersatznahrung

Frauenmilch ist eines der wichtigsten Lebensmittel. Allerdings ist sie von Lebensmittel- und Bedarfsgegenständegesetz nicht erfaßt und wird somit nicht routinemäßig im Rahmen der amtlichen Kontrollen nach diesem Gesetz überwacht.

Die in jüngster Zeit geführte Diskussion um Schadstoffe in der Frauenmilch verunsicherte stillende Mütter und Frauen in der Schwangerschaft. Als Schadstoffe wurden in der Öffentlichkeit insbesondere im Fettgewebe gespeicherte Pflanzenbehandlungsmittelrückstände (Pestizide), Schwermetalle, Schimmelpilzgift, Nitrat, Räucherrauchinhaltsstoffe und Dioxine (wobei das Seveso-Gift 2,3,7,8-TCDD gemeint ist) diskutiert. Kritiker des Stillens wiesen auf das geringe Körpergewicht des Säuglings hin, verglichen z.B. die Pestizidbelastungen der Frauenmilch mit den lebensmittelrechtlichen Grenzwerten für Kuhmilch und sahen durch einen solchen Vergleich eine Gefahr für den Säugling bewiesen. andere heben die wesentlichen und unumstrittenen ernähruungsphysiologischen Vorteile des Stillens hervor.

Was sagt die Deutsche Forschungsgemeinschaft?

Zu diesem Zeitpunkt der Diskussion hat die Deutsche Forschungsgemeinschaft 1984 eine weitere Mitteilung ihrer Kommission zur Prüfung von Rückständen in Lebensmitteln unter dem Titel „Rückstände und Verunreinigungen in der Frauenmilch" herausgegeben. Danach haben die Vorteile des Stillens in den ersten Lebensmonaten des Säuglings uneingeschränktes Gewicht. Empfohlen wird eine viermonatige Periode des Vorstillens, weil bis zu diesem Zeitpunkt die Frauenmilchernährung für den Säugling die optimale Ernährung darstellt. Erst nach Ablauf der ersten 4 bis 6 Lebensmonate verlieren die Vorteile des Stillens an Gewicht bei gleichbleibendem Schadstoffrisiko. Die Kommission empfiehlt daher im Sinne eines vernünftigen Nutzen-Risiko-Vergleichs, die Milch solcher Mütter einer Prüfung zu unterziehen, die länger als 6 Monaten stillen wollen. Dies bezieht sich insbesondere auf persistente Organochlorverbindungen (Schädlingsbekämpfungsmittelrückstände und Polychlorierte Biphenyle), für die sie Richtwerte zur Beurteilung des Risikos festgelegt haben.

Tabelle 2.10. „Richtwerte" für die Beurteilung des Risikos durch persistente Organochlorverbindungen in Frauenmilch für einen Säugling, der länger als 4 Monate gestillt werden soll (Angaben in mg/kg Milchfett). Organische Chlorverbindungen sind Rückstände aus Pflanzenschutzanwendungen, die lange zuvor im mütterlichen Organismus gespeichert sein können.[2]

Rückstand	Tagesaufnahme Frauenmilch			
	850 ml 34,5 g Fett	600 ml 24,4 g Fett	400 ml 16,2 g Fett	250 ml 8,1 g Fett
HCB	1,2	1,6	2,4	4,9
α-HCH	9,6	13,6	20,3	40,7
β-HCH	1,9	2,7	4,1	8,1
γ-HCH	19,1	27,1	40,7	81,3
Heptachlorepoxid	1,0	1,4	2,0	4,1
Dieldrin	0,2	0,3	0,4	0,8
Ges.-DDT	9,6	13,6	20,3	40,7
PCB	1,9	2,7	4,1	8,1

Für andere Schadstoffe ist im Augenblick kein erhöhtes Risiko zu erkennen. Dies gilt sowohl für Schwermetalle als auch für Nitrit und Nitrosamine. Auch die Nitratgehalte liegen zwischen 10- bis 100mal niedriger als die im Trinkwasser. Gehalte an Polycyclischen Aromatischen Kohlenwasserstoffen (Räucherrauchinhaltsstoffe) sind ebenfalls extrem niedrig und ohne gesundheitliches Risiko.

Die Festlegung von Richtwerten für die Risikobeurteilung durch persistente Organochlorverbindungen setzt jedoch voraus, daß betroffene Frauen ihre Milch untersuchen lassen können. Einige Chemische und Lebensmitteluntersuchungsanstalten sind deshalb von ihren Trägern (Länder oder Kommunen) angewiesen worden, solche Untersuchungen zusätzlich zu den normalen Überprüfungen von Lebensmitteln und Bedarfsgegenständen durchzuführen.

Die aktuelle Situation

In zwei Bundesländern gibt es zur Zeit ausführliche Dokumentationen zur Belastungssituation der Frauenmilch mit verschiedenen Schadstoffen. In Baden-Württemberg sind in einem Bericht [1] die Ergebnisse von Untersuchungen an Humanmilch zusammengefaßt, die in den Jahren 1980 bis 1989 von den Chemischen Landesuntersuchungsanstalten (CLUA) Karlsruhe, Offenburg, Sigmaringen, Stuttgart und den Chemischen Untersuchungsämtern der Städte Pforzheim und Stuttgart anfangs innerhalb eines Untersuchungs- und Forschungsprogrammes Umweltschutz und später im Rahmen der amtlichen Lebensmittelüberwachung in Baden-Württemberg durchgeführt wurden. Die Untersuchungen wurden kostenlos für in Baden-Württemberg ansässige Frauen vorgenommen. Insgesamt 10.026 Proben Humanmilch wurden in den Jahren 1980 bis 1989 insbesondere auf Rückstände von persistenten (schwer abbaubaren) Pflanzenschutzmitteln und auf Verunreinigungen mit Polychlorierten Biphenylen (PCB) untersucht. Bei einer größeren Anzahl der Proben wurden die Schwermetalle Blei, Cadmium und Quecksilber bestimmt. Darüber hinaus wurden in den zurückliegenden Jahren in kleinerem Umfang Untersuchungen auf die Aflatoxine M1 und M2, Nitrosamine und Radionuklide durchgeführt. In den Jahren 1988/89 wurden erstmals auch Polychlorierte Dibenzodioxine und Dibenzofurane in Humanmilch bestimmt.

Auch in Nordrhein-Westfalen wird beim Chemischen Landesuntersuchungsamt in Münster Frauenmilch aus dem gesamten Bundesland untersucht. Schwerpunkt der Untersuchungen waren die Bestimmungen von Pflanzenbehandlungsmittelrückständen (Pestiziden) und Polychlorierten Biphenylen sowie Polychlorierten Dibenzodioxinen und Dibenzofuranen. Vom Untersuchungsamt wird darüber im Jahresbericht 1990 [3] zusammenfassend berichtet.

Pestizide und Polychlorierte Biphenyle. Im Chemischen Landesuntersuchungsamt Münster wurden 1990 insgesamt 302 Frauenmilchproben auf Rückstände von Organochlorpestiziden und Polychlorierten Biphenylen (PCB) untersucht. Davon wurden 282 von in Westdeutschland gebürtigen Frauen abgegeben,

20 stammten von Frauen anderer Herkunft. Die Gesamtzahl der Untersuchungen hat sich, verglichen mit dem Vorjahr (1989: 143 Proben), mehr als verdoppelt. Dies ist insbesondere auf eine Fernsehsendung im Frühsommer 1990 zurückzuführen, die in sehr besorgniserregender Weise über die Schadstoffbelastung von Frauenmilch berichtete. Dadurch wurden die stillenden Mütter außerordentlich beunruhigt und verunsichert.

Generell ist zu sagen, daß immer ein ganz bestimmtes Spektrum an Schadstoffen in Frauenmilch gefunden wird, und zwar vor allem solche, die sich vorzugsweise im Körperfett eines jeden Menschen anreichern. die Methodik der Untersuchung basiert deshalb auch auf erprobten Rückstandsanalyseverfahren für tierische Fette und ist bereits früher beschrieben worden.

Vergleicht man die Schadstoffkonzentration in der Frauenmilch im Verlauf der Jahre, so läßt sich feststellen, daß bei den Pflanzenbehandlungsmitteln, wie Lindan, DDT oder Dieldrin, schon seit einigen Jahren eine deutlich rückläufige Tendenz zu beobachten ist, während sich für die PCB nach einer Phase stagnierender Werte erstmals eine Abnahme der Gehalte anzudeuten scheint.

Insgesamt ist festzustellen, daß sich die Verwendungsverbote bzw. -einschränkungen ausgewirkt haben.

Weiterhin gilt nach wie vor, daß die Höhe der Schadstoffgehalte primär abhängig ist vom Alter der Mutter bei der Geburt ihres ersten (Still-)Kindes. Da es sich um gut fettlösliche Stoffe handelt, die sich im menschlichen Körperfett anreichern, hat eine ältere Mutter höhere Gehalte in ihrer Milch – die Konzentrationen im Milchfett entsprechen denen im Körperfett – als eine jüngere Frau.

Durch das Stillen werden Schadstoffe an das Kind weitergegeben, so daß beim zweiten Kind die Konzentrationen schon nicht mehr so hoch sind wie beim ersten.

Als weiterer Faktor ist insbesondere beim Vergleich von Frauen einer Altersstufe das Körpergewicht zu nennen, da Frauen mit Untergewicht wegen des geringeren Fettgewebeanteils höhere Schadstoffgehalte in ihrer Milch haben als übergewichtige Mütter.

Eine signifikante Beeinflussung der Schadstoffgehalte durch den Wohnort, sofern er in Westdeutschland liegt, und die Ernährung (Ausnahme: strenge Vegetarierinnen) konnte nicht festgestellt werden.

Deshalb ist hauptsächlich auch nur bei denjenigen Frauen eine Untersuchung notwendig, die deutlich älter als dreißig Jahre sind und ihr erstes Kind stillen. Ebenso ist für stark untergewichtige Erstgebärende eine Analyse empfehlenswert. Aufgrund dieser Empfehlungen ist das Durchschnittsalter der Probandinnen mit 31 Jahren relativ hoch und sicher nicht repräsentativ für die Gesamtheit der stillenden Mütter.

Die 20 Milchproben anderer Herkunft stammten von gebürtigen Asiatinnen, West- und Osteuropäerinnen. Interessant ist eine Betrachtung der Milch von Frauen aus der ehemaligen DDR. Zwar ist das Probenaufkommen mit vier Proben zu gering, um verläßliche Vergleiche anstellen zu können, aber mit aller Vorsicht kann man doch erkennen, daß die Belastung der Frauen aus den neuen Bundesländern in demselben Bereich liegt, wie die der in den alten Bundesländern. Nur die DDT-Gehalte sind erhöht, da dieses Insektizid im gesamten osteuropäischen Raum wesentlich intensiver und länger angewendet wurde. Bei einer Probe aus dem Bereich Bitterfeld ist zusätzlich eine Erhöhung des *ß-HCH-Gehaltes* feststellbar.

Auch die übrigen Milchproben spiegeln die Belastungssituation der Geburtsländer wider. So liegt die Belastung der Westeuropäerinnen in durchaus vergleichbarer Größenordnung, während in den Ländern, in denen bestimmte problematische Pestizide noch eingesetzt werden oder zumindest bis vor kurzem im Einsatz waren, dies auch seinen Niederschlag in den Pestizidkonzentrationen der Frauenmilch findet. Die Milch vietamesischer Frauen weist demzufolge Gesamt-DDT-Gehalte von bis zu 17 mg/kg Milchfett auf, liegt also um den Faktor 30 über dem bundesdeutschen Durchschnitt. Die PCB-Gehalte sind hingegen in wenig industrialisierten Ländern deutlich geringer als in Westeuropa.[3]

Besondere Beobachtungen. Auffallend niedrige Rückstände wurden in der Humanmilch von zwei Frauen festgestellt, die sich aufgrund einer Unverträglichkeit von tierischem Eiweiß seit ihrer Kindheit ausschließlich mit pflanzlichen Lebensmitteln ernährt hatten. Ähnlich geringe Rückstände enthielt die Milch einer Frau mit vorwiegend lactovegetabiler Ernährung, die nur selten durch Fleisch ergänzt wurde. Dies bestätigt die Vermutung, daß mit Lebensmitteln tierischer Herkunft eine größere Menge persistenter chlorierter Kohlenwasserstoffe aufgenommen wird als über Lebensmittel pflanzlicher Herkunft (Antwort der Bundesregierung auf eine Kleine Anfrage, Bundestags-Drucksache 9/1860 vom 19.07.1982).

Auch bei einer 26jährigen Frau, die sich konventionell ernährte und 20 Jahre in Finnland gelebt hatte, wurden keine oder nur auffällig geringe Rückstände (HCB 0,05 mg/kg Fett; PCB 0,02 mg/kg Fett) gefunden.

- Besonders hohe Gehalte an Gesamt-DDT (14,6 und 15,9 mg/kg Fett) wurden bei zwei Frauen beobachtet, die aus Griechenland stammten.
- In der Milch einer Frau, die 29 Jahre in Ecuador lebte, wurden 16,8 mg/kg Fett,
- bei einer Frau aus dem Iran 12,5 mg/kg Fett an Gesamt-DDT gefunden.
- Von einer 26jährigen, die 13 Jahre in Rumänien lebte, enthielt die Milch 4,4 mg/kg Fett an Gesamt-DDT.
- In der Milch von zwei Türkinnen wurden Gesamt-DDT-Gehalte von 7,6 bzw. 6,0 mg/kg Fett und hohe ß-HCH-Gehalte von 1,4 bzw. 1,5 mg/kg Fett gefunden.
- Zwei andere Türkinnen, die 16 bzw. 17 Jahre dort lebten, hatten Gesamt-DDT-Gehalte von 3,0 bzw. 5,8 mg/kg Fett,
- eine Jugoslawin von 6,1 mg/kg Fett,
- eine 28jährige Frau aus Israel 7,3 mg/kg Fett.
- Bei einer 28jährigen Frau aus Nordindien, die seit 2 Jahren in der Bundesrepublik Deutschland lebte und sich lactovegetabil ernährte, wurden in der Humanmilch 8,0 mg/kg Fett an Gesamt-DDT und 2,6 mg/kg Fett an ß-HCH festgestellt.
- Bei einer Deutschen, die vor ihrer Entbindung in der Landwirtschaft gearbeitet hatte und sich 3 Jahre in Zaire aufhielt, wurden 40,0 mg/kg Fett an Gesamt-DDT gefunden.
- 4,7 mg/kg Fett an Gesamt-DDT enthielt die Milch einer 36jährigen, die früher im elterlichen Weinbau mitgearbeitet hatte.

- Eine 27jährige Agrar-Ingenieurin, die 24 Jahre in der DDR lebte, hatte einen Gesamt-DDT von 7,8 mg/kg Fett.
- Ein Lindangehalt von 0,39 mg/kg Fett wurde bei einer 29jährigen Frau aus Argentinien gefunden.
- Bei drei Frauen, die aus landwirtschaftlichen Betrieben in Baden-Württemberg stammen, wurden Gehalte an HCB (Hexachlorbenzol), das als Saatbeizmittel verwendet wurde, in Höhe von 3,7, 3,0 und 2,3 mg/kg Fett gefunden.

Diese Ergebnisse stimmen mit den Feststellungen von Weigand und Mücke in einer Literaturstudie „Verunreinigung der Humanmilch mit Organochlorverbindungen" überein, wonach „in den Entwicklungsländern mit intensiver landwirtschaftlicher Nutzung und Malariabekämpfungsprogrammen die DDT-Verunreinigungen z. T. alarmierende Ausmaße haben".

Andererseits kann das Vorkommen von PCB-Verunreinigungen als Hinweis auf einen Aufenthalt dieser Frau in einem industrialisierten Lebensraum in Mitteleuropa dienen.

In einer Probe wurden 0,78 mg/kg Fett an Bromocyclen gefunden. Die betreffende Frau hatte das Mittel als Ektoparasitikum bei ihrem Hund angewandt und vermutlich über Atmung und Haut aufgenommen.[1]

Zeitliche Trends. Vergleicht man die Mittelwerte und die 90%-Perzentile von 1980 bis 1989, so deutet sich beim Gesamt-DDT wie auch bei dem Metaboliten DDE eine Abnahme für diesen Zeitabschnitt an. Eine derartige Tendenz ist auch für das Hexachlorbenzol (HCB) erkennbar. Offenbar hat sich das Anwendungsverbot für diese beiden Wirkstoffe inzwischen ausgewirkt. Allerdings ist die Abnahme nicht linear, die Kurven werden zunehmend flacher. Das ist vermutlich darauf zurückzuführen, daß sich die unterbrochene Zufuhr dieser Stoffe nach dem Verbot stärker ausgewirkt hat als der Abbau bereits absorbierter Wirkstoffe im menschlichen Körper, bei dem mit langen Halbwertzeiten zu rechnen ist. Im Jahre 1989 wurden in Humanmilch, berechnet auf Basis Median oder 90%-Perzentil, bei Gesamt-DDT nur noch etwa 30%, bei HCB etwa 25% der Gehalte von 1980 gefunden.

Berücksichtigt man die geringen Gehalte, die Entwicklung der Analysentechnik in diesem Zeitraum und die mit den Analysenmethoden verbundenen Streuungen der Ergebnisse, so lassen sich für die Gehalte an α-, β-, γ-Hexachlorcyclohexan keine eindeutigen Tendenzen erkennen.

Aus den vorliegenden Ergebnissen für Polychlorierte Biphenyle (PCB) können bisher keine Rückschlüsse auf zeitliche Veränderungen gezogen werden: Einmal handelt es sich hier nicht um eine Einzelverbindung, sondern um ein technisches Gemisch von Stoffen unterschiedlichen Chlorierungsgrades und Abbauverhaltens. Zum anderen sind die Ergebnisse der PCB-Untersuchungen aus den früheren Jahren nicht streng vergleichbar, weil die Analytik in diesem Zeitraum erheblich verfeinert und empfindlicher gestaltet wurde und verbesserte Berechnungsverfahren eingeführt wurden.

Aus den Untersuchungsergebnissen der Jahre 1986 bis 1989, die miteinander analytisch besser vergleichbar sind, ergibt sich zumindest, daß in diesem Zeitraum keine Zunahme erfolgt ist.

Aus dem vorliegenden Untersuchungsmaterial wird zudem erkennbar, daß die Belastung der Humanmilch mit Pflanzenschutzmittelrückständen und PCB-Verunreinigungen langfristig durch das Ernährungsverhalten und die äußeren Lebensumstände bestimmt wird. Durch Umstellung der Ernährungsweise ist die Belastung mit diesen lipophilen (fettlöslichen und damit im Fettgewebe gespeicherten) Stoffen kurzfristig nicht zu beeinflussen.[1]

Vergleichsbetrachtungen.
Kuhmilch: Die festgestellten Rückstände in Humanmilch sind im Vergleich mit Kuhmilch recht hoch. Diese weist heute lediglich Gehalte an diesen Stoffen in Höhe von 10% der zulässigen Höchstmenge auf. Daraus wird deutlich, daß der Mensch als Endglied der Nahrungskette merklich höhere Gehalte im Fettgewebe anreichert. Aus diesem Depot werden diese Stoffe während der Stillperiode mobilisiert und über die Humanmilch in Konzentrationen abgegeben, die mit denen im Fettgewebe im Gleichgewicht stehen und die oft über den für Kuhmilch festgesetzten Höchstmengen liegen. Hierbei ist zu beachten, daß man bei der Festsetzung von Höchstmengen für Rückstände in Lebensmitteln auf der Grundlage von ADI-Werten (Acceptable Daily Intake) und unter Einbeziehung von Sicherheitsfaktoren von einem lebenslangen Verzehr ausgeht. Dies trifft für Humanmilch nicht zu.

Baden-Württemberg – Bundesrepublik: Für das Jahr 1982 ließen sich aus dem Vergleich der Mittelwerte mit den Ergebnissen von 905 Proben, die von Frauen aus Düsseldorf und München zur Verfügung gestellt wurden und innerhalb eines Forschungsprogramms an der Universität Münster untersucht wurden, keine signifikanten Unterschiede hinsichtlich der Höhe und der Verteilung persistenter chlororganischer Verbindungen erkennen; sie stimmten vielmehr überraschend gut überein. Dies rechtfertigte seinerzeit die Schlußfolgerung, daß die untersuchten Stoffe ubiquitär verbreitet waren und daß bei üblichen Ernährungsgewohnheiten sich hinsichtlich der Belastung der Bevölkerung innerhalb des Gebietes der Bundesrepublik Deutschland eine vergleichbare Situation ergab.

Auch neuere Untersuchungen zeigen, daß innerhalb der Bundesrepublik keine signifikanten Unterschiede in der Belastung mit diesen Stoffen erkennbar sind.[1]

Bundesrepublik Deutschland im Vergleich zu anderen Ländern: Im Vergleich zu anderen Ländern liegen die Hexachlorbenzol(HCB)-Gehalte in der Bundesrepublik Deutschland und in der Schweiz deutlich höher, vermutlich weil hier früher dieser Wirkstoff als Saatbeizmittel ausgebracht wurde. Die abnehmende Tendenz als Folge des Anwendungsverbotes ist erkennbar.

Auch die Gehalte an Polychlorierten Biphenylen (PCB) liegen in der Bundesrepublik höher als in vorwiegend landwirtschaftlich orientierten Ländern.

Dagegen findet man in der Bundesrepublik geringere β- Hexachlorcyclohexangehalte (β-HCH) als in der Türkei, Israel und Kanada, was darauf zu schließen läßt, daß dort noch technische HCH-Gemische, verwendet werden, während in der Bundesrepublik nur reines γ-HCH (Lindan) eingesetzt werden darf.

Die Rückstände an Gesamt-DDT sind in den früheren Ostblockländern deutlich höher. Wie die weiter oben erwähnten Einzelbefunde zeigen, scheint das auch für die Türkei, Indien und verschiedene Entwicklungsländer zu gelten.[1]

Polychlorierte Dibenzodioxine und Dibenzofurane. Von den 209 auf PCDD/PCDF untersuchten Frauenmilchproben stammten 194 von Müttern aus der Bundesrepublik Deutschland. Die Ergebnisse der Frauenmilchuntersuchungen zeigen das seit Jahren bekannte Bild, daß von den 210 theoretisch möglichen PCDD/PCDF-Kongeneren lediglich solche gefunden werden, die eine Chlorsubstitution in 2,3,7 und 8- Stellung aufweisen, d.h., alle nachgewiesenen Kongenere gehören zu den toxischen Dioxinen und Furanen. Trotz Unterschiede in der Belastungshöhe ähneln sich die Kongenerenprofile weitestgehend. Die mittleren TEq-Gehalte zwischen 1987 und 1990 lagen zwischen 14,8 und 16,5 pg/g Fett.

Ein Vergleich mit Daten aus anderen Bundesländern zeigt, daß regionale Unterschiede in der PCDD/PCDF-Belastung von Frauenmilch aus der Bundesrepublik Deutschland nicht erkennbar sind. Dies ist auf die Tatsache zurückzuführen, daß nach Untersuchungen des Chemischen Landesuntersuchungsamtes Münster und des Bundesgesundheitsamtes die tägliche Dioxinaufnahme zu über 90% mit der Nahrung erfolgt.

Ausgehend von den Dioxingehalten in Lebensmitteln und den durchschnittlichen Verzehrsgewohnheiten der Bundesbürger wurde eine mittlere PCDD/PCDF-Aufnahme über die Nahrung von ca. 90 pg TEq/Tag bzw. 1,2 pg TEq/kg Körpergewicht und Tag errechnet. Hierzu tragen Milch- und Milchprodukte, Fleisch- und Fleischprodukte sowie Fisch- und Fischprodukte jeweils zu etwa 1/3 bei.

Da die verzehrten Lebensmittel nicht nur aus der näheren Umgebung der Verbraucher herstammen, wird verständlich, daß mit einer nahezu gleichmäßigen Dioxinbelastung der Bevölkerung in der Bundesrepublik Deutschland gerechnet werden muß.

Die geringen Unterschiede in der Belastungshöhe der Frauenmilch sind nach bisherigen Erkenntnissen auf folgende Parameter zurückzuführen:

- Alter, Größe und Gewicht der Mutter,
- Zahl der gestillten Kinder,
- Länge der Stillperiode(n) und Ernährungsgewohnheiten der Mutter.

Während die Situation in anderen westlichen Industrienationen mit der in der Bundesrepublik Deutschland vergleichbar ist, zeigen die Frauenmilchproben aus Entwicklungsländern in der Regel deutlich niedrigere Dioxingehalte. Dies wird besonders an den Ergebnissen der Proben aus Kambodscha und Thailand deutlich, in denen lediglich 1,8 bzw. 1,6 pg TEq/g Milchfett gemessen wurden.

Die Proben mit den höheren Gehalten aus Vietnam stammen von Frauen aus den Landesteilen, in denen während des Vietnam-Krieges große Mengen des dioxinhaltigen Entlaubungsmittels „Agent Orange" versprüht worden waren.

Die Ergebnisse bestätigen die Hypothese, daß mit Ausnahme von Vorfällen wie in Vietnam oder Unfällen wie in Seveso die Dioxinbelastung der Bevölkerung mit dem Grad der Industrialisierung eines Staates ansteigt.

Ausgehend von der mittleren Belastung der aus der Bundesrepublik Deutschland stammenden Frauenmilch errechnet sich für einen 5 kg schweren Säugling bei einer täglichen Trinkmenge von 800 ml Muttermilch mit einem Fettgehalt von 3% eine mittlere Aufnahme von 73 pg TEq/kg Körpergewicht und Tag. Dieser Wert, der erheblich über der vom BGA unter dem Vorsorgeaspekt vorgeschlagenen maximalen Aufnahmemenge von 1 pg TEq/kg Körpergewicht und Tag liegt, verdeutlicht die besondere Problematik der Dioxingehalte in Frauenmilch. Da jedoch der Vorsorgewert von 1 pg TEq/kg Körpergewicht und Tag im Hinblick auf die Gesamtlebenszeit und nicht auf die Belastung des Säuglings während weniger Monate formuliert wurde und darüber hinaus keine Erkenntnisse über mögliche gesundheitliche Beeinflussungen durch das Stillen bekannt sind, sehen führende Toxikologen keine Veranlassung, nach dem Stand des heutigen Wissens vom Stillen, zumindest in den ersten 4 Monaten, abzuraten.

Das Problem der Belastung von Frauenmilch mit PCDD und PCDF läßt sich aufgrund der ubiquitären Verbreitung dieser Umweltkontaminanten nicht kurzfristig, sondern allenfalls langfristig durch drastische Minimierung der Emissionen in die Umwelt lösen.[3]

Radionuklide. Nach dem Reaktorunfall in Tschernobyl wurden an einer Reihe von Humanmilchproben mittels γ-Spektrometrie die Radionuklide bestimmt, die zu einer zusätzlichen radioaktiven Belastung beitragen können. Vergleichswerte über den Radionuklidgehalt von Humanmilch aus der Zeit vor Mai 1986 sind nicht bekannt.

In sämtlichen Humanmilchproben, die nach dem 13.06.1987 gemessen wurden, betrug die Summe der Aktivitäten von Cs-134 und Cs-137 weniger als 5 Bq/l. J-131 war im Juli 1986 und später nicht nachweisbar. Auch ein zeitlicher Verlauf, wie er bei Kuhmilch unter dem Einfluß der Fütterung (Anstieg nach Verfüttern von stark belastetem Heu) erkennbar war, zeichnete sich nicht ab. Vermutlich war das auf eine bewußte gezielte Ernährung der Frauen unter Vermeidung von höher belasteten Lebensmitteln zurückzuführen.[1]

Mykotoxine. In 33 Proben Humanmilch, die im Jahre 1981 von der CLUA Offenburg untersucht wurden, waren die Mykotoxine Aflatoxin Aflatoxine M1 und M2 nicht nachweisbar. Diese Toxine waren auch 1986 in 40 Proben aus dem Bereich der CLUA Stuttgart nicht vorhanden; Nachweisgrenze 10 ng/kg.[1]

Nitrosamine. In den Jahren 1984 bis 1986 wurden 78 Proben auf das Vorkommen von flüchtigen Nitrosaminen überprüft. Diese cancerogenen Stoffe konnten in keiner Probe gefunden werden; Nachweisgrenze 0,2 µg/kg für Dimethylnitrosamin (DMNA).[1]

Schwermetalle. In den Jahren 1980 bis 1989 wurden über 6.300 Proben Humanmilch auf Blei- und Cadmium-, ca. 4.600 Proben auf Quecksilberverunreinigungen untersucht. Aus den Untersuchungsergebnissen wird ersichtlich, daß die Gehalte und die Belastung des Säuglings mit diesen Schwermetallen über die Humanmilch gering ist.

Für Blei wird von der Food and Drug Administration (FDA) als tägliche Aufnahme bis zum Alter von 6 Monaten bis zu 0,1 mg, bei älteren Säuglingen und

Kleinkindern bis zum Alter von 2 Jahren bis zu 0,15 mg toleriert. Die unter der obigen Annahme dem Säugling über die Humanmilch in Baden-Württemberg zugeführten Bleimengen liegen in der Größenordnung von 3% der tolerierbarenM enge. In einer Probe wurde ein auffallend hoher Cadmiumgehalt von 0,289 mg/kg festgestellt. Die Nachprüfungen ergaben, daß zum Abpumpen der Milch ein altes Modell einer Milchpumpe verwendet wurde, das stark cadmiumlässig war. Dieses Modell ist nach Feststellungen der Lebensmittelüberwachung seit 1985 nicht mehr im Handel.[1]

Literatur

[1] Chemische Landesuntersuchungsanstalten und Chemische Untersuchungsämter in Baden-Württemberg (Bearb.: Miethke M, Hefter A, Mörtig W und Scherbaum E) (1989) Humanmilch-Untersuchungen 1980–1989, Chemische Landesuntersuchungsanstalt Stuttgart, Postfach 100824, 7000 Stuttgart 10

[2] Deutsche Forschungsgemeinschaft (1984) Rückstände und Verunreinigungen in Frauenmilch. Mitteilung XII der Kommission zur Prüfung von Rückständen in Lebensmitteln, Verlag Chemie, Weinheim

[3] Chemisches Landesuntersuchungsamt Nordrhein-Westfalen, Münster: Jahresbericht 1990, Chemisches Landesuntersuchungsamt, Sperlichstr. 19, 4400 Münster

2.9 Mikrowelle – Wie gefährlich ist sie?

Mikrowellengeräte finden immer mehr Eingang in unsere Haushalte. Sie sind im Verlaufe der letzten Jahre sehr viel preisgünstiger geworden.

Während beim herkömmlichen Garen im Backofen oder beim Grillen die Wärme von außen durch Strahlung oder heiße Luft auf die Lebensmittel einwirkt, erzeugen Mikrowellen die Wärme unmittelbar in den Speisen selbst. Dadurch werden Lebensmittel in kurzer Zeit aufgetaut, erwärmt oder gegart. Ihre Oberflächentemperatur bleibt relativ niedrig, so daß keine oder nur eine geringe Bräunung erfolgt. Die Mikrowellen werden in einem Sender erzeugt und im Garraum gleichmäßig verteilt. Eine gesundheitliche Bedenklichkeit so erhitzter oder gegarter Speisen ist nach dem heutigen Wissensstand ausgeschlossen und auch nicht erklärlich, denn außer einer physikalischen Anregung von Molekülen passiert nichts.

Trotzdem sind viele Anwender noch in Sorge darüber, ob bei der Behandlung von Lebensmitteln mit Mikrowellen nicht doch gesundheitliche Gefahren verbunden sind. Der gegenwärtige Stand der Erkenntnisse aus der Literatur und den Veröffentlichungen des Bundesgesundheitsamtes läßt sich zu folgenden Aussagen zusammenfassen:

- Der Verzehr von Speisen, die im Mikrowellenherd sachgemäß zubereitet werden, birgt prinzipiell keine besonderen Risiken aufgrund der Benutzung von Mikrowellen als Wärmequelle. Wichtig ist aber sowohl die Beachtung der den Mikrowellengeräten beiliegenden Gebrauchsanleitungen sowie die Berücksichtigung der Hinweise, die auf den Etiketten der für die Mikrowelle käuflichen Fertiglebensmittel abgedruckt sind.

- Mikrowellen können bei direkter Einwirkung auf den Menschen zu gesundheitlichen Schäden wie Verbrennungen, Zellschäden und Grauem Star führen. dies muß jedoch bei sachgerechter Anwendung von Mikrowellenkochgeräten nicht befürchtet werden, da diese Geräte strengen Sicherheitsnormen unterliegen, die einen Austritt von Mikrowellenenergie über einen sehr niedrigen Grenzwert hinaus nicht gestatten. Mehrere Untersuchungen während der letzten Jahre, unter anderem durch das Bundesgesundheitsamt, haben gezeigt, daß die handelsüblichen Mikrowellengeräte diesen Sicherheitsnormen entsprechen und daher gesundheitliche Risiken für den Benutzer bei sachgerechtem Gebrauch und ordnungsgemäßem Gerätezustand nicht zu befürchten sind.
- Vermutungen, daß durch Mikrowellen erwärmte Milch für Kleinkinder und Säuglinge gesundheitsschädlich sei, da sich die Aminosäuren in der Milch veränderten, ist durch neue Untersuchungen nachgegangen worden. Der Verdacht hat sich bisher nicht bestätigt. Richtig ist jedoch, daß bei im Mikrowellenherd erwärmten Milchfläschchen für Säuglinge eine Verbrühungsgefahr besteht, wenn die Saugflasche nach dem Erwärmen nicht sorgfältig umgeschüttelt und die Milch durch Vorkosten oder mittels Thermometer auf ihre Temperatur überprüft wurde. Die Verbrühungsgefahr beruht darauf, daß die Saugflasche oder andere Gefäße im Verlauf der Mikrowellenerwärmung unter Umständen an der Außenwand kühler bleiben als die darin enthaltene Milch.
- Vitamine, Fette und andere Lebensmittelinhaltsstoffe sowie der Nährwert des Lebensmittels werden im Mikrowellenherd nicht anders verändert als durch herkömmliche Zubereitung, etwa durch Kochen, Backen oder Braten. Dies belegen hunderte von experimentellen Untersuchungen.
- Manche Lebensmittel, wie z.B. Produkte mit Geflügelfleisch oder Meeresfrüchte, können in verstärktem Maße pathogene Mikroorganismen enthalten. Die mit derartigen Produkten verbundenen speziellen mikrobiologisch-hygienischen Risiken, denen man jedoch durch einen vorschriftsmäßigen Umgang mit der Mikrowelle im allgemeinen begegnen kann, haben folgende Ursachen:

Die Erhitzung von Gerichten durch die Mikrowelle erfolgt zwar sehr schnell, aber oft ungleichmäßig, weil die Zusammensetzung der Nahrungsmittel (Wasser-, Fett-, Salzgehalt), die Portionsgröße, das Volumen, die Geometrie des Gutes und die Art der Anordnung der Speisen unkalkulierbare Einflußgrößen sind. Damit besteht die Möglichkeit, daß vorhandene Krankheitserreger wie Listerien oder Salmonellen an den kühleren Stellen überleben könnten. Dies gilt insbesondere dann, wenn Speisen nur auf die für den Verzehr geeignete Temperatur erwärmt werden. Wer also ganz sichergehen will, daß alle bedenklichen Organismen abgetötet sind, sollte dafür sorgen, daß das ganze Lebensmittel – ggf. auch über bereits vorliegende Zubereitungsanleitungen hinaus – etwa 10 Minuten auf mindestens 70°C erhitzt wird. Damit werden mikrobiologisch-hygienische Risiken weitgehend ausgeschlossen. Dies gilt übrigens auch für die herkömmlichen Erhitzungsmethoden.

Aufgrund von Verbraucherbeschwerden wurde dem Problem der Kunststoffschalen für den Einsatz Kunststoffschalen im Mikrowellenherd nachgegangen.

„Im Vordergrund der Untersuchung von Mikrowellengeschirr aus Kunststoff stand die Überprüfung der sensorischen Beeinflussung des Lebensmittels durch mögliche Migration von Bestandteilen des Kunststoffes. Als Prüfmedium diente Wasser, das unter üblichen Mikrowellenbedingungen – 1,5 Minuten pro 100 ml bei 700 W – in den gebrauchsmäßig gespülten Gegenständen getestet wurde. Die Sensorik wurde optisch beeinflußt durch das Auftreten von weißen Niederschlägen, die mit der Härte des Wassers, zusammenhingen. Nachdem auf ein Mineralwasser zurückgegriffen wurde, bei dem dies Phänomen nicht auftrat, waren unter den acht Proben drei, bei denen eine Kunststoffnote auftrat" (BI).

Bedenkliche Ergebnisse zeigten sich auch beim Erhitzen von Fertigmenüs.

„In einer Fleischerei wurden vorbereitete Mittagessen, die in mit Aluminiumfolie versiegelten Polystyrolschalen abgefüllt waren, zum Verkauf angeboten. Diese Fertiggerichte sollten nun für den Verzehr Fertiggerichte im Mikrowellenherd aufgewärmt werden. Gleichzeitig bestand in dem betreffenden Geschäft ebenfalls die Möglichkeit, nach Erwärmen im Mikrowellenherd, das Mittagessen vor Ort zu verzehren. Bei dem in Frage kommenden Produkt handelte es sich um eine Lasagne, die mit Käsesoße überbacken war. In den Bereichen, wo die Käsemasse mit der Polystyrolschale in Berührung gekommen war, zeigten sich deutliche Auflösungen des Kunststoffes, was den Käufer zur Beschwerde veranlaßte.

Kochversuche zeigten, daß Polystyrolschalen für die Behandlung im Mikrowellenherd grundsätzlich ungeeignet sind. Dabei kommt es nicht auf die Länge der Behandlung an, sondern darauf, was erwärmt wird. Offensichtlich herrscht auch bei Herstellern die Meinung vor, das zu erhitzende Produkt könne nicht heißer werden als ca. 100 °C, da ja durch die Mikrowellen das Wasser nicht über 100 °C erwärmt werden kann. Daß diese Meinung irrig ist, zeigen die hier durchgeführten Versuche, die in der Tabelle 2.11 dargestellt sind:

Tabelle 2.11. Temperaturen im Lebensmittel nach Mikrowellenbehandlung (BI)

	2 Minuten	5 Minuten	Bemerkungen
Wasser	99 °C	99 °C	keine Verformung
Distelöl	118 °C	–	Auflösung
Margarine	118 °C	110 °C	Auflösung
Schmelzkäse	105 °C	146 °C	Auflösung
Salat-Mayonnaise	125 °C	–	Auflösung
Emmentaler Käse	122 °C	–	Auflösung

Die Leistung des Mikrowellenherdes betrug 650 Watt. Schon nach 2 Minuten zeigten sich bei allen fetthaltigen Lebensmitteln Auflösungserscheinungen der Kunststoffschale. Auch wurden schon nach 2 Minuten deutlich höhere Temperaturen im Gargut festgestellt; in einem Falle sogar 146 °C (nach 5 Minuten Behandlungszeit). Eine Regulierung der Temperatur über die Zeit ist nicht möglich, da der Unterschied im Temperaturverhalten der einzelnen Lebensmittel nicht kalkulierbar ist" (BI).

2.10 Zuviel Salz im Mensa-Essen?

„Das Mensa-Essen der Ruhruniversität Bochum wird in regelmäßigen Abständen auftragsgemäß untersucht.

Das Chemische Untersuchungsamt Bochum entnimmt viermal jährlich von Montag bis Freitag zwei Essen unterschiedlicher Angebote. Im Jahr 1990 wurden die Essen der ‚großen Mensa' untersucht, die hauptsächlich zur Verpflegung der Studenten dient.

Bei der Entnahme der Essen werden auch die hygienischen Verhältnisse in der Küche begutachtet. Die Untersuchung der Essen umfaßt neben der sensorischen Beurteilung (Aussehen, Geruch, Geschmack) die Bestimmung der Hauptnährstoffe Kohlenhydrate, Fett und Eiweiß.

Des weiteren werden die Gehalte der Mineralstoffe Natrium, Kalium, Calcium und Magnesium ermittelt.

Ziel der Untersuchungen ist es, bei den hier ermittelten Parametern die Hauptnährstoffverteilung (Kohlenhydrate, Fette und Eiweiß) den Empfehlungen der Deutschen Gesellschaft für Ernährung (DGE) anzugleichen. Dies sollte aus präventiven Gründen erfolgen, um frühzeitig der Entstehung von Zivilisationskrankheiten entgegenzuwirken und die Eßgewohnheiten zu regulieren.

Häufig wird zuviel Fett und Eiweiß verzehrt; ebenfalls ist der Kochsalzanteil zu reduzieren. In den meisten Fällen wird der Tagesbedarf an Kochsalz bereits mit dem Mittagessen schon überschritten.

Die aus den hier vorliegenden Daten aufgestellten Graphiken zeigen deutlich, daß hier noch eine erhebliche Änderung erfolgen muß" (BO).

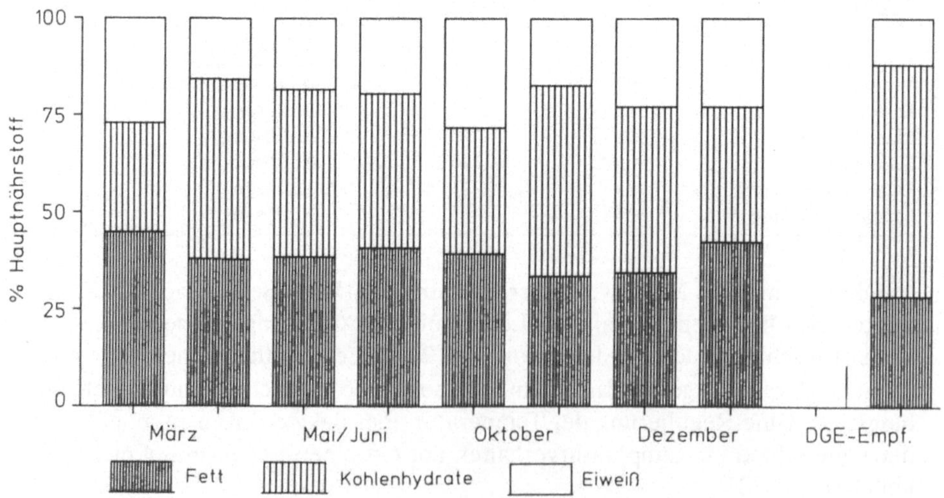

Abb. 2.6. Mensa-Essen 1990 – Hauptnährstoffverteilung (zwei Probenahmen je Untersuchungsdurchgang wöchentlicher Gesamtaufnahme als Mittelwerte) (BO)

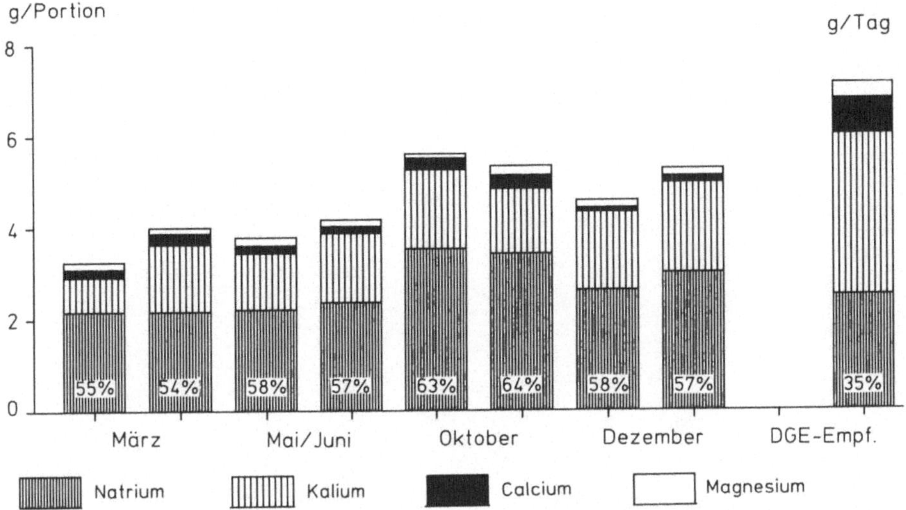

Abb. 2.7. Mensa-Essen 1990 – Mineralstoffverteilung (zwei Probenahmen je Untersuchungsdurchgang wöchentlicher Gesamtaufnahme als Mittelwerte) (BO)

Untersuchungen für das Studentenwerk der Universität Dortmund (Mensabetriebe); Proben: 15

Die Mensabetriebe der Dortmunder Universität bieten werktäglich drei Essen in verschiedenen Preisklassen an.

Folgende durchschnittliche Nährstoffanteile und Energiegehalte wurden in den einzelnen Preisgruppen ermittelt:

Tabelle 2.12. Mensa-Essen (DO)

	Fette	Eiweiß	Kohlenhydrate	Natrium	Kalium	Ges. Kcal	Ges. KJ
	%	%	%	%	%		
Gericht I	4,5 (19)	5,9 (25)	12,9 (55)	0,27	0,23	624	2.623
Gericht II	5,3 (27)	4,7 (24)	9,6 (49)	0,38	0,21	654	2.745
Gericht III	3,8 (16)	6,6 (28)	13,1 (56)	0,25	0,18	714	2.998

In Klammern die prozentuale Hauptnährstoffverteilung

Schneller an Gewicht zunehmen kann danach der, der das meiste bezahlen kann. Das teuerste Essen bietet dafür zumindest von der Nährstoffverteilung her die günstigste Zusammensetzung. Die Natriumzufuhr dürfte auch hier zu hoch sein, für eine genaue Bewertung wäre das Gewicht der Essen erforderlich.

3 Kontrollen bei Handel und Gewerbe – eine Mängelliste

In den meisten Betrieben versucht man auf Ordnung und Sauberkeit zu achten und dafür zu sorgen, daß die Zusammensetzung und Kennzeichnung den einschlägigen Vorschriften entspricht. Trotzdem traten in vielen Betrieben häufig geringe, manchmal auch erhebliche Mängel auf. So haperte es an der Sauberkeit, an der Zusatzstoffkennzeichnung in Speisen- und Getränkekarten, am baulichen Zustand der Betriebsräume und so weiter und so weiter. Solange es nicht für jeden Verantwortlichen zur Selbstverständlichkeit geworden ist, die Qualität seiner Produkte zu sichern und dafür einen Organisationsplan zu erarbeiten, wird sich an diesem Zustand wenig ändern. Es darf nichts dem Zufall überlassen bleiben. Die Mitarbeiterinnen und Mitarbeiter müssen genau wissen, wer wann, wo und wie häufig z. B. das Warensortiment zu kontrollieren hat, Geräte und Maschinen überprüft, die Reinigung kontrolliert oder selbst reinigt, darauf achtet, daß die Betriebsräume frei von Ratten, Mäusen und anderen Schädlingen sind, die Kennzeichnung in Ordnung ist oder auf bauliche Mängel achtet (D).

Wenn dies alles beachtet wird, kann es nicht zu den von vielen Ämtern in sehr ähnlicher Art berichteten Mängeln kommen. „Häufigste Ursache für mündliche Belehrungen und Berichte mit Empfehlungen zu behördlichen Anordnungen waren hygienische und bauliche Mängel. In einigen Lebensmittelbetrieben wurden verdorbene, nicht mehr zum Verzehr geeignete Lebensmittel vorrätig gehalten; hier erfolgten förmliche Beanstandungen nach dem Lebensmittel- und Bedarfsgegenständegesetz. Neben den immer wiederkehrenden Mängeln wie unsauberen und beschädigten Gerätschaften, verschmutzten bzw. vereisten Kühl- und Tiefkühleinrichtungen, unsachgemäßer Lagerung empfindlicher offener Lebensmittel zusammen mit erdbehaftetem Gemüse oder schmutzigen Transportkartons, verschmutzter Arbeitskleidung, fehlenden Kopfbedeckungen, abblätternden oder versporten Decken und Wänden, mangelhaften Handwasch- und Spüleinrichtungen, altverschmutzten Fußböden und fehlenden Fliegengittern oder Abdeckungen beim Anbieten offener Lebensmittel in Selbstbedienung" (SIG) sollen betriebsbezogene Mängel in den späteren Abschnitten behandelt werden.

„Innerhalb kurzer Zeit durchgeführte Überprüfungen bestimmter Betriebssparten haben sich bewährt und werden weiter durchgeführt. Nur so ist es möglich, einen zuverlässigen Überblick über den Zustand der Betriebe zu erhalten und festgestellte Mängel insgesamt abzustellen. Auch 1989 wurde bereits eine solche Kontrolle durchgeführt. Alle Bäckereien und Konditoreien wurden innerhalb einer kurzen Zeit einer Kontrolle unterzogen mit dem Ergebnis, daß sich der Zustand der Betriebe danach erheblich besserte" (D).

Mithilfe der Verbraucher

„Die Bevölkerung ist aufgerufen, auch weiterhin das Lebensmittelübewachungsamt einzuschalten, wenn im Verkehr mit Lebensmitteln, Tabakerzeugnissen, kosmetischen Mitteln und sonstigen Bedarfsgegenständen Mängel beobachtet werden. Jeder Beschwerde wird sofort nachgegangen. Auf diese Weise können Mißstände meistens schneller erkannt werden, weil normalerweise ein Betrieb höchstens zweimal pro Jahr von der Überwachung aufgesucht werden kann und negative Entwicklungen zwischen diesen planmäßigen Kontrollen eben nur über Tips aus der Bevölkerung erfaßbar sind. Selbstverständlich entstehen den Bürgerinnen und Bürgern keinerlei Kosten“ (D).

Dabei sollte aber folgendes beachtet werden:

Eine Verbraucherbeschwerde muß möglichst schnell überbracht werden, denn es ist zwecklos, eine Probe auf Genußtauglichkeit zu untersuchen, wenn sie mehrere Tage, womöglich ungekühlt, aufbewahrt wurde. Die Untersuchung der Verbraucherbeschwerdeprobe erfolgt meist sofort, so daß eventuell noch am gleichen Tage Sofortmaßnahmen eingeleitet werden können (Rückrufaktionen). Über das Untersuchungsergebnis und der eventuell eingeleiteten Maßnahmen erhält der Verbraucher in der Regel eine Mitteilung. Der Beschwerdeführer sollte sich bereit erklären, auch als Zeuge vor Gericht aufzutreten.

3.1 Bäckereien und Konditoreien

Jedes Jahr aufs neue wird in allen Berichten über die Zustände in Bäckereien und Konditoreien geklagt. Kaum ein Mangel, der nicht vorkommt.

„So wurde beispielsweise Mäusekot als ‚Trennmittel‘ auf der Brötchenrollmaschine verwendet, der Mehlanteil zwischen dem Mäusekot war relativ gering. Durch massiven Mäusebefall verunreinigte Backwarenzutaten (angefressen, mit Mäusekot und damit auch unsichtbar mit Urin durchsetzt) sind nicht ausgesondert worden. Gegen die Mäuseplage wurde seitens des Betriebsinhabers nichts unternommen nach dem Motto ‚das war schon immer so, damit muß man leben‘. Auch Käfer und Larvenbefall des Mehles, besonders im Bereich des Mehlsilos, scheint manchen Bäcker nicht zu stören, und es werden keine Maßnahmen zur Beseitigung unternommen“ (HA).

Folgende Arten von Schädlingen oder Ungeziefer wurden festgestellt:

- Mäuse (lebende oder Mäusekot), vereinzelt auch Ratten,
- Schaben (meist lebende und in großer Zahl),
- lebende Käfer (Reis-, Brot- oder Plattkäfer), vorwiegend in Mehlsilos und in ungereinigten Brotkörben,
- Katzenkot,
- Motten, (Motten-)Larven, Gespinste und Staubläuse, Milben.

„Auffällig viele Betriebe haben Probleme mit Mäusen. Zwar werden bei Kontrollen selten tote oder lebende Mäuse festgestellt, aber in allen möglichen Bereichen der Räume Mäusekot, u.a. auch in Arbeitsgeräten, so daß der Kot direkt in die Backware gelangen kann, und Mäusenester. In einem Fall wurde bei der Kontrolle eines Supermarktes auch das angebotene Brot geprüft. Dabei wurde in der Kruste der Unterseite mehrerer Brote Mäusekot festgestellt. Die sofortige Kontrolle des Herstellungsbetriebes zeigte, daß in Brotkörben und Backformen zahlreiche Kegel lagen" (KA).

„In einer Bäckerei/Konditorei, bei der in den vergangenen Jahren immer wieder hygienische und bauliche Mißstände aufgetreten waren, lagen in einer Kommode, die zur Aufbewahrung von Backformen und Gerätschaften diente, zwei fast völlig verweste Mäuse. Sämtliche Schubladen waren mit Mäusekot verunreinigt. Das gleiche Bild bot sich auf der Treppe zum Hinterausgang der Backstube, auf der Backzutaten, Weckmehl und Altbrot in Papiersäcken abgestellt waren. Die Säcke waren teilweise angefressen und enthielten reichlich Mäusekot. Der Betriebsinhaber gab an, von der Mäuseplage Kenntnis zu haben und verwies darauf, daß er die notwendigen Maßnahmen zur Bekämpfung der Eindringlinge ergriffen hätte: in einem Eierkarton hatte er Giftweizen unter dem Arbeitstisch in der Backstube aufgestellt. Über die Belehrung, daß das offene Auslegen von Gift in einem Lebensmittelproduktionsbetrieb nicht gestattet sei, zeigte er sich sehr verwundert, war jedoch bereit, den Backbetrieb bis zum Abschluß der notwendigsten Reinigungsarbeiten freiwillig einzustellen und erst nach erfolgter Nachkontrolle wieder fortzuführen" (SIG).

„Zur Mäusebekämpfung wird vielfach ausschließlich Gift ausgelegt. Es ist aber unbedingt erforderlich, daß zunächst gesucht wird, woher die Mäuse kommen. Ein Bekämpfen nur mit Gift beseitigt selten die Mäuse vollständig, wenn Löcher ins Freie oder zu Speichern, Scheunen und ähnlichen Räumen vorhanden sind oder wenn sich in der direkten Umgebung der Bäckereien offene Abfälle befinden, die das Ungeziefer anlocken. Häufig sind Mäusenester auch in Kabelschächten oder anderen nur schwer zugänglichen Bereichen zu finden, z.B. hinter Backöfen" (KA).

„Überdurchschnittlich häufig mußte in Bäckereien der unsachgemäße Umgang mit Lebensmitteln beanstandet werden:

- Zeitungspapier wurde als Unterlage zum Abwägen von Backzutaten verwendet;
- Brotkörbe waren von Ungeziefer befallen;
- textilbespannte Gärbretter waren ekelerregend versport;
- Backbretter wiesen Risse auf, so daß sie nicht mehr ordnungsgemäß gereinigt werden konnten;
- Brotkörbe und Backbleche waren beschädigt;
- zum Reinigen und Einfetten von Blechen und Formen wurden z.T. ausgediente Unterhemden oder sonst ekelerregende Stofflumpen verwendet;
- an den Handwaschbecken fehlten Einmalhandtücher" (FR).

Auch der hygienische Zustand der Räume von Bäckereien wies z.T. erhebliche Mängel auf.

„Zu einer weiteren, allerdings behördlich angeordneten vorübergehenden Betriebsschließung kam es aufgrund der insgesamt schlechten hygienischen Verhältnisse in einem Backbetrieb. Hier wurden z.B. während des Backbetriebes zahlreiche lebende und tote Kakerlaken auf und in den Holzunterschränken festgestellt" (SIG).

In Freiburg wurde auf den Brettern des Wandregals einer Konditorei Mäusekot gefunden. Im selben Raum hielten sich sichtbar an den Wänden hinter dem Backofen und im Spülbereich ca. 50 bis 100 lebende Kakerlaken auf. Zur Vermeidung des weiteren Inverkehrbringens nicht verkehrsfähiger Waren wurden entsprechende Sofortmaßnahmen (Schließung) getroffen.

„Zur Schabenbekämpfung reicht nicht allein eine Begasung aus. Zunächst müssen alle Schlupfwinkel gut gereinigt werden. Vereinzelt ist es auch erforderlich, das Isoliermaterial aus Backöfenwänden zu entfernen. Zur Bekämpfung der Käfer (Reis-, Brot- oder Plattkäfer) ist neben der Kontrolle des angelieferten Mehles auch die zeitweise gründliche Reinigung der Silos mit allen Förderleitungen und Ventilsäcken notwendig, außerdem auch das ständige ausreichende Reinigen der Brotkörbe. Käfer in diesen Körben werden auch durch ein kurzes Erhitzen im Backofen getötet. Das nachträgliche Entfernen der toten Käfer aus den Körben darf dabei aber nicht übersehen werden. Von Mottenlarven und Motten befallene Lebensmittel müssen unverzüglich vernichtet werden, um ein weiteres Ausbreiten dieser Schädlinge zu vermeiden" (KA).

Neben diesem Ungezieferproblem ist die „Reinigung von Arbeitstischen, Geräten vom Teigkneter bis zum Spritzbeutel, den Arbeitsräumen und der Arbeitskleidung nicht immer sachgerecht. Die Spanne reicht von ‚so gut wie nie reinigen' bis ‚einigermaßen regelmäßig, aber mit völlig verdreckten Hilfsmitteln reinigen':

- da wird der Abfall nicht regelmäßig beseitigt und mit Lebensmitteln zusammen gelagert;
- da sind Putztücher, Bürsten u.ä. offensichtlich seit sehr langer Zeit ohne eigene Reinigung in Gebrauch, so daß die damit ‚gereinigten' Arbeitstische und -geräte hinterher stärker verschmutzt sind als vorher;
- da bleiben Pinsel bis fast zu ihrer völligen Auflösung oder Schimmelbildung in Glasurmassen stecken, die Töpfe, in denen diese Massen aufbewahrt werden, entsprechen dann auch meist den Umständen ihrer ungenügenden Aufbewahrungsbedingungen und sind innen und außen völlig verdreckt;
- da ist nach wie vor die Unsitte, auf bedrucktem Zeitungspapier zu backen;
- da ‚wohnen' Haustiere in der Backstube, denn in der Backstube ist es schließlich schön warm und die Katze soll ja die Mäuse fangen" (HA).
- Da werden „Backöfen, (Tief-)Kühlzellen, Gärunterbrecher, Gärräume, Silos und ähnliche Einrichtungen immer wieder so aufgestellt angetroffen, daß Zwischenräume nicht oder kaum gereinigt werden können. Diese Bereiche dienen auch vielfach als Abstellbereiche für beschädigte Gegenstände und Papierabfälle und werden damit zum idealen Schlupfwinkel für Ungeziefer" (KA).

„Um dem insbesondere bei älteren Bäckereien herrschenden Platzmangel abzuhelfen, behelfen sich die Verantwortlichen oft mit ungeeigneten Lösungen. Hofräume werden notdürftig überdacht, wobei teilweise gestampfter Lehm oder meist beschädigter Asphalt als Fußbodenbelag beibehalten werden. Die provisorischen ‚Räume' sind nur unzulänglich gegen das Eindringen von Regenwasser, Vögeln, Insekten und Nagetieren geschützt, betriebsfremde Gegenstände wie Rasenmäher, Mülltonnen, Gartengeräte usw. werden dort aufbewahrt. In derartigen Hofräumen dürfen allenfalls verpackte Lebensmittel in Kühlschränken oder Frostern gelagert werden. Das Herstellen und Behandeln offener Ware unter derartigen Bedingungen steht im Widerspruch zu den Forderungen der Bäckerei-Hygieneverordnung und des LMBG" (SIG).

„Vielfach werden zur Backwarenherstellung innen und/oder außen ungereinigte und daher stark verschmutzte Maschinen (z. B. Teigausroll-, Teigteilmaschinen, Rundwirker) eingesetzt. Im allgemeinen ist vom Betriebsablauf her keine Zeit für ein Reinigen von Maschinen vorgesehen. Diese Reinigung ist meist sehr zeitaufwendig. Maschinen sind manchmal so konstruiert, daß sie – obwohl es immer notwendig ist – nur schwer oder nicht geöffnet werden können. Immer wieder geben Verantwortliche zu, daß sie nicht wissen, wie die Maschine zur Reinigung geöffnet werden kann. Es gibt auch Mehlsilos mit so kleinen Öffnungen, daß ein Erwachsener nicht in das Silo gelangen kann, obwohl dies zur erforderlichen jährlichen Reinigung unbedingt notwendig wäre. Ein weiteres häufiges Problem betrifft versporte Tücher und sonstige Stoffbeläge: damit Stoffe wie Filz nicht versporen können, müssen sie je nach Einsatz etwa wöchentlich gereinigt werden (bei täglichem Einsatz alle 3 bis 4 Tage). Betroffen sind besonders Kippdielen und andere mit Tüchern bezogene Dielen, Filzbänder auf Ausrollmaschinen und Kipptrögel in automatischen Gärschränken. Besonders Kippdielen und Kipptrögel in Gärschränken sind häufig so dick versport, daß sie nicht mehr gereinigt werden können und daher aus den Betriebsräumen entfernt werden müssen. In alten Gärschränken sind diese Trögel manchmal so eingebaut, daß sie nicht oder nur sehr schwer und zeitaufwendig gereinigt werden können" (KA). Ähnlich (BO, D, DO, DU, FR, PF, S).

„Beispiele beschädigter Arbeitsgeräte, die immer wieder angetroffen werden: Backkörbe aus Peddigrohr oder Weide mit lockeren, herausstehenden Klammern, Nägeln oder mit Holzsplittern, eingerissene Backbleche und Backbleche, meist Alu-Lochbleche, mit beschädigter Kunststoffbeschichtung. Vereinzelt werden trotz warnender Hinweise nach wie vor Rasierklingen zum ‚Einritzen' von Teiglingen (für Laugengebäck) verwendet" (KA).

Indirekte nachteilige Beeinträchtigung von Backwaren

„Folgendes muß immer wieder bemängelt werden:

- Keine getrennte Aufbewahrung von *unreinen* und *reinen* Lebensmitteln (Eier und Obst neben Fleischerzeugnissen oder neben Sahne, Cremes und fertigen Backwaren mit Sahne und Creme),
- Versporungen an Türen von Kühlschränken und Tiefkühlzellen und an Decken oder Wänden,
- Aufbewahrung von alten verstaubten Maschinen und sonstigen Arbeitsgeräten, von altem Verpackungsmaterial in Lagerräumen,

- Aufbewahrung von mit Broten und anderen Backwaren gefüllten Kunststoffkörben direkt auf dem Fußboden (teilweise auch im Freien, u.a. vor Filialen und anderen Einzelhandelsgeschäften auf der Straße oder dem Gehweg),
- Verwendung nicht mehr einwandfreier Lebensmittel (z.B. stinkende Ei-Streiche) und
- Fehlen von Handwaschbecken bzw. von Seife oder Einmalhandtüchern" (KA).

Andere ekelerregende Umstände

- „Intensiver Fremdgeruch durch nicht ausreichend abgetrennte Ställe von Schweinen, Kühen oder Pferden,
- Verwendung von Fußmehl (Mehl, das vom Fußboden aufgenommen und durch Sieben „gereinigt" wird) oder von übelriechenden Putzlappen zum Säubern der Backofenheizflächen" (KA).

Dies sind einige der gravierendsten Beispiele über mangelnde Hygiene, die meist aufgrund der Bestimmungen des § 17 Abs. 1 Nr. 1 bzw. § 31 Abs. 1 LMBG zu verfolgen sind. Meist ist eine zumindest vorübergehende Schließung solcher Betriebe die einzige Alternative. Schwierig gestaltet sich die Beurteilung und entsprechende Verfolgung von weniger gravierenden, aber dennoch zu vermeidenden Hygienefehlern in den Bundesländern (z.B. NRW), die nicht über eine Bäckerei-Hygieneverordnung verfügen:

„Der völlig verdreckte Putzlappen ist kein Bedarfsgegenstand mit Lebensmittelkontakt und fällt damit aus den Bestimmungen des LMBG heraus, ebenso die ungereinigte Arbeitskleidung der Bediensteten. Haustiere, betriebsfremde Gegenstände (Rasenmäher!) und Rauchen in der Backstube, bauliche Mängel – insbesondere der oft allgegenwärtige Schwarzschimmelbefall an Decken und Wänden – lassen sich behördlicherseits meist erst dann wirkungsvoll, d. h. gerichtsfest, beseitigen, wenn eine nachteilige Beeinflussung der Lebensmittel nachgewiesen werden kann. Dies ist aber nicht häufig gegeben und alle Mißstände lassen sich auch mit dem Argument belegen, daß, wenn der Verbraucher wüßte . . ., würde er mit Ekel reagieren (§ 17 Abs. 1 Nr. 1 LMBG). Vorbeugender Verbraucherschutz ist somit nur bedingt oder gar nicht möglich, da die entsprechenden Rechtsgrundlagen der Back- und Konditoreiwarenverordnung in NRW 1984 ersatzlos gestrichen wurden. Es muß immer wieder an diese empfindliche Rechtslücke im aktiven Verbraucherschutz erinnert werden mit der Aufforderung an die gesetzgebenden Gremien, eine entsprechende Verordnung so schnell wie möglich zu schaffen" (HA).

Schlußfolgerung

„Wie die vorstehenden Seiten zeigen, wird bei Betriebskontrollen immer wieder deutlich, daß die Gefahren bei der Zubereitung von Speisen und der Herstellung empfindlicher Lebensmittel in erster Linie durch die Unzulänglichkeit des menschlichen Verhaltens bedingt sind:

- ungenügende Reinigung,
- fehlende Kühlung,

- Baumängel,
- keine konsequente Trennung der unreinen von den reinen Vorgängen und Gegenständen,
- mangelndes Hygienebewußtsein.

Die Betriebskontrollen sind daher eine dringend notwendige, effektive Vorsorgemaßnahme zur Vermeidung von Gefahren. Sie dienen außerdem der Aufklärung des Personals, insbesondere durch die Erläuterung der Hygieneerfordernisse" (KA).

Manche Hersteller sind aber dennoch unbelehrbar. Anders ist nicht zu erklären, daß auch empfindliche Geldbußen nicht unbedingt zu besseren hygienischen Verhältnissen in einem betroffenen Betrieb führen müssen. „Als Folge einer Beanstandung aus dem Jahre 1989 wurde einem Bäckermeister eine Geldbuße in Höhe von 8.000,00 DM auferlegt. Dies hinderte ihn nicht daran, 1990 ohne Genehmigung einen Backbetrieb in einer ehemaligen Fabrikhalle einzurichten. Die baulichen und hygienischen Verhältnisse in diesem Produktionsraum entsprachen in keiner Weise den Anforderungen. Aufgrund des Kontrollberichts und der vom Wirtschaftskontrolldienst gefertigten Anzeige wurde auch hier eine Freiheitsstrafe auf Bewährung verhängt" (SIG).

Etwas zum Schmunzeln

„Abschließend sei noch folgender amüsanter Zwischenfall bei der Kontrolle einer Bäckerei und Konditorei erwähnt: Nachdem der Inhaber bei einer früheren Betriebsbesichtigung vom Wirtschaftskontrolldienst darauf hingewiesen worden war, daß er bei neuerlichen Verstößen mit einer Anzeige zu rechnen hätte, versuchte der Konditormeister im Laufe der Betriebskontrolle Backwaren vom Vortag möglichst unauffällig zu entfernen. Da er in der Eile offenbar keine andere Möglichkeit sah, warf er in einem vermeintlich unbeobachteten Augenblick mehrere Backbleche und Kunststoffeimer mit Brot, Brötchen und Feinbackwaren aus dem Fenster der ersten Etage in den Hof. Diese etwas ungewöhnliche Entfernung aus den Betriebsräumen war vollkommen unnötig, da das Vorrätighalten von Altbrot und -gebäck unter hygienischen Bedingungen nicht verboten ist" (SIG).

3.2 Küchen von Hotels und Gaststätten

Mängel in diesem Bereich machen sich immer dann am meisten bemerkbar, wenn Sachkunde mangels intensiver Ausbildung fehlt. Nach nur wenigen Stunden Teilnahme an einer „Unterrichtung" erhält heute nahezu jeder, der möchte, eine Bescheinigung, mit der er einen Gaststättenbetrieb eröffnen kann. Probleme tauchen häufig erst nach dem ersten Besuch der Überwachungsbehörden auf.

Räume

Die Personaltoiletten waren häufig wenig sauber, oft fehlten Einmalhandtücher, Seifenspender waren vielfach leer. Häufig waren Fußbodenabläufe mit Abfällen verunreinigt (KA).

Hintergrund mancher Unzulänglichkeiten sind nicht selten unzureichende Räumlichkeiten infolge Ausweitung des Speiseangebots. Häufig hat dies zur Folge, daß durch schlechte Be- und Entlüftung der Räume die Wand- oder Deckenfarbe abblättert oder sich Schimmel in den Ecken entwickeln kann.

Die Raumdecke eines historischen Gasthofes wies Spalten und Ritzen auf, weil die Renovierung möglichst „naturgetreu" erfolgen sollte. Veraltetes Mobiliar wurde oft deshalb nicht ersetzt, weil Pächter wegen der nicht gesicherten Fortsetzung des Pachtvertrages Investitionen meiden (S).

Hochdruckreiniger

Oft werden zur Reinigung der Betriebsräume Hochdruckreiniger verwendet, deren Einsatz jedoch ungünstig ist. Durch die mechanische Beanspruchung werden Wand- und Bodenfugen ausgewaschen und lockern sich Fliesen, die später ausbrechen. Der beim Reinigen hochgewirbelte Schmutz verteilt sich gleichmäßig im gesamten Raum – vom Ablauf her müssen demnach erst Wände und Decken, dann Fußböden und zuletzt Arbeitsflächen gereinigt werden (KA).

Aufbewahrung von Lebensmitteln

Immer wieder beanstandet wurden Lebensmittel in verschmutzten Behältnissen oder die Verwendung stark beschädigter als auch unhygienischer Arbeitsgeräte (Hackklotz, Fleischwolf, Aufschnittmaschine). „In einer Gaststätte wurde offenes Gemüse im Kleiderwaschraum gelagert. In einem anderen Betrieb lagen die Pizzateiglinge unter zerrissenen, schmutzigen Geschirrtüchern" (PF).

Bei solch offensichtlichen Mängeln wird selbst ein Laie die Fehler leicht einschätzen können. Schwerer einsehbar, aber ebenfalls bedenklich ist das Nebeneinander von unverpackten, empfindlichen Lebensmitteln (zubereitete Speisen, Milcherzeugnisse, Wurstwaren, Cremes) direkt neben anderen unverpackten unreinen Lebensmitteln (ungewaschenes Obst und Gemüse, Eier) oder Transportkartons (Eierkartons u.ä.), insbesondere in Kühlschränken und Kühl- bzw. Tiefkühlzellen; das Nebeneinander von einwandfreien und verdorbenen (z.B. verschimmelten) Lebensmitteln, kühlpflichtige Lebensmittel bei Raumtemperatur (in einem Fall im Heizölkeller neben Öltanks) (KA).

Nichteinhaltung der erforderlichen Kühltemperaturen oder Lagerzeiten und Bedingungen ist häufig zu beobachten, so wurde rohes Hackfleisch „in der Tiefkühltruhe länger als einen Tag gelagert; Transportkartons in den Kühlräumen; offenes Speiseeis und locker verpackter Fisch nebeneinander in der Tiefkühltruhe; erdbehaftetes Obst und Gemüse gemeinsam im Bieranstichraum, unverpackte

Fleisch- und Wurstwaren im Bieranstichraum" (S). Ähnlich (PF, KA). Aus verständlichen Gründen verboten ist die „Aufbewahrung von verdorbenen Lebensmitteln in der Küche und in den Kühlmöbeln" (PF).

In vielen Hotel- und Gaststättenküchen wurden geöffnet aufbewahrte, bereits verdorbene Gemüsekonserven angetroffen. Dieser Mißstand wird bereits seit Jahren beobachtet.

„Einige Proben rochen muffig, nach Zigarettenrauch, die Dosen waren innen bereits korrodiert. Es zeigte sich, daß den Lebensmitteln vielfach nicht die nötige Beachtung geschenkt wird, indem sie unter ungünstigen Bedingungen gelagert werden. Geöffnete Konservendosen eignen sich nicht zum Aufbewahren von Lebensmitteln, ein Umfüllen in gutschließende Glas- oder lebensmittelgerechte Kunststoffgefäße ist notwendig" (PB).

Nicht zum Verzehr geeignet war eine Champignonkonserve, entnommen in einer Gaststätte; sie war von einem grau-rosafarbenem Pilz- bzw. Bakterienschwamm bedeckt. Die Doseninnenseiten bei anderen Champignonkonserven wiesen großflächige Korrosion und Rostansatz auf. Ein Pilztopf enthielt einen unförmigen Stoffklumpen (FR).

Gesundheitsgefahr

„In einer braunen Soße aus einer Gaststätte befanden sich acht flache Glassplitter von 1 bis 10 mm Länge. Die Probe war wegen der akuten Verletzungsgefahr beim Verzehr als zur Gesundheitsschädigung geeignet im Sinne von § 8 Nr. 1 LMBG zu beurteilen" (KA).

„In einer Gaststätte erlitten zwei Personen Verletzungen, weil ihnen ein Geschirrspülmittel (pH > 14) als Cinzano angeboten wurde. Zu dem Unfall kam es, weil das Spülmittel in einer Cinzanoflasche abgefüllt war, aus deren Kennzeichnung nicht ersichtlich war, daß der Flascheninhalt nicht Cinzano war" (FR).

„Aus einer Gaststätte wurde eine Holzschale als Probe entnommen in die in die mittlere Vertiefung Brennpaste eingefüllt und angezündet wird, um darüber an einer Gabel Fleischstückchen zu grillen. Während des Abbrennens der Brennpaste wurde Pastenanteile herausgeschleudert, die sowohl auf das über die Flamme gehaltene Fleisch als auch auf die äußeren Vertiefungen der Schale gelangten. Die Probe wurde wegen des Übergangs von gesundheitlich bedenklicher Anteile der Brennpaste auf Lebensmittel beanstandet" (S-St).

Eine aus einer Gaststätte stammende Frikadellenprobe mit hohem Phosphatgehalt war unter Verwendung von Backpulver hergestellt worden. Eine Beschwerdeprobe Rinderschmorbraten war mit Nitrit oder Nitrat versetzt und enthielt mehr als 100 mg/kg Restnitrat (AC).

Verdorbenes

Trotz zahlreicher Beanstandungen durch die Lebensmittelüberwachung und trotz ergangener Bußgeldbescheide in der Vergangenheit wurden wieder häufig verdorbene Fritierfette aus Gaststätten und Imbißbetrieben beanstandet (SIG, S u. a.).

„Mehrere Proben Maultaschen aus Gaststätten und einer Metzgerei wiesen deutliche sensorische Abweichungen auf, so daß sie als wertgemindert beurteilt werden mußten. Auch andere fertig zubereitete Speisen aus Gaststätten wiesen teilweise sensorische Mängel oder Schimmelbefall auf“ (SIG).

„Mehrmals wurden bei Kontrollen von Imbißbuden, Altenheimen und Gaststätten überlagerte Milchprodukte festgestellt“ (KA).

In einer Küche befanden sich in einem Tiefkühlschrank Leber (in einer offenen Tüte eingefroren), unverpacktes Brot und Heidelbeeren in einer blauen Mülltüte (KA).

Speisekarten

Von vielen Ämtern wurden Klagen über Speise- und Getränkekarten berichtet. Manchem Verbraucher wird etwas untergeschoben, weil er es nicht anders kennt oder den Unterschied nicht kennt oder es einfach nicht erkennen kann. Einfacher ist es da schon für die, die hinter die Kulissen gehen können.

So wurde festgestellt, daß die „offenen“ Weine auf den Getränkelisten nicht mit dem bereitgestellten Warenangebot übereinstimmten (HH).

„Seelachs (Lachsersatz) wird immer noch häufig als ‚Lachs(brot)‘ angeboten. Achatschnecken werden als Schnecken oder badische Schnecken bezeichnet“ (KA).

„Viele selbsthergestellte Kräuterbutter aus Gaststätten mußten wegen unzulässiger Fremdfettgehalte beanstandet werden. Damit nähert sich die Beanstandungsquote bei Kräuterbutter wieder den hohen Zahlen des Jahres 1988, nachdem 1989 vorübergehend eine fallende Tendenz zu beobachten war“ (SIG). Ähnlich (KA). „Etliche Kräuterbutterproben mußten wegen deutlicher Mängel im Sinnenbefund beanstandet werden“ (SIG).

„Panierte Schollenfilets waren in einer Kantine wegen des geringen Fischanteils aufgefallen, was auch sehr verständlich war: Die Untersuchung von Proben der tiefgefrorenen Rohware (Fertigpackungen für Großverbraucher) ergab einen Fischanteil von lediglich 43%, deklariert war ein solcher von 70%“ (KA).

Erneut wurde ein Fall bekannt, bei dem aus Südafrika importiertes Fleisch als „Rehkeulen, gefroren“ zum Verkauf angeboten wurde. Die Tierartidentifizierung zeigte jedoch, daß es sich nicht um Fleisch vom Rehwild handelte (SIG).

Nach der Preisangaben-VO müssen die Bezeichnungen der Produkte der allgemeinen Verkehrsauffassung entsprechen; dies ist erfüllt, wenn solche Verkehrsbezeichnungen gewählt werden, die aus Verordnungen, Richtlinien oder Leitsätzen stammen. Sollten sich dort keine Bezeichnungen finden, dann müssen diese Lebensmittel so gekennzeichnet werden, daß Irreführungen über die Beschaffenheit, Herkunft, Herstellung o.ä. nicht möglich sind.

Besonders in einfacheren Gaststätten und Straußwirtschaften ist die Getränkekarte des öfteren nur als mangelhaft zu beurteilen. Auch die Kenntlichmachung von Zusatzstoffen auf Speisekarten ist oft mangelhaft oder gar nicht vorhanden. Dies betrifft besonders konservierte Saucen, Mayonnaisen und Präserven (Seelachs) sowie gefärbte Produkte (Desserts, Dessertsaucen, Seelachs, Spirituosen) (KA, S u.a.). Ebenso wurden wiederholt Teigwaren aus der Gastronomie unzulässigerweise mit synthetischen Farbstoffen („Eigelbfarbe" Tartrazin (E 102) und Gelborange S (E 110)) sowie mit dem Naturfarbstoff Curcumin (E 100) gefärbt. Dadurch wird ein höherer Eigehalt vorgetäuscht (KA, SIG).

Häufige Probleme und viel Verwirrung finden sich bei den Erfrischungsgetränken. Daß hier volkstümliche Begriffe gleich definierte Beschaffenheitsmerkmale beinhalten, ist vielen Gastwirten fremd, und so liegen nicht selten Welten zwischen dem, was angeboten, und dem, was serviert wird.

Säfte

Es wird häufig beobachtet, daß auf den Getränkekarten z.B. „Orangensaft" angeboten wird, tatsächlich aber Orangennektar eingekauft und ausgeschenkt wird. Sowohl Orangensaft als auch Orangennektar sind geschützte Bezeichnungen, die bestimmte Anforderungen an die Produkte stellen. Es ist zwar möglich, ein höherwertiges Getränk mit einer geringerwertigen Bezeichnung zu verkaufen, aber nicht umgekehrt. Dies wäre eine Warenunterschiebung und strafbar!

Zu unterscheiden ist zwischen:

Orangensaft	= 100% Fruchtsaft	darf nicht verdünnt werden
Orangennektar	= 50 bis 100% Saft	oder entsprechend verdünnter Saft
Orangensaftgetränk	= 6 bis 50% Saft	oder verdünnter Nektar
Orangenlimonade	= mind. 7% Zucker	kein Saft erforderlich, meist aber 3%
Brause	= mit künstlichen Aromen hergestellt	
Brennwertverminderte Erfrischungsgetränke	= mit Süßstoff Saccharin, Cyclamat, Aspartam, Acesulfam	

Containerwaren

In vielen Betrieben werden Getränke aus Containern ausgeschenkt, teils auch in Post-Mix-Anlagen erst beim Zapfen hergestellt. Zur Haltbarkeit dieser Produkte sind häufig Konservierungsstoffe zugesetzt. Diese müssen gekennzeichnet werden. Wichtig ist auch, daß aus Containern nie natürliches Mineralwasser gezapft werden kann. Dieses darf nur in der Originalflasche an Endverbraucher abgegeben werden.

Erfrischungsgetränke

Ganz neu ist der Trend, daß früher als Limonaden hergestellte Markengetränke heute mit weniger Zucker produziert werden, die dann nur noch die Anforderungen an Brausen erfüllen oder als „Brennwertverminderte Erfrischungsgetränke" mit Süßstoffen produziert werden. Auf die Kennzeichnung der Süßstoffe ist zu achten. Zahlreichen Getränken wird Coffein (Cola-Getränken) oder Chinin (Bitter-Getränken) zugesetzt. Eine entsprechende Information des Verbrauchers ist in diesen Fällen vorgeschrieben.

Farbstoffe
Vereinzelt wird ß-Carotin zur Färbung von Orangenlimonade eingesetzt. Da dies zu einer Täuschung des Verbrauchers über den Fruchtsaftanteil führen kann, muß dieser Hinweis immer zusammen mit der Verkehrsbezeichnung erfolgen. Waldmeistergundstoffe und -brausen enthalten fast immer einen kennzeichnungspflichtigen Farbstoff. Auch viele Spirituosen enthalten Farbstoffe, die zu kennzeichnen sind.

Problembetriebe

„Als Problembetriebe fielen in zwei Überwachungsbereichen besonders ehemals öffentliche Gaststätten bzw. Hotel-Restaurants auf, die jetzt ausschließlich der Gemeinschaftsverpflegung von Asylanten dienen. Fielen diese Betriebe bereits früher durch ihre baulichen und hygienischen Mängel auf, so hat sich, bedingt durch die gestiegene Zahl der ausgegebenen Essen und den offensichtlichen Personalmangel, die Situation in dieser Hinsicht weiter verschlechtert. Neben beengten räumlichen Verhältnissen in Küche und Lagerräumen wurden neben allgemeinen hygienischen Mängeln in einem Fall auch massiver Käferbefall im gesamten Küchenbereich festgestellt. Außerdem hatten in diesen Betrieben die Gäste häufig unerlaubterweise Zugang zum Küchenbereich" (KA).

„Im Rahmen der Selbstbedienung in Restaurants werden verzehrsfertige Speisen, wie Glasbecher mit Speiseeis, Torten und andere Feine Backwaren, Kartoffelsalat und andere Salate, Soßen, Wurst- und Käseaufschnitt, unabgedeckt, ohne jede Hustenschutzscheibe oder selbstschließende Klappen auf Serviertheken oder in offenen Vitrinen bereitgehalten, so daß jeder Gast die Speisen berühren, anhusten und anniesen kann" (KA).

„Frühstücksbüffets in Hotels und Gasthöfen können auch zur Abfallvermeidung beitragen. Allerdings darf dabei die Lebensmittelhygiene nicht vernachlässigt werden. Insbesondere wenn Lebensmittel auf Platten oder in Schüsseln nicht nur für kurze Zeit offen angeboten werden, kann ein Merkblatt der Chemischen Untersuchungsämter Baden-Württemberg über Salatetheken dienlich sein, das sinngemäß auch für Frühstücksbüffets angewendet werden kann" (S).

Nachdem eine Verbraucherin kurze Zeit nach dem Verzehr eines Thunfischgerichts gesundheitliche Beschwerden erlitten hatte, die auf eine Histaminvergiftung hindeuteten, wurde in einer daraufhin entnommenen Nachprobe Thunfisch aus einer Pizzeria 7.750 ppm Histamin nachgewiesen. Es sei darauf hingewiesen, daß das längere Vorrätighalten von Thunfisch in geöffneten Großgebinden mit der massiven Gefahr einer Histaminbildung verbunden ist. Die Verantwortlichen sollten daher die Gebindegröße möglichst dem zu erwartenden Tagesbedarf anpassen (AC).

3.3 Imbißbetriebe, Eisdielen, Trinkhallen

In der Regel handelt es sich dabei um kleine Betriebe, die von Natur aus auf engstem Raum auskommen müssen, häufig auch über keine feste Strom-, Wasser- und Abwasseranbindung verfügen und damit schlechtere Ausgangsbedingungen haben als stationäre Küchenbetriebe.

Die berichteten Mängel sind dennoch nicht so gravierend. Hauptsächlich finden sich Probleme bei der Kühlaufbewahrung und den Waschgelegenheiten. Folgende Mängel wurden beispielsweise festgestellt:

- „Das Anbieten von offenen Lebensmitteln im Kundenbereich;
- unzureichende Aufbewahrungstemperaturen von verderblichen Lebensmitteln;
- Vorrätighalten von kühlpflichtigen Milcherzeugnissen ohne Kühlung (Frischmilch und Joghurt bei Außentemperaturen zwischen 20 und 30 °C)“ (KA);
- „Süßwaren und Backwaren wurden ohne jeden Schutz offen zur Selbstbedienung angeboten;
- Handwaschgelegenheit mit Seifenspender und Einmaldhandtuch fehlten;
- Blockbutter ohne ausreichende Kennzeichnung;
- Anlieferung der Lebensmittel in gebrauchten Eierkartons;
- Grillpfanne und Zuckerwattegerät ohne Berührungsschutz;
- Gyros- und Pizzaherstellung unter freiem Himmel ohne Verkaufsstand“ (S).

Besondere Aufmerksamkeit sollte im Imbißbereich (aber nicht nur dort!) der Verwendung von Mikrowellengeschirr gewidmet werden (siehe Kap. 2.9). „Oft werden zum Erwärmen von Speisen für die Mikrowellenerhitzung ungeeignete Plastikschüsseln verwendet, was zur Blasenbildung im Plastik (bis zur Lochbildung!) führt. Die defekten Schüsseln werden weiter benutzt, obwohl sie nicht mehr einwandfrei zu reinigen sind. Besser geeignet sind Porzellan- oder Glasgefäße ohne Metallteile“ (KA).

Widersprüchliches wird über Speiseeishersteller berichtet. Im Freiburger Raum kam es nur in seltenen Fällen zu Bemängelungen. Der eigentliche Herstellungsvorgang entsprach in aller Regel den Erfordernissen. Bemängelt wurden z. T. der Zustand der Räume wie z. B. verunreinigte Wände oder fehlende Fliegengitter.

Nach anderen Berichten wurden zahlreiche, z. B. immer wiederkehrende Mängel festgestellt, die zu Belehrungen bzw. Beanstandungen führten:

- „Aufbewahrung der Speiseeisportionierer in abgestandenem Wasser mit Eisresten;
- unhygienische Handwascheinrichtungen und Spüleinrichtungen;

- fehlende Gesundheitszeugnisse; fehlende Kenntlichmachung von Farbstoffen;
- schlechte und/oder unzureichende Lüftung der Speiseeisküche;
- überalterte Speiseeisgefriermaschinen mit Korrosionserscheinungen“ (PF);
- „Produktionsraum total verschmutzt und von Schaben befallen;
- Eiswagen für ambulanten Verkauf waren innen unsauber“ (D).

Unrühmlich fiel eine Bistro/Eisdiele in Düsseldorf auf. Dort hatten Passanten im Schaufenster eine Ratte gesehen. Der Rattenbefall wurde bei der Kontrolle bestätigt. In einem anderen Betrieb waren die Speiseeisbehälter unsauber. Eine Eismaschine litt an ‚altersschwachen‘ Dichtungen. Folge: Austritt von Maschinenöl – Fußböden verdreckt; Speiseeisherstellung und -verkauf waren vorübergehend zu untersagen. Andere Mängel betrafen Eisportionierer in trüber Brühe; Eiswaffeln ungeschützt auf der Theke; mangelhafte Kennzeichnung und Kenntlichmachung auf der Eiskarte (D, S).

Nicht jede Erfindung ist gleich das Ei des Kolumbus. „Elektrisch beheizte Eisportionierer zeigten als Nachteil, daß Speiseeis leicht antrocknet und schwer zu entfernen ist“ (S).

Bei vielen Trinkhallen ergeben sich durch das große Angebot loser Ware Probleme der richtigen Kennzeichnung, aber auch hygienisch steht nicht immer alles zum Besten.

„In zahlreichen Trinkhallen und Kiosken, die belegte Brötchen herstellten und verkauften, fehlte ein Handwaschbecken. Aus hygienischen Gründen kann darauf nicht verzichtet werden. All die Betriebe, die nicht mit einem Handwaschbekken nachgerüstet werden konnten, hatten die Herstellung von belegten Brötchen einzustellen“ (D).

Ganz schlimm sah es in einer Trinkhalle aus. Verkaufsraum und Kühlschränke waren total verdreckt; unverpackte Lebensmittel waren aus dem Verkauf zu nehmen (D).

3.4 Küchen von Krankenhäusern, Heimen, Kantinen und Speisewagen

In den Berichten sind sehr unterschiedliche Zustände beschrieben. Teils waren bei Kontrollen in den Küchenbetrieben von Krankenhäusern und Heimen „nur geringfügige Mängel feststellbar, z.T. waren sie in hygienisch hervorragendem Zustand“ (PF). Teils wurden in Küchenbetrieben von Krankenhäusern, Heimen, Kantinen, Fernküchen häufig hygienische Mängel festgestellt. sie wurden sowohl durch unzureichende allgemeine Sauberkeit als auch durch unsachgemäßen Umgang mit Lebensmitteln verursacht. Auch wurden „bauliche Mängel festgestellt, die sich ungünstig auf die Lebensmittelhygiene auswirkten. In einer Fernküche waren Arbeitsbereiche zum Gemüseputzen und Geschirreinigen vom Koch- und Portionierbereich nicht so getrennt, daß eine nachteilige Beeinflussung der zubereiteten Speisen mit Sicherheit ausgeschlossen werden konnte“ (FR).

In einer Kantine wurde verrottetes Holzmobiliar in der Küche vorgefunden, in einer weiteren waren die Sanitäranlagen absolut ungenügend (PF).

„Die Überprüfung von Speiseplänen von Krankenhäusern und Altenheimen ergab fehlende Nährwertangaben. Eine als ‚Herz-Kreislauf-natriumarm-Infarkt' bezeichnete Kostform war zuviel versprechend, allenfalls handelte es sich um eine natriumarme Kost" (S).

Auch in Düsseldorf wurden Kantinengerichte in größerer Anzahl untersucht. Auf nahezu jedem vorgelegten Speiseplan wurde zumindest einmal wöchentlich eine Vollwertgericht oder Vollwertkost angeboten. Meistens war diese Auslobung unberechtigt. Den Verantwortlichen wurde dann empfohlen, statt dessen ein „vegetarisches Gericht" oder eventuell „fleischlose Kost" anzubieten. Weitere Beanstandungen bei Kantinengerichten im einzelnen:

- Schnitzel in Parmesanei mit gebackenen Auberginenscheiben: in der Ei-Parmesanhülle des Schnitzels und in der Eiumhüllung der Auberginen wurden die Farbstoffe Tartrazin (E 102) und Gelborange S (E 110) nachgewiesen. Die blasse Dotterfarbe war in der Kantine widerrechtlich mit etwas „Lebensmittelfarbstoff, Farbton Eigelb" nachgebessert worden.
- Champignonrahm, Rahmsoße: zu geringer Milchfettanteil; eine Rahmsoße muß mindestens 3% Milchfett enthalten.
- Schinkenpizza kalorienreduziert: Angaben lt. Nährwert-Kennzeichnungsverordnung fehlten.
- Hähnchenschnitzel mit Käse: zum Überbacken wurde nicht Käse, sondern Schmelzkäse verwendet.

„In zwei Fernküchen am selben Ort wurde bei einer Betriebskontrolle festgestellt, daß vorgefertigten Teigwaren beim Abkochen zur Farbverstärkung synthetische ‚Eigelbfarbe' (Tartrazin, Gelborange S) im Kochwasser zugesetzt wurde" (KA).

Beanstandet wurden ebenfalls nicht kenntlich gemachte Farbstoffe von Cremes und Rote Grütze; die Proben waren in Krankenhäusern bzw. einem Altersheim als Nachtisch ausgegeben worden, der Zusatz der Farbstoffe war im Speiseplan nicht angegeben (SIG).

Vermehrt wurde festgestellt, daß vor allem an Essenausgaben in Kantinen und Mensen wie auch im Bereich der Selbstbedienung in der gehobenen Gastronomie verzehrsfertige Lebensmittel ungeschützt angeboten werden:

Zwischen den vom Küchenpersonal zur Abgabe bereitgehaltenen Speisen und den Essenteilnehmern sind entweder überhaupt keine Schutzscheiben vorhanden oder sie sind so niedrig, daß die Speisen durch Anhusten und Anniesen beeinträchtigt werden können (KA).

Leider zählen Speisewagen zu den am seltensten überprüften Betrieben. Es wäre wünschenswert, wenn über die Beschaffenheit dieser Wagenküchen ausführlicher berichtet werden könnte, schließlich werden viele Reisende von diesen Küchen beköstigt. Zu verstecken brauchen sich die Speisewagen nach bisherigen Erkenntnissen ganz und gar nicht, denn „bemerkenswert ordentlich geführt wurden die Küchen der Speisewagen von IC- und EC-Zügen der Rheintalstrecke, Abschnitt Freiburg-Offenburg" (FR).

3.5 Hersteller und Importeure

Bei der Vielzahl der Herstellerbetriebe sollte eigentlich in fast jedem der Jahresberichte etwas über sie zu finden sein. Da in diesem Bereich die Überwachung am wichtigsten und am häufigsten sein sollte, müßten auch immer neu Erkenntnisse anfallen. Daß kaum über Mängel in Großbetrieben berichtet wird, kann möglicherweise auf Bedenken hinsichtlich der Datenschutzvorschriften zurückzuführen sein. Leicht könnten veröffentlichte Mängel einem bestimmten Betrieb zugeordnet und als geschäftsschädigend angesehen werden. Die wenigen Berichte betreffen meist kleinere Betriebe.

Hersteller von Pralinen

„Bei einem Schokoladenhersteller konnte durch die systematische Überprüfung der Verpackungsstraße, verbunden mit chemischen Untersuchungen verschiedener Verpackungsfolien im Labor, die Ursache für mehrere Beanstandungen von Edelmarzipanpralinen gefunden werden. Die Pralinen waren wegen eines unangenehmen, an Kunststoff erinnernden Fremdgeschmacks aufgefallen und daher nicht verkehrsfähig. Ursache für den Fremdgeschmack waren Zersetzungsprodukte aus der zum Verpacken verwendeten Polypropylenfolie, die sich durch Überhitzung der Folie auf der Verpackungsstraße bildeten. Zur Überhitzung kam es durch Unregelmäßigkeiten in der Laufgeschwindigkeit des Förderbandes. Das Problem wurde gelöst, indem der Hersteller auf eine weniger hitzelabile Folie umstellte“ (FR).

Hersteller alkoholfreier Getränke (auch Lohnmostereien)

In diesen Betrieben wurde häufig beanstandet:

- „unsaubere, versporte Betriebsräume;
- schlecht zu reinigender, durch Fruchtsäuren zerfressener Betonfußboden;
- schadhafte, unsaubere, z.T. angerostete Obstschütten, -waschanlagen, -pressen, Förderbänder usw.;
- ungenügende Wand- und Deckenverkleidungen; schadhafte Innenbeschichtung der Lagertankbehälter;
- nicht vorschriftsgemäße Kennzeichnung von Fruchtsäften, Fruchtnektaren und Fruchtsaftgetränken, vor allem bei sog. Lohnware, die im Austausch gegen Obst gewerbsmäßig an Verbraucher abgegeben wird.

In einem vorwiegend Lohnmost herstellenden Betrieb wurde ein Mostzusatz lose aus einem Kanister angeboten, der zur Gärmostherstellung unzulässige Zusatzstoffe (künstlicher Süßstoff Saccharin, Konservierungsstoff Benzoesäure, künstliche Farbstoffe) enthielt. Ein derartiger Mostzusatz darf weder zur gewerbsmäßigen Herstellung noch zur Herstellung von Gärmost durch den Verbraucher in den Verkehr gebracht werden" (S).

Bei einem anderen Getränkehersteller „konnten Vögel im Tanklager festgestellt werden. An einigen Stellen fehlte ein verschließbarer Abfallbehälter, Maschinen waren offenbar nach Produktionsende nicht gereinigt worden. Es zeigt sich immer wieder, daß nur durch entsprechende Überprüfungen die betriebliche Hygiene und Sauberkeit gewahrt bleibt" (PB).

Brauereien

Als häufige Mängel wurden benannt: Schimmelbildung in den Lager- und Abfüllräumen, mangelhafte Leerflaschenkontrolle.

„Positiv zu werten ist die Bemühung vor allem kleinerer Brauereien zur Brauwasseraufbereitung zum Zwecke der Keimverminderung bei Wasser aus eigenen Brunnen. Sog. ‚Hausbrauereien' mit Gastraum waren unzureichend gegen Fremdeinflüsse und bierschädliche Keime abgetrennt. Meist kann eine deckenhohe Abtrennung mit Glas oder eine Überdruckbelüftungsanlage einen ausreichenden Schutz darstellen" (S).

„In einer Brauerei, die im Zusammenhang mit einer Beschwerdeprobe (Fremdkörper in einer Bierflasche) kontrolliert wurde, war die unzureichende Leerflaschenkontrolle zu beanstanden. Die Flaschen wurden dort ausschließlich visuell, d. h. durch eine Kontrollperson an einem Leuchtschirm geprüft; weder ein automatischer Flascheninspektor noch ein Laugenkontrollgerät waren vorhanden. Bei einer Abfüllkapazität von 10.000 Flaschen pro Stunde wurde die Kontrollperson erst nach jeweils zwei Stunden ausgetauscht. Unter diesen Bedingungen ist eine wirkungsvolle und sichere Leerflaschenkontrolle nicht möglich" (SIG).

Probleme bei Mehrwegflaschen

Aus Umweltschutzüberlegungen heraus ist es zur Zeit „out", Einwegverpackungsmaterial zu verwenden. Der Trend zur Mehrwegverpackung scheint unaufhaltsam.

Im Getränkebereich ist die Mehrwegflasche schon seit vielen Jahren üblich. Insbesondere bei Bier und Erfrischungsgetränken ist der in wiederverwendbaren Glasflaschen vermarktete Teil schon immer sehr hoch gewesen.

Bei Wein funktioniert die Mehrfachverwendung in geringem Umfang nur bei 1-Liter-Flaschen, wenn der Wein beim Winzer gekauft und diese Flaschen dort wieder zurückgegeben werden. Flaschen mit 0,7 l werden nur ungern vom Winzer angenommen, da man sich in einer Umstellungsphase auf die von der EG vorgegebene Größe von 0,75 l befindet. Der größere Teil des Weins, der importierte und der über den Handel abgegebene, wird bisher ohne Mehrwegflaschen vermarktet. Für diese Flaschen ergibt sich nur die Recyclingmöglichkeit durch Sammeln und Einschmelzen (hoher Energieverbrauch). Fast kein Einzelhändler nimmt Weinflaschen zur Wiederbefüllung zurück. Im Weinbereich laufen Versuche an, daß speziell mit einem Stern gekennzeichnete Mehrwegflaschen eingeführt werden. Aber auch diese Initiative wurde nicht EG-weit abgestimmt, sondern arbeitet auf nationaler Ebene und bisher auch nur im Süden der Bundesrepublik.

Betrachtet man die bisherigen Bemühungen auf dem Milchsektor, so hat das Selbstabfüllen von Milch aus Vorratstanks oder aus großen Kunststoffschläuchen anfänglich viel Lob und Nachahmer gefunden, ist aber nach kurzer Zeit wieder eingestellt worden. Alternativ gibt es bei vielen Herstellern auch Milch in Mehrweg(pfand)glasflaschen, die aber teurer ist und nur wenige Liebhaber gefunden hat. Im Bereich der Milcherzeugnisse (Joghurt, Sahne etc.), die von der Produktpalette her den größten Anteil darstellen, hat bis heute das Mehrwegsystem noch keinen Fuß gefaßt. Hier dürfte es freiwillig auch kaum Bereitschaft geben, auf Mehrwegsysteme umzustellen, da die heutige Produktvielfalt dann stark eingeschränkt werden müßte. Gerade bei Milchprodukten nicht zu unterschätzen sind auch die mit einem Mehrwegsystem verbundenen bakteriologischen Probleme. Zur Vermeidung bakteriologischer Infektionen muß man auf chemische oder physikalische (Bestrahlung?) Desinfektionsmethoden zurückgreifen, die wiederum Folgeprobleme nach sich ziehen können.

Eine Vorreiterrolle beim Wechsel auf Mehrwegglasflaschen spielt die Schulmilch. Hierbei haben sich Schüler, Lehrer und schließlich auch die Schulbehörden für eine Rückkehr zum schon früher praktizierten System ausgesprochen.

Die Probleme durch ein Mehrfaches an Transport-, Lagerflächen-, Kühlmittelbedarf und an Gewicht kommen nun verstärkt auf die Verteiler (Molkerei, Milchhandel, Hausmeister etc.) zu, sind aber sicher lösbar. Sie könnten sich durchaus auf den Preis auswirken.

Ein anderer Problemkreis fordert verstärkt die Überwachungsbehörden heraus, denn mit der Mehrfachverwendung verbunden ist eine Zweckentfremdung der Flaschen, der Rücktransport, die Sortierung, das Entfernen der Etiketten und die Reinigung. Bei diesen Vorgängen ergeben sich ganz unterschiedliche Probleme, die zu einer ausgefeilteren Überwachungstechnik führen müssen, damit die Produktqualität und damit der Verbraucher nicht geschädigt wird.

Die Probleme können schon lange in den Jahresberichten der Untersuchungsämter nachgelesen werden. Da finden sich in den Flaschen Rückstände von Beton oder Öl, Drahtstücke oder Holzspatel, Brillengestelle oder Sicherheitsverschlüsse; dies alles wird von Verbrauchern gedankenlos und gewaltsam in die Flaschen gepreßt und kann durch die Flaschenreinigung nicht beseitigt werden.

Beim Rücktransport, dem Sortieren oder der Reinigung kann das Glas beschädigt werden. Es entstehen Haarrisse, oder aus dem Verschlußbereich bricht eine Ecke heraus, die zu einer Undichtigkeit führen kann.

Rückstände aus der Reinigungsanlage finden sich vereinzelt in geringer, nur geruchlich oder geschmacklich erkennbarer Menge, können aber auch extrem stark vorkommen. Von diesen wurden im vergangenen Jahr zwei Fälle aktenkundig. In einem Fall war eine trübe grau-grüne Flüssigkeit für den Verbraucher ausreichende Warnung, das Bier nicht zu trinken; im zweiten Fall wurde einem Patienten auf der Intensivstation aus einer Originalflasche eine 1,7%ige Lauge zu trinken gegeben, der dadurch – wenn auch nur vorübergehend – seinen Geschmackssinn verloren hatte. Während im ersten Fall der Hersteller als Verursacher nicht sicher identifiziert werden konnte, war im zweiten Fall die Herkunft nicht anzuzweifeln.

Kontrolleinrichtungen (Flascheninspektoren) sind zwar in fast jeder Flaschenfüllanlage vorhanden, aber teils defekt oder nicht empfindlich genug oder häufiger auch gar nicht in der Lage, schwierige Verunreinigungen oder Defekte zu detektieren. Visuelle Endkontrolle sollte nie fehlen, die Effektivität bei einem Stundendurchsatz von mehreren tausend Flaschen ist aber nur mit extremem Personalaufwand sicherzustellen. Dem Flaschenkontrollbereich muß sich die Überwachung stärker als bisher zuwenden, und zwar um so intensiver, je stärker das Mehrwegsystem eingeführt wird.

Als Konsequenz der nicht zu verleugnenden Probleme haben sich die Kindernahrungshersteller bereits geweigert, in ihrem Bereich Mehrwegverpackungen einzuführen. Sie propagieren dagegen das Recycling der Babykostgläschen und die Mehrfachverwendung im eigenen Haushalt z.B. als Konfitüregläser beim Selbsteinkochen. Wie andere Herstellerbereiche sich entscheiden werden, ist nicht bekannt, für einige dürften die von den Babykostherstellern genannten Gründe aber ebenfalls zutreffen und zu ähnlichen Entscheidungen führen (DU).

Sonstige Hersteller

Sehr Erfreuliches ist über Teigwarenhersteller zu berichten. Dort wurden Eiprodukte (Flüssigei, Eipulver) erhoben und auf einen Gehalt an Tierarzneimittel-Rückstände, Verwendung von Bruteiern sowie auf mikrobiellen und sensorischen Verderb überprüft. Beanstandungen ergaben sich nicht (FR).

Bei einem Importeur von Schalenobst und Obsterzeugnissen war „eine positive Veränderung in hygienischer und baulicher Sicht festzustellen. Ausgelöst durch mehrere Kontrollberichte und Beanstandungen der Ware auch aus anderen Bundesländern erteilte die Ordnungsbehörde umfangreiche Anordnungen. Nachdem diese weitgehend erfüllt worden waren, konnte im Berichtsjahr erstmals seit vielen Jahren eine Kontrolle ohne anschließenden Mängelbericht durchgeführt werden" (SIG).

3.6 Lebensmittelhandel – Einzelhandel, Großhandel, Märkte, Selbstbedienung

Bei den Betriebskontrollen von Einzelhandelsgeschäften waren u.a. folgende Mängel feststellbar:

- Aufschnittmaschine in unhygienischem Zustand mit alten Lebensmittelresten;
- überlagerte, z.T. verdorbene Lebensmittel im Angebot;
- Kennzeichnungsmängel, vor allem bei Süßwaren, Käse und Diätgebäck;
- offene Lebensmittel im Kundenbereich und in Selbstbedienung;
- mangelhafte Kühlung von Lebensmitteln;
- keine Trennung zwischen privaten und gewerblichen Lebensmitteln;
- die fehlende Kenntlichmachung von Konservierungsstoffen bei loser Abgabe;
- überladene, vereiste Tiefkühltruhen;
- das Aufbewahren von Waren in Transportkartons direkt neben unverpackten Lebensmitteln (FR, KA, PF, S u.a.).

„Bei der offenen Abgabe von Käse in Käsetheken, insbesondere bei Schaf- und Ziegenkäse, waren Kennzeichnungsfehler sehr häufig. Meistens fehlte die Angabe der Käsegruppe und/oder des Fettgehaltes bzw. der Fettgehaltsstufe“ (KA).

„Kühlregale waren überfüllt, so daß empfindliche Lebensmittel wie Fisch, Fleischerzeugnisse, Milch und Milcherzeugnisse z.T. nicht genügend kühl gelagert waren. Das Sortiment von unverpackten Lebensmitteln zur Selbstbedienung weitete sich weiterhin aus. Angeboten wurden Pralinen, Bonbons, Nußmischungen, Studentenfutter, Backwaren u.ä.; nicht immer war dabei ein ausreichender Schutz der Lebensmittel vor nachteiliger Beeinflussung gewährleistet. Entnahmebesteck für Nüsse und Bonbons war z.T. zu kurzstielig. Auch war der Schutz der Waren vor Anhusten und Anniesen nicht immer ausreichend gewährleistet. Häufig fehlte auch entsprechendes Aufsichtspersonal“ (FR).

„Ein Einzelhandelsgeschäft, in dem vorwiegend Lebensmittel für die asiatische Küche angeboten werden, befand sich in einem Hinterhofgebäude, das ursprünglich als Schuppen, Garage oder Werkstatt gedacht war. Der Betrieb bestand aus einem großen Lagerraum, einer vom Lagerraum nicht durch Wände oder Türen abgetrennten Verkaufsecke sowie einer Art Speicher, der vom Lagerraum über eine Treppe erreichbar und lediglich durch eine halbhohe Türe abgetrennt war. Der Zugang zu den Geschäftsräumen führte vom Hof aus direkt durch ein großes Schiebetor, das während der gesamten Kontrollzeit offen stand. Ein defektes Fenster im Lagerraum war mit Pappkarton notdürftig ausgebessert worden. Auf der Gebäuderückseite war zwischen Dachschräge und Speicherboden ein gut 20cm breiter nach außen offener Spalt, durch den Ungeziefer eindringen konnte“ (KA).

Zum Fischeinzelhandel erwartet der Verbraucher wegen des sehr empfindlichen Lebensmittel besondere Sorgfalt, doch schon bei der Anlieferung von Fischen/Fischteilen in den Einzelhandelsgeschäften waren Mängel zu beobachten. „Der Transport der Fische erfolgte beispielsweise durch die Deutsche Bundesbahn in geöffneten, hölzernen, verschmutzten Kleincontainern, die sich in einem gedeckten, ungekühlten Waggon (Temperatur +24,7°C) mit erheblichen Fußbodenverunreinigungen (Staub, Styroporreste) befanden. Die Fische/Fischteile waren in Styroporbehältnissen unter Eis gelagert. In einigen Behältnissen war jedoch aufgrund der hohen Raumtemperatur das Schütteis bereits abgetaut; die Fische wiesen hier Temperaturen zwischen 5,3 und 11,5°C auf. Anschließend wurden die Fische in einem ungekühlten LKW (Planaufbau) eines Spediteurs an das Fachgeschäft ausgeliefert. Hierbei kam es zu einem weiteren Temperaturanstieg; mittels Einsteckthermometer konnten Werte bis +14,8°C festgestellt werden. Eine Eingangskontrolle durch den Firmeninhaber erfolgte nicht. Zur Überprüfung der Qualität wurden Proben zur Untersuchung entnommen mit dem Ergebnis, daß sämtliche Proben aufgrund der sensorischen Abweichung (faulig, ammoniakalisch) und des hohen Gehaltes an flüchtigen stickstoffhaltigen Basen als verdorben zu beurteilen waren“ (SIG).

„In Fischgroßhandlungen wurden erhebliche bauliche Mängel sowie Unordnung und Unsauberkeit festgestellt. In einem Fall hatte die Anlage zur Durchleuchtung von Fischfilets (Nematodenkontrolle) offensichtlich nur symbolische Bedeutung, da sie sich an einem ungeeigneten, mit anderen Gegenständen zugestellten Platz befand“ (KA).

„Die Praxis, unverkauft gebliebene Reste von Fischfilets, die als Frischware bezogen worden waren, im Einzelhandel über das Wochenende einzufrieren und dann – unter Kenntlichmachung als ‚aufgetaut‘ – in den Verkehr zu bringen, ist risikoreich und kann nicht gebilligt werden. Selbst wenn vorausgesetzt wird, daß das Einfrieren und Lagern technisch und hygienisch einwandfrei vorgenommen wird, kommt es zur Verbrauchertäuschung: Unter Fischfilet ‚aufgetaut‘ wird im Handel eine Ware verstanden, die vom Hersteller nach dem Filetieren sachgemäß eingefroren, gelagert und versandt wurde und die erst vor der Abgabe an den Endverbraucher aufgetaut wurde, nicht jedoch mehr oder weniger gealterte Frischfischfilets, die zwecks Verhütung des kurzfristig zu erwartenden Verderbs eingefroren worden waren“ (KA).

Aber auch sachgerecht hergestellte Tiefkühlkost aller Art wird nicht so sorgfältig auf der Handelsstufe weiter behandelt, wie dies der Verbraucher erwartet. Umfangreiche Untersuchungen in Stuttgart zeigen dies.

Bei der Kontrolle der Lagertemperatur wurde routinemäßig zuerst die Oberflächentemperatur im Luftraum zwischen zwei Packungen gemessen. Wenn diese oberhalb -15°C lag, wurde die für die Beurteilung maßgebende Produkttemperatur gemessen, die sich nicht zerstörungsfrei ohne Verletzung der Packung ermitteln läßt. Wie die graphische Darstellung (Abb. 3.1) zeigt, lag die Oberflächentemperatur bei ca. 18% der durchgeführten Messungen oberhalb von –15°C. Von 71 aufgrund der hohen Oberflächentemperatur ausgewählten „tiefgekühlten“ Lebensmittel lag bei 69 Proben auch die Produkttemperatur oberhalb –15°C. Es erweist sich wieder, daß insbesondere im Einzelhandel nicht die ausreichende Sorgfalt für die Kontrolle der Tiefkühleinrichtungen aufgewendet wird. Dies führt in der Regel zu deutlichen Wertminderungen der tiefgekühlten Produkte. Ursachen sind mangelnde Überprüfung und falsche Temperatureinstellung der

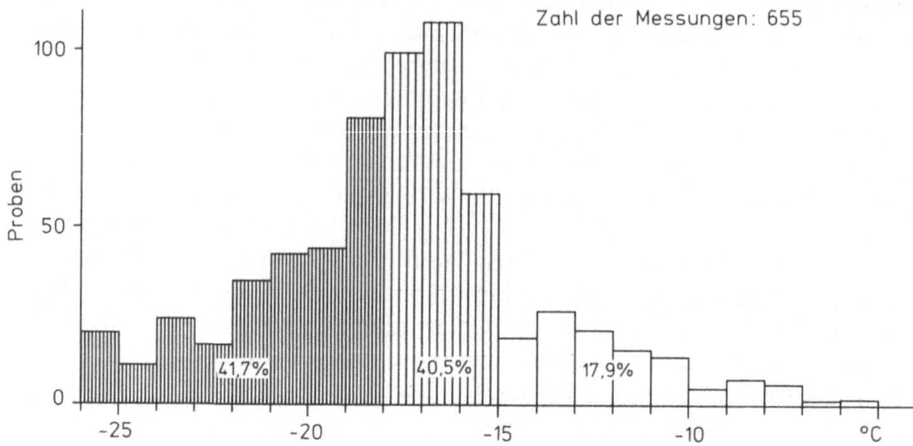

Abb. 3.1. Oberflächentemperatur von tiefgekühlten Lebensmitteln 1990 (Zahl der Messungen: 655) (S)

Kühleinrichtungen durch den Verkäufer, vorübergehende Zwischenlagerung bei zu hohen Temperaturen, aber auch das unsachgemäße Verhalten der Verbraucher beim „Wühlen" in offenen Tiefkühltruhen. Nach einem Entwurf einer Verordnung über Tiefkühlkost, mit der die EG-Tiefkühlrichtlinie in innerstaatliches Recht umgesetzt werden soll, sind die Lebensmittel ständig bei −18°C zu halten; in den Tiefkühltruhen des Einzelhandels sind Abweichungen bis zu höchstens 3°C zulässig. Lebensmittel mit Produkttemperaturen oberhalb von −15°C werden nach den Leitsätzen für tiefgefrorene Lebensmittel schon heute nicht mehr als solche angesehen. Werden sie als tiefgekühlte oder tiefgefrorene Lebensmittel in den Verkehr gebracht, liegt hinsichtlich dieser Bezeichnung eine Irreführung des Verbrauchers vor (S).

Das Problem unsachgemäßer (zu warmer und/oder zu langer) Lagerung setzt sich bei den gekühlt aufzubewahrenden Lebensmitteln fort.

„An einem Wochenmarktstand wurden im Sommer Käse und Milcherzeugnisse ohne jede Kühlung angeboten. Einziger Wärme- und Witterungsschutz für die Erzeugnisse war ein Sonnenschirm" (FR).

„Ein Markthallenstand war durch das Anbieten von Käse und anderen Lebensmitteln mit z.T. erheblich überschrittenem Mindesthaltbarkeitsdatums (MHD) und ungekühlter Lagerung leicht verderblicher Ware aufgefallen. Die Überprüfung ergab folgendes: Der Händler bezog in großem Umfang u.a. Käse, Wurst und Milcherzeugnisse mit überschrittenem MHD, überwiegend qualitätsgeminderte, z.T. bereits verdorbene Ware. Die subjektiv noch verkaufsfähigen Produkte wurden aussortiert, z.T. unter nicht ausreichend hygienischen Bedingungen unverpackt, mit neuem MHD versehen und teilweise auch als lose Ware weiterverkauft" (HH).

Die Überprüfungen des Mindesthaltbarkeitsdatums (MHD) wurden weiter fortgesetzt. Es wurden Proben aus verschiedenen Warengruppen untersucht,

„von denen 67% gegen Ende oder kurz vor Ablauf des MHD keine oder nur unerhebliche Abweichungen aufwiesen, wohingegen bei den restlichen 33% z.T. auch schon längere Zeit vor Ablauf des MHD ausgeprägte Mängel auftraten" (SIG). Die bereits im Vorjahr festgestellte unbefriedigende Situation wurde damit bestätigt. Die Ursachen liegen teilweise in der mangelhaften Sorgfalt im Umgang mit Lebensmitteln auf den verschiedenen Handelsstufen (z.B. Unterbrechen der Kühlkette); teilweise wird aber auch das MHD durch den Hersteller – eventuell auf Druck des Handels hin – zu langfristig bemessen.

Bei Backwarenverkaufsständen und Verkaufsständen für offene Lebensmittel „im Haupteingangs- und Kassenbereich von Lebensmittelmärkten und Kaufhäusern können sich Probleme ergeben, wenn die Lebensmittel durch hohen Staubeintrag und durch Autoabgase vom Parkplatz her beeinträchtigt werden können. Diese bauliche Anordnung ist heute in Lebensmittelmärkten die Regel geworden. In einer DIN-Norm zur ‚Vermeidung von Fremdeinflüssen' sollen bauliche und/oder lüftungstechnische Maßnahmen auch für diesen Problemfall aufgezeigt werden. Gegen Auflagen der zuständigen Behörde aufgrund von Stellungnahmen der Lebensmittelüberwachung zu Baugesuchen häufen sich auch die Widerstände der Gewerbetreibenden. Auflagen werden im allgemeinen erst akzeptiert, sofern eine nachteilige Beeinflussung im Einzelfall nachgewiesen wurde. Die vorbeugende beratende Tätigkeit der Lebensmittelüberwachung wird häufig nicht akzeptiert. (Auf ein Urteil des OLG Koblenz vom 07.01.1991, Az.: 1 · Ss 376/90, wird in diesem Zusammenhang verwiesen.)" (S).

Ebenfalls problematisch ist der Trend im Lebensmitteleinzelhandel, ein großes Zeitschriftensortiment anzubieten.

Nach Erkenntnissen des Bundesgesundheitsamtes kann Toluol aus Druckerzeugnissen (als Lösungsmittel der Druckfarben) in Lebensmittel übergehen. Daher wurden Lebensmittelproben, die in der Nähe von Zeitschriften zum Verkauf angeboten wurden, auf Toluol sowie zusätzlich auf Benzol und die Xylole untersucht. „Benzol war lediglich in zwei Proben mit einem Gehalt bis zu 0,02 mg/kg nachweisbar, bei den Xylol-Isomeren wurden Gehalte bis zu 0,14 mg/kg ermittelt. Toluol konnte in allen Proben nachgewiesen werden. Bei 11 Proben lagen die Gehalte unter 0,1 mg/kg, in den restlichen Proben wurden Gehalte bis zu 0,71 mg/kg festgestellt. Anhand dieser Ergebnisse war jedoch noch keine eindeutige Aussage darüber möglich, ob Druckfarben als alleinige Ursache für die festgestellten Verunreinigungen angesehen werden können" (SIG). (Siehe Kap. 2.1)

An Umweltschutzbemühungen kommt auch der Einzelhandel nicht vorbei. Allerdings dürfen die erreichten Standards nicht einfach verlorengehen.

„Im Zuge der Bestrebungen zur Einsparung von Verpackungsmüll sind die Voraussetzungen für den Verkauf von Lebensmitteln in vom Kunden mitgebrachte Gefäße festzulegen. Folgende Grundsätze sind u. E. zu beachten:

- Es dürfen nur saubere Gefäße befüllt werden, die eine glatte, leicht zu reinigende Oberfläche haben. Verschmutzte Gefäße sind zurückzuweisen.
- Brot, Brötchen, Obst und Gemüse können in Netze, Stoffbeutel u.ä., wie seit jeher üblich, verpackt werden.

- Für die Sorgfalt des Verkaufspersonals ergeben sich höhere Ansprüche; Hände, Portionierbesteck, Meßgefäße, Schaufeln sowie Auslage- und Verkaufsflächen sind häufiger als sonst zu reinigen“ (S).

Unverpackte, verzehrsfertige Lebensmittel zur Selbstbedienung, wie Milch, Salate, Nußmischungen, Süßwaren usw. finden sich immer häufiger im Angebot. „Obwohl diese Angebotsform bei Kunden und Einzelhandel großes Interesse findet, wird der Schutz der Lebensmittel vor nachteiligen Einflüssen dabei zu wenig beachtet. Es ist im Einzelfall die unangenehme Aufgabe der amtlichen Überwachung, im nachhinein finanziell aufwendige Maßnahmen zu fordern. Für die Planung werden die Anfang 1991 veröffentlichten Normen über Verkaufstheken und die in einem Beiblatt festgehaltenen sachgerechten Kühltemperaturen von empfindlichen Lebensmitteln sehr nützlich sein“ (S).

Direktvermarktung im landwirtschaftlichen Betrieb
Diese Verkaufsform ist als gewerbliches Inverkehrbringen von Lebensmitteln anzusehen; somit sind alle lebensmittelrechtlichen Vorschriften zum sachgerechten Umgang mit Lebensmitteln zu beachten. Festgestellt wurden als häufigste Mängel:

- „Erdbeerpflanzen und Fleisch im selben Kühlraum;
- unsauberer Brennereiraum als Lebensmittellager;
- Honig, Konfitüren und Wurst ohne Kennzeichnung;
- geräucherte Fleischwaren im Heizungsraum;
- in der Backstube verrostete und beschädigte Teigschüsseln;
- im Schlachtraum kein Seifenspender und kein Einmalhandtuch“ (S).

Sonstiges
„Aufgrund eines Schwelbrandes im Nebenraum eines Lebensmittelgeschäftes wurden sechs Lebensmittelproben auf Verunreinigungen mit leichtflüchtigen Halogenkohlenwasserstoffen geprüft. Weitere drei Proben aus einem Lebensmittelmarkt wurden auf Tetrachlorethen untersucht; in einem Raum der über das Lüftungssystem mit dem Geschäft verbunden ist, war ein tetrachlorethenhaltiges Bodenreinigungsmittel verwendet worden. In beiden Fällen konnten in den Lebensmitteln keine auffälligen Gehalte an Halogenkohlenwasserstoffen festgestellt werden“ (SIG).

3.7 Kühltransporte und Sonstiges

Wenig erfreulich verliefen häufig die Kontrollen von Transportfahrzeugen für Tiefkühlkost und zu kühlende Lebensmittel. „Als ‚tiefgefroren‘ gekennzeichnete Lebensmittel wiesen z. T. Kerntemperaturen von nur minus 10 °C auf, obwohl die maximal zulässige Temperatur während Transport und Lagerung für Tiefkühlkost kurzfristig nur bei minus 15 °C liegen darf. In Kühlfahrzeugen, in denen empfindliche Lebensmittel wie Heringsfilets und Fleischsalate transportiert wurden, betrug die Temperatur des Laderaums bis zu 15 °C. Obwohl entsprechend der Kennzeichnung eine Lagerung zwischen 2 und 7 °C empfohlen worden war. In einem Fall stand ein Kühlwaggon ohne aktive Kühlung mit Frischfisch im Hochsommer über 24 Stunden auf dem Bahnhofsgelände. Von den bei der Überprüfung erhobenen 25 Proben mußten 17 als nicht mehr zum Verzehr geeignet bzw. als wertgemindert beurteilt werden" (FR).

In einem anderen Eisenbahnwaggon waren offener Räucherfisch und Halbkonserven ohne Kühlung über Nacht transportiert worden. „Nach dem Öffnen der – verplombten – Tür wurden an der kühlpflichtigen Ware Temperaturen bis + 17 °C gemessen. Offenbar wollte man die Kühlung einsparen; der Waggon war nur mit vier Paletten beschickt, die in einem zweiten Waggon – mit einwandfreier Kühlung – keinen Platz gefunden hatten" (KA).

Bis zu 31 °C warm wurden Schweinehälften in Lastern bei Autobahnkontrollen entdeckt, die auf dem Parkplatz zwischen den Sauerlandlinie-Ausfahrten Wegeringhausen und Drolshagen durchgeführt wurden. Diese Kontrollen stellten Hitze statt Kälte in jedem vierten Fleischtransporter fest (SI).

„Bei Kontrolle eines Automatenverkaufes wurden mehrere leicht verderbliche Milcherzeugnisse festgestellt, die aufgrund einer Lagerungstemperatur von + 21 °C, in z. T. stark beschädigter Verpackung, verdorben waren" (KA).

„Bei einem von einem Honig-Händler im Reisegewerbe gekauften, als Waldhonig bezeichneten Erzeugnis stellte ein Verbraucher einen artfremden Geschmack fest und brachte den Honig zur Überprüfung. Durch sensorische und chemische Methoden wurde festgestellt, daß es sich um einen stark erhitzten Honig handelte, dem soviel Zuckerlösung zugesetzt wurde, daß das Endprodukt etwa 20% zugesetzten Zucker (Saccharose) enthielt" (KA).

„Auf einem Wochenmarkt wurden von einem Händler zugekaufte Schmutzeier (sämtliche Eier blut- und kotverschmiert) in den Verkehr gebracht. Solche Eier (Güteklasse C) dürfen nur an Aufbereitungsstellen oder an die Industrie zur Herstellung von Eiprodukten unter Pasteurisation abgegeben werden. Der offene Verkauf von Schmutzeiern ist aus hygienischen Gründen, insbesondere wegen Salmonellengefahr, unzulässig" (KA).

„Die von verschiedenen Weihnachtsmärkten erhobenen Proben offener Glühweine wurden in diesem Jahr auch auf Schwermetallspuren (insbesondere Kupfer) untersucht. Eine Überschreitung der Grenzwerte war jedoch nicht festzustellen" (KA).

4 Ergebnisse der Lebensmittel- und Bedarfsgegenständeuntersuchung

Die Ergebnisse aus den Untersuchungsberichten und Beanstandungen stellen eine Negativliste dar und können nicht repräsentativ für die Gesamtsituation der auf dem Markt befindlichen Lebensmittel gelten. Bei den einzelnen Lebensmittelgruppen finden sich daher auch absichtlich keine Beanstandungsquoten, denn durch die föderalistische Struktur der Lebensmittelüberwachung in der Bundesrepublik Deutschland, der sehr unterschiedlichen innerbehördlichen Zuordnung sowie der extrem unterschiedlichen „Geheimhaltungspraxis“ der zuständigen Behörden wäre schon der Versuch einer statistischen Erfassung ein unlauteres Unterfangen.

Ob die von der EG beabsichtigte Berichterstattungspflicht die Arbeit der Überwachung so transparent machen wird, wie dies der Verbraucher für sein Steuergeld erwarten kann (vereinzelt wird es tatsächlich heute schon geboten), darf auf die Gesamtheit gesehen getrost angezweifelt werden. Dies zeigen bereits heute die in diesem Buch nicht verwendeten statistischen Anteile der Jahresberichte. Manche bestehen fast nur aus diesen und sind ohne Hintergrundinformationen aus den Untersuchungsämtern nahezu wertlos.

Eine angenehme Ausnahme, wie Statistik auch aussehen kann, findet sich in der Graphik der Beanstandungen des CLUA Stuttgart (Stadt) (Abb. 4.1 und 4.2). Die Verteilung entspricht einem guten Durchschnitt, wobei regionale Verschiebungen zu erwarten sind.

Der Prozentsatz an Beanstandungen wegen stofflicher Zusammensetzung und/oder Verstößen gegen Kennzeichnungsvorschriften kann größer als der Anteil an beanstandeten Proben sein, da bei einer Probe mehrere Beanstandungen möglich sind.

4.1 Lebensmittel

Milch

Milch zählt bei uns mit zu den wichtigsten und wertvollsten Lebensmitteln. Als bedeutender Bestandteil in der Säuglings- und Kinderernährung wird von der Milch höchste Reinheit erwartet, damit gerade der sich entwickelnde Organismus mit nur so wenig Stoffen belastet wird wie eben möglich. Diese Anforderungen

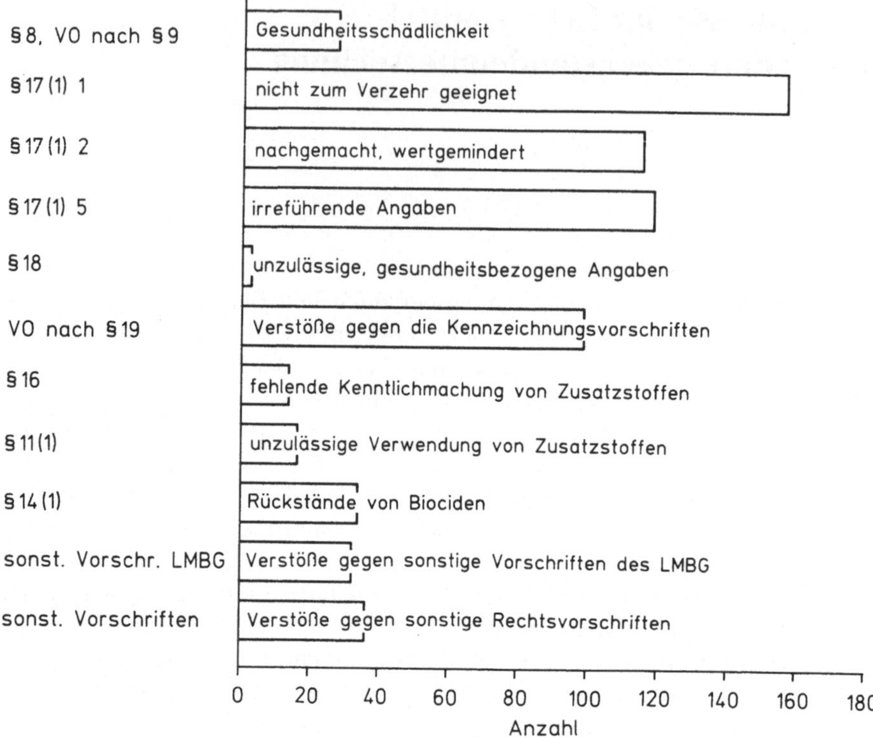

Abb. 4.1. Beanstandungsgründe Lebensmittel 1990 (S-St)

werden meist erfüllt, leider aber noch nicht immer. Einzelne belastete Rohmilchpartien fallen jedoch, nach der Vermischung in den Sammeltanks mit großen Mengen unbelasteter Milch, kaum mehr ins Gewicht. Wenn diese Milch jedoch ab Hof verkauft wird, entfällt diese positive Wirkung der technischen Verarbeitung. Milch anderer Tierarten wird selten angeboten. Unrühmlich fällt jedoch schon seit einigen Jahren die Stutenmilch mit ihrer unzulässigen gesundheitsbezogenen Werbung auf.

„Für den Verzehr von Stutenmilch wurde mit Aussagen geworben, die medizinische Heilkraft suggerierten. Stutenmilch-Kuren wurden empfohlen u.a. bei chronischen Leberstörungen, Hepatitis, Leberzirrhose, Neurodermitis, Schuppenflechte, Osteoporose (Knochenschwund) und Immunschwäche aller Art“ (FR).

„Obwohl dem Hersteller gerichtlich untersagt, wurde auch in diesem Jahr für Stutenmilch und vergorene Stutenmilch (Kumys) in unzulässiger Weise mit arzneimittelähnlichen Wirkungen und krankheitsbezogenen Angaben geworben. Auch die bereits mehrfach beanstandete Werbung mit nicht zutreffenden Vitamingehalten wurde nicht geändert. Sowohl bei Stutenmilch als auch bei vergorener Stutenmilch wurde außerdem die Art der Kennzeichnung des MHD bemängelt“ (KA).

Mit pseudowissenschaftlichen, die Angst der Verbraucher ansprechenden Artikeln soll der Verbraucher überzeugt werden.

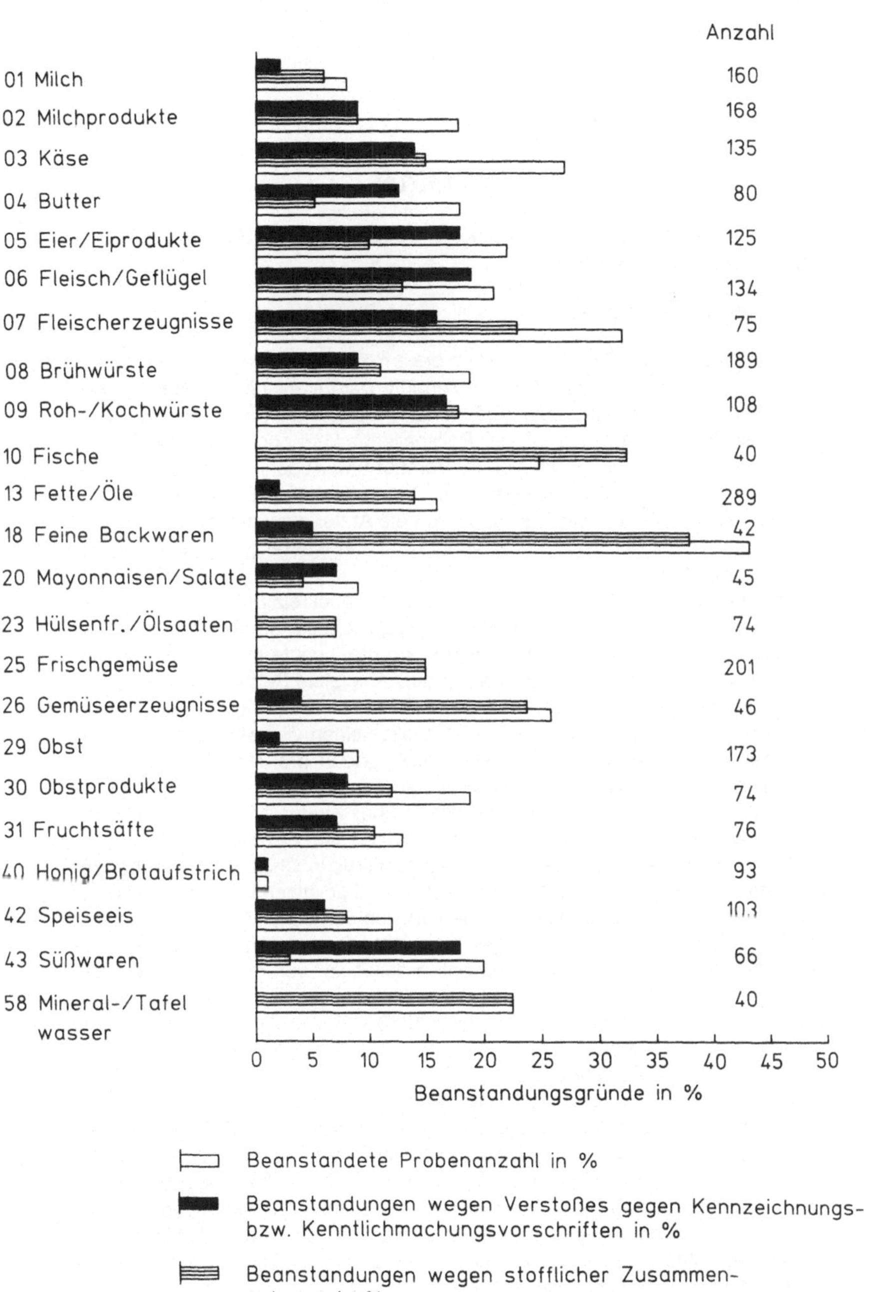

Abb. 4.2. Beanstandungen nach Lebensmittelobergruppen (S-St)

Stutenmilch:

Von Allah gesegnetes Heilmittel

Nicht nur Scheichs sprechen der fettarmen Milch Heilwirkung zu – Hilfe für Allergiker

Von dpa-Korrespondentin

Birgit Jückstock aus Wedel in Holstein bekam, seit sie 15 Jahre alt war, alljährlich Heuschnupfen. „Während der Gräserblüte war mit mir nichts mehr anzufangen", berichtete die heute 29jährige blonde Frau. Sie erlitt das Schicksal vieler Allergiker: Bald nach Ausbruch der Pollenallergie kam noch eine Überreaktion gegen Katzenhaare hinzu, die sich in Atemnot und Augenbrennen ausdrückte. Der Höhepunkt ihres Leidensweges war dann eine Lebensmittelunverträglichkeit auf Eiweiß: „Fast aussichtslos, sagten die Ärzte, die ich aufsuchte und die sich nur mit einer Cortison-Behandlung zu helfen wußten", erinnerte sich die Reisebürokauffrau.

Hände, Gesicht und Arme wurden von starkem Juckreiz befallen, Symptome, wie sie Neurodermitis-Kranke zeigen. Birgit Jückstock, die manchmal die geschwollenen Hände nicht mehr bewegen konnte, suchte in ihrer Verzweiflung einen Heilpraktiker in Hamburg-Harburg auf. „Die letzte Rettung hier ist Stutenmilch", verriet dieser ihr. Von einer Stutenmilchfarm ließ sich Birgit Jückstock die tiefgefrorenen Portionen schicken, trank täglich einen Viertelliter von der dünnflüssigen, fettarmen Albumin-Globulin-Milch. „Nach drei Monaten waren alle Beschwerden verschwunden und meine Haut wieder glatt."

Dankschreiben von Eltern phosphat-allergischer Kinder, Menschen mit überstandenen Leber- und Stoffwechselerkrankungen sind nicht selten.

Historisch belegt ist, daß schon 2000 vor Christus in China die herrschenden Dynastien zur Regeneration der körperlichen und geistigen Potenz Stutenmilch tranken. Besonders das Kolostrum, die Vormilch der Stuten wurden bei schweren Erkrankungen von orientalischen Scheichs als ein „von Allah gesegnetes Heilmittel" angesehen. Auch Homer hat in der „Ilias" von der rossemelkenden Skythen berichtet.

Das erste Stutenmilch-Sanatorium wurde 1858 in Rußland gegründet, und bald darauf führte der Leibchirurg des russischen Zaren das Kuren mit naturbelassener Stutenmilch am Zarenhof ein.

Leo Tolstoi berichtete über die Stutenmilchkuren seines Vaters und sagte von sich selbst: „Stutenmilch regeneriert meinen Körper und beflügelt meinen Geist." Im heutigen Rußland gibt es 50 Stutenmilch-Sanatorien mit 11.000 Patienten. Neben Stoffwechsel- und Darmerkrankungen stehen bei den Diagnosen die Nachbehandlung der Chemotherapie und Röntgenbestrahlung oben an. Stutenmelken erfordert Geduld und Handarbeit an den beiden Zitzen. Nachts trinken die Fohlen, tagsüber wird für die Menschen gemolken. Da die Stutenmilch unter den Voraussetzungen der Vorzugsmilch hergestellt wird und zum rohen Verzehr gedacht ist, kontrolliert das Tiergesundheitsamt zweimal monatlich den Gehalt an somatischen Zellen. Viele Kunden pausieren nach dem Verschwinden der Symptome und kuren immer mal wieder.

Abb. 4.3. Werbender Artikel für Stutenmilch (FR)

Wie im Vorjahr sind auch im laufenden Berichtsjahr nur wenig Fälle einer „echter Milchwässerung“ aufgetreten.

„Ein Landwirt hat Milch, die für den Milchsammelwagen bereit stand, durch Entrahmung und Wasserzusatz doppelt verfälscht“ (FR).

Gleichbleibend ist die Beanstandungsquote bei Liefermilchproben, die infolge mangelnder Sorgfalt im Erzeugerbetrieb mehr oder weniger stark verschmutzt waren (S, SIG).

„An Hofbehältern und Milchkannen wurden versporte Dichtungsringe und Lüftungsstopfen festgestellt. Milchkammern wurden als Verkaufsstelle für Rohmilch verwendet. Der vorgeschriebene Hinweis auf das erforderliche Abkochen der Rohmilch fehlte. Holzdecken erwiesen sich in Milchkammern als ungeeignet, weil sie infolge der hohen Luftfeuchtigkeit leicht versporen. Gelegentlich wurde die Milchkammer als Futterplatz für die Haustiere genutzt; in Einzelfällen war dort eine Dusche und eine Waschmaschine untergebracht“ (S).

„Das Milch-ab-Hof-(Erzeugermilch-)Programm zur Erstellung eines Katasters über die Qualität von Erzeugermilch in Baden-Württemberg wurde mit 140 Proben fortgesetzt. Es wurde die Qualität in bezug auf Frischezustand, Säuregrad, spezifisches Gewicht, Schmutzgehalt, Desinfektionsmittel und Nitrit-/Nitratgehalt überprüft. Der durchschnittliche Fettgehalt betrug 4,1%; der Gefrierpunkt lag im Durchschnitt bei −0,517 °C“ (FR).

Rohmilchproben aus Milcherzeugerbetrieben wurden auf Wochenmärkten vom Erzeuger angeboten. „Aus hygienischen Gründen ist eine Abgabe nicht wärmebehandelter Milch außerhalb des Erzeugerbetriebes verboten“ (FR).

„Im Rahmen der amtlichen Trinkmilchprüfungen wurden bei Konsummilch Abweichungen im Sinnenbefund festgestellt. Neben Mängeln (alt, sauer, oxidiert, schmirgelig), die durch unsachgemäße Handhabung der Milch beim Transport und bei der Lagerung (keine durchgehende Einhaltung der Kühlkette, kein ausreichender Lichtschutz) hervorgerufen wurden, traten auch herstellungsbedingte Fehler (brandig, verbrannte Milchreste) auf“ (SIG).

Wesentliche Beanstandungsgründe bei Milch waren:

- Verdorbenheit vor Ablauf des Mindesthaltbarkeitsdatums;
- Verunreinigung durch Milchstein;
- überhöhte PCB-Gehalte in Erzeugermilch;
- Überhitzung (Karamelgeschmack, bräunliche Verfärbung);
- irreführende Packungsaufmachungen u. a. bei H-Landmilch;
- falscher Fettgehalt.
- Pasteurisierte Milch in Flaschen wies wegen des fehlenden Lichtschutzes sog. „Lichtgeschmack“ auf.
- „Pasteurisierte Vollmilch, die im Einzelhandel aus Milchpumpen abgegeben wurde, enthielt nicht die auch für lose Abgabe vorgeschriebene Kennzeichnung auf einem Schild bei der Ware“ (FR).

Wie im vergangenen Jahr wurde auch weiterhin sowohl Milch von Einzelanlieferern als auch Sammelmilch auf Pestizide untersucht. „In allen Proben ließ sich ein verhältnismäßig einheitliches Muster der Substanzen Hexachlorbenzol (HCB),

Zur Werbung bei H-Landmilch

Der Begriff „Landmilch" wird in der Milchbranche gern für die Milchspitzenprodukte mit nicht eingestelltem Fettgehalt verwendet. Der Begriff selber ist weder definiert noch geschützt. Jedoch wird der Verbraucher damit ein Erzeugnis von möglichst ursprünglicher Beschaffenheit in Verbindung bringen, das so wenig wie eben möglich bearbeitet oder verändert wurde. Für eine von einem bekannten Hersteller vertriebene pasteurisierte Milch mit naturbelassenem Fettgehalt wurde der hervorhebenden Bezeichnung unter folgenden Bedingungen zugestimmt:

1. Sofern eine räumliche Eingrenzung erfolgt oder nur ein eingeschränkter Produzentenkreis angegeben wird, muß die Einhaltung gewährleistet sein.
2. Die Fütterung muß soweit als möglich durch Weidegang erfolgen, im Winter entsprechend überwiegend durch Heu und Grünsilage. Eine Geruchs- oder Geschmacksbeeinträchtigung durch die Fütterung darf nicht feststellbar sein.
3. Zur Abfüllung gelangt immer die jüngste, täglich frisch angelieferte Sammelmilchcharge, die vom Fettgehalt her den angegebenen Mindestwert erreichen muß. Sie wird nur am Tage der Abfüllung ausgeliefert.
4. Der Fettgehalt darf gegenüber der angelieferten Milch nicht verändert sein oder durch nachträgliche Zumischung anderer Produkte verändert werden.
5. Die Prüfung der qualitativen Beschaffenheit der Anlieferungsmilch muß häufiger und umfangreicher als sonst üblich erfolgen.
6. Die Verarbeitung und Abfüllung muß so erfolgen, daß eine Veränderung durch andere Produkte ausgeschlossen ist.

Nachdem von Mitbewerbern aus dem süddeutschen Raum ultrahocherhitzte Milch mit der Bezeichnung „H-Landmilch" auf den Markt gebracht wurde, strebte auch dieser Betrieb die Verwendung der Bezeichnung „H-Landmilch" für ein von ihm vertriebenes ultrahocherhitztes Erzeugnis an. Die oben genannten Anforderungen werden aber von H-Milch nicht erfüllt. Der Verwendung des werbewirksamen Begriffes „H-Landmilch" konnte daher nicht zugestimmt werden.

Es wäre wünschenswert, daß bundesweit der Gebrauch derartiger zur Irreführung der Verbraucher geeignete Begriffsneuschöpfungen unterbunden würde. Nur so könnte verhindert werden, daß unterschiedliche Beurteilungen zu Wettbewerbsverzerrungen führen (DU).

α-, β-, und γ- Hexachlorcyclohexan (HCH) sowie DDE und drei Verbindungen der Substanzklasse der Polychlorierten Biphenyle feststellen" (SIG). Höchstmengenüberschreitungen sowohl nach der Pflanzenschutzmittel-Höchstmengenverordnung als auch nach der Schadstoff-Höchstmengenverordnung waren selten gegeben.

„300 Proben Erzeugermilch wurden mittels eines Radioimmunoassays auf Chloramphenicol-Rückstände untersucht. In keiner der Proben war der Höchstwert für Chloramphenicol von 1 µg/l überschritten" (S).

Die Suche nach den Ursachen für PCB-Kontaminationen geht mit kriminalistischer Feinheit jedes Jahr weiter. Waren es bisher Siloanstriche und mit Altöl imprägnierte Bindegarne, mit denen man PCB über das Futter eingeschleppt hatte, so wurden nunmehr frisch importierte Garne untersucht. „Es handelte sich dabei ganz überwiegend um Direktimporte aus Tansania, die auf Veranlassung der Importeure bereits beim Beladen der Schiffe unter Aufsicht der Hafenverwaltung und Schiffsversicherer beprobt wurden. Die per Luftpost übersandten Proben konnten somit während der Laufzeit der Schiffe untersucht werden, so daß die Ergebnisse bereits beim Löschen der Ladung vorlagen und eine kostspielige Zwischenlagerung im Freihafen für die Dauer der Untersuchung entfiel. Die untersuchten Garne waren praktisch PCB-frei bis auf einen Fall: Es handelte sich dabei um ein bereits beanstandetes Garn einer französischen Spinnerei, das hier zur Kontrolluntersuchung vorgelegt wurde. Dieses Garn enthielt mehr als 1.000 mg/kg PCB, berechnet als Summe der sechs Standard-Kongenere nach Ballschmiter" (BI).

Vollmilch und Magermilch aus Sachsen wurde im Dienstbereich Stuttgart zu Trockenmilcherzeugnissen verarbeitet; „sie wurde auf Rückstände an Pflanzenschutzmitteln, PCB, Chloramphenicol, Alfatoxine, Schwermetalle, Radionuklide und vereinzelt auf Dioxine und Furane untersucht. Im Vergleich zu Milch aus Baden-Württemberg wurden bei Pflanzenschutzmittel-Rückständen, Verunreinigungen mit PCB, Schwermetallen, Radionukliden, Dibenzodioxinen und Dibenzofuranen keine Auffälligkeiten festgestellt" (S).

Polychlorierte Dibenzodioxine und Dibenzofurane haben als Rückstände aus gebleichtem Verpackungsmaterial für Schlagzeilen gesorgt. Auch als Verunreinigung industrieller Herkunft sind sie im Gespräch. Ihre Untersuchung ist extrem aufwendig. „54 Proben wurden in Stuttgart auf den Gehalt an Polychlorierten Dibenzodioxinen und Dibenzofuranen (PCCD/PCDF) untersucht. Die Ergebnisse sind in der Tabelle 4.1 zusammengestellt:

Tabelle 4.1. PCCD/PCDF in Milch (Gehalt in ng TE/kg Fett) (S)

Bezeichnung der Proben	Probenzahl	höchster Wert	niedrigster Wert	Mittelwert
Humanmilch (Einzelproben)	13	27,5	7,6	16,7
Milch, verpackte	8	3,3	0,47	1,24
Rohmilch (Sammelmilch)	20	4,4	0,38	1,22
Kolostralmilch eines Fleischrindes	1	4,4	4,4	4,4

TE: 2,3,7,8-TCDD-Toxizitätsäquivalente nach dem BGA-Modell

Wie aus der Zusammenstellung ersichtlich ist, lagen die Gehalte bei Humanmilch im üblichen Schwankungsbereich; erhöhte Belastungen im Vergleich zu früheren Ergebnissen und zu anderen Bundesländern wurden somit nicht festgestellt, obwohl praktisch nur Proben von Müttern untersucht wurden, bei denen der Verdacht einer erhöhten Belastung bestand. Bei verpackter Milch wurden Gehalte zwischen 0,47 und 2,6 ng TE/kg Fett gefunden, wie sie auch in Rohmilch nachgewiesen werden. Lediglich eine Probe wies einen Gehalt von 3,3 ng TE/kg Fett auf, und zwar ausgerechnet eine in eine Glasflasche verpackte Milch. Hierzu werden weitere Untersuchungen erfolgen. Rohmilch, entnommen aus Tankfahrzeugen oder Molkereitanks, wies Gehalte zwischen 0,38 und 2,1 ng TE/kg Fett auf. Eine Probe hatte mit 4,4 ng TE/kg Fett einen auffallend hohen Gehalt; der Befund konnte jedoch nicht abgesichert werden, da es nicht möglich war, eine Nachprobe zu erhalten. Im Kolostrum eines Fleischrindes, das in der Nähe einer Schredderanlage geweidet hatte, wurden 4,4 ng TE/kg Fett gefunden; da Vergleichswerte fehlen, ist unklar, wie dieser Befund zu beurteilen ist“ (S).

Humanmilch

„Infolge unverantwortlicher Berichte in den Medien über die Schadstoffbelastung der Humanmilch sind die Mütter zu einem großen Teil verängstigt. Eine wahre Flut von Humanmilchproben, die von den Müttern zur Untersuchung eingesandt werden, führt somit zu einer zunehmenden Belastung des betreffenden Referates. Im Berichtsjahr wurden ca. 70% der Kapazität dieses Labors durch Humanmilchuntersuchungen in Anspruch genommen. Da kein zusätzliches Personal zur Verfügung steht, müssen andere – u. E. dringendere – Dienstaufgaben zurückgestellt werden. Die Problematik der Schadstoffbelastung von Humanmilch ist bekannt, und die Untersuchungen weiterer Proben lassen keine neuen Erkenntnisse erwarten“ (SIG).

Ebenso wie in den Vorjahren ist eine „abnehmende Tendenz der Mittelwerte zu verzeichnen. Bei ca. 4% der Proben wurde den Müttern empfohlen, die Stillmenge zu reduzieren, da zumindest bei einer Substanz der empfohlene Richtwert überschritten wurde. Ca. 33% der Humanmilchproben überschreiten die für Kuhmilch in der Pflanzenschutzmittel-Höchstmengenverordnung festgelegten Grenzwerte. Dabei ist zu beachten, daß bei der Festsetzung der Höchstmengen von einem lebenslangen Verzehr ausgegangen wird; der Säugling nimmt jedoch die Humanmilch nur über einen relativ kurzen Zeitraum zu sich . . .

Die Quecksilbergehalte aller im Berichtsjahr untersuchten Muttermilchproben lagen bis auf eine Ausnahme unter der Bestimmungsgrenze von 0,001 mg/l. Blei und Cadmium war in allen untersuchten Proben nicht nachweisbar. Die einzige Ausnahme betraf die Probe einer Frau, bei welcher der Verdacht einer Quecksilberintoxikation bestand. Die Quecksilbergehalte von Milchproben, die zu verschiedenen Zeiten der Stillperiode entnommen wurden, schwankten bei dieser Frau zwischen 0,007 und 0,002 mg/l, eine Zeitabhängigkeit war nicht zu erkennen“ (SIG).

Wer an detaillierten, umfangreichen Originaldaten zu Rückständen in Humanmilch interessiert ist, der kann den zusammenfassenden Bericht über die Untersuchungsergebnisse aus Baden-Württemberg vom Umweltministerium in Stuttgart anfordern (kostenlos). Dort finden sich viele Daten, leider aber viel zu wenige Interpretationen und leider auch keine Bewertungen.

Verbraucherbeschwerden über Milch

Milch wies mehrfach Geruchs- und Geschmacksabweichungen auf: Kohlgeruch, fauliger, bitterer, käsiger Geschmack, Geschmack nach Chemie, Medizin, Brennspiritus (DO, PF, S).

Viele Proben H-Milch wiesen einen stark abweichenden Geschmack auf und „verursachten einen pelzigen Gaumen" (PF).

Pasteurisierte Milch in farblosen Glasflaschen wies „Lichtgeruch" und „Lichtgeschmack" auf (PF, S).

Eine Verbraucherbeschwerde betraf Vollmilch (3,5% Fett), die lediglich einen Fettgehalt von 3,1% aufwies (DO).

H-Milch, Vollmilch „waren mehrfach vor Ablauf des Mindesthaltbarkeitsdatums verdorben. Sie roch abwegig und schmeckte bitter. Die mikrobiologische Untersuchung ergab jeweils eine Kontamination mit proteolytischen Bakterien" (D).

„Ein aufmerksamer Verbraucher reklamierte wiederholt zu Recht eine Landmilch, da sie angeblich nicht die deklarierte Haltbarkeit aufweise. Tatsächlich kam die Milch bereits mit bedenklichem bakteriellen Status in den Handel, war hier z.T. schon ansauer und hielt schon gar nicht bis zum Ablauf des Haltbarkeitsdatums" (BI).

Packungen von H-Milch waren bombiert. Die Milch war sauer und käsig geworden. Die Innenbeschichtung aus Kunststoff hatte sich bei den Kartonverpakkungen von der darunter liegenden Aluminiumschicht abgelöst. Eine Kontamination durch das fehlerhafte Verpackungsmaterial war möglich (S).

Drei H-Milchproben kamen in einem auffälligen, von der Norm abweichenden, beige-rötlichen Farbton zur Untersuchung. Möglicherweise lag die Ursache hierzu in einer nicht sachgerechten Erhitzung (PF).

„Mehrere Beschwerdeproben pasteurisierter Milch enthielten aufgrund eines technischen Defektes der betreffenden Molkerei bis zu 90% Wasser. H-Milchpakkungen wiesen als Folge unsachgemäßer Erhitzung braunen Bodensatz auf" (FR).

Frische Vollmilch „enthielt schwarzbraune Partikel. Es handelte sich hierbei um sog. „Milchstein". Dieser besteht überwiegend aus Mineralstoffen, hauptsächlich aus Calcium- und Magnesiumphosphaten. Eiweiß, Fett und Mineralstoffe der Milch, die sich während der Erhitzung an heißen Flächen abgelagert haben, bilden sich zu dunkel gefärbten, steinharten Überzügen, die abplatzen und in die Milch gelangen. Häufige Reinigung und Spülung der Milcherhitzungsanlage vermeidet die Milchsteinbildung" (S). Ähnlich (HH, SIG).

„Pfandglasflaschen für Milch waren vor der Wiederbefüllung unzureichend gereinigt worden" (S). Eine Verbraucherin überbrachte „Milch in einer Pfandflasche, die nach Lösungsmitteln bzw. Lackverdünner roch. Der Sohn hatte bereits davon getrunken. In der Milch waren Xylol und Toluol nachweisbar. Auf dem Flaschenboden wurde ein 1/2 cm dicker durchsichtiger erstarrter Lackkuchen als Ursache entdeckt" (PF).

Vollmilch wurde von Verbrauchern in angebrochenen Packungen vorgelegt, die Fremdkörper enthielten. „In einer ‚Bloc'-Packung befand sich ein 2cm langes Preßspanholzstück und in einer Schulmilchflasche eine weiße Kunststoffkugel. Wie die Gegenstände in die Milchpackungen gelangt waren, konnte nicht geklärt werden" (D).

Milcherzeugnisse

Der weit überwiegende Anteil der Beanstandungen betraf deutliche bis starke Abweichungen im Sinnenbefund; insbesondere Joghurtprodukte und Buttermilch zeigten sich als besonders betroffene Milcherzeugnisse. Hauptsächliche Ursachen waren Schimmelbefall (FR, HAM, KA) und bakteriologische Verderbnis. Infolge Reinfektion nach der Wärmebehandlung, unsachgemäßer Lagerung oder zu langer Bemessung der Mindesthaltbarkeit war Joghurt häufig gärig, käsig, bitter oder stechend sauer und verdorben. So wurden Milcherzeugnisse, deren Mindesthaltbarkeitsdaten die Hersteller nur bei Einhaltung ständiger Kühllagerung gewährleisteten, ungekühlt im Einzelhandel angeboten (FR).

Häufig genannte Gründe für den vorzeitigen Verderb der Ware waren das Nichteinhalten der Kühlkette, wie sie während des Transports vom Hersteller zum Großhändler oder vom Verteiler zum Einzelhändler schon vorkommen kann.

Wenig bekannt, aber dennoch erlaubt ist es, wenn z.B. Fruchtjoghurt nach Ablauf des Mindesthaltbarkeitsdatums ohne Kühlung zum halben Preis angeboten wird. Nicht zulässig ist es aber, wenn das Produkt „gärig und ungenießbar" (ME) verkauft wird. Selbst dann nicht, wenn auf den Ablauf des Mindesthaltbarkeitsdatums verwiesen wird. Was für den Hersteller gilt, ist in diesem Fall auch für den Verkäufer bindend.

Der Kennzeichnungspflichtige muß sich sorgfältig über die voraussichtliche Haltbarkeit des Lebensmittels vergewissern. Da dies nicht immer geschieht, ist die Nachprüfung von Mindesthaltbarkeitsdaten durch entsprechende Lagerversuche eine wichtige Aufgabe der Lebensmittelüberwachung (ME).

Wenig erstaunlich sind die Ergebnisse der Lagerversuche und Marktbeobachtungen.

„Joghurt, Milchmischerzeugnisse, Kaffeesahne wiesen vor Ablauf der Mindesthaltbarkeitsdauer erhebliche Abweichungen in Geruch (modrig, parfümig, käsig) und Geschmack (seifig, käsig, bitter) auf" (S).

„Ultrahocherhitzte Schlagsahne (diverse Becher) wies am Ende der deklarierten Mindesthaltbarkeit Qualitätsmängel bis hin zur Verdorbenheit auf" (ME).

„Milcherzeugnisse, die in einem Wohnheim für Aussiedler angeboten wurden, waren überlagert und verdorben“ (FR).

„Auch mehrere Proben Kakao-Milchmischgetränke waren vor Erreichen des MHD nicht mehr zum Verzehr geeignet“ (KA).

„6 Wochen nach Ablauf des Mindesthaltbarkeitsdatums entnommene ‚Haltbare Kaffeesahne‘ mußte wegen starken Kunststoff- und Bittergeschmacks als ungenießbar beurteilt werden“ (ME).

Seinen Zweck erreicht das Mindesthaltbarkeitsdatum auch nur dann, wenn es erkennbar ist.

„Bei zwei Joghurtproben – eine davon bereits verdorben – mußte u.a. ein teilweise unleserliches Mindesthaltbarkeitsdatum beanstandet werden“ (PF).

„In zwei Fällen wurde das Inverkehrbringen von Joghurterzeugnissen aus Schafmilch auf Wochenmärkten aufgrund fehlender Kühlung bemängelt“ (KA).

Neben dem Haltbarkeitsproblem finden sich noch eine Vielzahl anderer Probleme, teils herstellungsbedingte Fehler, teils Kennzeichnungsmängel:

- unzutreffende Standardsortenbezeichnungen;
- Fettgehaltsunterschreitungen bei saurer Sahne, Crème fraîche und Kefir;
- fehlende oder falsche Fettgehaltsangabe;
- „Mehlkäfer in Erdbeerjoghurt;
- fehlende Kenntlichmachung der Konservierung mit Sorbinsäure“ (HAM).
- „ ‚Landmilch‘ für ein Milchmischgetränk aus fettarmer Milch,
- ‚mit Ei, mit ...‘ bei Milchmischgetränken; über den Cholesteringehalt, der im Bereich fettarmer Frischmilch lag, ließ sich kein Eigehalt feststellen.
- „Milchspezialität aus naturbelassener ‚fermentierter Vollmich‘ für ein Erzeugnis aus wärmebehandelter Milch“ (S).
- „Stärke und Gelatine wurden im Zutatenverzeichnis einer Schmandprobe als ‚Verdickungsmittel‘ angegeben;
- nicht deklarierter Glucosezusatz bei Joghurt;
- Joghurt mit angeblich überwiegend rechtsdrehender Milchsäure enthielt mehr linksdrehende“ (HAM).
- „Fettarmer Fruchtjoghurt mit den künstlichen Süßungsmitteln Aspartam und Acesulfam K wies in der Deklaration nicht den erforderlichen Hinweis auf ‚Phenylalanin‘ auf. Ein solcher Hinweis ist jedoch wichtig für Personen, die an Phenylketonurie leiden“ (BI).
- „Kefir wies nicht die produktspezifischen Eigenschaften auf. Der vorgeschriebene Ethanolgehalt von 0,05% als Indiz für die Stoffwechselaktivität der Produkthefen wurden selbst nach Ablauf des Mindesthaltbarkeitsdatums nicht erreicht“ (S-St). Dabei hat der Gesetzgeber extra für diese Pseudokefire die Möglichkeit geschaffen, sie „Kefir, mild“ zu nennen.

Wachsende Probleme werden in Zukunft auch bei Produkten mit Nährwertangaben erwartet (S). Schon jetzt irreführend war der Natriumgehalt in Kräuter-Sauerrahm erheblich höher als deklariert; die unzulässige Werbung mit geringem Brennwert bei einem Rahmjoghurt mit Traubenzucker, der 589 kJ/100 g bzw. 141 kcal/100 g enthielt (HAM).

Ein „schlagfertiges gezuckertes Sahneerzeugnis mit dem Hinweis ‚Du darfst Lebensmittel im Rahmen einer kalorienbewußten Ernährungsweise' wurde mit 29% Fett und einem Kaloriengehalt von 253 kcal/100 g als irreführend bezeichnet beurteilt" (ME).

Was viele Verbraucher durch falsche Ernährungsgewohnheiten zu wenig aufnehmen, versuchen findige Hersteller durch Zugabe von Zusatzstoffen auszugleichen. Erwartungsgemäß unausgewogen und teils auch unzulässigerweise.

So enthielt Fruchtjoghurt, für den mit einem erhöhten Calciumgehalt geworben wurde, Calciumcitrat und Calciumcarbonat. Beide Salze dürfen Fruchtjoghurt nicht zugesetzt werden (FR, HAM).

Zwei Produkte (Buttermilch und Sahne) finden sich jährlich wiederkehrend in vielen Berichten mit sehr ähnlichen Beanstandungen wieder.

Buttermilch zählt insbesondere in den warmen Sommermonaten zu den umsatzstarken „Durstlöschern". Für die Hersteller ergibt sich bei recht konstanter Butterproduktion die Schwierigkeit, daß dieses „Stoßgeschäft" mit reiner Buttermilch nicht voll zu bewältigen ist. Alternativen sind allen bekannt und werden nach den Erkenntnissen aus den Berichten auch genutzt.

Reine Buttermilch zeigte in der Analyse untypische Phosphatidwerte, die auf Streckung mit Magermilch oder eine zu hohe Wasserschüttung hindeuteten (BI, SIG).

Verbotenerweise wird die „Bezeichnung ‚Buttermilch' auch für eine geschlagene, gesäuerte Magermilch" (HAM) beim Verkauf verwendet.

Geschmacklich ist Buttermilch ebenfalls sehr anfällig, sie „wies vor Ablauf des Mindesthaltbarkeitsdatums einen abweichenden Geschmack auf, der offenbar von der Kunststoffverpackung herrührte" (ME).

Bei Sahne ergeben sich Probleme durch die Tatsache, daß Milchfett der wirtschaftlich bedeutsamste Faktor der Sahne ist. Beanstandet wird folglich häufiger zu niedriger Fettgehalt bei Schlagsahne (HAM, S-St, u.a.). Auch die Wärmebehandlung war nicht immer kenntlich gemacht.

„ Schlagsahne enthielt statt deklarierter 30% nur 28,4% Fett. Da es sich auch weiterhin immer nur um die gleiche Molkerei handelt, ist anzunehmen, daß weder die zuständige Behörde noch der Herstellerbetrieb das Problem in den Griff bekommt. Sahne aus Aufschlaggeräten aus Cafés und Konditoreien war infolge mangelhafte Wartung der Geräte stark bakteriell belastet" (BI).

„Wahrscheinlich aufgrund eines Herstellungsfehlers waren mehrere Proben Sauerrahm eines Herstellers von flüssiger Konsistenz und wiesen eine atypische schwache Säurenote auf" (KA).

Vereinzelt deuten sich Reinigungsprobleme bei wiederverwendbaren Flaschen auch in der Milchwirtschaft an. In ähnlicher Weise sind sie aus der Getränkewirtschaft schon bekannt.

„Ein Weithalsglas Schlagsahne enthielt Lacklösungsmittel sowie einen großen, weißen Farblackklumpen, der bei der Reinigungskontrolle in der Molkerei übersehen wurde" (S-St).

Verbraucherbeschwerden über Milcherzeugnisse

„Eine Probe 4-Korn-Joghurt und eine Probe Bioghurt verursachten Übelkeit und Erbrechen. Im Bioghurt waren bis zur Verdünnung 10^{-4} Schimmelpilze (Gattung Mucor) nachweisbar" (DO).

Ein Fremdkörper im Joghurt, der vom Verbraucher als Teil eines Gummihandschuhes beschrieben wurde, stellte sich als eine eingetrocknete Schimmelschicht heraus (PF).

Eine Verbraucherbeschwerde „Joghurt mit Erdbeere" war hefig und in Gärung übergegangen (BI).

„Eine Beschwerdeprobe Joghurt enthielt mehrere kleine braun-schwarze Partikeln; es handelte sich offensichtlich um verbrannte Milchreste.

Mehrere Proben Schokoladenjoghurt wiesen einen atypischen, stark aromatisierten Geruch nach Vanille auf. In allen diesen Proben wurde Guajakol nachgewiesen. Dabei handelt es sich offensichtlich um ein Abbauprodukt des Aromastoffs Vanillin, hervorgerufen durch sporenbildende Mikroorganismen" (SIG).

Fruchtjoghurt war verunreinigt mit türkisgrünem Schimmelbefall, mit dem hinteren Teil eines schwarzen Laufkäfers sowie mit Kunststoffteilen der zur Verpackung verwendeten Kunststoffbecher, die durch Wärmeeinfluß geschrumpft und deformiert waren (S).

In Fruchtjoghurt mit brennendem Geschmack „wurde ca. 200 mg/kg Wasserstoffperoxid nachgewiesen, das in Molkereien zur Entkeimung von Rohrleitungen und Verpackungsmaterial verwendet wird" (S).

Heidelbeerjoghurt enthielt einen tablettenförmigen Kunststoffkörper, wärmebehandelte Molke wies in hohem Ausmaß feine, sandartige Partikeln auf (HH).

In Schlagsahne befanden sich fest zusammenhängende, schleimige Mikroorganismenkulturen (S).

Ein „Kakaomischgetränk (leere Packung) roch abwegig. Der Beschwerdeführer vermutete eine Verunreinigung mit ‚Chemikalien'. Die mikrobiologische Untersuchung des Flüssigkeitsrestes ergab jedoch, daß es sich um einen mikrobiologisch bedingten Verderb handelte" (D).

Am besten aufgehoben wähnen viele Eltern ihre Kinder in der Schule, dennoch:

„Eine größere Anzahl Milchmischgetränke mit Vanillegeschmack (Schulmilch), die nach Ablauf des MHD (Mindesthaltbarkeitsdatums) noch in einer Schule verkauft wurden, war bakteriell verdorben" (HH).

Käse

Außer den „üblichen" Beanstandungen, die Schimmel- und/oder Hefenbefall überwiegend bei lose angebotenem Käse, Qualitätsfehler bei Standardkäsesorten, Unter- oder Überschreitungen der deklarierten Fettgehaltsstufen, Mindergehalte an Eiweiß und Trockenmasse bei Speisequark der Magerstufe sowie in hohem Umfang fehlende oder fehlerhafte Kennzeichnung betrafen, wurde ein großer Teil der Beanstandungen bei Käse und Käseerzeugnissen ausgesprochen, die infolge Überlagerung und/oder unsachgemäßer Aufbewahrung und Handhabung nicht unerheblich wertgemindert oder zum Verzehr nicht mehr geeignet waren. Die Fehlerpalette reichte dabei von leichter Qualitätsminderung (leicht dumpf, bitter) bis hin zu starken Abweichungen (starker Eiweißabbau) und Verderbnis. Vielfach beanstandet wurden auch Kennzeichnungsmängel bei Käse, die im Einzelhandel oder auf Wochenmärkten unverpackt abgegeben wurden. Sie „waren nicht durch die vorgeschriebene Angabe der Verkehrsbezeichnung und der Fettgehaltsstufe (Fett i.Tr.) auf einem Schild bei der Ware gekennzeichnet. Bei Frischkäse fehlte darüber hinaus häufig das hier zusätzlich noch erforderliche Mindesthaltbarkeitsdatum“ (FR). Ähnlich (BO, SIG).

Auch „die Kennzeichnung von offen angebotenem Käse sowie die Kenntlichmachung von Kunststoffüberzügen bzw. der Verwendung von Natamycin zur Verhinderung der Schimmelbildung auf der Käseoberfläche ist nach wie vor im Handel ausgesprochen mangelhaft“ (S). Ebenso (BO).

Bedenkliche Trends waren auch bei Käse „im Hinblick auf Angaben wie ‚Leichtkost‘ zu beobachten. Was mit der bildlichen Darstellung eines Zentimetermaßes auf der Verpackung neben dem jeweils in der Verpackung beinhalteten Käse anfing, sich mit einem verbalen Zusatz ‚leicht‘ im möglichen Sinne einer besseren Bekömmlichkeit fortsetzte, endet mittlerweile mit massiven Zusatzbezeichnungen auf Werbeplakaten im Endverkauf wie: ‚25% weniger Fett als Gouda‘, ‚nur ...% Fett‘, ‚nur ... 5% Salz‘, ‚...% weniger Salz‘, ‚salzarm‘, ‚weniger Salz‘, ‚Mini Fett, mini Salz, maxi Geschmack‘. Geht man den Dingen vor Ort näher auf den Grund, so stellt man fest, daß ‚angeblich‘ solche werbende Hinweise mehr oder weniger ‚gedankenlos‘ zustande gekommen sein sollen. Da es sich jedoch um einen allgemeinen Trend auf diesem Gebiet handelt, dürften Zweifel angebracht sein“ (BI).

„Folgende Angaben wurden als irreführend beanstandet:
- ‚Frischkäse für ihre Gesundheit‘ bei Schichtkäse;
- ‚leicht‘ bei einem Quargel; Sauermilchkäse dürfen ohnehin nur in der Magerstufe angeboten werden;
- ‚viel Eiweiß – wenig Fett‘ bei einem Frischkäse der Halbfettstufe; die Angabe ‚wenig Fett‘ ist nur im Vergleich mit Käse höherer Fettgehaltsstufen zutreffend, nicht jedoch mit Käse einer niedrigeren Fettgehaltsstufe;
- ‚leicht‘ bzw. ‚Figura‘ bei Schmelzkäsezubereitungen der Halbfettstufe.

Im Zusammenhang mit der Angabe des Fettgehaltes wird bei Käse der Zusatz ‚leicht‘ als nährstoffbezogener Hinweis i.S. von fettarm betrachtet. Derartige Hinweise sind für im Fettgehalt standardisierte Käse und Käseerzeugnisse sehr problematisch, da sie zu vergleichbaren Produkten der gleichen Fettgehaltsstufe keine Fettverminderung aufweisen können“ (S).

Verschiedentlich wurden Käse mit der Angabe „wenig Salz“ oder „mit reduziertem Salzgehalt“ in den Verkehr gebracht. Der in der Nährwertkennzeichnungs-VO festgelegte Höchstwert von 450 mg Natrium in 100 g Käse wurde in einigen Fällen deutlich überschritten (SIG, ME).

„Bei einer Probe Hartkäse wurde in der Kennzeichnung als weitere Zutat Nitrat angegeben. Ein Zusatz von Nitrat zur Käsereimilch ist für die Herstellung von Schnittkäse zulässig, nicht jedoch für Hartkäse" (SIG).

Ein Käseliebhaber wird an den seit kurzem auf dem Markt befindlichen Käseimitationen keinen Gefallen finden können, und auch die Werbestrategen haben ihre Probleme, wie die Beanstandungen zeigen.

Bei einem neuartigen „Brotbelag aus Magermilch und pflanzlichen Fetten, der einem Käse täuschend ähnlich sieht, ergeben sich Unstimmigkeiten in der Anpreisung und Kennzeichnung des Produktes" (SIG).

„Ein in loser Form unter der Bezeichnung ‚halbfester Schnittkäse' angebotenes Käseimitat aus den Niederlanden enthielt u.a. Anatto und Natamycin. Beide Stoffe bedürfen einer Ausnahmegenehmigung, da sie nur beschränkt und für dieses Produkt nach nationalen Bestimmungen nicht zugelassen sind. Auf den Einsatz dieser Stoffe wird lt. Aussage des Herstellers inzwischen verzichtet, dem Antrag auf Verwendung von Natamycin wurde außerdem vom BMG nicht zugestimmt" (HH).

Getäuscht werden kann der Verbraucher selbstverständlich aber auch, wenn ihm Schmelzkäse untergeschoben wird.

„Bei Räucherkäse fehlte mehrmals die Angabe der Verkehrsbezeichnung Schmelzkäse bzw. Schmelzkäsezubereitung" (S).

„Als Käse im Anschnitt wurde eine Probe ‚Chester-Hartkäse' angeboten; es handelte sich jedoch um Chester-Schmelzkäse. Das Personal der Käsetheken ist u. E. oftmals unzureichend ausgebildet und somit im sachgerechten Umgang mit den verschiedenen Käsesorten vielfach überfordert" (SIG).

Manchmal ist es einfach auch Nachlässigkeit.

Bei zwei Proben war die Deklaration ‚Holländischer Gouda' offensichtlich falsch, da es sich aufgrund der Beschriftung der Wachsschicht um deutschen Gouda (Niederrheiner Gouda) handelte. Diese Kennzeichnung ist daher irreführend (DO).

Für den Verbraucher nicht mehr zu erkennen sind Verstöße bei der Herstellung.

„Deutscher Emmentaler-Käse wird nach den Bestimmungen der Käse-VO nur aus roher Milch, die nicht über die Gewinnungstemperatur erwärmt wurde, hergestellt. Aufgrund des negativen Phosphatasenachweises bestand bei etlichen Proben der Verdacht, daß der Käse aus pasteurisierter Milch hergestellt worden war" (SIG).

„Frischkäse darf nur aus wärmebehandelter Milch hergestellt werden. Für Milcherzeuger besteht für die Herstellung von Frischkäse aus Rohmilch eine Ausnahme, sofern diese Erzeugnisse nur im Erzeugerbetrieb an Verbraucher abgegeben werden. Eine Abgabe von Rohmilch-Frischkäse auf Wochenmärkten oder im Einzelhandel führt zu entsprechenden Beanstandungen" (FR).

Besondere Wertschätzung haben Käse aus Schaf- oder Ziegenmilch erlangt. Da hiermit auch ein sehr lukratives Geschäft verbunden ist, wird weiterhin mehr „Schafskäse" verkauft als produziert.

„Von 17 Proben ‚Schafskäse', die in Gaststätten erhoben wurden, erwiesen sich fünf (= 29%) als gänzlich oder teilweise aus Kuhmilch hergestellt" (FR).

Wie bereits in den Vorjahren „konnte in keiner aus Frankreich stammenden Schafskäseproben Kuhmilch nachgewiesen werden. Mit etwa 20% positiver Proben bulgarischer und griechischer Herkunft liegt das Ergebnis im Berichtsjahr 1990 ebenfalls im Trend der Jahre. Aufgrund nur einer untersuchten Probe kann bezüglich türkischen Schafskäses in diesem Jahr keine repräsentative Aussage gemacht werden" (KA).

„In in- und ausländischem Ziegen- und Schafskäse wurde immunchemisch, gaschromatographisch und elektrophoretisch die Gegenwart von Kuhmilch überprüft. Drei Proben ‚Schafskäse' bestanden aus Kuhmilch. In vier Proben von griechischem Schafskäse wurden immunchemisch geringe Anteile an Ziegenmilch nachgewiesen. Die Angabe ‚aus 100% Schafsmilch' war irreführend" (S).

„Als verdorben mußten sieben Proben Gouda und Edamer beurteilt werden, die ein extrem lang datiertes Mindesthaltbarkeitsdatum ohne Hinweis auf spezielle Lagerbedingungen (Kühlung) aufwiesen. Als nicht mehr zum Verzehr geeignet fielen wiederum insbesondere Weichkäsesorten (Camembert, Romadur und französischer Weichkäse) bei der Käseprüfung auf. Die Sorgfaltspflicht des Handels kann nicht oft genug hervorgehoben werden" (DO).

„Da ein Mindesthaltbarkeitsdatum bei Weichkäse nicht vorgeschrieben ist, ergibt sich für den Handel eine verstärkte Kontrollpflicht. Dem Einzelhandel, gegen den sich die meisten Beanstandungen richten, ist vor allem eine sehr sorgfältige Eingangsprüfung der angelieferten Ware anzuraten. Die Kontrolle während der Lagerung im Verkaufsraum kann dadurch erleichtert werden, daß zusammen mit dem Preisschild das offene oder verschlüsselte Lieferdatum angebracht wird, so daß beanstandungsgefährdete Weichkäseveteranen bei der Durchsicht leichter auffallen" (ME).

Häufig waren Frischkäse und Weichkäse deutlich überlagert. Sie wiesen Zersetzungserscheinungen sowie bitteren, seifigen Geschmack oder Fremdschimmelbildung auf (BO, DO, ME, FR, S-St, SI u. a.)

Bei Hart-, Schnitt- und halbfestem Schnittkäse ergaben sich folgende Beanstandungsgründe:

- „Schimmelbefall, verbunden mit Geruchsabweichungen;
- unerlaubte Natamycinbehandlung bei Käse ohne geschlossene Rinde (Roquefort);
- fehlende Kenntlichmachung der Oberflächenbehandlung mit Natamycin bei loser Abgabe;
- Konservierung mit Hexamethylentetramin bei Provolone nicht angegeben;
- Werbung mit Selbstverständlichkeiten ‚ohne Konservierungsstoffe'
- insbesondere bei loser Abgabe Käsegruppe und Fettgehalt gar nicht oder nicht vorschriftsmäßig angegeben;
- Diskrepanz zwischen deklariertem und tatsächlichem Fettgehalt;
- fehlerhaftes Mindesthaltbarkeitsdatum bei geriebenem Parmesan" (HAM).
- „Geriebener Parmesankäse mußte mit einer Peroxidzahl im Fett von 14 und einer Säurezahl von 125 in Zusammenhang mit dem sensorischen Befund als erheblich wertgemindert beurteilt werden" (ME).

Auch die Liebhaber gut gereifter Käse werden keinen Gefallen mehr an Käse finden, der sich selber fortbewegen kann. Angetroffen wurde:

- Weinkäse mit Madenbefall (BI) oder
- Käse vom Wochenmarkt war von Maden befallen (FR).
- „Fliegenmadenbefall bei französischen Ziegen- und Weichkäse,
- Aflatoxine (B_1, B_2, G_1, G_2) in einer mit wildem Schimmel bewachsenen Frischkäsespezialität; auf der dicht mit Kräutern belegten Oberfläche sollte lt. Sortenbeschreibung die Entwicklung von wildem Schimmel normal sein" (HH).

„Ein alter Mimolette (französischer Schnitt/Hartkäse) mußte beanstandet werden, da der Käse massenhaft alle Entwicklungsstadien der Käsemilbe Tyrolichus casei in der durchlöcherten Rinde und auf den Schnittflächen aufwies. Auch wenn die Herstellung mit Käsemilben bei bestimmten Käsesorten üblich sein kann, muß u.E. gefordert werden, daß, wenn der Käse in den Verkehr kommt, keine lebenden Milben mehr nachweisbar sein dürfen. Außerdem hat eine Kenntlichmachung dieser besonderen Herstellungsart zu erfolgen. Lebende Milben können bei losem Verkauf und auch bei der Lagerung im Haushalt auf andere Lebensmittel übertragen werden und zudem Hautkrankheiten und beim Verzehr Magen- und Darmstörungen hervorrufen" (HH).

Eine Dose Feta-Weichkäse in Salzlake war bombiert; starke Gasentwicklung, stark moussierende Lake, erheblicher Eiweißabbau. Der Gehalt an dem biogenen Amin Putrescin lag bei 360 mg/kg (S).

Eng verbunden mit der Reifeentwicklung beim Käse ist das dabei gleichzeitig entstehende Problem der biogenen Amine.

Biogene Amine in Käse

„Biogene Amine entstehen beim enzymatischen Eiweißabbau und bei der mikrobiellen Fermentierung von Lebensmitteln durch Decarboxylierung von Aminosäuren. Der Gehalt an biogenen Aminen kann somit als Parameter für die Beurteilung der Frische und des Hygienestatus von Lebensmitteln herangezogen werden. Ein erhöhter Gehalt in biogenen Aminen kann Erkrankungen wie Kopfschmerzen, Übelkeit und Schwindel hervorrufen. In den letzten Jahren wurden an zahlreichen Käseproben die Bestimmung von Histamin, Cadaverin, Tyramin, Putrescin und Phenylethylamin durchgeführt. Aufgrund der hohen Werte, die insbesondere in Hartkäse mit langer Reifedauer gefunden wurden, ist durch die Sachverständigen Baden-Württembergs eine toxikologische Bewertung durch das Bundesgesundheitsamt erbeten worden" (FR).

In Stuttgart wurden 96 Käse eingehend „mittels Aminosäure-Analysator auf den Gehalt an biogenen Aminen Putrescin, Histamin und Cadaverin untersucht (siehe Tabelle 4.2). Hierbei wurden teilweise beträchtliche Gehalte festgestellt. Die höchsten Gehalte wurden in genußuntauglichen Käseproben ermittelt; ein Tilsiter enthielt z.B. 2.000 mg/kg Cadaverin, ein Weinkäse

(Weichkäse mit Schmiere) sogar 4.240 mg/kg. Erstaunlich hoch waren die Gehalte an den biogenen Aminen Putrescin (bis 770 mg/kg) und Cadaverin (bis 1.120 mg/kg) in Sauermilchkäse" (S).

Tabelle 4.2. Biogene Amine in Käse (S)

Käsegruppe	Probenzahl	< 100			100 bis 1.000			> 1.000			höchster Gehalt		
		Put	His	Cad	Put	His	Cad	Put	His	Cad	Put	His	Cad
Hartkäse	20	14	7	13	6	13	6	0	0	1	665	775	1.320
Schnittkäse	21	13	17	16	8	4	4	0	0	1	860	980	2.000
Weichkäse	26	22	25	24	4	1	1	0	0	1	355	105	4.240
Sauermilchkäse	28	5	20	2	23	8	23	0	0	3	770	245	1.120
Schmelzkäsezubereitung	1	1	1	1	0	0	0	0	0	0	20	5	10

Put = Putrescin; His = Histamin; Cad = Cadaverin

Neben Käse finden sich vereinzelt auch unerwünschte Bestandteile in den Packungen.

„In mehreren Speisequarkproben eines Herstellers wurden Rückstände von Oxidationsmitteln (wahrscheinlich Wasserstoffperoxid oder Peressigsäure) festgestellt. Der qualitative Nachweis wurde mit Teststäbchen durchgeführt. Auffällig war, daß der Nachweis in der Regel nur im Randbereich zwischen Probe und Verpackung positiv ausfiel. An einer quantitativen Bestimmungsmethode auf enzymatischer Basis wird gearbeitet. Die Oberfläche eines Frischkäses war durch Farbabrieb blau verfärbt; die Deckelfolie der Verpackung war mit einem Indanthrenfarbstoff behandelt. Ein Fremdkörper, wahrscheinlich ein Stück Schnur, wurde in einer Parmesankäse enthaltenden Fertigpackung gefunden" (KA).

„Frischkäse mit Kräutern mußte wegen Fremdschimmels und wegen Übergangs von Druckerfarbe in die Käsemasse beanstandet werden" (KA).

„Bei einem Schnittkäse aus Rußland waren in der Oberfläche schwarze Ziffern aus Weich-PVC eingelegt. In diesem Kunststoff war der Weichmacher Dibutylphthalat nachweisbar. Nach Empfehlung I „Weichmacherhaltige Hochpolymere" des BGA sind derartige Hochpolymere für Käse nicht geeignet" (S).

Verbraucherbeschwerden über Käse

Als Beschwerdeproben wurden u. a. vorgelegt:

- „Kräuterquark mit Schimmelbefall; Speisequark mit Früchten mit Schimmelbefall auf der Oberfläche; bei dieser Probe war ein Riß in der Deckelfolie durch Preisaufkleber überklebt und somit unsichtbar gemacht worden;
- Weichkäse mit lebenden Larven der Schmeißfliege;

- Weichkäse und Frischkäse mit gallig bitterem Geschmack infolge eines Eiweißabbaus;
- Weichkäse mit Schimmel (z.B. Camembert), der infolge Überreife einen ammoniakalischen Geruch und Geschmack aufwies;
- Emmentaler mit beißend brennendem Geschmack; in dieser Probe wurde ein Histamingehalt von 480 mg/kg festgestellt, was auf einen fortgeschrittenen Eiweißabbau hinweist" (S).

„Roquefort-Käse hatte als Verbraucherbeschwerde angeblich eine Allergie ausgelöst. Der Histamingehalt war allerdings mit 50 mg/kg unauffällig" (BI).

„Eine Probe Frischkäse war molkenlässig, je eine Probe Schichtkäse und Speisequark mit Sahne lag im Fettgehalt zu niedrig" (DO).

Butter

Das in der EG erkennbare Ziel nationale Gütestandards aufzulösen und durch niedrigere Anforderungen bei täuschend ähnlicher Bezeichnung der Nachfolgeprodukte zu ersetzen, hat bei Butter schon Wirkung gezeigt. Der Marktanteil der alten „Markenbutter" geht zurück, die erlaubterweise auch fehlerhafte „Butter" gewinnt immer mehr an Bedeutung, da der Hersteller kaum ein Risiko eingeht und auch die Haltbarkeitsfristen länger aufdrucken kann. Lose Markenbutter ist fast schon vom Markt verschwunden. Auch die Imitationen und Fettmischungen liegen im Trend der EG-Absichten. Erstaunlich sind dabei immer wieder die Werbeanstrengungen, die ohne Begriffskombination mit ... butter ... als Bestandteil selten auskommen.

„Die Hinweise auf das Vorliegen einer kalorien- und fettreduzierten Butter bei Milchhalbfett wurde weiterhin beanstandet. Es handelt sich dabei im einzelnen um Aussagen wie ‚50% weniger Fett als Butter', ‚Die Leichte'. Diese vergleichenden Aussagen sind u.E. bei Produkten der Standardsorte Milchhalbfetterzeugnis nicht statthaft. Eine gerichtliche Entscheidung hat dies jedoch zwischenzeitlich als zulässig beurteilt" (HA).

Eine rechtliche Klärung von Streitfällen hat auch die schon überfällige Mischfett-VO gebracht. Produkte von Herstellern, die „schon längere Zeit auf dem Markt waren, konnten somit nachträglich sanktioniert und vor allem ihre Deklaration und Aufmachung nach diesen Richtsätzen genormt werden. Auswärtige Beanstandungen hatten sich damit z.T. von selbst erledigt" (BI).

„Beanstandet wurde die Verkehrsbezeichnung ‚Halbfettbutter' für ein butterähnliches Erzeugnis mit nur 40% Milchfett. Die richtige Bezeichnung hätte ‚Milchhalbfett' lauten müssen. Durch eine Verordnungsänderung ist jedoch die Verkehrsbezeichnung ‚Halbfettbutter' mittlerweile zur rechtmäßigen Bezeichnung und die Beanstandung damit hinfällig geworden" (FR).

Häufige Beanstandungsgründe bei Butter waren
- Schimmelbefall,
- Fettverderbnis,

- unzulässige Zusätze,
- Geruchs- und Geschmacksabweichungen,
- Kennzeichnungsmängel,
- zu hoher pH-Wert bei mild gesäuerter Butter.

Bei den in den Chemischen Untersuchungsanstalten durchgeführten Butterprüfungen entsprachen Butterproben häufiger nicht der angegebenen Handelsklasse und mußten somit abgewertet werden (BI, D, HA, ME, SIG u. a.).

Nicht zum Verzehr geeignet: „Butter, die in einer Gaststättenküche erhoben wurde, war ranzig. Molkereibutter im Einzelhandel wies auf der Oberfläche roten Hefebelag auf" (FR).

Deutsche Markenbutter war
- „11 Wochen nach Ablauf des Mindesthaltbarkeitsdatums von Schimmel befallen, ranzig-schweißig, ungenießbar;
- 9 Wochen nach Ablauf des MHD stark parfümranzig, ungenießbar;
- 6 Wochen nach Ablauf des MHD ranzig, alt, angezogen, ungenießbar;
- 5 Wochen nach Ablauf des MHD stark angezogen, parfümranzig, ungenießbar.
- In Deutscher Markenbutter wurden coliforme Bakterien nachgewiesen" (ME).

Holländischer Markenbutter konnten in der sensorischen Bewertung (Geruch, Geschmack) überhaupt keine Punkte mehr zuerkannt werden. Der bakteriologische Befund fiel entsprechend schlecht aus. Die Ware war in ekelerregendem Zustand (BI).

„Irische Butter war wertgemindert, da ranziger Geruch und Geschmack" (SI).

Es ergaben sich folgende Kennzeichnungs- und Zusammensetzungsmängel:

Markenbutter wurde ohne Deklaration der Buttersorte (mild gesäuerte Ware, Sauerrahmbutter) feilgehalten.

Landbutter war wertgemindert, da überhöhter Wassergehalt; Kennzeichnungsmängel waren vorhanden und das Mindesthaltbarkeitsdatum fehlte (SI).

„Landbutter war molkereigefertigte Ware aus erhitztem Rahm. Die Markenbutter eines hiesigen Herstellers hatte durch eine deutliche Marmorierung eine fehlerhafte Textur, die zu mehreren Wertmalsabzügen in der Bewertung berechtigte. Es handelte sich damit um keine Markenware mehr" (BI).

„Deutsche Landbutter enthielt 20,6% Wasser und entsprach damit nicht den Anforderungen der Butterverordnung" (HA).

„Von Milcherzeugern hergestellte und auf Wochenmärkten angebotene ‚Landbutter' war nicht mit dem vorgeschriebenen Mindesthaltbarkeitsdatum gekennzeichnet" (FR).

„Bei ‚Westfalenbutter' fehlte im lebensmittelrechtlich relevanten Kennzeichnungsfeld die Angabe der eigentlichen Verkehrsbezeichnung ‚Butter', wie sie nach § 8 der Butter-VO vorgeschrieben ist. ‚Westfalenbutter', ‚Sportbutter' o. ä. werden dabei als Phantasiebegriffe gewertet" (BI).

Kräuterbutter aus Gaststätten bestand häufiger im wesentlichen aus Fremdfett (Margarine, Pflanzenfett). Nach einhelliger Verkehrsauffassung darf Kräuterbutter keine verfälschenden Zusätze wie Bindemittel, Fremdfett, Wasser oder sonstige artfremde Stoffe enthalten. Nach Aufklärung und Belehrung besannen sich die betroffenen Gastwirte wieder auf ihre Originalrezepturen. Die Nachproben waren überwiegend in Ordnung (BI). Ebenso (HA, FR).

Verbraucherbeschwerden über Butter
Qualitätsmängel bei Butter scheinen vielen Verbrauchern nicht aufzufallen, da nur selten über Beschwerden berichtet wird.

„Eine Verbraucherbeschwerde Markenbutter sowie drei Vergleichsproben fielen in ihrem Sinnenbefund so stark ab (käsig, ranzig), daß sie als nicht mehr zum Verzehr geeignet beurteilt werden mußten" (SIG).

Eier

Weiterhin zu finden sind Eier, deren Eigelb durch Fütterung von Farbstoffen gelb wurde. Mangelnde Frischequalität, falsche Gewichtsangaben, Eier und Vordatierung des Abpackdatums führten weiterhin zu Beanstandungen.

Ebenso als irreführend beurteilt wurden Angaben, die falsche Vorstellungen hinsichtlich der Legehennenhaltung oder der Frische erweckten. Die vorgeschriebenen Angaben auf Groß- und Kleinpackungen waren in wenigen Fällen nicht ordnungsgemäß angegeben (S).

Die Situation auf dem Frischei-Markt läßt sehr zu wünschen übrig. Eine verstärkte Kontrolle ist u.E. angezeigt. Aufgrund eines Hinweises aus Süddeutschland wurde im Zentrallager einer Handelskette eine Lieferung Eier der Güteklasse A sichergestellt. Bei einem „gekennzeichneten" Alter von 14 Tagen war das Innere eines Teils der Eier verschimmelt. Bei allen anderen war das Weißei verflüssigt, die Dotterhaut zerriß beim Aufschlagen, bei einigen Eiern klebte das Dotter an der Luftblase. Es handelte sich höchstwahrscheinlich um stark überlagerte Kühlhauseier (HAM).

„Zahlreiche Eierproben entsprechen wegen zu hoher Luftkammern und Untergewicht infolge Überlagerung nicht den Anforderungen. Insbesondere bei sommerlich hohen Temperaturen kann es zu einer schnelleren Zunahme der Luftkammerhöhe als normalerweise (1,0 bis 1,5 mm Luftkammerzunahme pro Woche) kommen. In diesem Fall sind kürzere Umschlagszeiten auf allen Stufen des Handels angezeigt" (KA). Ähnlich (AC, HA, HAM, S, SI, SIG).

„Eier wurden wiederum schwerpunktmäßig während der langen Hitzeperiode im Sommer untersucht. Am Ende der Ferienzeit konzentrierten sich die Beanstandungen auf irreführende Angaben der Güteklasse. Wie bereits im Vorjahr fielen einige Packstellen erneut auf, deren Eier sehr unterschiedliche Luftkammerhöhen aufwiesen. Da das ermittelte Durchschnittsgewicht mit der angegebenen Gewichtsklasse übereinstimmte, wurden in der Packstelle offenbar neben frischen auch alte Eier verpackt. Im extremsten Fall wurden in einer Zehnerpakkung Luftkammerhöhen zwischen 4 und 15 mm (!) gemessen. In einer Packung wurden somit Eier der Güteklassen A, B und C angetroffen. Eier der Güteklasse C mit Luftkammerhöhen über 9 mm dürfen nur an Aufbereitungsstellen oder die Industrie, nicht jedoch an Endverbraucher abgegeben werden. Die Eier waren nur 10 Tage vor der Probenahme verpackt worden. Eier mit leicht bis deutlich bitterem Geschmack und beweglicher Luftkammer bei niedrigen Luftkammerhöhen waren offenbar bei viel zu hohen Temperaturen gelagert und transportiert worden" (D).

„Bei einer weiteren Probe wurde die Datumsangabe ‚Verkauf empfohlen bis . . .' als irreführend beurteilt, da die Eier Eier, frische zum angegebenen Datum nicht mehr der Güteklasse A zuzuordnen waren. An Eier, die als ‚legefrisch' bzw. ‚superfrisch' bezeichnet werden, sind besonders hohe Anforderungen zu stellen:

- sie dürfen nicht älter als 3 Tage sein;
- die Luftkammerhöhe darf nicht mehr als 3 mm betragen;
- sie müssen vom Erzeuger selbst vermarktet werden.

In zwei Fällen wurde keines der Kriterien erfüllt, die Angaben auf den Proben mußten somit als irreführend beurteilt werden" (SIG).

Dennoch wurden lose abgegebene Eier als ‚superfrisch' bezeichnet, obwohl die Höhe der Luftkammern auf fortgeschrittene Alterung hinwies (FR).

„Vereinzelt wurde die unzulässige Angabe ‚Garantie abgepackt am Legetag' angegeben. Fünf Proben wurden aufgrund der Bezeichnung ‚superfrisch' als irreführend beurteilt; eine Probe davon entsprach nicht mal mehr der Güteklasse A. Einige Proben wurden aufgrund der Angabe ‚extra' als irreführend beurteilt; 7 Tage nach der Verpackung muß die Banderole ‚extra' entfernt werden; diese Frist wurde z. T. erheblich überschritten" (S).

„Bei zwei Proben befand sich die Banderole mit dem Aufdruck ‚extra' über den siebten Tag hinaus noch an der Packung; die Angabe wurde als irreführend beanstandet" (SIG).

„Diverse Proben ‚frische Eier' waren bis zu 35 Tagen im Einzelhandelsgeschäft gelagert worden, so daß das Eiklar wäßrige Konsistenz aufwies und die Gewichtsklasse durch Eintrocknung nicht mehr zutraf" (ME).

„Bei einer Probe der Güteklasse A war das zentrale Weißei verflüssigt, die Luftblasen aber sehr klein. Es handelte sich mit an Sicherheit grenzender Wahrscheinlichkeit um Kühlhauseier, die allerdings noch als Eier der Güteklasse B verwertbar waren" (HAM).

„Drei Eiproben mußten beanstandet werden, da sie nicht frei von fremden Einlagerungen waren (Blutfleck, Eiweißgerinnsel)" (SIG).

„Eine Probe Eier wurde nach § 7 Nährwertkennzeichnungs-VO (Verbot der Schlankheitswerbung) beanstandet. Hier wurde mit den Angaben: ‚Eier sind kalorienbewußt, Eier haben nur wenige Kalorien' sowie einer bildlichen Darstellung einer Frau mit einem um die Taille geschwungenen Zentimetermaßband geworben" (SIG).

„Als irreführend aufgemacht waren lose angebotene Eier zu bewerten, für die mit einem nicht zutreffenden, vom Einzelhändler eigenmächtig angebrachten Hinweis auf die biologisch dynamische Fütterung der Legehennen geworben wurde" (AC).

Erzeuger weisen häufiger auf ihren Packungen auf eine besondere Fütterung hin u.a. „Vielkorn-Ei auf pflanzlicher Basis", „durch ausgesuchtes Futter erhalten Eier appetitlichen Dotter". In einem Fall war dem Futter das nach der Futtermittel-VO zugelassene Carotinoid Canthaxanthin zugesetzt. Wenn auf eine besondere Fütterung hingewiesen wird, wird der Verbraucher erwarten, daß die Dotterfarbe aus dem Futter selbst stammt und synthetische Farbstoffe dem Futter nicht zugesetzt werden. Die Proben wurden daher wegen irreführender Bezeichnung oder Aufmachung beanstandet" (S).

„Weitere Beanstandungsgründe ergaben sich aus zusätzlichen Hinweisen auf den Eierpackungen: So wurde eine Probe Eier als ‚Vollkorn-Eier, von Hühnern mit besonderer Fütterung auf pflanzlicher Basis' in den Verkehr gebracht. Es wurde bei ihnen auf die hohe ‚Eiqualität und auf echten Urgeschmack' abgehoben. Ein signifikanter geschmacklicher Unterschied konnte jedoch nicht festgestellt werden. Andere Eier kamen als ‚Club Korn Eier' zum Verkauf, mit ‚Clubgarantie und als kontrolliertes Lebensmittel für ernährungsbewußte Kunden'. Eine Großpackung Eier, die nicht mit einer Banderole entsprechend den Vermarktungsnormen für Eier versehen war, sondern lediglich mit einem ‚K' und einer ‚3' und als ‚Karotineier' verkauft wurden, kam ebenfalls zur Beurteilung" (PF).

„Mit Bezeichnungen wie ‚Maiskorn-, 5-Korn-, Mehrkorn- und Korngold-Eier', meist mit weiteren Hinweisen auf eine besondere Fütterung der Hühner, wird immer wieder geworben. Tatsächlich wurde in den Eiern jedoch Canthaxanthin nachgewiesen, ein Carotinoid, das nach der Futtermittel-VO als Zusatzstoff für Hühnerfutter zugelassen ist. Der Verbraucher wird jedoch bei Hinweisen auf eine besondere Fütterung erwarten, daß die Dotterfarbe aus dem ‚natürlichen' Futter stammt und nicht aus synthetischem Farbstoff, der dem Futter zugesetzt wurde" (SIG)

„Vermehrt werden im Handel Eier von Hühnern aus Bodenhaltung angeboten. Diese Eier werden unter UV-Licht betrachtet, um haltungsbedingte Veränderungen an der Kutikula zu erkennen. Markante Kennzeichen sind u.a. die Abrollringe, die entstehen, wenn das Ei nach dem Legen abrollt und sich der Draht des Käfigbodens auf dem Ei abbildet; dabei entstehen parallele Linien im Abstand von 25 mm. Ebenfalls parallele Linien, jedoch im Abstand von 15 mm, sowie Sechsecke werden durch die Ablage des Eies in ein sog. ‚Europanest', das in der Bodenhaltung verwendet wird, verursacht. Da hin und wieder deutliche Abrollringe in Packungen mit der Aufschrift ‚Bodenhaltungseier' erkannt werden, liegt die Vermutung nahe, daß bei den Eierpackstellen die Bodenhaltungseier von den Käfigeiern nicht eindeutig getrennt gelagert werden" (SIG).

„Bei der Untersuchung von neun Proben Eier wurden Vitamin-A-Gehalte zwischen 1,7 und 2,8 mg/kg Vollei festgestellt. Bei einer Verzehrsmenge von zwei Eiern entsprechend ca. 100 g hätte dies einer maximalen Aufnahme von 0,3 mg entsprochen. Die Vitamin-A-Gehalte der untersuchten Proben waren somit als völlig unbedenklich zu beurteilen" (FR). (Hintergründe s. Fleisch, Geflügel, Wild: Vitamin-A-Gehalte in Leber)

„Bei 10 Eiern wurde auf das Arzneimittel Chloramphenicol geprüft (Methode des Rikilt-Institutes, Nachweisgrenze = 0,5 mg/kg). Es war kein Chloramphenicol nachweisbar.

Frischeier wurden bakteriologisch untersucht. In keinem Fall waren Keime aus der Salmonella-Gruppe nachzuweisen" (HH).

Verbraucherbeschwerden über Eier

„Bei einer Beschwerdeprobe offen angebotener Eier aus einem Warenhaus wurde ein 4 cm großer Embryo festgestellt.

Eine Verbraucherbeschwerde Eier entsprach aufgrund des eingetrübten, z. T. zweischichtigen Eiklars nicht mehr der Güteklasse A und war wegen des faulen Geruchs nicht mehr zum Verzehr geeignet" (KA).

„Jeweils eine Verbraucherbeschwerde ‚Frische Eier' mußte aufgrund der Beschaffenheit (grün bis braun verfärbt) auf nicht mehr zum Verzehr geeignet bzw. wertgemindert (Fremdgeruch) beurteilt werden" (BO).

„Aufgrund einer Verbraucherbeschwerde wurden Frischeier, welche zwei Dotter enthielten, untersucht. Die Anomalie war nicht auf eine Hormonbehandlung zurückzuführen, sondern war als normale Erscheinung bei allen Hühnerrassen zu Beginn der Legezeit zu beurteilen" (HH).

Eiprodukte

Zwei Proben Flüssigvollei waren „verdorben (Bernsteinsäure: 171 mg/kg Trockenmasse und 72 mg/kg Trockenmasse; geruchliche Abweichungen). Eiweißpulver war aufgrund starker geruchlicher Abweichungen als nicht mehr zum Verzehr geeignet zu beurteilen. Eine Probe Flüssigeigelb und eine Probe gefrorenes Vollei wiesen leicht erhöhte Werte von Bernsteinsäure auf, worauf hingewiesen wurde" (S).

„Von 15 untersuchten Flüssigeiproben mit 45% Zucker, entnommen in Kuchenfabriken, waren zwei Proben genußuntauglich aufgrund mikrobiellen Verderbs vor der Pasteurisierung, indiziert durch einen über dem Grenzwert liegenden Gehalt an Bernsteinsäure. Gleichzeitig war der Gesamtkeimgehalt relativ niedrig, so daß eine Säureneubildung im Endprodukt ausgeschlossen werden konnte" (HAM).

„Industriell hergestellter Eierstich war mit hervorhebenden Hinweisen auf besonders hohen Eigehalt ausgelobt. Während sich das Erzeugnis bezüglich seines Eianteils nicht wesentlich von herkömmlicher Handelsware unterschied, war es mit gelbem Farbstoff geschönt" (AC).

„Eierstich ‚mit vielen tagesfrischen Eiern und deshalb goldgelb' bezog die goldgelbe Färbung in erheblichem Maße aus zugesetztem β-Carotin" (ME).

„Bei der Überprüfung einer Bäckerei wurde eine Probe ‚Eimasse' entnommen. Diese war von Schmutzparktikeln durchsetzt und wegen der hohen Keimzahl an Enterobacteriaceen nicht mehr zum Verzehr geeignet" (BO).

„Bei gekochten, gefärbten Eiern wurden in drei Proben einzelne bereits sauer gewordene Eier festgestellt" (S).

„Weit überlagert (19 Jahre) war eine Probe japanischer Wachteleier in einer Dose aus einer Gaststätte mit einer aufgedruckten Haltbarkeitsfrist bis 1971. Die Eier waren entsprechend zersetzt und ungenießbar" (KA).

Fleisch, Geflügel, Wild

Trotz der für Fleisch sehr umfangreich vorhandenen Rechtsvorschriften finden sich bei dieser Gruppe nicht signifikant weniger Beanstandungen. Hauptsächlich wird berichtet über falsche Behandlung von Fleisch, Täuschung des Verbrauchers durch Unterlassen des Hinweises auf zwischenzeitliches Tiefgefrieren, Arzneimittelrückstände und Warenunterschiebung.

Verschiedentlich waren Fleischteilstücke wegen Schimmelbefalls und stickigem fauligem Geruch verdorben; „Hackfleisch enthielt Teile eines Wurms" (HA).

„ Rinderroulade wies nekrotisch veränderte Herde in der Muskulatur auf" (HAM).

Nicht zum Verzehr geeignet waren übelriechende, faulige Fleischproben; in Zersetzung übergegangene Schweinenieren; gesäuerte Rindfleischproben. „Ein Großteil dieser Proben stammte wiederum aus Gaststättenbetrieben, die die Fleischproben zu lange und ungenügend kühl lagerten" (FR).

„Hähnchenmägen gaben wiederholt Anlaß zu Beanstandungen, da sie nicht sauber geputzt waren (anhaftende Mageninhaltsreste, Mageninnenhaut)" (SIG).

„Schweine und Rindfleischteile wiesen an der Oberfläche eine Grauverfärbung auf, Geruchs- und Geschmacksabweichungen waren nicht festzustellen. Ursache für die Verfärbung war eine kurzzeitige Temperaturerhöhung im Kühlraum eines Schlachthofs, hervorgerufen durch eine Erneuerung des Fußbodens in den angrenzenden Räumen. Nach Entfernen der Außenschicht waren die Fleischteile verkehrsfähig" (SIG).

Tiefgekühltes Fleisch macht beständig und erstaunlich häufig Probleme. Daß auch beim Tiefgefrieren sorgfältig gearbeitet werden muß, ist nicht so allgemein üblich, wie man annehmen sollte. Wegen Lagerung bei zu hohen Temperaturen waren zahlreiche als „Tiefkühlware" bezeichnete Fleischerzeugnisse als irreführend bezeichnet zu beanstanden.

„Tiefkühlerzeugnisse (Geflügel, Lachs, Wild) mit abgelaufenem Mindesthaltbarkeitsdatum waren alt und ranzig und wiesen z. T. deutliche Frostbrandstellen auf" (S-St).

„Im Fettanteil diverser Proben tiefgefrorenen Fleisches – insbesondere Geflügel, Wild, Kaninchen – wurden teilweise vor Ablauf des Mindesthaltbarkeitsdatums derart starke hydrolytische und oxidative Veränderungen festgestellt, daß Beanstandungen wegen erheblicher Wertminderung ausgesprochen werden mußten. Unter den beanstandeten Proben befand sich auch eine tiefgefrorene Gans,

Redaktion der Südwest-Presse
"Die Neckarquelle"

Sehr geehrter Sachbearbeiter, der nachstehende Artikel ist eine wahre Begebenheit!

Man will seinem Hund Gutes tun und kauft für ihn ein gekochtes Ripple, schneidets zu Brocken und servierts in seinem Teller. Über diesen Leckerbissen wird er sich aber freuen, kommt auch gleich zur Futterstelle gerannt und . . . läuft beleidigt wieder davon. "Ja, was ist? Du frißt das nicht? Du Schneiker kommst mir gerade recht, was anderes gibts nicht!"

Nach Mitternacht muß man mal raus aus den Federn und tut dies im Dunkeln. Jesses, was leuchtet da? Wie Radium oder wie Phosphor. Licht gemacht. O Schreck! Das sind ja die Ripple-Brocken! Wohl haltbar gemacht. Ab wie? Etwa mit Radiumbestrahlung oder einer Phosphor-Impfung?!

Hunde haben eben eine feine Spürnase und fressen sowas nicht. Nur wir Menschen: wir sagen "Guten Appetit" und vertilgens. Woher wir nur Magenkrebs bekommen? Aber wie heißt es bei solchen Dingen immer: Keine Gefahr - für den Menschen unschädlich.

So war es wahrhaftig, ich habe Zeugen, denn am frühen Morgen leuchtetes die Brocken immer noch etwas, obwohl schon Verwesung einsetzte, darnach natürlich nicht mehr.

VS-Schwenningen, 23. 8. 199o

Abb. 4.4. Leserbrief an die Redaktion der Südwest-Presse (FR)

die offenbar für das Weihnachtsfest 1989 bestimmt war, deren Haltbarkeit aber mindestens bis Ende September 1990 reichen sollte.

Ursprünglich für den Frischverkauf vorgesehenes Geflügel- und Kaninchenfleisch (diverse Proben), das in dieser Angebotsform nicht abgesetzt werden konnte, war in teilweise völlig unzureichender Verpackung ohne ausreichende Kennzeichnung, insbesondere ohne Angabe eines Mindesthaltbarkeitsdatums, unsachgemäß tiefgefroren worden. Die Proben mußten wegen Gefrierbrandes und Fettoxidation überwiegend als erheblich wertgemindert, in einem Fall als nicht mehr zum Verzehr geeignet beurteilt werden" (ME). Ähnlich (FR).

„Rohe Fleischspieße und rohes Geschnetzeltes waren zu beanstanden, weil sie nicht vorschriftsmäßig unmittelbar nach der Herstellung, sondern erst im Einzelhandelsgeschäft oder in Gastwirtschaften mit unzureichenden Geräten tiefgefroren wurden" (S).

„Über die Aktivität des Mitochondrienenzymes β-Hydroxyacyl-CoA-Dehydrogenase (kurz HADH) im Fleischpreßsaft von rohem Fleisch konnte in mehreren Fällen nachgewiesen werden, daß angeblich frisches Fleisch bereits zumindestens einmal tiefgekühlt und wieder aufgetaut worden war" (S).

„Frisches Fleisch", das aufgetautes Gefrierfleisch ist, muß kenntlich gemacht werden. „Mehrere Proben aufgetautes Schweinefilet kamen ohne Kenntlichmachung der Gefrierlagerung in den Verkehr" (HAM). Ähnlich (FR).

„Im Tiefkühllager eines Betriebes wurden zum wiederholten Male überlagerte Hackfleischprodukte vorgefunden. Nach den Bestimmungen der Hackfleisch-VO beträgt die Aufbrauchfrist vom Tage der Herstellung an 3 Monate" (KA).

Leider wird von vielen Verbrauchern kritiklos angenommen, was eigentlich schon immer verboten war, das Mitwiegen der Verpackung, Einwickel- und Zwischenlegepapiere. Solange billiges Papier teuer bezahlt wird, ohne daß sich jemand beschwert, wird die Unsitte kaum einzudämmen sein.

„Bei mehreren in Styropor-Foodtainern originalverpackten Proben Gehacktes und Tatar entsprach das Bruttogewicht der deklarierten Einwaage. Es handelte sich nicht um Fertigpackungen mit bedrucktem Verpackungsmaterial, auf dem auch die Füllmenge aufgedruckt ist, sondern um Packungen mit individueller Einwaage, wobei jede Packung zur Preisermittlung gewogen wird. Daher gelten die Regelungen der Fertigpackungs-VO bzgl. der zulässigen Abweichungen von der Nennfüllmenge nicht" (HAM).

Ebenfalls sehr gewinnträchtig ist es, Wasser teuer zu verkaufen. Die Einarbeitung von Wasser in Geflügelfleisch ist nur ein Beispiel dafür. Schon mehrfach wurde darüber berichtet, „daß bei tiefgefrorenen, küchenfertig gewürzten, panierten und unpanierten Geflügelfleischerzeugnissen wie etwa ‚Hähnchenschnitzel' oder ‚Putenschnitzel' vielfach Wasser, z. T. bis zu 25%, in Form einer ‚Gewürzlake' eingearbeitet wurde. In der Kennzeichnung dieser Produkte fehlte jeglicher Hinweis auf diese Wertminderung, die Zutat Wasser wurde noch nicht einmal in den Zutatenlisten aufgeführt. Der aufgrund unserer Beanstandungen entbrannte Streit zwischen Überwachung und Industrie (aber auch zwischen einzelnen Gutachtern aus der Überwachung) scheint jetzt beigelegt. Die Einigung zeichnete sich bereits auf der Podiumsdiskussion anläßlich der Kulmbacher Woche im Mai

1990 ab. Die Frage, wie das zu derartigen Produkten rezepturmäßig zugesetzte Wasser ausreichend kenntlich zu machen ist, wurde von allen Sachverständigen einhellig beantwortet. Die Kenntlichmachung muß in unmittelbarem Zusammenhang mit der Verkehrsbezeichnung mit den Worten ‚mit x% Gewürzlake' erfolgen. Auf seiner 43. Arbeitstagung am 21.06.1990 hat der Arbeitskreis Lebensmittelhygienischer tierärztlicher Sachverständiger (ALTS) einvernehmlich festgestellt, daß bei der Beurteilung des Fremdwassergehaltes, unabhängig davon, ob die Schlachttierkörper trocken oder naß gekühlt wurden, bei Geflügelbrustfleisch ein Wasser-Eiweißverhältnis von 3,6:1, bei – beinfleisch von 4,0:1 zugrundegelegt werden sollte. Außerdem fand im Oktober 1990 ein Sachverständigengespräch mit dem Verband der Geflügelschlachtereien und Mitgliedern des ALTS statt. Es wurde Einigkeit darüber erzielt, daß es aus Gründen des Verbraucherschutzes und des lauteren Wettbewerbs unumgänglich sei, jede Flüssigwürzung kenntlich zu machen, und zwar unter Angabe des auf das Ausgangsgewicht bezogenen Prozentsatzes der zugesetzten Flüssigwürzung in Verbindung mit der Verkehrsbezeichnung. Als Höchstgrenze für die Verwendung der Flüssigwürzung wurden 8% festgelegt. Bei Behandlung mit mehr als 8% Lake entsteht ein ‚Neues Produkt', das mit einer Phantasiebezeichnung versehen werden muß. Auch wurden die vom ALTS festgestellten ‚Federzahlen' bestätigt (für Beinfleisch wurde ein Wasser-Eiweißverhältnis von 3,9:1) vorgeschlagen)" (HAM).

„Auffällig waren in diesem Berichtsjahr wieder tiefgefrorene Wildhasenerzeugnisse, die bereits erheblich vor Ablauf des Mindesthaltbarkeitsdatums nicht mehr zum Verzehr geeignet waren. Der Grund dafür war der ranzige Geruch und stark alte Geschmack des Hasenfettes bzw. -fleisches. Es muß an die Importeure dieser Erzeugnisse appelliert werden, die Mindesthaltbarkeit von 12 bis 18 Monaten auf 6 Monate zu reduzieren" (FR).

„Tiefgefrorene Hasenrücken und Hasenkeulen waren aufgrund von fortgesetzten Verderbsniserscheinungen (intensive Ranzigkeit mit und ohne Frostbranderscheinungen) als nicht mehr genußtauglich zu beanstanden" (S).

„Bei sieben Fleischproben (davon sechs Wild) wurde die korrekte Angabe der Tierart überprüft. In sechs Fällen war die Bezeichnung korrekt, eine als ‚Rehblatt' angebotene Probe erwies sich aber als nicht einheimisches Wild. Die Tierart konnte mangels Vergleichsmaterial nicht identifiziert werden. Das Staatl. Tierärztliche Untersuchungsamt Heidelberg teilte dazu später mit, daß ein asiatischer oder afrikanischer Kleinhirsch vorgelegen habe" (KA).

„Nur bei einer Rehkeule mußte eine Beanstandung wegen unzutreffender Tierartangabe ausgesprochen werden. Die Charge wurde daraufhin aus dem Verkehr genommen" (SIG).

Aus Stuttgart wird gegenteiliges berichtet: dort ‚konnte in mehreren Proben von rohem ‚Rehwildfleisch' der Nachweis erbracht werden, daß es sich nicht um Fleisch vom Rehwild handelte. Eine Zuordnung der Tierart war nicht möglich" (S).

Wenig erfreut konnten Wildbretfreunde sein über „Wildschweingulasch, das hauptsächlich aus Bauchlappen, Schwarten, Haaren und grünlichem Darminhalt bestand" (FR).

Rückstände in tierischen Lebensmitteln

Die Rückstandssituation erscheint weiterhin unverändert.

Mit der Bekanntgabe der „Verordnung (EWG) 2377/90 des Rates zur Schaffung eines Gemeinschaftsverfahrens für die Festsetzung von Höchstmengen für Tierarzneimittel-Rückstände in Nahrungsmitteln tierischen Ursprungs" vom 26. Juni 1990 wurden die Weichen für ein grundsätzlich anderes Konzept für die lebensmittelrechtliche Beurteilung von Rückständen gestellt. Anstelle der Wartezeitenregelung sollen, wenn auch mit langen Übergangsfristen, systematisch für alle Lebensmittel tierischen Ursprungs – Fleisch, Eier, Fisch, Milch und Honig – Höchstmengen festgesetzt werden.

„96% der untersuchten tierischen Lebensmittel (Milch, Fische, Geflügel Eier) wiesen Rückstände an chlororganischen Pestiziden und/oder Verunreinigungen mit Polychlorierten Biphenylen auf. Bei 20 Proben der untersuchten 616 Proben lag eine Höchstmengenüberschreitung vor" (S).

Hormonell wirksame Stoffe

„Auffällige Befunde an Anabolika-Rückständen waren nicht zu verzeichnen" (S).

„60 Proben Kalbfleisch wurden mittels Radioimmunoassay auf das östrogenwirkende Zeranol untersucht. In keiner der Proben konnte Zeranol nachgewiesen werden" (S).

Androstenon

Zwei Proben bratfertiger Hacksteaks fielen bei der sensorischen Prüfung durch einen abstoßenden Geruch auf, der als schweißig urinös charakterisiert wurde. Bei der anschließenden chemisch-analytischen Untersuchung konnten 40 bzw. 260 µg Androstenon/kg Fett festgestellt werden. 5α-Androst-16-en-3-on kommt in unterschiedlichen Konzentrationen im Fettgewebe von Ebern vor und ist die Hauptkomponente des sog. Ebergeschlechtsgeruches, der von einem entsprechend disponierten Teil der Verbraucher, und zwar in der Mehrzahl Frauen, als unangenehm empfunden wird. Eine solche geruchliche Abweichung bringt eine nicht unerhebliche Beeinträchtigung des Genußwertes mit sich" (S).

Nicarbazin, Meticlorpindol

„Rückstände der Kokzidiostatika Nicarbazin und Meticlorpindol wurden in Geflügelproben, Eiern und Eiprodukten festgestellt. Die im Jahresbericht 1987 aufgezeigte Problematik hinsichtlich der lebensmittelrechtlichen Beurteilung besteht mit Ausnahme eines Verbots von Nicarbazin bei Aufzuchtgeflügel nach wie vor.

Um weitere Erkenntnisse über die Ursachen von Kokzidiostatika-Rückständen zu erhalten, wurden in Zusammenarbeit mit der Futtermittelüberwachung des Regierungspräsidiums Stuttgart und der Landesanstalt für landwirtschaftliche Chemie der Universität Hohenheim 16 Proben Putenfleisch und Futtermittel aus im Regierungsbezirk Nord-Württemberg ansässigen Putenmästereien auf Meticlorpindol untersucht.

Bei einer Probe konnte ein Meticlorpindolgehalt von 250µg/kg Fleisch festgestellt werden. In diesem Fall zeigten sich bei den von der Landesanstalt für landwirtschaftliche Chemie vorgenommenen Untersuchungen zwei ursächliche Zusammenhänge. Einmal enthielt das Endmastfutter unzulässigerweise noch eine Meticlorpindolkonzentration von 420µg/kg, was vermutlich auf eine Vermischung mit alten Futtermittelresten im Silo zurückzuführen ist. Außerdem wies die Einstreu noch 1.200µg/kg einen nennenswerten Gehalt an Meticlorpindol auf.

Dieser Wirkstoff wird, wie auch in der Literatur u.a. auch von Nicarbazin beschrieben, bei Geflügel, nach Aufnahme über das Futter, zu einem hohen Prozentsatz unverändert wieder über den Kot ausgeschieden. Da die Tiere in der Bodenhaltung aufgezogen werden, kommt es durch eine Art ‚Recyclingprozeß' auch nach dem Absetzen dieses Futtermittelzusatzstoffes zu einer ständigen Rekontamination des Tieres und damit auch der erzeugten Lebensmittel.

Eine vernünftige, den Interessen des Verbrauchers wie auch des landwirtschaftlichen Erzeugers gerecht werdende Lösung dieses alten Problems kann nur durch die Festsetzung von Höchstmengen erreicht werden, wie sie sich im Bereich der pflanzlichen Lebensmittel bewährt hat" (S).

Schwermetalle und Pestizide in Wild

Im Bereich der Rückstandsanalytik lag in Sigmaringen ein Schwerpunkt auf der Untersuchung von Wild. „Das freilebende Wildtier ist von der Beschaffenheit seines Lebensraumes abhängig und spiegelt somit als Bioindikator Unwelteinflüsse und Belastungstrends in seiner unmittelbaren Umgebung wieder. Aus dem Landkreis Sigmaringen und angrenzenden Bereichen wurden flächendeckend 140 Proben untersucht. Der Untersuchungsumfang erstreckte sich auf die künstlichen radioaktiven Isotope Cäsium-134, Cäsium-137 und das natürliche radioaktive Element Kalium-40, die Schwermetalle Blei, Cadmium und Quecksilber sowie die Polychlorierten Biphenyle und die wesentlichsten Pestizide. Nach dem Ergebnis der Untersuchung kann davon ausgegangen werden, daß Wildbret (Muskelfleisch) nur gering mit den Schadstoffen Blei, Cadmium und Quecksilber sowie mit Organochlorverbindungen kontaminiert ist und somit keine besonderen Empfehlungen bezüglich des Verbraucherschutzes erforderlich sind. Bezüglich der teilweise erhöhten Gesamtcäsiumwerte ist anzumerken, daß ein nur gelegentlicher Verzehr höher kontaminierter Rehmuskulatur keine unzumutbaren gesundheitlichen Risiken mit sich bringt. Im Gegensatz hierzu weisen Nieren und Leber verhältnismäßig hohe Schwermetallgehalte und häufig auch erhöhte Gehalte einzelner Organochlorverbindungen auf. Da sie jedoch im allgemeinen nicht zum Verzehr kommen, sondern als sog. ‚kleines Jagdrecht' beim Jäger verbleiben, sind für den Normalverbraucher keine gesundheitlichen Gefährdungen zu erwarten. Grundsätzlich abweichend stellt sich die Situation für den Jäger dar: Vergleicht man die ermittelten Werte mit den vorläufig als duldbar festgesetzten wöchentlichen Aufnahmemengen (WHO-Werte) für Blei, Cadmium und Quecksilber, so ist diesem Personenkreis vom Verzehr von Wildinnereien, insbesondere aufgrund der hohen Cadmiumgehalte, abzuraten" (SIG).

Vitamin-A-Gehalte in Leber

Neben den altbekannten Rückständen führen nunmehr auch „natürliche" Futtermittelrückstände zu Problemen. Vitaminzusätze in Futter sind nicht neu und auch zulässig. Die alte Erkenntnis von Paracelsus, daß die Dosis erst bewirkt, daß etwas giftig ist, wird auch hier wieder bestätigt.

„Das Bundesgesundheitsamt (BGA) in Berlin empfahl aus Vorsorgegründen Schwangeren, insbesondere in den ersten Monaten der Schwangerschaft, vorsichtshalber auf den Genuß von Leber zu verzichten. Der Mitteilung des BGA lagen Informationen aus Großbritannien zugrunde, wonach Leber so viel Vitamin A enthalten kann, daß bei häufigem Verzehr ein – wenn auch sehr geringes – Risiko für das ungeborene Kind nicht mehr ausgeschlossen erscheint.

Vitamin A ist ein natürlicher lebensnotwendiger Nahrungsbestandteil, der in bestimmten Mengen zur Vermeidung von Mangelerscheinungen aufgenommen werden muß. Überhöhte Dosen von Vitamin A müssen jedoch als fruchtschädigend betrachtet werden.

Die Leberproben verschiedener Tierarten aus Großbritannien enthielten durchschnittliche Gehalte an Vitamin A in Höhe von 13 bis 39 mg/100 g Frischgewicht. Schon der Verzehr von 100 g einer solchen Leber kann zur mehrfachen Überschreitung der Obergrenze führen, die für Schwangere vom Bundesgesundheitsamt im Jahre 1989 für Vitamin-A-haltige Arzneimittel auf 3 mg (10.000 I.E.) täglich begrenzt wurde.

Aufgrund dieser Mitteilung wurden im November 1990 insgesamt 20 Leberproben von Schweinen, Rindern, Hähnchen, einem Kalb und einer Pute untersucht.

Vierzehn Proben lagen über dem vom BGA 1989 festgelegten Höchstwert für die tägliche Aufnahmemenge an Vitamin A von 3 mg in Arzneimitteln. Der höchste Gehalt lag bei 28,2 mg/100 g Frischgewicht. Bei einer üblichen Verzehrsmenge von ca. 200 g Leber können somit in Einzelfällen zwischen 50 und 60 mg Vitamin A aufgenommen werden, also bis zum 20fachen des o.g. Höchstwertes" (FR).

Fleischerzeugnisse

Viele Verstöße betreffen durch Überlagerung verdorbene Produkte oder ekelerregend verunreinigte; daneben finden sich häufiger als sonst nichtzugelassene, nichtgekennzeichnete oder zuviel Zusatzstoffe. Auch über die Zusammensetzung, insbesondere beim Fremdwassergehalt, werden Mängel berichtet. Die vielen kleinen Kennzeichnungsmängel sollen nicht mehr detailliert erwähnt werden.

Wie bereits in den Vorjahren wurden immer wieder Hackfleisch und Hackfleischerzeugnisse, wie z.B. Fleischkäsbrät und Cevapcici, angetroffen, die über die Fristenregelung der Hackfleischverordnung hinaus in Verkehr waren (FR, KA, SIG u.a.).

„Rohes Hackfleisch wurde bei zu hohen Temperaturen (über +7 °C) gelagert. Bei zahlreichen Proben Hackfleisch (einschließlich gesteakten Schnitzeln) aus dem Gastronomiebereich wurden die zulässigen Fristen für das Inverkehrbringen überschritten und/oder sie waren als verdorben zu beanstanden" (S).

„Gemischtes Hackfleisch enthielt 35% statt des maximal zulässigen Gehaltes von 30% Fett. Rinderhackfleisch, das höchstens 20% Fett enthalten darf, wies einen Gehalt von 29% auf" (FR).

„Ein Abfüllbehälter für frische Bratwurst war offensichtlich über längere Zeit nicht gereinigt worden und wies Beläge aus angetrocknetem Fleisch, Fett und Rost auf" (AC).

„Auf Wochenmärkten wurden verstärkt Verkaufsstände auf das Angebot an zerkleinerten Fleischerzeugnissen im Sinne der Hackfleischverordnung überprüft, die auf Wochenmärkten nicht angeboten werden dürfen. Es wurden frische grobe rohe Bratwürste, Schaschlik und Hackfleisch vorgefunden" (FR), ferner „ohne Kühlung feilgehaltenes ‚Schweinegeschnetzeltes' sowie angebliches ‚Putengulasch' (in Wirklichkeit ebenfalls Geschnetzeltes), ‚Schaschlik' und ‚Wirsingrouladen' (jeweils roh)" (BO).

Die türkischen Spezialitäten erfreuen sich auch in unserem Land wachsender Beliebtheit. Ein spezielles Problem stellen dabei die großen Kebab-Spieße dar, so waren am Vortag hergestellte, verdorbene Gyros- bzw. Iskender Kebab-Spieße zum Verzehr nicht mehr geeignet, da bei deren Herstellung Hackfleisch verwendet wurde, das mit Ausnahme einer dünnen Bratkruste nicht durchgegartes, rohes Fleisch aufwies. „Bei diesen Proben, die einen Tag nach ihrer Herstellung noch in den Verkehr gebracht wurden, waren somit die Fristen für das Inverkehrbringen überschritten. Die Spieße mußten ebenso wie zwei weitere Proben aus Gaststättenbetrieben nach der Hackfleisch-VO beurteilt werden. Bei den letzteren Proben handelte es sich um aus einer Metzgerei bezogenes, vor längerer Zeit eingefrorenes, rohes Hackfleisch sowie um rohe Fleischspieße in einer Fertigpackung, deren Verbrauchsdatum um 4 Monate überschritten war. Die 38 Fleischspieße, die in einer Tiefkühltruhe in der geöffneten Packung lagerten, wiesen außerdem starken Gefrierbrand mit einem hohen Austrocknungsgrad auf" (PF).

Ganz und gar nicht appetitlich war eine gegarte Probe Hähnchenbrust, die eine Fliege für ihre Eiablage aufgesucht hatte (PF).

Auch am Knochen einer gegrillten Schweinshaxe fanden sich lebende Fliegenmaden (HAM). Ebenso waren Kochschinken und Frikadellen mit Eigelegen der Schmeißfliege (BO) und Schwenksteaks mit Fliegeneiern verunreinigt. Eingelegtes Rindfleisch war faulig; Gepökeltes vom Schwein nicht zum Verzehr geeignet, da ranzig, muffig; gesalzenes Eisbein war verdorben durch fauligen Geruch (SI).

Weiterhin gefunden wurden stark bombierte und faulig-verdorbene „Schweinefleisch in eigenem Saft"-Konserven (BO).

Absolut ungenießbar war „Breitseitenspeck mit großflächigem graugrünem Schimmel, gesäuerte Kochpökelwaren, fauliges Hackfleisch" (FR).

Verschimmelte Speckseiten mit über 100 Mio./g vermehrungsfähigen Schimmelpilzen wurden ebenso beanstandet wie mit weißem und schwarzem Schimmel befallene Bratenrückstände aus dem Bratofen eines Party-Service (BO).

Mehrere Proben eines Erzeugnisses vakuumverpackter, gebratener Hähnchen wurden wegen hochgradiger Verkeimung mit Bacillus-Arten als gesundheitsschädlich beurteilt, die Proben wichen auch sensorisch stark ab. Gegarte Truthahnbrust wies einen fauligen Geruch auf und hochgradiges Wachstum von Enterobacteriaceen (HAM).

Vakuumpackungen hatten Luft gezogen, so daß Rohschinken und geräucherte Putenkeule mikrobiell verdorben waren.

„Mängel in der Sensorik zeigte eine Schinkenprobe aus einer Pizzeria – vermutlich aufgrund nicht ausreichender Kühlung und zu langer Aufbewahrung –, Frikadellen bzw. Rinderrauchfleisch mit säuerlichem Geruch und Geschmack und ein vermutlich mit altem Fett hergestelltes, gegartes Fleischerzeugnis nach Frikadellenart“ (PF).

Ein Großteil der Beanstandungen betraf die irreführende Angabe des Mindesthaltbarkeitsdatums. Mit Ablauf des Mindesthaltbarkeitsdatums erwiesen sich die Erzeugnisse als nicht zum Verzehr geeignet bzw. waren in ihrem Genußwert nicht unerheblich gemindert. Dazu „wurden verstärkt vakuumverpackte, geräucherte Rohschinkenerzeugnisse auf die Einhaltung des angegebenen Mindesthaltbarkeitsdatums überprüft. Ein Großteil dieser Proben wies am Ende des Mindesthaltbarkeitsdatums stark hefigen Geruch und beißigen, kratzigen Geschmack auf. Diese sensorische Beeinträchtigung war fast in allen Proben mit einem Anstieg des Gehaltes an biogenen Aminen verbunden. Auffällig war, daß Teilstücke mit mehr als einer Anschnittfläche, die bei Raumtemperatur lagerfähig sein sollten, zum Zeitpunkt des angegebenen Mindesthaltbarkeitsdatums stark abweichende Geruchs- und Geschmackseindrücke aufwiesen. Dieselben Proben, die parallel dazu im Kühlschrank bei einer Temperatur $< +6\,^{\circ}C$ gelagert wurden, waren dagegen noch in Ordnung“ (FR).

„Das Mindesthaltbarkeitsdatum ist das Datum, bis zu dem ein Lebensmittel unter angemessenen Aufbewahrungsbedingungen seine spezifischen Eigenschaften behält (§ 7 Lebensmittel-Kennzeichnungs-VO). Bei überdehnten Mindesthaltbarkeiten kann dies nicht erwarten werden. Lachsschinken, Westfälischer Knochenschinken, Rückenspeck und Delikateß-Schweinebraten waren mit Ablauf des Mindesthaltbarkeitsdatums ungenießbar, italienischer Rückenspeck erheblich wertgemindert“ (ME).

Relativ häufig mußten „Frikadellen beanstandet werden, bei denen unzulässige gepökelte Brühwurst- oder Schinkenreste verarbeitet waren. Diese vor allem aus kleineren Handwerksbetrieben stammenden Proben belegen, daß die Frikadelle z.T. immer noch als willkommenes Produkt zur Resteverwertung mißverstanden wird“ (AC).

Frikadellen und Bratklopse waren wertgemindert, da zu geringer Rohfleischanteil, überhöhter Gehalt an Stärke in der Trockenmasse und Fremdwasser ermittelt wurden (AC, FR, HA, HAM, SI).

Es wurden „vermehrt Erzeugnisse untersucht, die als ‚Hamburger‘ gekennzeichnet waren. Während der in den Leitsätzen für Fleisch und Fleischerzeugnisse des Deutschen Lebensmittelbuches festgeschriebene Mindestgehalt an bindegewebseiweißfreiem Fleischeiweiß eingehalten wurde, wurde in einigen Erzeugnissen ein nicht verkehrsüblicher Stärkezusatz (bis zu 15,8% in der Trokkensubstanz) und zu hoher Fettgehalt (bis zu 26,5%) nachgewiesen“ (SIG).

„Döner Kebab“, eine türkische Drehspießspezialität, enthielt bis zu 80% Hackfleisch (nach allgemeiner Verkehrsauffassung und Herstellerüblichkeit sollte der Hackfleischanteil maximal 60% betragen). Schwarzwälder Schinken wies einen zu geringen Austrocknungsgrad auf (FR).

„Die Angabe ‚Gyrosburger‘ für eine Schweinehackfleischscheibe mit besonderer Würzung wurde als irreführend beurteilt, da das Erzeugnis seitens der Herstellungstechnologie nicht mit Gyros vergleichbar ist“ (SIG).

„Grillsteaks“ mit über 23% Fett und Bindegewebe und ohne Hinweis auf die Tierart wurden beanstanden (BO).

Häufig festgestellt wurden „Schnitzel“ und „Nackenkoteletts“ mit überhöhtem Panadeanteil (AC, BO, SI), teils auch gleichzeitig die Verwendung von verdorbenem Bratfett (SI).

Zahlreiche Proben Kasseler sowie gekochter Schinken waren wertgemindert, da Fremdwasser und zu wenig Fleischeiweiß im fettfreien Anteil und unerlaubter Phosphatzusatz nachweisbar waren (SI).

Bei aus Schweinefleischstückchen zusammengefügten „Schnitzeltaler“ wurde auf den aufklärenden Hinweis „Formfleisch“ „verständlicherweise“ verzichtet (BO).

Ebenso phantasievoll, aber nicht inhaltsvoll waren Proben mit der Bezeichnung „Burgunder Rollbraten“. Jedoch verdienten sie diese Bezeichnung nicht, weil der wert- und namengebende Rotwein fehlte (BO, D).

Fremdwasser spielt bei vielen Fleischerzeugnissen eine besondere Rolle, besonders betroffen sind z. B. Kochschinken und gegartes Kasseler mit zu geringem Gehalt an Eiweiß im fettfreien Anteil und z. T. recht hohen Fremdwassergehalten bis zu 10% (HAM) bzw. 12% (AC), in einem Fall eine deutlich überhöhte P-Zahl (2,7) ermittelt wurde (AC).

Aber auch Rohschinken sind betroffen. Sie weisen erst dann ihre spezifischen Eigenschaften auf, wenn sie ausreichend gereift sind. Da die Reifung mit Abtrocknung, d.h. mit Wasser-(Gewichts)verlust verbunden ist, wird nicht selten versucht, Schinken herzustellen, die hinsichtlich der Abtrocknung die zu stellenden Anforderungen soeben erfüllen. Das gelingt offenbar nicht immer. So wurden die Wassergehalte, die nach den Leitsätzen des Deutschen Lebensmittelbuches im Magerfleischanteil der verschiedenen Schinkensorten höchstens enthalten sein dürfen, bei Bauernschinken, Edelrollschinken, Schinkenstücke, Delikateß-Nußschinken, Lachsschinken und Rinderrauchfleisch deutlich überschritten (ME).

Auch in „panierten Geflügelfleischerzeugnissen wurden z. T. erhebliche Fremdwassergehalte festgestellt. Zur Berechnung des zugesetzten Wassers wird bei Geflügelbrustfleisch nicht von der sonst allgemein üblichen Federzahl 4,0 ausgegangen, sondern von einem maximalen Wasser-Eiweiß-Verhältnis von 3,6“ (AC). Ebenso (BO).

In Schweinemett war im „Widerspruch zu den Bestimmungen der Hackfleischverordnung in vier Fällen Ascorbinsäure nachweisbar, einmal zusätzlich noch 17 g/100 g Fremdwasser. Diese Probe fiel bereits durch die wäßrige Oberfläche und weiche, beinahe matschige Konsistenz auf“ (D).

Teils mit dem Problem Fremdwasser eng verbunden ist die Phosphatproblematik. Phosphate haben emulgierende und wasserbindende Wirkung. Z.T. sind sie verboten. So waren Hamburger und Hackfleisch zur Herstellung von Döner Kebab wegen der unzulässigen Verarbeitung von Phosphaten zu beanstanden (S). Auch „ein größerer Prozentsatz an Kasselerproben wies unzulässigerweise das Kutterhilfsmittel Diphosphat auf, das nur bei der Verarbeitung von nicht mehr schlachtwarmem Fleisch, das unter Zusatz von Eis zerkleinert wird, zugelassen ist" (DO). Ähnlich (D).

Während „1989 16% der untersuchten Proben derartige Zusätze enthielten, wurden 1990 bereits in 22% der 76 überprüften Erzeugnisse Diphosphate nachgewiesen. Die zur besseren Bindung und Geschmacksabrundung zugesetzten Diphosphate waren im Gegensatz zu den Vorjahren überwiegend in handwerklich hergestellter Ware enthalten. Aufgrund der hohen Beanstandungsquote ist eine noch intensivere Überprüfung dieser Produktgruppe erforderlich" (SIG).

Manchmal werden Phosphate auch eingeschleppt. „Bei Frikadellen, die unter Mitverwendung von Brühwurstbrät hergestellt wurden, fehlte die Kenntlichmachung des zur Herstellung des Brät mitverwendeten Kutterhilfsmittel Diphosphat" (FR).

Zu beklagen ist bei Fleischerzeugnissen die „unzulässige Verwendung von Zusatzstoffen: Fleischküchle enthielten Nitritpökelsalz durch Mitverwendung von umgerötetem Brühwurstbrät. Bauchspeck war Salpeter zugesetzt worden. Zur Herstellung von Bauchspeck darf aber nur Nitritpökelsalz verwendet werden" (FR). Weiter wurde ermittelt:

- „Verwendung von Citrat (bis zu 1.540 mg/kg);
- Verdacht auf Verwendung von hydrolysierten Eiweißpräparaten (NPN bis 3,3%);
- Verdacht auf Verwendung von verdickungsmittelhaltigen Zusatzstoffen;
- überhöhter Gehalt an Glutamat" (HAM).
- Mett mit betaninhaltiger Zutat, vermutlich Rote-Beete-Saft o.ä. rot gefärbt, wiederholt mit Ascorbinsäure;
- Erzeugnisse, die unter die Bestimmung der Hackfleischverordnung fallen, waren mit Nitritpökelsalz hergestellt worden (FR).
- Frühstücksschinken/Rohschneider, „mild und zart" mit 6,7% Nitritpökelsalz (BO).

Kleine Schinken „aus Selbstherstellungen wurden gegen Ende des Berichtsjahres in größerer Anzahl (25) untersucht. Sechsmal war der Grenzwert von 100 mg/kg Gesamtnitrat und -nitrit z.T. um ein Mehrfaches überschritten. Ursache war die ausschließliche oder teilweise Verarbeitung von Kaliumnitrat, was bei diesen kleinen Schinken nicht gestattet ist. Im Hinblick auf eine mögliche Nitrosaminbildung hat der Verordnungsgeber Nitrit- und Nitratgehalte in Fleischerzeugnissen auf das notwendige Mindestmaß reduziert. Daß dieser Grenzwert durchaus einzuhalten ist, belegen sensorisch ansprechende Produkte, die lediglich ein Drittel des Grenzwertes enthielten. Absoluter „Spitzenreiter" war ein Schinkenspeck mit 2.420 mg/kg Gesamtnitrit und -nitrat und 10,7 g/100 g Kochsalz, die eine ausgeprägte Salzschärfe verursachten. Der Verantwortliche hatte ein kaliumnitrathaltiges Schinkelpökelsalz verarbeitet. Dabei war sogar der Grenzwert für große Schinken (600 mg/kg) auch noch mehrfach überschritten" (D).

Umfangreiche Untersuchungen führten in Oberhausen zu folgendem Ergebnis: „Die überwiegende Anzahl der Proben mit Natriumnitrit liegt unter 5 mg/kg. Bei den Proben > 5 mg $NaNO_2$/kg überwiegen die niedrigen Gehalte bis 10 mg mit 41,5% der Proben, von 10 bis 20 mg mit 34,6% der Proben und von 20 bis 40 mg mit 17,6% der Proben" (OB).

Die Ergebnisse zeigen insgesamt:

1. Die Umrötung mit Nitritpökelsalz ist in vielen Fleisch(waren) zum Zeitpunkt der Untersuchung abgeschlossen.
2. Hohe Gehalte an Nitrit/Nitrat in belastender Höhe kommen durchaus vor.
3. Die gesetzlich vorgeschriebenen Höchstwerte für Nitrit können von der Herstellerseite ohne weiteres eingehalten werden.

Diese Befunde sind auch für den Verbraucher von Interesse und Bedeutung, weil Nitrit neben Nitrat und Nitrosaminen zu kritischen Faktoren in Wasser, Boden und Nahrung gezählt werden. Andererseits stellt die Umrötung von Fleisch und Fleischerzeugnissen mit Nitrat- und Nitritpökelsalzen einen wirksamen Schutz gegen schnelles, mikrobiell bedingtes Verderben dar. Insbesondere verhindert die Umrötung die Bildung der sehr giftigen Keimart Clostridium botulinum (OB).

Verbraucherbeschwerden über Fleischerzeugnisse

In einer Beschwerdeprobe Hamburger waren Heftklammern enthalten (SIG).

Eine Probe „Cordon Bleu", die in Zusammenhang mit einer Verbraucherbeschwerde erhoben wurde, mußte wegen ihrer Eignung zur Gesundheitsschädigung beanstandet werden. Das Erzeugnis war mit einem Zahnstocher zusammengesteckt, der nach Erwärmen nicht sichtbar im geschmolzenen Käse versteckt war (KA).

Eine Beschwerde- und eine Vergleichsprobe enthielt stickig, käsig, nach Schwefelwasserstoff riechenden Lachsschinken (PF).

Aufgrund einer Beschwerde mußte eine Probe Rinderhackfleisch auf ihren Fettgehalt untersucht werden. Der gefundene Wert lag um ca. 1% höher als der in der Hackfleisch-VO geforderte Gehalt von 20% (PF).

Wurstwaren

Die Ähnlichkeit der Fleischerzeugnisse mit den Wurstwaren findet sich auch bei den Beanstandungen wieder. Verdorben, wertgemindert, irreführend aufgemacht, unzulässige Zusatzstoffe oder zu langes Haltbarkeitsdatum, alles findet sich bei Wurstwaren. Auch der neue Trend zu kalorien- oder fettreduzierten Lebensmitteln macht vor Wurstwaren nicht halt und führt auch hier sofort zu Problemen. Vor direkten Umwelteinflüssen sind natürlich auch Wursterzeugnisse nicht geschützt.

Bei Würsten, „die in dem frisch gestrichenen Thekenbereich eines Einzelhandelsgeschäftes angeboten wurden, konnte ein eindeutiger Geruch nach Lösungsmittel festgestellt werden. Die Ware wurde freiwillig von dem Verantwortlichen aus dem Verkehr genommen" (PF).

Noch abstoßender ist es aber, wenn in einer Schwarzwurst eine Stubenfliege eingearbeitet ist (FR) oder die Blutwurst den Zahn eines Ferkels enthält (HAM).

Häufig berichtet wird über „unzureichenden Frischezustand (sensorisch feststellbare nachteilige Veränderungen; oxidativer Fettverderb: Erhöhung der Peroxidzahl; Eiweißzersetzung: erhöhte Gehalte an leichtflüchtigen basischen Stickstoffsubstanzen sowie an den biogenen Aminen Cadaverin, Putrescin und Histamin)" (S).

„Mindestens 5 Tage alte, im Kühlschrank aufbewahrte, widerlich riechende rohe Bratwürste aus einer Gaststätte mußten wegen Überschreitung der Frist für das Inverkehrbringen nach der Hackfleischverordnung beanstandet werden. Stark überlagerter, übelriechender Fleischkäse aus einer Gaststätte, stark sauer riechende Cocktailwürstchen und eine verdorbene Bierschinkenprobe waren zum Verzehr nicht mehr geeignet" (PF).

„Zahlreiche Zwiebelmettwürste waren infolge Übersäuerung (pH bis 4,5) und Fehlreifung als verdorben bzw. wertgemindert zu beurteilen" (FR).

Ebenso auffällig sind produktspezifische Probleme bei Salami. Entweder war sie nicht mehr zum Verzehr geeignet, da starker Schimmelpilzbefall auf der Wursthülle (ME, SI) festzustellen war oder aber „echt Ungarische Salami enthielt auf der Oberfläche hunderte von toten Milben" (HA). „Des weiteren als zum Verzehr nicht geeignet bzw. als im Wert gemindert beurteilt wurden eine stark ranzige Salami Mailänder Art, eine vermutlich nicht ausreichend kühl gelagerte Salami aus einer Pizzeria und eine Kalbsleberwurst, die bitter, nach Galle schmeckte und schwach nach ‚Abwasser' roch" (PF).

„In normalen Kellerräumen gelagerte bzw. aufgeschnittene Salami (als Belag für Pizza gedacht) war mit schwarzem Schimmel befallen und extrem sauerbeißend (pH 4,0; Säurezahl 13,7), ebenfalls die zugehörige Nachprobe vom betreffenden Pizzastand (pH 4,1; Säurezahl 21,1)" (BO).

Mängel in der Zusammensetzung wie zuviel Schwarten, Fett und Wasser, z.T. verbunden mit zu geringem Magerfleischanteil von zu sehnen- und bindegewebshaltigem Fleisch sowie groben Speckteilen (FR, S) führen am häufigsten zu Beanstandungen.

„Die häufigste Ursache für eine Wertminderung waren zu niedrige BEFFE-Gehalte. Es wurde in diesen Fällen offensichtlich zu bindegewebsreiches Rohmaterial eingesetzt, welches sich in den zu niedrigen BEFFE-Gehalten bezogen auf das Fleischeiweiß widerspiegelt. Besonders betroffen waren die Gruppen der Kochwürste, wie Leberwurst und gekochte Mettwurst, und Brühwursterzeugnisse, ausgenommen Bratwürste. Die Zahl der beanstandeten Proben aufgrund zu niedrigen BEFFE-Gehaltes ist bei den Rohwürsten dagegen deutlich geringer. Hier waren vorwiegend streichfähige Rohwürste betroffen. Der niedrigste BEFFE-Gehalt, bezogen auf das Fleischeiweiß, wurde bei einer Leberwurst mit 44% ermittelt" (BI). Ähnlich (SIG).

„Zungenwürste, die zu den Spitzenerzeugnissen zählen, wiesen häufig Schleimhautreste und Drüsenanteile auf. In vielen Fällen waren die Zungen nicht sorgfältig genug hergerichtet und geputzt. Einige Leberwürste der Spitzen- und Mittelqualität sowie Landjäger wiesen zu hohe Bindegewebsanteile auf und wurden deshalb als nicht unerheblich wertgemindert beurteilt (Spitzenwert: 64% bei Hausmacher Leberwurst). Als weiterer Beanstandungsgrund bei Kalbs- und Delikateß-Leberwürsten sind hohe Fremdwasserzusätze (bis 11%), welche nach allgemeiner Verkehrsauffassung nicht üblich sind, zu nennen" (SIG).

„Überhöhte Fettgehalte konnten fast ausschließlich bei Leberwürsten festgestellt werden. Der höchste Fettgehalt einer beanstandeten Leberwurst betrug 55% mit einem Fett/Fleischeiweiß-Quotienten von 5,83. Weiterhin mußten etliche Beanstandungen aufgrund überhöhter Wassergehalte ausgesprochen werden. Es überwogen hier Kochwürste und Kochpökelwaren. Hier wurden beispielsweise bei einer gekochten Mettwurst 14%, bei einer Leberwurst 10% Fremdwasser ermittelt, welches auf übermäßige Schüttung von Kochbrühe zurückzuführen ist. An der Spitze der beanstandeten Kochpökelwaren befand sich eine Probe Kasseler-Nacken mit 20% Fremdwasser, welche folglich auch einen zu niedrigen Eiweißgehalt im fettfreien Anteil nach Leitsatz-Ziffer 2.322 aufwies. Bei den Brühwursterzeugnissen wurden keine überhöhten Wassergehalte, ausgenommen einige Beanstandungen von gebrühten Bratwürsten, festgestellt. Bemerkenswert ist hier der Falle einer gebrühten Bratwurst mit 23% Fremdwasser. Nur in wenigen Fällen traten geringe Fremdwassergehalt bei frischen Rohwürsten (frische Zwiebelmettwurst, Vesperwurst) auf" (BI).

„Die schwerpunktmäßige Überprüfung von Weißwürsten ergab, daß nahezu 50% der Proben nicht die in den Leitsätzen genannten Anforderungen erfüllten. Die Erzeugnisse wiesen des öfteren zu niedrige Gehalte an reinem Muskelfleisch (BEFFE), zuviel Bindegewebe (bis 40%) und erhöhte Fremdwasserwerte (bis 27%) auf" (SIG).

„Eine ‚Pizza-Wurst aus Vorderschinken-Teilen, Brühwurstbräte mit grober Einlage', die keinerlei Merkmale in der Würzung bzw. Zusammensetzung aufwies, die der Verbraucher mit dem Wort ‚Pizza' in Verbindung bringen könnte, wurde in einer Pizzeria zur Herstellung einer ‚Schinken-Pizza' verwendet" (PF).

„ Geflügelbratwurst aus einem niederländischen Herstellungsbetrieb enthielt Weizenkleber. Unter Berücksichtigung des Urteils des Europäischen Gerichtshofes zur Verkehrsfähigkeit von Fleischerzeugnissen dürfen sie bei abweichender Zusammensetzung nur importiert werden, wenn eine ausreichende Kenntlichmachung erfolgt und der Zusatz nach dem im Ursprungsland geltenden Recht zulässig ist. Welche Kennzeichnung ausreicht, hat die Bundesregierung bisher noch nicht festgelegt" (D).

„Bei chinesischer Rohwurst fehlte die deutsche Deklaration nach der Lebensmittel-Kennzeichnungs-VO und die Information, daß sich die Wurst durch einen Zuckergehalt von 30% (!) von deutscher Ware unterscheidet" (ME).

Werbeaussagen, die dem Wunsch vieler Verbraucher nach weniger Fett und Kalorien gerecht werden, erhöhen sicher den Umsatz, erfordern aber auch, daß der Verbraucher erhält, was ihm versprochen wird. Mit der Verwirklichung haben manche Hersteller leider Probleme. „Wird bei der Herstellung von Rohwürsten ein Teil des Fettes durch Magerfleisch ersetzt, kommt man zu Produkten, deren Fettgehalte statt bei 35 bis 40% bei 15% liegen. Da derartige Würste von der Herstellung wesentlich mehr Wasser (aus Magerfleisch) enthalten, ist bei der Beurteilung ausreichender Reifung und Abtrocknung ein höherer Wasser-Eiweiß-Quotient zugrunde zu legen als bei Rohwürsten mit normalen Fettgehalt, für die ein Grenzwert von 2,8 gilt. Da Rohwürste mit reduziertem Fettgehalt noch nicht in die Leitsätze für Fleisch und Fleischerzeugnisse aufgenommen wurden und insofern eine allgemeine Verkehrsauffassung noch nicht besteht, muß der Verbraucher beim Inverkehrbringen derartiger Produkte über die abweichende Beschaffenheit von der als Norm geltenden Rohwurst mit normalem Fettgehalt informiert werden. Dazu sind zwei Angaben erforderlich:

1. Die Fettgehaltsstufe.
2. Der Hinweis: Durch höheren Magerfleischanteil geringer abgetrocknet.

Während nun im Handel Hinweise auf geringe Fett- und höhere Magerfleischanteile nicht zuletzt wegen ihrer Werbewirksamkeit i.d.R. angebracht werden, gab die unzureichende bzw. fehlende Information über eine geringere Abtrocknung der Wurst mehrfach Anlaß zur Beanstandung“ (ME).

„Eine Thüringer Rotwurst, die als ‚fett- und kalorienarm‘ bezeichnet worden ist, enthielt 23,4 statt maximal 10% Fett. Statt des maximalen Energiegehaltes von 210 KJoule enthielt die Probe 1.183 KJoule. Eine Leberwurst, die mit der Aussage ‚zur bewußten Ernährung‘ angeboten worden ist, enthielt über 32% Fett. Der durchschnittliche Fettgehalt bei so bezeichneten Leberwürsten liegt im Regierungsbezirk Freiburg bei ca. 25 bis 30%. Eine als ‚salzarm‘ bezeichnete Hausmacher Leberwurst enthielt 500 mg statt maximal 120 mg Natrium“ (FR).

„'Güldenländer Schinkenwurst, 40% fettreduziert‘ wies nicht die erforderlichen Angaben gemäß § 3 Abs. 1 der Nährwert-Kennzeichnungs-Verordnung (durchschnittlicher Fettgehalt in 100 g) auf. Zwei Proben ‚Schinkenwurst, 40% weniger Fett‘ entsprachen lediglich den Mindestvoraussetzungen der Leitsätze und wiesen zudem eine unvollständige Kennzeichnung (durchschnittlicher Fettgehalt in 100 g) auf“ (DO).

Imitationen finden sich unter dem Aspekt der gesundheitsbewußten Ernährung mittlerweile auch unter den wurstartigen Erzeugnissen. Der Sinn für gesunde Ernährung umfaßt dabei leider nicht immer die Zusatzstoffe. Beim folgenden Beispiel wurde deren Bedeutung gar nicht berücksichtigt.

„V. . .c. . .-Brotbelag aus Magerfleisch und hochwertigem Pflanzenöl, ein mit Nitritpökelsalz hergestelltes Erzeugnis, enthielt 14% Fremdwasser und eine Überdosierung von Diphosphat“ (ME).

Fast schon wie ein Arzneimittel vermarktet wurde eine „Pastete zum Knoblauchverzehr nach Hausmacher-Leberwurst-Art – Knoblauch wirkt bei regelmäßigem Verzehr gegen allgemeine Arterienverkalkung und verbessert die Durchblutung“ (S).

Auch im Berichtsjahr 1990 wurden wieder verstärkt vakuumverpackte Brühwurst-, Rohwurst- und Kochwursterzeugnisse auf ihre Haltbarkeit überprüft. „Der

Großteil der Beanstandungen lag in der zu langen Angabe des Mindesthaltbarkeitsdatums. Die Erzeugnisse waren zum Zeitpunkt des angegebenen Mindesthaltbarkeitsdatums entweder nicht mehr zum Verzehr geeignet oder in ihrem Genußwert nicht unerheblich gemindert" (FR). Ebenfalls häufig beanstandet wurde „die Überschreitung der in der Hackfleischverordnung festgelegten Lagerfristen.

Wiederum auffallend hohe Beanstandungsquoten ergaben sich bei den Brühwurstaufschnitten. Ein Großteil dieser Proben wies am Ende des angegebenen Mindesthaltbarkeitsdatums einen sauren Geruch und Geschmack auf, der von einer klebrigen, schleimigen und fadenziehenden Flüssigkeitsansammlung begleitet war" (FR). „Rostbratwürste in Fertigpackungen waren aufgrund der Vorgabe einer zu langen Mindesthaltbarkeitsdauer bei Ablauf des Mindesthaltbarkeitsdatums des öfteren sauer verdorben (SIG).

Manchmal werden selbst die großzügigen Haltbarkeitsangaben durch bewußtes Überkleben des Mindesthaltbarkeitsdatums durch Preisschilder unlesbar gemacht.

Ebenso getäuscht wurden Verbraucher durch Bezeichnungen bei „Wurstwaren, die in Gaststätten oder auf Märkten ‚aus eigener Herstellung' angeboten wurden, sie stammten in Wirklichkeit aus Metzgerei- bzw. größeren Fleischwarenbetrieben" (FR).

Weitere Beanstandungen entfielen auf fehlende Kenntlichmachung eines Diphosphatzusatzes bzw. eines zu hohen Anteils an Diphosphat (BI, DO, FR, HA, HAM, HH, S, SIG u. a.) „Die in Fachkreisen diskutierte Absenkung des P-Zahl-Grenzwertes für Brühwürste von 2,4 auf 2,2 wurde zum Anlaß genommen, zahlreiche Erzeugnisse aus dem Handel bzw. aus kontrollierter Herstellung auf ihre P-Zahl zu überprüfen. Nach den hier ermittelten Ergebnissen deuten erst P-Zahlen über 2,4 eindeutig auf einen Zusatz von Diphosphaten hin, der bisherige P-Zahl-Grenzwert sollte daher beibehalten werden. Bei einer relativ großen Anzahl von Brühwürsten fehlte – wie auch in den Vorjahren – die Kenntlichmachung eines Diphosphatzusatzes. Die chemische Untersuchung ergab zudem, daß bei vielen Erzeugnissen die verwendete Diphosphatmenge weit über dem gesetzlich festgelegten Höchstwert von 0,3% lag (absoluter Spitzenwert: 1,5%). Die anhaltend hohe Beanstandungsquote der letzten Jahre verdeutlicht, daß weiterhin eine intensive Überprüfung von Brühwürsten auf Diphosphatzusätze notwendig ist" (SIG).

Neben Phosphat finden sich häufig auch andere Zusatzstoffe, die teils unzulässig sind. „Brühwursterzeugnisse, die als Brat-, Rost- oder Grillwürste angeboten wurden, enthielten unzulässigerweise Nitritpökelsalz und mit bis zu 2,5 g/kg deutlich überhöhte Gehalte an Glutaminsäure statt der höchstzulässigen Menge von 1 g/kg" (FR).

„Eine als ‚Südamerikanische Bauernwurst' bezeichnete Rohwurst, die von einem landwirtschaftlichen Direktvermarkter hergestellt worden war, war noch nicht gereift und enthielt unzulässigerweise Kaliumnitrat und Diphosphate" (FR).

„Bei der Überprüfung von Blutwürsten auf ihren Nitrit- und Nitratgehalt fielen einige Erzeugnisse auf, die die in der Fleisch-VO festgelegten Höchstmengen deutlich überschritten" (SIG).

Mit gefärbter Wurst konfrontiert. „Der Nachweis von Farbstoff in Rohwurst „staubfeiner“, schnittfester Rohwurst (z.B. Salami) wurde im hiesigen Untersuchungsamt entwickelt. In einer nicht unerheblichen Zahl von Rohwursterzeugnissen konnte mit dieser dünnschichtchromatographischen Methode der Farbstoff Angkak ermittelt werden. Dem Nachweis von Zusatzstoffen in Lebensmitteln müssen sich die Lebensmittelchemiker im Rahmen des EG-Binnenmarktes in Zukunft besonders widmen, denn: Lebensmittel aus den EG-Staaten dürfen auch dann in der Bundesrepublik Deutschland verkauft werden, wenn sie Zusatzstoffe enthalten, die hierzulande nicht zugelassen sind. Die Zusatzstoffe müssen nur fein säuberlich in der Zutatenliste aufgeführt werden“ (SI).

Gefunden wurde eine Färbung von Panhas mit Angkak (HAM), auch Cervelatwurst sowie Dauerwurst wiesen unerlaubten Farbstoffzusatz auf (SI). Die Überprüfung von Rohwürsten auf färbende Zusätze wurde auch in Sigmaringen fortgesetzt. Im Gegensatz zum Vorjahr war erfreulicherweise festzustellen, daß weder die untersuchten Salamiwürste noch die Landjäger Farbstoffe enthielten.

Verbraucherbeschwerden über Wurstwaren

- „Fleischwurst wies grüngelbliche Färbung als Zeichen beginnender Verderbnis auf.
- In Schinkenkrakauer befand sich eine Metallkrampe.
- Krakauer enthielt ohne Kenntnis des Verbrauchers Käsestückchen, die beim Erhitzen geschmolzen waren“ (ME).
- Schinken-Mettenden wiesen einen erhöhten Nitritgehalt auf;
- Leberkäse war verdorben (DO).

Fische

Wie leicht verderblich Fisch ist, wissen eigentlich fast alle Verbraucher. Weniger bekannt scheint dies einigen Großhändlern und Transportunternehmern gewesen zu sein. Nematoden finden sich weiterhin in Frischfisch, ein Zeichen dafür, wie wenig dieses Naturproblem eigentlich ein Skandal war.

Im Winter und Frühjahr „mußte wiederum häufig Frischfisch beanstandet werden, obwohl bei der Probenentnahme meist der Entnahmetag als Lieferdatum für die Ware genannt worden ist. Es wurden daher schwerpunktmäßige Kontrollen im Großhandel durchgeführt. Dabei wurde festgestellt, daß in einem Fall die Ware im Hochsommer vor dem Entladen mehr als 24 Stunden in einem Isolierwaggon ohne aktive Kühlung auf dem Bahnhofsgelände stand. Bisweilen waren die Filets vollständig mit Tauwasser bedeckt oder die Temperatur in der Fischmuskulatur auf bis zu 10°C angestiegen. Auch gab es keine nennenswerten Eingangskontrollen. Selbst bei der Großhandelsniederlassung, von der bei früheren Beanstandungen regelmäßig ausführliche Prüfprotokolle vorgelegt worden waren, fanden sich keine Aufzeichnungen neueren Datums. Auch Restbestände aus früheren Lieferungen werden dort vor der Auslieferung an die Einzelhandelsgeschäfte nicht überprüft.

Bei den Kontrollen wurden aus allen angelieferten Kisten Filets in Augenschein genommen und im Verdachtsfall eine Mischprobe für die Laboruntersuchung erhoben. Von den insgesamt 25 Verdachtsproben wurden 10, entsprechend einer Gesamtmenge von 450 kg Frischfisch, wegen fischigen, fauligen oder tranigen Geruchs und Geschmacks (flüchtige stickstoffhaltige Basen bis 70 mg Trimethylamin/kg bis 33 mg/kg bei Seelachsstücken) als zum Verzehr nicht geeignet beurteilt. Weitere sieben Proben, denen ein Gesamtgewicht von 200 kg zugrunde lag, wurden als wertgemindert angesehen, da die Mischproben neben mangelhaften auch unauffällige Stücke enthielten.

Im Zuge der Kontrollen wurde auch das Eis untersucht, welches zur Kühlung der Fische eingesetzt wird. Von sechs Eisproben stimmten nur zwei mit der Trinkwasserverordnung überein, wie dies in den Leitsätzen für Fisch und Fischerzeugnisse gefordert wird. In einer Probe wurden 100 mg Phosphat pro Liter nachgewiesen, die aus einer Wasserenthärtungsanlage in der Kaltwasserversorgung des Geschäftshauses stammten. In den übrigen Fällen wurden bei den bakteriologischen Paralleluntersuchungen erhebliche Keimzahlen festgestellt, die in einem Fall auch zu chemisch nachweisbaren Gehalten an Ammonium- und Nitritionen geführt haben“ (FR).

„Die Anlieferung von ca. 5 t Frischfischen/Fischteilen bei einem Großhandelsbetrieb erfolgte in einem ungekühlten LKW einer Spedition. Die Lüftungsklappen an der Vorderfront des LKW-Aufbaus waren geöffnet, so daß die Innentemperatur annähernd der Außentemperatur (ca. 13 °C) entsprach. Der größte Teil der Fische/Fischteile lagerte in Styroporbehältnissen unter einer ausreichenden Eisschicht, an der Oberfläche war jedoch aufgrund der hohen Raumtemperatur das Schütteis geschmolzen; die Fische/Fischteile wiesen hier im Kern Temperaturen von + 3,9 bis + 7,1 °C auf. Die zur Untersuchung entnommenen Proben waren aufgrund der unsachgemäßen Lagerung als verdorben zu beurteilen. Bei einem anderen Großhandelsbetrieb erfolgte die Anlieferung der Fische durch die Deutsche Bundesbahn. Der isolierte Eisenbahnwaggon besaß weder ein eigenes Kühlaggregat, noch waren die zur Beschickung mit Eis vorgesehenen Kammern gefüllt. Die Kühlung der ca. 4 t Fische/Fischteile erfolgte somit nur über die direkte Beeisung. In den zu oberst gestapelten Styroporbehältnissen war das Schütteis bereits abgetaut; die Fische wiesen Kerntemperaturen von + 3,3 bis + 12,8 °C auf. 30 kg Zander und 20 kg Dorsch wurden aufgrund eines deutlich stickigen, fauligen Geruchs vor Ort als verdorben beurteilt und der Tierkörperbeseitigungsanstalt zugestellt“ (SIG).

„Frische Fische verschiedener Arten aus dem Einzelhandel und aus Gaststätten waren infolge zu langer oder unsachgemäßer Lagerung verdorben (ranzig, fischig, faulig)“ (S).

Als verdorben zu beurteilen waren auch „Fischfilets und frische Seefische mit stark fischigem Geruch und Geschmack aus dem Groß- und Einzelhandel; tiefgefrorene Sardellen mit gelben Verfärbungen und stark traniger Geschmacksnote; grüne Heringe und Makrelen mit matschig-weicher Konsistenz und tranigem

Geruch; Bachforellen, die nach einem Tankwagenunfall mit Heizöl verunreinigt waren" (FR).

Fische mit Nematoden werden vom Verbraucher abgelehnt. Das Einnisten der Nematoden wird am besten unterdrückt, wenn die Fische möglichst schnell ausgenommen werden. „Entgegen § 2 FischVO wurden größere Seefische wie Thunfisch und Meeräschen unausgenommen in Verkehr gebracht. Bei drei Proben enthielt die Leibeshöhle Nematodenlarven" (S-St). Ebenso (S).

„‚Geräucherte Bücklinge' (insgesamt 11 Exemplare aus Gemeinschaftsverpflegung) waren nach Sensorik offenbar ungenügend erhitzt/geräuchert und enthielten offen auf den Eingeweiden liegend zahlreiche lebende und tote Nematodenlarven; lediglich drei Bücklinge waren frei von Nematoden" (BO).

„Grüne Heringe enthielten lebende Nematodenlarven, in mehreren Fällen wurde überlagerte Ware feilgehalten (Cadaverin: 200 mg/kg, flüchtiger Basenstickstoff: 64 mg Stickstoff/100 g)" (KA).

Auch bei Fisch sollte der Verbraucher nicht allen Angaben trauen, manche versprechen mehr, als es den Tatsachen entspricht. „Seelachsfilets und Grüne Heringe eines fliegenden Händlers mit der Angabe ‚fangfrisch' wiesen deutlichen Fischgeschmack und erhöhten Gehalt an flüchtigen stickstoffhaltigen Basen (32 mg/100 g) auf. Geschlachtete Regenbogenforellen, die aus dem Großhandel ohne eigene Teichwirtschaft bezogen worden waren, wurden als ‚direkt vom Teich' und ‚lebendfrisch' angepriesen. Die Bezeichnung ‚Lachsforelle' für rotfleischige Regenbogenforellen von Portionsgröße (ca. 600 g) wurde als irreführend beurteilt, da Forellen mit derart geringem Gewicht noch keine lachsartigen sensorischen Eigenschaften aufweisen" (FR).

Als Zusatzstoff finden sich bei Frischfisch hauptsächlich Phosphate. „Im Berichtszeitraum wurden 18 Proben frische oder tiefgefrorene Fischfilets auf unzulässige Zusätze an kondensierten Phosphaten überprüft. Durch die Anwendung derartiger Stoffe besteht die Möglichkeit, verdorbene und zum Verzehr nicht mehr geeignete Fischfilets so aufzubereiten, daß weder der Einzelhändler noch der Verbraucher die abweichende Qualität feststellen kann. Erfreulicherweise waren in keiner Probe Di- und Polyphosphate nachweisbar. Die ermittelten Gesamtphosphorgehalte lagen zwischen 0,31 und 0,5 g/100 g (berechnet als P_2O_5) und damit im Rahmen der natürlichen Schwankungsbereiten" (SIG).

Von Rückstands- und Umweltproblemen ist nunmehr auch der Fisch nicht verschont. „Frische und geräucherte Regenbogenforellen aus einer Fischzuchtanlage wiesen erheblich höhere Tetrachlorethengehalte (bis 2,6 mg/kg) auf, als dies nach der Lösungsmittel-Höchstmengen-VO (0,1 mg/kg) zulässig ist. Als mögliche Ursache für die hohen Tetrachlorethenwerte ist die Anreicherung dieses Stoffes in der Muskulatur aus belastetem Wasser anzusehen. Eine Abgabe dieser Fische an den Verbraucher wurde untersagt" (SIG).

Malachitgrün

„Das Antimykotikum und Antiparasitikum Malachitgrün ist als Tierarzneimittel nicht zugelassen. Aufgrund erheblicher gesundheitlicher Bedenken dürfen im Lebensmittel Fisch keine Rückstände nachweisbar sein. Als sog. ‚praktischer

Nullwert' wurde eine Höchstmenge von 10 µg/kg für Malachitgrün einschließlich der Leucobase festgesetzt. Bis auf eine Probe mit einem Gehalt von 2 µg/kg waren alle anderen positiven Fische ausländischer Herkunft (Italien, Dänemark, Frankreich)" (S).

Es „fand eine Überprüfung von Forellen aus Dänemark auf Malachitgrün statt. Weiterhin wurden Forellen aus dem Kreis Mettmann auf den Farbstoff untersucht. Malachitgrün war in keinem Fall nachweisbar" (ME).

PCB

„Drei Aale wiesen erhöhte PCB-Rückstände auf" (PF). „An sieben Süßwasserfischen wurden überhöhte PCB-Gehalte nachgewiesen" (HAM). „Von 54 Fischen (Aal, Hecht, Forelle, Karpfen, Karausche, Schleie, Döbel, Barbe, Grundel, Nase) aus den Gewässern im Regierungsbezirk Stuttgart, die zusammen mit dem Fischerei-Sachverständigen mittels Elektrofischgerät entnommen wurden, wiesen 20 Proben insbesondere Aale Überschreitungen der Höchstmengen an PCB nach der Schadstoff-Höchstmengenverordnung auf" (S).

Dichlorvos

„In den Medien wurde 1990 über den Einsatz des Wirkstoffes Dichlorvos bei der Tierhaltung des Zuchtlachses berichtet. Dichlorvos wird eingesetzt, um den Lachs vor Parasitenbefall zu schützen. Im Berichtsjahr wurden acht Lachsproben u. a. auf Dichlorvos untersucht; in keiner Probe konnte Dichlorvos nachgewiesen werden.

Trichlorbenzole

Wie in den vergangenen Jahren wurden auch 1990 Fische aus der Lauchert u. a. auf Trichlorbenzole (TCB) untersucht. Bei der Untersuchung von 14 Proben wurden nur sehr geringe Mengen an TCB festgestellt. die Werte liegen zwischen 0,001 mg/kg und 0,01 mg/kg. Die gesetzlichen Höchstmengen der Schadstoff-Höchstmengenverordnung bzw. der Pflanzenschutzmittel-Höchstmengenverordnung wurden nicht überschritten" (SIG).

Arsen in Seefisch

„Um einen Überblick über die Arsengehalte der im Handel befindlichen Seefische zu bekommen, wurden 23 Proben auf dieses Element hin überprüft. Für Arsen existiert kein Richtwert des Bundesgesundheitsamtes, eine Bewertung der Meßergebnisse ist jedoch auch anhand der aus der Literatur bekannten Daten möglich. So werden 2 bis 8 mg As/kg Fisch als normal angesehen. Die hier gemessenen Werte liegen zum großen Teil unter dem o. a. Minimalwert und nur in einem Fall wird der obere Wert der angegebenen Bandbreite überschritten. Eine Abhängigkeit der Arsengehalte von der Fischart ist nicht zu erkennen" (SIG).

Rheinfische

„Im Auftrag der Internationalen Kommission zum Schutz des Rheins (IKSR) wurde eine Vergleichsuntersuchung hinsichtlich der in Rheinfischen vorkommenden chemischen Rückstände, also Organochlorpestizide und Schwermetalle, durchgeführt. Teilnehmer waren die Laboratorien, die für die einzelnen Bundes- bzw. EG-Länder Untersuchungen von Rheinfischen durchführen. Das Ziel war, die Vergleichbarkeit der Ergebnisse sicherzustellen, um Entwicklungen in der Schadstoffbelastung besser verfolgen zu können. Die IKSR möchte die Ergebnisse in 5jährigem Abstand bewerten, um den Erfolg ihrer Bemühungen um Verbesserung der Wasserqualität des Rheins überprüfen zu können. Die beteiligten Untersuchungsinstitute haben sich auch bereit erklärt, ihre Untersuchungen im Jahr 1990 zu erweitern und hinsichtlich der Fischarten und Untersuchungsparameter anzugleichen. Die CLUA Freiburg wird im Auftrag der IKSR die Gesamtauswertung der Ergebnisse des Jahres 1990 übernehmen.

Das Rheinfisch-Untersuchungsprogramm in Südbaden wurde 1990 im bisherigen Umfang fortgeführt. 154 Rheinfische von Hoch- und Oberrhein wurden untersucht. 26% der Fische wiesen Höchstmengenüberschreitungen an HCB und 11% an PCB auf. Die Ergebnisse lagen damit in der gleichen Größenordnung wie 1989. Die Zahl der Höchstmengenüberschreitungen bei Quecksilber hat sich 1990 auf 14% erhöht. Dies ist aber vor allem auf die verstärkte Probenahme von Barben zurückzuführen, die Quecksilber in stärkerem Maße als andere Fische anreichern“ (FR).

Fische aus einheimischen Gewässern

„Auch in diesem Jahr wurden in sehr guter Zusammenarbeit mit dem Regierungspräsidium Karlsruhe, dem Landwirtschaftsamt Augustenberg und den Pächtern Fisch-, Wasser- und Sedimentproben entnommen. Die 23 Probenahmestellen waren breit gefächert im Enzkreis, Kreis Calw und dem Stadtgebiet Pforzheim an den Flüssen Enz, Nagold, Würm, Federbach, Pfinz, Kämpfelbach und Bruchbach gewählt worden.

Gefangen wurden Forellen, Rotaugen, Döbel, Aale, Barben, Äschen, Hasel und ein Hecht. Überprüft wurde auf zahlreiche Schwermetalle, Pflanzenschutzmittel, PCB, cancerogene Stoffe und Radioaktivität, um ein Bild von der Rückstandssituation in unserem Überwachungsgebiet zu erhalten.

Die Schwermetallgehalte an Blei, Cadmium, Quecksilber, Arsen und Kupfer zeigten bei den Fischen keine Auffälligkeiten. Chrom und Nickel waren in keiner Probe nachweisbar.

Bei drei Aalen überschritten die Gehalte an PCB-Kongeneren 138, 153 und 180 die in der Schadstoff-Höchstmengenverordnung vorgegebenen Höchstmengen.

Die Rückstände an Pflanzenschutzmitteln lagen unter den gesetzlich festgelegten Höchstmengen.

Benzo(a)pyren als Leitsubstanz für die cancerogenen Stoffe war bei neun Fischen nicht nachweisbar. Zwei Fische wiesen einen geringen Gehalt um 0,05 µg/kg auf, wo hingegen eine Barbe den Wert von 0,26 µg/kg erreichte, was auf eine nicht unerhebliche Umweltbelastung in diesem Fall hindeutete.

Mit den bei den Flußwässern ermittelten, umfangreichen Analysendaten wurden die verschiedenen Belastungsstufen nach Sauerstoffversorgung, DOC, BSB5 und nach biologisch abbaubaren organischen Stoffen berechnet. Die Rückstände an Schwermetallen lagen weit unter den für Trinkwasser zugelassenen Grenzwerten.

Bei den Sedimenten dienten als Beurteilungskriterien die Orientierungsdaten für Kulturböden (nach Kloke). Es ergaben sich keine Auffälligkeiten.

Die bei den Fisch- und Sedimentproben durchgeführten Radioaktivitätsmessungen ergaben bei den Fischen Gehalte an radioaktiven Cäsium-Isotopen bis zu 10 Bq/kg und bei den Sedimenten zwischen 24 und 90 Bq/kg Trockenmasse" (PF).

Verbraucherbeschwerden über Frischfisch

Eine amtliche Probenentnahme, veranlaßt durch eine Verbraucherbeschwerde über abweichend riechenden Frischfisch, ergab, daß verdorbener Kabeljau in den Verkehr gebracht wurde (flüchtiger Basenstickstoff: 98 mg Stickstoff/100 g, Cadaverin: 40 mg/kg) (KA).

In zwei Verbraucherbeschwerden wurden Nematoden aufgefunden. Sämtliche amtlich erhobenen Proben waren nematodenfrei (PF).

Fischerzeugnisse

Räucherlachs erfreut sich weiterhin steigender Beliebtheit und entsprechend finden sich auch immer häufiger Beanstandungen bei dieser Produktgruppe, insbesondere wird gerne ein längeres Haltbarkeitsdatum aufgedruckt, als es diese Produkte tatsächlich vertragen. Hieraus ergibt sich gleich ein weiterer häufiger Beanstandungsgrund, die Bildung biogener Amine in zu hoher Menge.

Probleme finden sich bei tiefgekühlten Produkten, die häufig Kerntemperaturen über $-15\,^{\circ}C$ aufweisen und Fischerzeugnissen, die zwischen $+2$ und $+7\,^{\circ}C$ aufzubewahren sind. Sie werden häufig als Vollkonserven angesehen und ungekühlt aufbewahrt (saure, anfaulige, aufgelöste Rollmöpse, völlig verdorbene Sardellenfilets sind dann die Folge) (PF, S).

Kennzeichnungsmängel traten vielfach bei Importware auf (fehlende deutsche Kennzeichnung, Übersetzungsmängel) (S).

Verschiedene Fischerzeugnisse waren verdorben, der Gehalt an flüchtigen basischem Stickstoff deutlich erhöht (HA, HAM, SIG).

Als verdorben anzusehen waren

- „faulige Räucherforellen;
- ranzige Fischeinwaage bei Hering in Gelee;
- Hering in Tomatensoße mit fauligem Fisch;
- Sardellenpaste mit stark käsigem Geruch;
- überlagerte und zudem ungekühlt angebotene Bismarckheringe mit aufgeweichter Konsistenz und mit muffig-dumpfen Geruch und Geschmack;
- faulige Matjesfilets aus einer Gaststätte mit breiig-weicher Konsistenz;
- Ölsardinen in gelöteten Weißblechdosen mit überhöhtem Gehalt an Blei;

– geschnittener Räucherlachs, einmal sogar mit ‚Frische-Garantie', häufig bereits mehrere Tage vor Ablauf des vom Hersteller angegebenen Mindesthaltbarkeitsdatums mit deutlich hervortretender fauliger Geruchs- und Geschmacksnote sowie erheblichen Gehalten an Cadaverin" (FR).

Gehäuft waren Beanstandungen zu finden „wegen zu langer oder fehlerhafter Aufbewahrung von Fischerzeugnissen: Eine nach der Dosenprägung 11 Jahre alte Thunfischkonserve war ungenießbar (adstringierend), ebenso zu warm aufbewahrte Räucherforellen (flüchtiger Basenstickstoff: 77 mg Stickstoff/100 g) sowie Räucherlachs aus einer Fertigpackung, einen Tag nach Ablauf des MHD (schmierig-säuerlich, flüchtiger Basenstickstoff: 54 mg Stickstoff/100 g). Gabelrollmops und Heringsfilets, matjesartig gesalzen, waren als Folge einer Fettoxidation verdorben (Peroxidzahlen stark erhöht)" (KA).

Immer wieder festzustellen sind „unzutreffende Haltbarkeitsangaben bei geschnittenem Räucherlachs, Heringe in Gelee und diversen anderen Erzeugnissen; irreführende Hinweise wie ‚Tiefkühlung' oder ‚tiefgefroren' bei Fischstäbchen und ähnlichen Produkten, deren Kerntemperatur entgegen der Vorgabe in den Leitsätzen für tiefgefrorene Lebensmittel beim Transport auf bis zu – 7 °C angestiegen war; nicht mit der Verkehrsbezeichnung übereinstimmender Packungsinhalt vor allem bei ausländischen Erzeugnissen; Angabe ‚echter norwegischer Räucherlachs' für eine in Frankreich geräucherte Ware" (FR).

„Von 23 untersuchten Proben Räucherlachs wiesen sieben Erzeugnisse (= 30%) deutlich sensorische Abweichungen (alt, tranig, dumpf, stickig) auf. die Befunde korrelieren gut mit den Gehalten an flüchtigen, stickstoffhaltigen Basen, den biogenen Aminen (Cadaverin, Putrescin etc.) und der Peroxidzahl. Der relativ hohe Anteil (ca. 30%) an verdorbenen und wertgeminderten Lachsproben ist sowohl auf die Vorgabe einer zu langen Mindesthaltbarkeitsdauer als auch auf unsachgemäße Lagerung zurückzuführen. Geräucherte Forellenfilets in Fertigpackungen gaben aufgrund ungenügender Kennzeichnung wiederholt Anlaß zu Beanstandungen" (SIG).

Das Histaminproblem ist trotz gesetzlicher Regelung noch nicht gelöst. Immer wieder werden Fischerzeugnisse mit zu hohem Gehalt angetroffen.

Es „wurde über erhebliche Histamingehalte in getrockneten Fischerzeugnissen berichtet, die überwiegend in Geschäften mit Spezialitäten aus Fernost angeboten werden. In allen vier von uns untersuchten Proben mit getrockneten Sardellen lagen die Histamingehalte zwischen 1.520 und 1.980 mg/kg und damit erheblich über dem Höchstwert der Fischverordnung. Ein Schwerpunkt unserer Untersuchungen lag erneut wieder bei den Räucherlachsen. Die früher erkennbare Tendenz, daß beim Verderb von Räucherlachs bevorzugt Cadaverin gebildet wird, hat sich bestätigt. In praktisch allen Proben mit einer auffälligen Geruchs- und Geschmacksnote konnten zum Teil erhebliche Gehalte (bis 392 mg/kg) nachgewiesen werden. In frischer Ware war Cadaverin nicht festzustellen. Bei Lagerversuchen konnte auch gut der Anstieg des Cadaveringehaltes verfolgt werden. Im Zusammenhang mit diesen Untersuchungen wurden vom Tierhygienischen Institut Freiburg Daten über die Art der hieran beteiligten Keime und die Keimbelastung gesammelt. Eine Auswertung in Verknüpfung mit den von uns festgestellten Gehalten an Cadaverin ist beabsichtigt" (FR).

„In Mettmann wurden 29 Proben Fischerzeugnisse, vorwiegend Sardellenpaste sowie Forellen-, Makrelen- und Sardellenfilets und Räucherlachs, auf den Gehalt an biogenen Aminen überprüft. Die Situation auf dem Gebiet der Fischerzeugnisse hat sich nach Inkrafttreten der Fischverordnung und der damit einhergehenden intensiveren Überwachung offensichtlich gebessert. Nur in einer Probe Sardellenpaste wurden noch überhöhte Histamingehalte festgestellt (Grenzwert nach Fischverordnung 200 mg Histamin/kg). Die anderen untersuchten Proben zeichneten sich durch außerordentlich geringe Histamingehalte von nur 0,5 bis 29 mg/kg aus" (ME). Ähnlich (FR).

Dagegen werden von anderen Untersuchungsämtern häufiger Überschreitungen festgestellt. In Düsseldorf wurden viermal Sardellenfilets mit zu hohem Histamingehalt gefunden. „Zwei Proben eines italienischen Herstellers lagen mit 400 bzw. 1.780 mg/kg Fischanteil weit über diesem Limit. Sie fielen bereits sensorisch durch einen brennend-scharfen Nachgeschmack auf, der häufig mit hohen Histamingehalten korreliert. Die ungewöhnlich lange Haltbarkeitsfrist von $2^1/_2$ Jahren ohne Kühlung sowie Kochsalzgehalte unter 16/100 g, bei denen eine nachträgliche Histaminbildung nicht auszuschließen ist, deuteten auf einen unkritischen Umgang mit den empfindlichen Sardellen hin.

In gesundheitlicher Hinsicht etwas unbedenklicher waren Sardellenfilets aus zwei anderen Herstellerbetrieben, die einen mittleren Histamingehalt (von vier Dosen bzw. drei Gläsern) über 100 mg/kg aufwiesen. Sämtliche Werte lagen unter 200 mg/kg. Da im Einzelhandelsgeschäft eine repräsentative Probenahme nach den Vorgaben der Fischverordnung nicht erfolgen konnte, wurde der Vorgang an die für den Importeur zuständige Behörde abgegeben. Die Histamingehalte der dort entnommenen Verfolgungsprobe aus einer neuen Charge lagen deutlich niedriger und waren nicht zu beanstanden. Bei anderen Sardellen wurden durchschnittliche Histamingehalte zwischen 30 und 40 mg/kg Fischanteil ermittelt. Bei sorgfältiger, hygienischer Herstellungsweise und ausreichendem Kochsalzgehalt ist es durchaus möglich, auch Sardellen mit konstant niedrigem Histamingehalt zu produzieren" (D).

„Bei vier Proben war die untere Höchstgrenze (100 mg/kg) überschritten; der höchste Wert fand sich mit 650 mg/kg in Sardinen" (BI). Weiterhin fanden sich „Makrelen, Salzsardinen, Sardellenfilets, Sardellenpaste mit sensorischen Qualitätsmängeln und überhöhten Histamingehalten (höchster Wert: 1.955 mg/kg)" (HA). Ähnlich (HH, S).

„In getrockneten Makrelen wurden fast 1.000 mg/kg Histamin nachgewiesen, sie wurden beanstandet" (PF).

Die meisten Verbraucher sind sicher nicht davon betroffen, und es wird sie auch wenig stören, wenn nach wie vor im Handel Kaviardosen angetroffen werden, die den in Deutschland nicht erlaubten Konservierungsstoff Borsäure enthalten (HH).

„Malossol- Kaviar (illegal importiert) war mit 3 g/kg des verbotenen Zusatzstoffes Borsäure konserviert und somit nicht verkehrsfähig, ebenso wie Steinforellenkaviar aus Schweden, in dem Hexamethylentetramin nachgewiesen wurde" (KA).

Ebenso nur für einen ausgewählten Verbraucherkreis bestimmt waren „Jahrgangssardinen" exklusiver Preislage – Jahrgang 1984, mindestens haltbar bis Ende 1990. Sie trugen in der Etikettierung den bedenkenswerten Hinweis: „Wie ein guter Wein wird eine gute Sardine mit den Jahren nur besser". Bei an sich fehlerfreier Sensorik mußte die Etikettierung bemängelt werden, da die Fischeinwaage fehlte" (BI).

Das Geheimnis bei „Sahne-Heringsfilets". Die schwerpunktmäßige Untersuchung von Heringsfilets in sahnehaltigen Soßen wurde in Hagen fortgesetzt. „Die Produkte wurden häufig mit Hinweisen auf einen besonders hohen Anteil an frischer Sahne angeboten wie z.B. ‚Über 50% frische Sahne in der Sauce".

Nach den ‚Leitsätzen für Fische, Krusten-, Schalen- und Weichtiere und Erzeugnisse daraus' des deutschen Lebensmittelbuches enthalten sahnehaltige Tunken zur Herstellung von Fischerzeugnissen mindestens 20% Sahne. Nach einem Urteil des Verwaltungsgerichtes Minden vom 14.12.1988 müssen Erzeugnisse, bei denen der Begriff ‚Sahne' besonders hervorgehoben ist z.B. durch Voranstellung (‚Sahne-Heringsfilets') mindestens 50% Sahne in der Soße aufweisen. Legt man in beiden Fällen eine 10%ige Sahne (Kaffeesahne) zugrunde, ergeben sich rein rechnerisch Milchfettgehalte von 2 bis 5% absolut.

Es hat sich gezeigt, daß zur Herstellung von Sahnesoßen in der Praxis nicht 10%ige Sahne, sondern üblicherweise hochprozentige z.B. 32- bis 35%ige Schlagsahne verwendet wird. Sie verdünnt sich durch die übrigen Soßenzutaten auf den Sollfettwert. Rein rechnerisch sind zur Erzielung von 5% Milchfett in der Fertigtunke lediglich 15 Teile der hochprozentigen Sahne auf 100 Teile zu ‚verdünnen'. Diese Rezeptur rechtfertigt jedoch keinesfalls den werbenden Hinweis ‚über 50% frische Sahne in der Sauce'. Erzeugnisse mit solchen Angaben wurden unter Bezug auf § 17 Abs. 1 Nr. 5b LMBG wegen irreführender Angaben beanstandet.

Ein wichtiges Merkmal zur Beurteilung von Sahnesoßen ist ihr Lactosegehalt. Ist die Zusammensetzung der Sahne bekannt, läßt sich der Lactosegehalt der Soße berechnen. Bei Verwendung von 32%iger Schlagsahne mit einem Lactosegehalt von 3,0% resultiert im Fertigprodukt (Sahnesoße) mit 5% Milchfett theoretisch ein Lactosegehalt von 0,47%.

Die Auswertung von 53 untersuchten Sahne-Heringsfilets des Handels ergab, daß Erzeugnisse mit einem Milchfettgehalt in der Soße von 3 bis 7% (Mittelwert 5,90%) einen mittleren Lactosegehalt von 0,51% aufwiesen (Streuung 0,29 bis 0,85%). Einige der untersuchten Proben ergaben auffallend niedrige Lactosegehalte: 0,08 bis 0,14%. Die zugehörigen Milchfettgehalte lagen bei 4,6 bis 5,0%. Durch Betriebskontrollen wurde festgestellt, daß diese Erzeugnisse unter Verwendung von Butterreinfett hergestellt worden waren. Die Zutat Butterfett war in der Zutatenliste nicht aufgeführt. die Produkte trugen den eingangs zitierten Werbespruch ‚über 50% frische Sahne in der Sauce'. Hier lag eindeutig der Tatbestand der Irreführung vor, weiterhin ergab sich ein Verstoß gegen die Bestimmungen der Lebensmittel-Kennzeichnungsverordnung.

Der Zusatz von Butterreinfett erfolgte zweifellos aus Kostengründen, zumal Milchfett in Form von Butterfett weit billiger ist als in Form von frischer Schlagsahne.

Verbraucherbeschwerden über Fischerzeugnisse

„Verursacht durch einen spitz-scharfkantigen Glassplitter verletzte sich ein Verbraucher beim Verzehr von mariniertem Heringsfilet aus einer einwandfreien Fertigpackung die Zunge; vermutlich war es beim Transport oder dem maschinellen Verschließen der recht dünnwandigen Glasbehältnisse zu Bruch gekommen, wobei ein Splitter in eine andere Packung gelangte. Eine Betriebskontrolle wurde veranlaßt, ebenso wie im Falle eines Lachsherings, der in der Bauchhöhle (neben Gonadenresten) 30 aufgeringelte, tote Nematodenlarven enthielt, was ebenfalls zu einer Beschwerde beim Wirtschaftskontrolldienst führte (Ekelerregung). In einer Serie von Lachsheringen gleicher Herkunft wurden keine weiteren Nematoden, wohl aber Anzeichen für unsorgfältiges Ausnehmen der Fische festgestellt" (KA).

„Eine Probe ‚Rotbarschfilet' wies oberflächlich Verunreinigungen (Kunststoffteile einer Folie) auf" (DO).

„Zwei Verbraucherbeschwerden Schillerlocken verbreiteten einen intensiven Ammoniakgeruch. Schillerlocken werden aus Stücken des Dornhai hergestellt, dessen Fleisch reich an Harnstoff ist. Dieser kann sich leicht unter Ammoniakabspaltung zersetzen" (PF).

„Eine weitere Verbraucherbeschwerde betraf eine Heringsmarinade mit medizinischem Beigeschmack, der auch bei amtlich erhobenen Proben deutlich wahrgenommen wurde und zur Beanstandung führte (nicht unerhebliche Wertminderung, die kenntlich zu machen ist). Der Fehler ist dem Mariniervorgang (Garbad) anzulasten (Entstehung von extrem geschmacksintensiven Halogenphenolen durch eine Peroxidbehandlung)" (KA).

Krusten-, Schalen-, Weichtiere

Die leichte Verderblichkeit dieser Produkte spiegelt sich in den übermittelten Beanstandungen eindeutig wider, daneben bleibt Cadmium in Tintenfisch weiterhin problematisch ebenso die fehlende Zusatzstoffkennzeichnung.

Nicht zum Verzehr geeignet waren tiefgefrorene Garnelen mit großflächigem Frostbrand und fischig-fauligem Geruch und Geschmack; Crevetten waren infolge einer mehrtägigen Lagerung im Kühlschrank einer Gaststätte übel stinkend.

Faulige Austern und Miesmuscheln wurden angetroffen sowie saure und muffige Schnecken mit Kräuterbutter in einer Gaststätte (FR).

In einer anderen „Gaststätte wurden ‚frische' Miesmuscheln in einem Eimer in völlig fauligem, stinkendem, trüb-braunem Wasser vorrätig gehalten. Der größte Teil der Muscheln war abgestorben, nur wenige zeigten noch schwache Lebenszeichen" (S).

„Bei gefriergetrockneten Krabben fand sich in der Etikettierung die unzulässige Angabe ‚unbegrenzt haltbar', die außerdem objektiv verdorben war. Das Produkt war praktisch ungenießbar" (BI). „Eine Verbraucherbeschwerde Scampi und die amtliche Vergleichsprobe waren hochgradig verdorben" (PF).

„Erzeugnisse wie Meeresfrüchtespieße, Tintenfische etc. mit der Angabe ‚tiefgekühlt, Tiefkühlkost' wurden des öfteren bei deutlich höheren Temperaturen (–6,5 bis –12°C) als in den Leitsätzen für tiefgefrorene Lebensmittel des Deutschen Lebensmittelbuches gefordert (–18°C) in den Verkehr gebracht. Shrimps waren wiederholt infolge von Eiweißzersetzung nicht zum Verzehr geeignet und mußten aus dem Verkehr genommen werden" (SIG).

„In einer Verfolgsprobe aus den Niederlanden importierter Seemuschelkonserven wurden Formaldehydgehalte von 2.500 mg/kg Muschelfleisch ermittelt. Laut Aussage des Importeurs war die Ware zwischenzeitlich bereits aus dem Verkehr gezogen worden" (HH).

Unzulässigerweise waren Garnelen aus Thailand mit künstlichen Farbstoffen gefärbt (FR).

Häufiger beobachtet wurde die fehlende Angabe des Konservierungsstoffgehaltes im Einzelhandel bei offener Abgabe von Garnelen und Shrimps in Salzlake (FR). Aber auch Überschreitungen waren nachweisbar. „Krabbenfleisch wies einen leicht über dem Grenzwert liegenden Gehalt an Benzoesäure (4,1 g/kg) auf bzw. war dieser Zusatzstoff nicht kenntlich gemacht. Die eingelieferten Nachproben waren unauffällig" (HH). Ähnlich (HAM, ME).

Krabbenfleisch ist teuer und so ist es nicht unverständlich, daß preiswerter Ersatz vom Handel, insbesondere für Feinkostsalate, nicht ungern verwendet wird. Das Angebot ist noch etwas gering, aber auf dem Markt anzutreffen. „Bei Krabbensticks handelte es sich um ein Imitat, zu dessen Herstellung u.a. stärke- und diphosphathaltige Zutaten verarbeitet worden waren. Ein gewürzfreier Paprikaextrakt gab dem Produkt ein krabbenfarbenes Äußeres. Die nach der Lebensmittel-Kennzeichnungs-VO vorgeschriebenen Angaben fehlten" (ME).

Bei den getrockneten Seealgen bestehen „mit 0,7 mg Cadmium, 0,074 mg Quecksilber und 2,38 mg Blei in der getrockneten Angebotsform Rückstandsüberschreitungen. Denn für exotische Pflanzenteile werden 0,05 mg Cadmium, 0,03 mg Quecksilber und 0,5 mg Blei als Richtwert genannt.

Bei einer Rückrechnung auf den Frischezustand mit 90% Wasser- und 10% Trockensubstanzgehalt ergeben sich 0,076 mg Cadmium, 0,008 mg Quecksilber und 0,26 mg Blei/kg. Mithin ist eine 1½fache Überschreitung des Cadmiumrichtwertes bei den Seealgen zu verzeichnen.

Während die Verbraucher im Hinblick auf den Rückstandsgehalt an Schwermetallen nach dieser Stichprobenuntersuchung unbesorgt sein können, bleibt ihnen allerdings die nähere Kenntnis der Lebensmittelarten meist verborgen, weil die Kennzeichnung solcher importierter Lebensmittel oftmals den bundesdeutschen gesetzlichen Anforderungen nicht entspricht“ (OB).

Über Cadmium ist aus der Literatur und eigenen Untersuchungen bekannt, daß Tintenfische und Tintenfischerzeugnisse relativ hohe Gehalte aufweisen. Es „wurden wiederum 18 Tintenfische untersucht. Der Richtwert von 0,5 mg/kg (BGesundhbl. 1987, 30:327) wurde in fünf Fällen überschritten. Die gemessenen Cadmiumkonzentrationen bewegten sich zwischen 0,08 und 3,30 mg/kg, wobei der Mittelwert aller untersuchten Proben über dem Richtwert lag“ (SIG). Ähnlich (PF).

Algentoxine fanden sich kaum noch. „Muschelkonserven wurden auf ihren Gehalt an wasserlöslichen Algentoxinen (PSP) überprüft. Erfreulicherweise lagen sämtliche ermittelten Werte deutlich unter dem in der Fischverordnung festgelegten Grenzwert von 400 µg/kg Schalentierfleisch“ (SIG).

„Bei der Untersuchung von Muschelproben auf Saxitoxin mittels HPLC und Fluoreszenzdetektion ergaben sich nur in einigen Fällen positive Signale, denen aber in keinem Fall eine toxikologische Bedeutung beizumessen gewesen wäre“ (BI).

Fette, Öle

Fritierfette sind weiterhin das große Sorgenkind dieser Gruppe. Daneben finden sich auffällig häufig Vermischungen von Ölen unterschiedlicher Qualität, die dann als kaltgepreßt o. ä. angeboten werden. Die Belastung durch Halogenkohlenwasserstoffe ist deutlich geringer geworden.

Ekel erregte eine originalverschlossene Flasche mit Distelöl, die eine Spinne und Spinnweben enthielt (S). Fett aus einer Bäckerei war „mit Mäusekot und Fraßstellen verunreinigt; Trennfett aus derselben Bäckerei stank, war verunreinigt und wurde in völlig verschmutzten Gefäßen aufbewahrt, die Pinsel zum Auftragen der Trennfette waren ebenfalls stark verschmutzt“ (HA). „Buttercreme in einem äußerlich mit Schimmelkolonien bewachsenen Spritzbeutel enthielt Schmutzpartikeln und tote Milben“ (ME).

Bei Fritierfetten aus Gaststätten, Imbißständen und Bäckereien liegt die Beanstandungsquote seit Jahren hoch. Die Fette werden meist zu lange oder zu hoch erhitzt, oder es werden zum Fritieren ungeeignete, wenig hitzestabile Öle (z. B. mit hohem Gehalt an mehrfach ungesättigten Fettsäuren) verwendet. Die geruchlichen und geschmacklichen Mängel wurden durch die entsprechend abweichenden Fettkennzahlen bestätigt und mußten wegen deutlicher Qualitätsminderung oder Verzehrsuntauglichkeit beanstandet werden (BI, DU, HA, HH, ME, PF, S, S-St u. a.).

So waren beispielsweise in Freiburg von „164 in Gaststätten, Bäckereien und Imbißständen entnommenen Fetten 85 (= 35%) wegen zu langer Verwendung und damit verbundener thermischer Zersetzung zu beanstanden“ (FR). Teilweise werden bis zu 50% der Fritierfette beanstandet (HH).

Auch normale, nicht erhitzte Fette und Öle sind nur begrenzt haltbar. Die gesundheitlich wertvolleren verderben dabei schneller als die weniger wertvollen Öle.

„Leinöl hat wegen seines hohen Gehaltes an ungesättigten Fettsäuren eine sehr begrenzte Haltbarkeit. Zwei Proben mußten wegen stark bitteren Geschmacks vor Ablauf der Mindesthaltbarkeitsdaten beanstandet werden" (ME).

„Ein 2 Jahre über das Mindesthaltbarkeitsdatum hinaus gelagertes Olivenöl war aufgrund der schlechten sensorischen Beschaffenheit als wertgemindert, ein auf einem Markt offen angebotenes Olivenöl aus ‚ökologischem' Anbau als zum Verzehr nicht geeignet zu beurteilen (Säurezahl 8,3; Geschmack stark kratzend und terpenig). Schmalz und Walnußöl entsprachen hinsichtlich der festgestellten Säurezahlen, verbunden mit nicht mehr einwandfreiem Geschmack, nicht den Anforderungen der Leitsätze für Speisefette und Speiseöle" (S).

„Die Mindesthaltbarkeit von Haushaltsmargarine ist auch bei renommierten Herstellern der Branche oft zu lang angegeben. Die Lagerbedingungen spielen hierbei natürlich eine entscheidende Rolle. Gerade diese werden aber oft nicht präzise genannt" (BI).

Mängel werden erstaunlicherweise auch bei Schweineschmalz beobachtet. Dabei „führten unsachgemäße oder zu lange Lagerung zu oxidativem Verderb" (S-St), oder aber die „unzulässige Verwendung der Antioxidationsmittel Butylhydroxyanisol und Oxtylgallat bei Schweineschmalz" (HAM) war zu bemängeln. Weiterhin beachten „Metzger, die selbst Schweineschmalz herstellen und in Pergamenttüten abfüllen, mitunter nicht, daß sie damit Fertigpackungen in den Verkehr bringen, die unter anderem die Angabe des Herstellers und des Mindesthaltbarkeitsdatums aufweisen müssen". So hatte „eine Fertigpackung mit Schmalz 15% Untergewicht. Ein Schweineschmalz, dessen Mindesthaltbarkeitsdatum vom Hersteller nicht mit einer Empfehlung zur Kühllagerung verbunden war, wies vor Ablauf des Datum bereits Ranzigkeit auf" (FR).

Verbraucher, die sich auch beim Fettverzehr gesundheitsbewußt verhalten, konnten leider nicht immer den Werbeversprechen vertrauen. „In vielen Fällen wurde Olivenöl, das als ‚kaltgepreßt' oder ‚nativ' angeboten wurde, wegen der Vermischung mit raffiniertem Öl oder wegen durchgeführter Dämpfung nach § 17 Abs. 1 Nr. 5b LMBG beanstandet. Ebenso wurden Traubenkernöl, Maiskeimöl, Sonnenblumenöl, Leinöl z. T. wegen durchgeführter Entsäuerung oder durchgeführter Dämpfung beanstandet, da sie als kaltgepreßt angeboten wurden" (HA). Ähnlich (BI).

„Einige reine Pflanzenöle (Sonnenblumen-, Maiskeim-, Traubenkern- und gewürzhaltiges Spezialöl) enthielten den werbend hervorgehobenen Hinweis ‚cholesterinfrei'. Die Bezeichnung wurde als irreführend beurteilt, da in der für pflanzliche Öle üblichen Größenordnung Cholesterin nachweisbar war.

Ebenfalls als irreführend wurde der Hinweis ‚rein pflanzlich' bei Margarine beanstandet, wenn die Produkte unter Mitverwendung von Milcherzeugnissen hergestellt wurden und nicht klar erkennbar war, daß dieser Begriff sich ausschließlich auf den Fettanteil bezieht" (HH). Ähnlich (HA).

Tetrachlorethen (PER) in Olivenöl. „Aufgrund früher festgestellter Gehalte an dem Fettlösungsmittel Tetrachlorethen in Olivenölen besteht seit 1989 innerhalb der Europäischen Gemeinschaft die Regelung, daß Olivenöl im Einzelhandel nicht mehr als 0,1 mg/kg PER enthalten darf. Es wurden 30 Olivenöle überprüft, von denen eine Probe einen PER-Gehalt von 0,1 mg/kg aufwies. In einer Nachprobe der gleichen Charge war PER nicht mehr nachweisbar" (FR).

In Stuttgart wurden 21 Olivenöle „auf Rückstände an Halogenkohlenwasserstoffen untersucht. Nur drei Proben enthielten Rückstände an Halogenkohlenwasserstoffen, die jedoch unter der Höchstmenge von 0,1 ppm lagen. Von neun Samenölen (Distel-, Sonnenblumen-, Maiskeim-, Kürbiskernöle) wurde lediglich in einem Kürbiskernöl Halogenkohlenwasserstoffe nachgewiesen, jedoch unter der Höchstmenge" (S-St).

„Bei Olivenölen fehlte die deutsche Deklaration nach der Lebensmittel-Kennzeichnungs-VO. Die Gehalte an Trichlorethen lagen mit 0,19 und 0,38 mg/kg über dem Höchstwert, den die Lösungsmittel-Höchstmengen-VO mit 0,1 mg/kg zuläßt" (ME).

Verbraucherbeschwerden über Fette und Öle

„Eine Verbraucherbeschwerde über die angebliche Ranzigkeit und Verdorbenheit eines naturbelassenen Öles war offensichtlich nicht gerechtfertigt: man hatte den arteigenen, saatigen Rohgeschmack eines solchen Öles falsch eingeschätzt.

Halbfett-Margarine mit Schimmelbefall wurde als Verbraucherbeschwerde eingeliefert. Auch Originalproben im Einzelhandelsgeschäft waren noch betroffen. Die korrekte Angabe des Mindesthaltbarkeitsdatums mußte in Zweifel gezogen werden" (BI).

Suppen, Soßen

Beanstandungen bei Suppen und Soßen sind nicht sehr häufig. Toxische Inhaltsstoffe sind nach veränderter Produktionsweise selten geworden.

„Ausländische Suppe wies Schädlingsbefall auf. Infolge Überschreitung des Mindesthaltbarkeitsdatums um 2 Jahre war ein ausländisches Suppenkonzentrat völlig verklumpt und aromalos. Gleichzeitig fehlte die deutsche Kennzeichnung" (DO).

„Erzeugnisse mit dem Wortbestandteil ‚Bio' enthielten die Zutaten ‚Würze' bzw. ‚Glutamat', die aufgrund ihrer aufwendigen technologischen Behandlung nicht im Einklang mit der Bezeichnung ‚Bio' stehen.

Eine auffallend orangerote pflanzliche Würzpaste trug den irreführenden Hinweis ‚Bio-Carotin' und war mit dem für diese Erzeugnisse nicht zugelassenen Farbstoff Canthaxanthin (E 161 g) gefärbt.

Durch den Zusatz von Stärke wurde ‚Bratensaft' eine dickflüssigere Konsistenz verliehen, die dazu geeignet war, dem Verbraucher ein gehaltvolleres Produkt vorzutäuschen" (S). „Wertgemindert waren Bratensoßen mit überhöhten

Kochsalzgehalten; Rahmsoße mit zu geringem Rahmanteil. Holländische Soße, deren wertgebende Bestandteile Eigelb und Butter sind, war nahezu ohne Butter hergestellt worden" (FR).

Süße Suppen. „Wie im Vorjahr wurde bei dänischer roter rote Grütze und dänischem Fruchtdessert der gekennzeichnete Gehalt an Konservierungsstoff Sorbinsäure nicht beanstandet, weil diese Zubereitungen wie gekochtes Obst beurteilt wurden. Deutsche Produkte hingegen hatten weder eine Gehalt an Benzoe- noch Sorbinsäure.

Zur Farbvertiefung wurde bei Fruchtkaltschalen statt künstlicher Farbstoffe stets Rote-Bete-Pulver verwendet" (HH).

Aufgrund einer Salmonellenerkrankung wurde in einer Gaststätte eine Betriebskontrolle durchgeführt. Hierbei wurde ein Kännchen mit einer überlagerten, hefig riechenden Schokocreme-Soße aufgefunden" (PF).

2,3-Monochlorpropandiol (MCPD) und 1,3-Dichlorpropanol (DCP) in Würzsoßen. „Würzen werden aus vorwiegend pflanzlichen Eiweißen verschiedener Herkunft (z.B. Preßrückstände der Speiseölgewinnung, Getreidekleber) durch Hydrolyse mit Salzsäure gewonnen. Chlorpropanole entstehen bei der Einwirkung der Säure auf die in den verwendeten Proteinen noch in geringen Mengen vorhandenen Fette (Triglyceride). Je nach Rohstoffauswahl und Prozeßführung ergeben sich unterschiedliche Chlorpropanolgehalte. Da die Bildungsweise dieser Stoffe im Prinzip bekannt ist, lassen sich auch Maßnahmen zu deren Minimierung im Endprodukt ergreifen. Das Vorkommen dieser biologisch aktiven Stoffe in Lebensmitteln ist grundsätzlich unerwünscht und deren Konzentrationen müssen so gering wie technologisch möglich gehalten werden. DCP wird als cancerogen eingestuft und soll deshalb in Würzen nicht nachweisbar sein. MCPD zeigt in höheren Dosen eine fruchtbarkeitshemmende Wirkung (‚Pille für den Mann'). Seitens des Verbandes der Suppenindustrie wurde für 1990 ein Höchstwert von 1,0 mg/kg zugesagt.

Neben sauer hydrolysierten Würzen sind auch enzymatisch hergestellte ‚echte Sojasaucen' auf dem Markt. In insgesamt sechs untersuchten Proben (je zwei Worcestersaucen, zwei Sojasaucen und zwei Speisewürzen) waren DCP und MCPD nicht nachweisbar (Nachweisgrenze: DCP 0,05 mg/kg; MCPD 0,03 mg/kg)" (FR).

Getreide

„Natur"-Probleme führten bei Getreide zu zahlreichen Beanstandungen. Wenn mit weniger Insektiziden gearbeitet wird, kann durchaus auch schon mal ein Insekt auftreten. Zulässig ist es nicht, aber verstehen sollte man es. Eher bedenklich sind die erhöhten Blei- bzw. Cadmiumgehalte bei Reis. Selbst Bio-Reis aus Italien war davon betroffen. Für alle Grundnahrungsmittel wäre ein gesetzlicher Grenzwert dringend erforderlich, die Richtwerte des BGA führen selten zu einem Verkehrsverbot.

Häufiger Beanstandungsgrund war Schädlingsbefall (Reis- und Kornkäfer, Mottenlarven) von Getreide bzw. Reis (SIG). Ähnlich (HH)). Roggen, Reis und Grünkern waren mit Maden und Gespinsten verunreinigt. Bei vier der sieben Proben handelte es sich um Beschwerdeproben von Verbrauchern (FR). Reis enthielt Gummistückchen, wobei es sich vermutlich um Maschinenabrieb handelte (DO). Ferner wurden Verunreinigungen durch Schädlingsbefall insbesondere bei „Bio"-Getreide festgestellt (S). Naturreis war wegen z. T. lebender Raupen und Gespinste nicht mehr zum Verzehr geeignet (SI).

„In ‚Vollkorn-Roggen unbehandelt' wurden zahlreiche lebende und toten Milben sowie Milbenteile gefunden. ‚Schwarzer Reis' und ‚schwarzer Klebereis' wiesen erheblichen Schädlingsbefall auf (Gespinste, tote und lebende Maden, Puppen, Kot). In Popcorn-Mais waren zahlreiche Körner von tierischen Schädlingen angefressen. In den Packungen befand sich Schädlingskot. Mais, ganzes Korn war quantitativ mit graugrünem Schimmelrasen (Aspergillus) überzogen. In den Beuteln wurden außerdem tote Milben gefunden" (ME).

Getreide, in kleinen Portionen abgepackt, wird oft vom Verbraucher selbst geschrotet und verzehrt. Daher war es weiterhin notwendig, besonders Roggen auf Mutterkorn zu untersuchen. Während diesbezüglich in Hamburg keine Probe zu beanstanden war, werden von anderen Ämtern positive Befunde berichtet. „Der Mutterkornbesatz in ungereinigtem Speisegetreide betrug maximal 0,54%. Der im Besatzanteil mittels HPLC bestimmte Mutterkornalkaloidgehalt überschritt in keinem Fall 0,05%" (S).

„Weizen war wegen erhöhten Anteils Unkrautsamen und Spelzen wertgemindert und wurde ohne deutsche Kennzeichnung in den Verkehr gebracht" (HA).

Quinoa – das Wunderkorn der Inkas – neu entdeckt

Quinoa (sprich: ‚kien-wah') ist eine alte Kulturpflanze der Andenländer. Sie hatte mit ihrer Frucht auch zur religiösen Sphäre eine starke Beziehung, den Inkas war sie geradezu heilig. Bei der Indiobevölkerung gilt das Quinoa als gesunderhaltendes und gesundmachendes Nahrungsmittel, das für den schwierigen Überlebenskampf in den Hochanden Kraft und Widerstandsfähigkeit verleiht. Nach der Eroberung des Inkareichs durch die Spanier verdrängten europäische Getreidearten, vor allem Gerste, die Quinoapflanze.

Chenopodium quinoa, im Deutschen Reismelde (Hirsenmelde oder „Inkakorn"), international meist kurz „Quinoa" genannt, gehört zu den Chenopodiaceen, Gänsefußgewächsen (Poacee) und ist ein einjähriges, 0,5 bis 2 m hohes, sich verzweigendes Kraut mit rhombischen dicklichen Blättern. Blattform und Habitus erinnern an unseren weißen oder roten Gänsefuß. Die Quinoasamen sind rundliche, abgeplattete Körnchen mit einem Durchmesser von nur 1,7 bis 2,6 mm und einer Dicke von 0,7 bis 1,3 mm. Bei den verschiedenen z. Zt. angebauten Sorten sind die Samen meist hellgelb bis weißlich, teils rot, bei seltener angebauten auch gelb, braun oder schwarz. Das Korn wird geschützt von relativ locker anhaftenden Schichten der Samenschale, die ein bitter schmeckendes Saponin enthalten; deshalb müssen die Samen vor dem Verzehr mittels alkalischer Lösungen abgewaschen oder abgeschliffen werden. Letzteres geschieht bei den Indios durch Reiben in Mörsern. Bei saponinreichen Samen, die zur Entbitterung stark geschliffen werden müssen, geht leicht der Keimling verloren, was wiederum zur Verminderung des Eiweißgehaltes führt. Die Samen haben ein stärkereiches Endosperm mit hochzusammengesetzten Stärkekörnern.

Anbau. Die Pflanze ist anspruchslos, gedeiht auch auf minderwertigen Böden, noch in Höhenlagen über 3.500 m (Obergrenze des Getreideanbaues) bis 4.300 m NN und braucht nur zum Keimen sowie bis zu einer bestimmten Größe gewisse Feuchtigkeit. Dann kann sie Trockenperioden bis zu 3 Monaten und sogar leichte Nachtfröste überstehen. Die Bauern nutzen die gesamte Pflanze aus: die Samen als Grundnahrungsmittel, die Blätter als Gemüse, Pflanzenrückstände als Futtermittel und die Asche der getrockneten Stengel als Zusatz zum Kauen von Cocablättern.

Bei dem gestiegenen Ernährungsbewußtsein und dank des Neuigkeitswertes stiegen zuerst in den USA und inzwischen auch in Deutschland auf dem Naturkostmarkt die Nachfrage nach Quinoa und entsprechend auch dessen Preis, was bei den Anbauern wiederum den Produktionsanreiz erhöht hat. Durch gezielte deutsche Entwicklungshilfe (GTZ Gesellschaft für Techn. Zusammenarbeit) entstand mit Anbauberatung (arbeitssparende Reinigungsanlagen und Förderung des Exports) in Ecuador ein zusätzlicher Quinoaanbau nur für den Export nach Mitteleuropa, was den betreffenden Anbauern echt zugute kommt. Export bedeutet hier neben Einbringen nötiger Devisen, um bessere Anbauflächen beanspruchen zu können, aber auch, daß das Quinoakorn im Ansehen innerhalb der Anbauländer aufgewertet und davon wieder mehr auch zur eigenen Ernährung angebaut wird.

Ernährungsphysiologisches. Erst der entsaponifizierte und damit auch entbitterte Quinoasamen ist verzehrsfähig und dann mit den Gramineenkörnern sowie mit dem Buchweizenkern und dem der Hirse vergleichbar. Hinsichtlich der Form ist er zwar keinem der genannten, in der Größe am ehesten noch den kleinen Hirsekernen ähnlich. Jedoch in seiner Nährstoffdichte und chemischen Zusammensetzung ist der Quinoakern den Getreidekörnern außerordentlich ähnlich, in bezug auf die Gehalte einiger lebenswichtiger Inhaltsstoffe übertrifft der Quinoakern sogar die der herkömmlichen Getreidearten. Die Gehalte an Hauptbestandteilen streuen bei den verschiedenen Quinoasorten wie folgt:

Eiweiß	10 bis 18 %
(Roh-)Fett	4,5 bis 8,75 %
Kohlenhydrate	54 bis 64 %
Rohfaser	2 bis 5 %
Asche	2,5 bis 3,65 %

Damit hat der Quinoakern von den Getreidearten den höchsten Eiweißgehalt und das zudem mit sehr hoher biologischer Wertigkeit, weil von den lebenswichtigen Aminosäuren einige, insbesondere Lysin und Isoleucin (limitierende Aminosäuren des Getreides) und Threonin, die höchsten Gehalte im Vergleich zu denen anderer Getreidearten aufweisen. Außerdem enthält der Quinoakern – sehr ähnlich dem des Hafers – auch einen hohen Fettgehalt mit einem Linolsäureanteil von über 50% (bezogen auf Gesamtfettsäuren). Von den Mineralstoffen hat der Quinoakern beachtlich hohe Gehalte an Calcium, Magnesium, Kalium sowie Eisen und ist auch damit fast durchweg den meisten anderen Getreidearten überlegen.

Gebräuchliche/mögliche Zubereitungsformen. Beim Kochen habe der (entbitterte) Quinoakern einen ausgesprochen arteigenen Geruch, von den dann typisch glasig werdenden Kernen lösen sich kleine weiße Ringe (die Keimblätter) und die Zubereitungen (Brei/Suppe) sollen einen „hervorragenden Geschmack" entwickeln.

Weil der Quinoakern zu den bestausgewogenen Nahrungsrohstoffen gehört, befinden sich Quinoaprodukte in Südamerika schon länger im Sortiment der Kindernahrungsmittel; wegen des Restgehaltes an Saponin mischt man es allerdings der Säuglingsnahrung noch nicht bei.

Quinoazubereitungen gelten als optimale Ergänzungskost, insbesondere für Personen, die sich vegetarisch ernähren oder in besonderen Lebensumständen sind. Die einfache Zubereitung macht den inhaltsreichen Quinoakern zugleich auch zu einem praktischen Nahrungsmittel; denn er kann ähnlich wie Reis gekocht und verwendet werden. Gegart sehen Quinoakerne typisch glasig aus. Auch wird berichtet, daß der geringe Anteil an Kleber im Quinoamehl die Herstellung von Diätkost für an Zöliakie bzw. Sprue Leidende (Unverträglichkeit von Kleber) möglich mache; doch das bedarf wohl noch endgültiger Bestätigung. Hinzuweisen ist allerdings auf den in Europa sehr hohen Preis, in Deutschland beim Importeur z.Zt. über 4,00 DM/kg. Hafer kostet dagegen nur ca. 1,20 DM/kg und bietet als das wertvollste Korn der klassischen Getreidearten fast gleichartig reichhaltige Inhaltsstoffe.

Wegen des mangelnden Klebers muß zur Backwarenherstellung allerdings Weizenmehl zugemischt werden. Versuche haben gezeigt, daß bei Brot gut 1/4 des Brotgetreidemehls durch Quinoamehl ersetzt werden kann. Bei der Zubereitung von Teigen wird im allgemeinen etwas mehr Flüssigkeit benötigt. Zu Schrot, Flocken oder Mehl vermahlen, soll man so mit Quinoa, Backwaren, insbesondere Plätzchen oder Pfannkuchen, mit kräftig arteigener Note backen können. Denn der besondere Geschmack des Kerns passe sowohl für süße als auch für herzhafte Backwaren. Bei höheren Quinoaanteilen werden das Aussehen von Broten dunkler, die Porung und der Geschmack auch deutlich verändert. Eine deutsche Brotfabrik vertreibt als Alternative zum üblichen Weizenvollkornbrot schon bundesweit ein (geschnittenes) Weizenvollkornbrot mit einem Quinoaanteil von 25%.

Um die Einsatzfähigkeit des Quinoa weiter auszubauen, hat man Quinoa in Flocken und gepuffter Form herstellen lassen. Durch das Aufschließen des Korns sind seine ernährungsphysiologischen Eigenschaften weitgehend erhalten geblieben. Flockiertes Quinoa hat die Form von Haferflocken und kann wie diese verarbeitet werden.

Schwermetallprobleme tauchten erneut bei ungeschliffenem Reis auf. Der starke Wasserbedarf während des Anbaus macht ihn anfällig für Rückstände aus Umweltverschmutzungen.

„Zwei Proben Naturreis fielen durch einen erhöhten Schwermetallgehalt auf. Bei drei Packungen einer Probe war der Richtwert für Blei um das Vierfache überschritten.

Bereits im letzten Jahr wurde über Bio-Naturreis mit erhöhtem Cadmiumgehalt berichtet. Der Reis wurde in Oberitalien im Bereich der Poebene angebaut und stammte aus einer Lieferung von 20t der Ernte 1988. Auch in diesem Jahr wurde eine Probe dieses Bio-Naturreises untersucht und erneut eine zweifache Richtwertüberschreitung (Richtwert des BGA für Cadmium in Reis: 0,1 mg/kg) festgestellt. Der Reis befand sich trotz einer freiwilligen Rückrufaktion des Importeurs noch im Handel. Die Probe wurde als nicht zum Verzehr geeignet und die Angabe ‚Bio-Naturreis' als irreführende Bezeichnung beurteilt. Inzwischen wurde diese Beurteilung durch ein noch nicht rechtskräftiges Urteil des AG Ulm bestätigt. Im allgemeinen liegen die Cadmiumgehalte von biologisch oder konventionell angebautem Naturreis deutlich unter dem Richtwert. Die stark erhöhten Cadmiumgehalte des aus Oberitalien stammenden ‚Bio'-Reises dürften mit hoher Wahrscheinlichkeit auf verunreinigtes Wasser/Abwasser zurückzuführen sein. Das Reisanbaugebiet, aus dem die Proben stammen, liegt 100 km westlich von Mailand, an einem Nebenfluß des Po. Bekanntlich hat die Stadt Mailand mit 1,6 Millionen Einwohnern keine Kläranlage" (SIG).

Auch Weizen war in einem Fall betroffen. „Es wurden acht Weizenproben aus den Rheinüberschwemmungsgebieten Urdenbach und Himmelgeist untersucht. Der Richtwert für Cadmium wurde in einem Fall geringfügig überschritten" (D).

Pestizidrückstände bei „Bio-Produkten" sind ebenfalls umweltbedingt. „Bei den Lebensmitteln mit Angaben, die auf Naturreinheit hindeuteten, handelte es sich überwiegend um Getreide. Rückstände waren nicht nachweisbar (unter 0,0025 mg/kg) oder so minimal, daß sie nicht als Restgehalte einer Behandlung, sondern vielmehr als unvermeidbare Verunreinigung aus der Umwelt einzuordnen waren" (D).

Erhöhte Ochratoxingehalte wurden insbesondere in Reis und Buchweizen festgestellt" (S). (Ergebnisse über die Untersuchung von Mykotoxinen in Getreide und Getreideprodukten siehe Kap. 2.2)

Naturreis und Parboiled Reis – Ballaststoffgehalte
Seitdem der Wert der Ballaststoffe für eine gesunde Ernährung in den letzten Jahren immer mehr an Bedeutung gewinnt und sogar einige unserer Zivilisationskrankheiten in Zusammenhang mit einer zu geringen Ballaststoffzufuhr gebracht werden, sind sowohl die Nachfrage als auch das Angebot an Getreide und Produkten auf Vollkornbasis gestiegen. Neben den Brotgetreidesorten kommen in letzter Zeit auch vermehrt Naturreisprodukte (als „Vollkorn"-, „Vollwert"-, oder ungeschälter Reis beworben) auf den Markt. Den werbeträchtigen Begriff „Natur"-versuchen aber auch die Produzenten von „Parboiled Reis" für ihre Produkte zu verwenden.

Unter Ballaststoffen versteht man organische Stoffe pflanzlicher Herkunft, die durch das körpereigene Enzymsystem des Verdauungsapparates nicht abgebaut und deshalb nicht verwertet werden können. Das sind vor allem: Cellulose, Hemicellulosen, Pektin und Lignin sowie (die eventuell zugesetzten) Hydrokolloide. Pektin und einige der Hemicellulosen sind wasserlöslich.

Lebensmittel auf Getreidebasis zählen zu den ballaststoffreichen Rohstoffen, weisen jedoch verarbeitungsbedingt einen sehr unterschiedlichen Ballaststoffgehalt auf. Dies ist auf deren ungleiche Verteilung im Korn zurückzuführen: ca. 70% sind in den Randschichten (Frucht- und Samenschale sowie Aleuronschicht) lokalisiert, der Rest verteilt sich auf den Mehlkörper.

Auch der Reis erfährt eine sehr unterschiedliche, teils sehr starke Bearbeitung. Nach der Ernte wird der Rohreis (Paddy) getrocknet und von den Spelzen befreit. Das Reiskorn mit dem Keimling ist noch vom Silberhäutchen (miteinander verwachsene Frucht- und Samenschale) umgeben und wird in dieser Form als Cargo- oder Braunreis auf dem Weltmarkt gehandelt. Ein gereinigter und verlesener Braunreis wird handelsüblich als Natur-, Vollkorn- oder ungeschälter Reis verkauft. Er enthält noch den maximalen Gehalt an Vitaminen, Mineral- und Ballaststoffen.

Zum Herstellen von Weißreis wird das Silberhäutchen abgeschliffen und der Keimling entfernt. Das anhaftende Schleifmehl wird durch Polieren entfernt, wodurch das Reiskorn eine glatte Oberfläche erhält. Der polierte Reis wird zuweilen glasiert und als Patna-Reis in den Verkehr gebracht.

Da beim Schleifen und Polieren ein großer Teil der Mineralstoffe und Vitamine verlorengeht, wurde in den USA das „Parboiling"-Verfahren entwikkelt. Bei diesem Verfahren wird der Rohreis mit Wasser eingeweicht, gedämpft, getrocknet und geschält. Dabei verkleistern die äußeren Stärkeschichten und ergeben nach dem Trocknen eine sehr dichte Schicht, die dem Parboiled Reis ein glasiges Aussehen verleiht. Beim Schälen werden die Spelzen vollständig und die darunterliegende Silberhaut teilweise entfernt, je nachdem, wie stark die beiden Teile miteinander verkleben. Da dies zu einer etwas uneinheitlichen Oberfläche führt, wird dieser optische Fehler zuweilen durch vorsichtiges Polieren behoben.

Beim „Parboiling"-Verfahren werden wasserlösliche, wertvolle Bestandteile aus den äußeren Schichten in den Mehlkörper gepreßt und bleiben bei der weiteren Bearbeitung so besser erhalten. Temperaturempfindliche Inhaltsstoffe werden verständlicherweise geschädigt.

Es ist bekannt, daß sich verschieden stark geschliffene und polierte Reisprodukte hinsichtlich ihres Ballaststoffgehalts unterscheiden. Ein polierter (Weiß-)Reis enthält lediglich 1,4% Gesamtballaststoffe, während der unpolierte „Naturreis" mit 4% Ballaststoffen (2,7% unlösliche und 1,3% lösliche) angegeben wird. Parboiled Reis liegt nur wenig darunter.

Getreideprodukte

Noch stärker als das Rohgetreide waren Getreideprodukte von Verunreinigungen besonders durch tierische Schädlinge betroffen. Getäuscht wurden Verbraucher, die durch Vollkornprodukte viele Ballaststoffe aufnehmen wollten, da nicht immer aus vollem Korn war, was so bezeichnet wurde. Auch Müsli waren nicht immer so, wie sie sein sollten. Getreide war wie in den Vorjahren hauptsächlich wegen Schädlingsbefall (Motten, Larven, Staubläuse, Reismehlkäfer, Nagetiere) zu beanstanden (S).

Es wurden folgende Mängel berichtet:
- Müsli wies starken Schimmelbefall auf;
- Haferflocken und mehrere Backmischungen enthielten Gespinste und lebende Maden (DO);
- Weizenmehl, Weizenkleie und Müsli mit lebenden Larven und Käfern (HA);
- Buchweizenmehl, Maismehl und Maisgrieß enthielten Gespinste und lebende Maden (ME);
- Roggenmehl und zwei Packungen Vollkorngrieß wurden wegen Befall durch Vorratsmotten beanstandet (PF);
- „Reis im Kochbeutel enthielt Motten und Larven;
- Grieß wies zahlreiche lebende Larven und schwarze Getreidenager auf;
- Mehl und Instantmehl mit Gespinsten und/oder Schädlingsbefall (Staubläuse, lebende Larven, Insektenflügel, Käfer);
- bei einer Betriebskontrolle aus Silos entnommene Mehlproben waren mit lebenden Maden und Insektenfragmenten verunreinigt;
- Müsli-Riegel mit eingebackenem, beigegrauem Gummiband;
- Müsli mit Schädlingsbefall, punktuellen, blaugrünen Verfärbungen, die als Malachitgrün identifiziert wurden; eine Untersuchung aller im Betrieb noch vorrätigen Einzelkomponenten konnte jedoch nicht klären, wodurch der Farbstoff in das Müsli gelangte. Vermutlich war die in dem betreffenden Müsli verarbeitete Charge Getreide mit Malachitgrün markiert" (HAM).
- „Mehl, das von sich in Betrieb befindlichen Bäckereimaschinen entnommen wurde, war völlig mit Mäusekot und Gespinsten durchsetzt" (HA).

„Nur wenige Verbraucher wissen, wie empfindlich Getreidekeime sind. „Diverse Proben Weizenkeime waren vor bzw. nach Ablauf der deklarierten Mindesthaltbarkeit wegen starker hydrolytischer bzw. oxidativer Veränderung des in den Keimen enthaltenen empfindlichen Fettes zu beanstanden" (ME).

Jeder Verbraucher sollte wissen, daß man mit Lebensmitteln keine Krankheiten heilen kann. Für eine Haferkleie, offensichtlich der „Renner" des Jahres, wurde mit folgenden Angaben geworben:

- so senken Sie Ihren Blutfettspiegel auf natürliche Weise;
- drastische Cholesterinsenkung ohne Medikamente;
- pendelt sich Ihr Blutdruck besser ein;
- von Kardiologen überprüft; in Kliniken erprobt;
- überhöhte Blutfettwerte gefährden unser Leben.

§ 18 LMBG verbietet, unabhängig vom Wahrheitsgehalt, jegliche Aussagen, die sich auf die Beseitigung, Linderung oder Verhütung von Krankheiten beziehen.

Müsli finden immer mehr Freunde. Wer wissen will, was er ißt, mischt sich sein Müsli selbst und spart Geld dabei.

Für ein Kindermüsli wurde mit dem Hinweis „ohne Beimengung von Zucker" geworben, obwohl u.a. gezuckerte Haferflocken, Schokoraspeln und sog. „Paradiesfrüchte" (eine geleeartige Fruchtzubereitung) enthalten waren. Auch bei anderen Müslipackungen wurde die irreführende Bezeichnung „Paradiesfrüchte" im Zutatenverzeichnis und im Zusammenhang mit der Verkehrbezeichnung aufgeführt (SIG).

Gezielt wurden verschiedene Müsli untersucht. „Dabei fielen vor allem Früchte-Müsli auf, deren Schwefeldioxidgehalte im Enderzeugnis mehr als 50 mg/kg betrugen. Eie Kenntlichmachung, verbunden mit der der Verkehrsbezeichnung, war nicht vorhanden. Aber auch wenn der Schwefeldioxidgehalt unterhalb 50 mg/kg liegt, enthalten die meisten Müsli geschwefelte Früchte als Zutat, ohne daß dieses in der Zutatenliste ausgewiesen ist.

Zu dem Begriff der Zutaten gehören auch die Zusatzstoffe, sofern sie im Enderzeugnis oder Teilen davon noch technologisch wirksam sind. Eine technologische Wirksamkeit des Schwefeldioxids (SO_2) wird hier als gegeben betrachtet, da die Zutaten als Einzelstücke im Müsli erkennbar bleiben und das SO_2 hier weiterhin eine Bräunungsreaktion verhindert.

Auch der ALS hat sich im Bundesgesundheitsblatt 10/88 dazu geäußert. Danach ist eine technologische Wirkung nur dann nicht mehr gegeben, wenn die Zutat weiterverarbeitet ist und im Enderzeugnis die ursprünglichen Eigenschaften nicht mehr vorhanden oder bedeutungslos geworden sind.

Die Verarbeitung der Zutaten, also der einzelnen Trockenfrüchte bei einem Müsli, als stückiges inhomogenes Enderzeugnis ist anders zu sehen als z.B. Apfelstücke bei einem Apfelkuchen. Im Müsli wird durch die Vermischung keine Veränderung der Zutaten vorgenommen, sie behalten somit auch im Enderzeugnis ihre ursprünglichen Eigenschaften, die von hier aus nicht als bedeutungslos beurteilt werden. Somit ist entsprechend § 6 Abs. 4 Nr. 2 LMKV die Zutat mit dem Zusatzstoff in Klammern in der Zutatenliste anzugeben.

In verschiedenen Müsli bzw. Müsliriegeln wurde ‚Honigpulver' in der Zutatenliste aufgeführt. Es handelt sich hierbei um eine zusammengesetzte Zutat aus

Honig und Lactose als Trägerstoff für den Trocknungsprozeß. Der Begriff ‚Honigpulver' als Verkehrsbezeichnung schien zunächst etwas fragwürdig, da ein Verbraucher hier die Art des Lebensmittels nicht unbedingt erkennen kann und eventuell nur getrockneten Honig und nicht noch weitere Zutaten vermutet. Es gibt jedoch auch den Begriff ‚Fruchtpulver' als Verkehrsbezeichnung.

Dieses Lebensmittel besteht aus Fruchtsäften und Trocknungshilfsmitteln wie z. B. Glucose, Maltodextrine und kann u. U. auch Mittel zur Erhaltung der Rieselfähigkeit enthalten. Somit ist eine Analogie der Verkehrsbezeichnungen ‚Fruchtpulver' und ‚Honigpulver' durchaus gegeben. Zwar wird der Begriff ‚Honigpulver' nicht in der Zusatzstoff-Zulassungs-VO genannt, wie dies bei dem ‚Fruchtpulver' der Fall ist, aber man kann dieses Lebensmittel als Produkt eigener Art betrachten.

Ein weiteres Müsli wurde als ‚Diabetiker-Müsli' in den Verkehr gebracht. Diätetische Lebensmittel müssen sich von anderen Lebensmitteln vergleichbarer Art in ihrer Zusammensetzung maßgeblich unterscheiden. Bei der Untersuchungsprobe wird als Unterscheidungsmerkmal angeführt: ‚40% weniger Kohlenhydrate gegenüber einem üblichen Müsli bei gleichem Brennwert'. Wenn jedoch bei gleichem Brennwert die Kohlenhydrate erniedrigt sind, dann müssen Eiweiß und Fett entsprechend erhöht sein. Nach § 12 Abs. 1 Nr. 1 · Diät-VO ist es bei Diätetischen Lebensmiteln für Diabetiker aber erforderlich, daß der Gehalt an Fett gegenüber vergleichbaren Lebensmitteln nicht erhöht ist. Die Untersuchungsprobe lag mit 16% Fett deutlich über den Fettgehalten vergleichbarer Müsli.

Außerdem erscheint der Hinweis wichtig, daß die bei vielen Diabetikern noch immer verbreitete einseitige Beschränkung der Kohlenhydratzufuhr schon lange keine Berechtigung mehr hat. Wichtiger ist es, die Kohlenhydratzufuhr über mehrere Mahlzeiten am Tag zu verteilen. Dabei sollten Diabetiker grundsätzlich auf Zusätze von Saccharose und den Verzehr niedermolekularer Zucker vergleichbarer Art verzichten. Die Voraussetzung für ein diätetisches Lebensmittel für Diabetiker ist also nicht eine Reduzierung des Gesamtkohlenhydratgehaltes, sondern das Nichtzusetzen schnell resorbierbarer Zuckerarten.

Es gab somit keine diabetisch begründete Besonderheit in der qualitativen und quantitativen Zusammensetzung der Probe. Bei der Untersuchungsprobe handelt es sich um ein Lebensmittel des allgemeinen Verzehrs und nicht um ein Diät-Produkt.

Müsli sind, wie bereits oben ausgeführt wurde, sehr verschieden zusammengesetzt. Die Anteile der Komponenten (Getreideflocken, Trockenfrüchte, ölhaltige Samen) in den Müslimischungen weisen, je nach Geschmacksrichtung, große Schwankungsbreiten auf, so daß es allein durch die Änderung der Zusammensetzung kaum möglich sein dürfte, ein Müsli zu einem Diätetischen Lebensmittel zu machen. Ein Hinweis auf Unterschiede in der Nährstoffzusammensetzung ist nur im Rahmen der Nährstoff-Kennzeichnungs-VO möglich" (BI).

„Die Überprüfung der für eine Probe Haferkleie angegebenen Nährwertanalyse zeigte, daß die ermittelten Analysenwerte z.T. erheblich von den Angaben auf der Verpackung abwichen. Insbesondere lag der Gesamtballaststoffgehalt der Probe deutlich unter den für Getreidespeisekleien erforderlichen 20%.

Es wurde deshalb sowohl die Verkehrsbezeichnung als auch die Nährwertangabe als irreführend beurteilt“ (SIG).

„Bei Haferkleie stellten wir erhebliche Differenzen zwischen tatsächlichen und angegebenen Gehalten von Inhaltsstoffen fest. Beispiele: Ballaststoffe 10,9% (lt. Angabe 16%), Vitamin B_1 0,74 mg/100 g (lt. Angabe 3,7 mg/100 g)“ (FR).

„Mehrfach wurde bei Proben mit einem hohen Ballaststoffgehalt geworben, ohne daß der Gehalt selbst deklariert war“ (BI).

„Vor Jahren kam es noch gehäuft vor, daß Weizenmehle den festgelegten Aschegehalt überschritten. Dies wurde von den Herstellern mit der ausschließlichen Verarbeitung von einheimischen Weizen erklärt. Alle im Berichtsjahr untersuchten Mehle lagen bezüglich des Aschegehaltes innerhalb der festgelegten Grenzen“ (HH).

Nicht so günstig sieht die Entwicklung bei Vollkornerzeugnissen aus. „ Vollkornmehl muß sämtliche Bestandteile des Getreidekorns, d.h. auch die mineralstoffreichen Randschichten, enthalten. Die Untersuchung von Weizenvollkornmehl ergab, daß es sich um Mehl der Type 1600 handelte, nicht aber um Vollkornmehl“ (ME).

„Vollkornmehle zeigten zu niedrige Aschegehalte (von 0,97 bis 1,56% i.Tr.), so daß es sich offensichtlich nicht um Vollkornerzeugnisse handelte. Ein Vollkorn-Semmel-Knödel enthielt lediglich einen Anteil von 30% Vollkorn bezogen auf die Getreideerzeugnisse. Auch ein Buchweizenvollmehl enthielt nur 0,75% Asche“ (BI).

Verbraucherbeschwerden über Getreideprodukte

Nicht eben glücklich begann der Tag für einen Müslianhänger in Pforzheim. „Beim Frühstück fand ein Beschwerdeführer ein scharfkantiges Metallstück in den Haferflocken. Das Metallstück hatte extrem spitze und scharfe Zacken und hätte leicht zu Verletzungen im Mund- und Rachenraum führen können“ (PF).

„Die mikrobiologische Untersuchung einer Fertigbrotbackmischung, die aufgrund einer Verbraucherbeschwerde über ein muffig riechendes Vollkornbrot erfolgte, ergab einen stark überhöhten Schimmelgehalt“ (S).

Wegen Schädlingsbefall und sonstiger Verunreinigungen wurden folgende Verbraucherbeschwerden eingereicht:

- „Reis mit Staubläusen;
- Müsli und Haferflocken mit Motten, Larven und Gespinsten;
- Müsli mit Reiskäfer;
- überlagerte und durch Fettverderb nicht mehr zum Verzehr geeignete Weizenkeime. Das MHD wurde für diese leicht verderblichen Lebensmittel viel zu weit ausgelegt“ (BI).

„Roggen- und Weizenmehl, Weizengrieß sowie Grünkernschrot waren mit Kornkäfern, Maden und Gespinsten befallen. Bei neun der 12 beanstandeten Proben handelte es sich um Beschwerdeproben von Verbrauchern“ (FR).

Brot, Kleingebäck

Brot zählt in unserem Land zu den Grundnahrungsmitteln. Die vielen eingebakkenen Verunreinigungen von Heftpflaster bis Zigarettenkippe sollten unter diesem Gesichtspunkt Herstellern, Verbrauchern und dem Gesetzgeber sehr zu denken geben und bei jedem Reaktionen auslösen. Möglicherweise wird mancher Hersteller erst dann reagieren, wenn der erste Verbraucher Anzeige wegen Körperverletzung erstattet hat. Die Überwachungsbehörden stehen scheinbar etwas abseits bei diesem Problem und auch bei dem der Färbung von Brot. „Die nicht mehr zugelassene Verwendung von zuckercouleurhaltigen Färbemitteln für Brot und Kleingebäck hat zu einem verstärkten Einsatz von Röstmalzprodukten geführt. Weder die Hersteller dieser Färbemittel noch der Fachhandel oder die Bäkker informieren darüber, daß durch Einsatz dieser färbenden Lebensmittel ein höherer Roggenanteil und ein besonderes Backverfahren vorgetäuscht werden kann" (S).

Viele Proben mußten wegen eingebackener Fremdkörper beanstandet werden. „Hiervon waren zwei Proben geeignet, die Gesundheit zu schädigen (‚Metallniete' im Kommißbrot, ‚Glassplitter' im Brot), zwei weitere Proben wurden als wertgemindert eingestuft, eine Probe ‚Franz. Weißbrot' wurde aufgrund eines eingebackenen Pflasters als ekelerregend angesehen" (BO).

Weiterhin wurden festgestellt:
- „Möglichkeit zur Gesundheitsschädigung durch 3 cm langen spitzen Draht in Roggenmischbrot" (HA);
- „eingebackener, 25 mm langer, rostiger Nagel;
- eingebackenes, bereits benutztes Heftpflaster;
- Kasseler mit eingebackener Belegkirsche und Fremdsaaten. Vermutlich wurden alte Backwaren und Restbrot, das von anderen Brotsorten stammte, dem Brotteig zugesetzt" (HAM).
- „Roggenmischbrot, Pumpernickel und Paniermehl waren verschimmelt;
- Schinkenbrotstück enthielt sechs Steinchen, die, wie sich bei der Bäckereikontrolle herausstelle, aus der Kornmischung kamen;
- Doppelbackbrot enthielt eine eingebackene Wespe" (DO).
- Brot war wegen eingebackener grauer zäher Dichtungsmassepartikeln nicht mehr zum Verzehr geeignet (SI);
- Körnerbrot war wegen eingebackener Glassplitter als gesundheitsgefährdend zu beanstanden (SI).
- „In Paniermehl wurde Schädlingsbefall (Mehlmotte) festgestellt" (ME).

Vielfach zu beobachten waren auch „Verstöße gegen die Bäckerei-Hygieneverordnung: unsachgemäßes Transportieren von Backwaren in Transportkartons. Aufgrund von kleinen, undefinierbaren Verunreinigungen wurde eine Betriebskontrolle empfohlen, da offensichtlich nicht mit der nötigen Sauberkeit gearbeitet wurde" (FR).

„Die Zahl der Beanstandungen von verschimmeltem Brot ist in den letzten Jahren erfreulicherweise deutlich zurückgegangen" (ME). Dennoch sind die Haltbarkeitsangaben teilweise zu lang terminiert. „Die Überprüfung der angegebenen Mindesthaltbarkeitsdaten führte in sieben Fällen zu Beanstandung, und bei einer Probe fehlte das Mindesthaltbarkeitsdatum" (BO). „Abgepacktes Schnittbrot mit abgelaufenem Mindesthaltbarkeitsdatum und Eifeler Landbrot, dessen Mindesthaltbarkeit noch nicht erreicht war, wiesen Schimmelbefall auf" (ME).

„Bei drei Proben Schnittbrot wurde durch einen Lagerversuch Verschimmelung innerhalb der angegebenen Haltbarkeitsdauer festgestellt" (PB).

Die Kochsalzzufuhr der Bundesbürger ist sehr hoch, Alternativen möglich, aber schwer auf dem Markt einzuführen.

„Im vergangenen Jahr wurde mehrfach ‚salzreduzierte' Brot angeboten. Nach Änderung der Nährwert-Kennzeichnungs-VO ist es möglich, ein Brot, das höchstens 250 mg/100 g Natrium enthält, mit einem Hinweis auf Kochsalz- oder Natriumverminderung in den Verkehr zu bringen (§ 7 Abs. 2 Nr. 3b in Verbindung mit Anlage 2 Nährwert-Kennzeichnungs-VO).

Wenn ein Hinweis auf eine Nährstoffverminderung (hier Kochsalzreduzierung) gegeben wird, dann ist auch der durchschnittliche Gehalt an dem entsprechenden Nährstoff anzugeben (§ 6, § 5 Abs. 1 und § 3 Abs. 1 Nährwert-Kennzeichnungs-VO). Bei den Untersuchungsmethoden wurden z. T. die Höchstmenge überschritten, z. T. fehlte aber auch die Gehaltsangabe" (BI).

„Im Laufe des Berichtsjahres wurden verschiedene Brote sowohl von Großherstellern als auch aus Dortmunder Bäckereien auf ihren Kochsalzgehalt hin untersucht. Von der Bundesforschungsanstalt für Getreide- und Kartoffelverarbeitung wird 1,8% Kochsalz als Grenze genannt, ohne daß geschmackliche Beeinträchtigungen auftreten. Zweidrittel der hier untersuchten Brote wiesen Kochsalzgehalte über 1,8% bzw. 0,70% Natrium auf. Nach den Empfehlungen der Deutschen Gesellschaft für Ernährung liegt der Tagesbedarf eines Erwachsenen bei ca. 6,4 g Kochsalz bzw. 2,5 g Natrium" (DO).

Ernährung durch volles Korn ist gesund, aber nicht alle Produkte werden den Anforderungen gerecht.

„Vollkornbrötchen hatten einen zu geringen Aschegehalt (1,22 bzw. 1,03% i. Tr.). Denn bei Vollkornbrötchen ist wie bei Vollkornbrot ein Anteil von mindestens 90% Vollkornerzeugnissen zu fordern. Auch der Zentralverband des deutschen Bäckerhandwerks hat sich für eine derartige Definition gegenüber der DLG ausgesprochen (Allgemeine Bäckerzeitung 44 vom 03.11.1989)" (BI).

Dagegen sind Ballaststoffanteile voll vorhanden. „Schwerpunktmäßig wurde der Ballaststoffgehalt bei Vollkorngebäcken und verpackten Broten überprüft. Die Untersuchung ergab keine auffälligen Abweichungen von den deklarierten Nährwertangaben" (S).

Nur der Farbtiefe von Broten sollte man als Hinweis auf Vollkornanteile nicht vertrauen, denn dazu können Farbstoffe oder auch färbende Lebensmittel eingesetzt. Die Zweckbestimmung muß den Ausschlag geben.

„Verschiedene Brote wiesen eine dunkelbraune Krume auf. Die Untersuchung ergab einen Zusatz von Zuckercouleur.

Dieser Farbstoff ist nach Anlage 6 Liste A Nr. 3 Zusatzstoff-Zulassungs-VO i. d. F. vom 13.06.1990 für Lebensmittel allgemein, ausgenommen Brot und Kleingebäck, zugelassen. In der bis zum 20.06.1990 gültigen Fassung der Verordnung war dieser Zusatzstoff für Lebensmittel allgemein zugelassen. Gemäß § 10 besteht eine Übergangsregelung für die weitere Verwendung und das Inverkehrbringen bis zum 31.12.1991.

Die Verwendung führt jedoch gerade bei Mischbroten oder Roggenbroten zu einer erkennbaren Farbänderung der Backware, die den Anschein einer besseren als der tatsächlichen Beschaffenheit erwecken kann. Somit ist nach § 17 Abs. 1 Nr. 2c LMBG eine ausreichende Kenntlichmachung erforderlich, z. B. ‚mit Farbstoff Zuckercouleur'. Dieser Hinweis ist bei Abgabe loser Ware auf einem Schild deutlich sichtbar auf oder neben der Ware anzubringen. Eine entsprechende Kenntlichmachung fehlte.

Wir halten eine entsprechende Kenntlichmachung auch bei Verwendung von anderen Bräunungszutaten wie Malzextrakt oder Zuckerrübensirup für erforderlich, z. B. ‚Krume gebräunt mit ...'. Denn auch durch diese Zutaten wird eine Farbänderung erreicht" (BI). Ähnlich (HA, S).

Wertgemindert waren „Milchbrötchen mit weniger als 50 l Milch/100 kg Mehl hergestellt worden. Nußbrot hatte einen leicht ranzigen Geschmack. Altbrot, das bis zu 3%, bezogen auf die Mehleinwaage, wieder verarbeitet werden darf, war nicht vermahlen, sondern deutlich sichtbar eingebacken worden" (FR).

„35 Proben von Milchbrötchen wurden über den Orotsäure- und Lactosegehalt auf ihren Milchanteil untersucht. Gefordert werden 50 l Vollmilch als Schüttflüssigkeit/100 kg Getreideerzeugnis. Es wurden Werte von 1 bis 70 l Vollmilch/kg Trockenmasse gefunden. Dabei ist es nicht klar, ob die als Milchbrötchen angelieferten Proben nicht auch als normale Süß- oder Weichbrötchen feilgehalten wurden. Die Übereinstimmung der über den Orotsäure- und Lactosegehalt gefundenen Milchmenge war zufriedenstellend" (HH).

„Einem Kräuterkrustenbrot, das mit einer indianischen Kräutermischung (Lapacho) gebacken war, wurde werbemäßig eine Allheilwirkung zugesprochen" (DO).

Viele Verbraucher stehen Konservierungsstoffen in Brot negativ gegenüber. Wie immer muß man aber den Einzelfall sehen und dann kann man einen Konservierungsstoff auch positiv bewerten. „Bei Schnittbrot ist die Verwendung des Konservierungsmittels Sorbinsäure erlaubt. Bei über 60 Proben wurde keine Sorbinsäure gefunden, in 16 Proben war sie nachzuweisen und auch ordnungsgemäß deklariert. Dabei ist zu berücksichtigen, daß der positive Nachweis hauptsächlich auf Proben von zwei großen Herstellern beschränkt war. Offensichtlich will man von Zusatzstoffen bei der Herstellung von Schnittbrot absehen. Dabei ist es durchaus fraglich, ob die Sorbinsäure-Freiheit der bessere Weg ist. Bei mit Sorbinsäure (die voll verstoffwechselt wird) behandeltem Brot ist man vor Schimmel und den bei Schimmelbildung zu erwartenden gefährlichen Mykotoxinen verhältnismäßig sicher. Gesundheitliche Nachteile der Sorbinsäure sind nicht bekannt" (BO).

„Konserviertes Restbrot wurde zur Herstellung von Schnittbrot verwendet, welches als ‚ohne Konservierungsstoffe' ausgewiesen war. Dieses ist vom ‚carry-over-Prinzip' ausgenommen" (BO).

„In zwei Proben Dampfnudeln wurde der Konservierungsstoff Sorbinsäure nachgewiesen; die Angabe im Zutatenverzeichnis fehlte jedoch“ (SIG).

Unverständlich ist, wenn sog. Vollwertbrote chemische Teigsäuerungsmittel auf Citratbasis enthalten (ME). „Bei angeblicher ausschließlicher Verarbeitung von Natursauerteig wurde auch Teigsäuerungsmittel verwendet (über 1 g/kg Citronensäure)“ (BI).

Verbraucherbeschwerden über Brot und Kleingebäck

Die Zahl der Beschwerden ist wie in den Vorjahren hoch. Ein Rückgang ist offenbar trotz wiederholter Appelle an die Adresse der Betroffenen nicht zu erreichen.

„Der Anteil an Verunreinigungen und Fremdkörper lag wie im Vorjahr bemerkenswert hoch. So wurden von Verbrauchern Beschwerdeproben abgegeben, die Ungeziefer, Glassplittter, Clipverschlüsse, Zigarettenkippen, Holzsplitter, Weidenrohrsplitter, Schnüre, Papierfetzen enthielten. Diese z.T. eingebackenen Verunreinigungen sind aufgrund ihrer Beschaffenheit geeignet, die Gesundheit des Verbrauchers zu schädigen. Dies ist fast immer auf mangelnde Sorgfalt im Betrieb zurückzuführen“ (S).

Zahlreiche Brote und Brötchen wurden wegen eingebackener Verunreinigungen und Fremdkörper als Beschwerdeproben überbracht. „Zwei Proben wurden aufgrund eingebackener Glassplitter als gesundheitsschädigend beurteilt. Ferner waren Drahtstückchen und Metallstifte in Broten zu finden. Die typischen Merkmale eines fadenziehenden Brotes wurden bei zwei Proben festgestellt. Hauptbeanstandungsgrund bei Toastbroten war wie in den Vorjahren Schimmelbefall“ (SIG).

Nicht zum Verzehr geeignet waren 12 der 16 Proben, die von Verbrauchern als Beschwerdeproben abgegeben wurden. Brot mit Schimmelbefall, eingebackenen Fremdkörpern wie Holz- und Papierstückchen sowie undefinierbare fetthaltige Verunreinigungen (FR).

„Neben Schimmelbefall waren eingebackene Insekten, ein ca. 2,5 1,5 cm langer rostiger Schraubhaken und ein fast 3 cm langer Metalldraht, den die Verbraucher auffanden, die Beanstandungsgründe“ (PF). „Eine Probe Paderborner Landbrot war mit Sand durchsetzt (PB).

Folgende Verbraucherbeschwerden wurden sonst noch abgegeben:
- verschimmelte Backwaren in Fertigpackungen;
- verklebte Restbrotstücke im Brotlaib;
- Gespinste, zusammengeballt im Brotlaib;
- ein eingebackener dunkler klebriger Fremdkörper, durchsetzt mit Haaren, vermutlich Fäkalien von einer Katze (BI).
- In einem Brötchen befand sich ein Speckstückchen, das vermutlich für Speckbrötchen vorgesehen war (ME).
- An der Unterseite von Laugengebäck haftete ein grauschmieriger Belag mit Papierschnitzel und Sesamsamen (ME).
- „Aufreißlasche einer Leichtmetalldose eingebacken;

- Metallzinken einer Drahtbürste eingebacken;
- Weichgummischeibe (Dichtung) eingebacken;
- scharfkantiger Glassplitter eingebacken;
- dünner roter Kunststoffaden eingebacken;
- verrostete Schraube eingebacken;
- verschimmelt (zweimal);
- infolge Bakterienbefall weich und klebrig" (D).

Mangelnde Sorgfalt in Bäckereien und Konditoreien war Grund für viele Beanstandungen. Die häufig aufgrund von Verbraucherbeschwerden entnommenen Backwaren waren verschimmelt, mit eingebackenen Fremdkörpern oder mit Insekten verunreinigt.

Die Beanstandungen zeigen, daß man im Bäckereibereich leider immer wieder auf mangelndes Hygieneverständnis stößt. „Seit dem Wegfall der Hygieneverordnung für Backwaren in Nordrhein-Westfalen ist es für die Lebensmittelüberwachung nicht mehr möglich, ausreichend vorbeugend tätig zu werden. Eine neue Hygiene-VO ist zwingend erforderlich" (BI).

(Anm. d. Redakt.: In einigen anderen Bundesländern sind Hygieneverordnungen vorhanden.)

Feine Backwaren

Die Beanstandungen konzentrieren sich auf drei Schwerpunkte: Verunreinigungen, Einsatz billigerer Ersatzlebensmittel, bedenkliche hygienische Beschaffenheit.

Die häufigsten Beanstandungsgründe waren Verunreinigungen durch eingebackene Fremdkörper, Metallklammern, Ungeziefer sowie Schimmel. Seltener waren Beanstandungen wegen unzureichender Kenntlichmachung von Farbstoffen in Belegkirschen oder Dekorteilen, Fettglasuren sowie gelbgefärbtem Butterreinfett auszusprechen (S).

Viele Beanstandungen in dieser Warengruppe betrafen Kennzeichnungsmängel. Sei es, daß die Kennzeichnungselemente unvollständig waren, sich nicht in einem Sichtfeld befanden oder die Verkehrsbezeichnung nicht in deutscher Sprache war. Bei loser Ware fehlte häufig die Kenntlichmachung von kakaohaltiger Fettglasur, die Verwendung von Persipan in Makronenmassen, Farbstoffen in Belegkirschen oder sonstigen Verzierungen, oder Nougatcremegebäck wurde als Nougatgebäck angeboten (BI).

„Nicht zum Verzehr geeignet waren Apfelstreuselkuchen mit Schimmelbefall; Kekse mit Maden und Gespinsten, Rührkuchen mit eingebackenem Heftpflaster, Kokosmakronen mit deutlich ranzigem Geschmack" (FR).

„Besonders unappetitlich war eine Verdachtsprobe Berliner. In fettigem, gebräuntem Zeitungspapier eingewickelt wurden sie im Backofen einer Konditorei aufgebacken" (SIG).

„Das Befördern von Backwaren vom Herstellungsbetrieb zu Einzelhandelsgeschäften läßt vielfach zu wünschen übrig. Häufig werden die Transportkörbe mit den Backwaren einfach auf Laderampen abgestellt, ohne daß sie vor nachteiliger Beeinflussung ausreichend geschützt sind. So wurden Biskuitrollen, Amerikaner und Schneckennudeln unabgedeckt vor einem Einzelhandelsgeschäft abgestellt. Die Folge war, daß sich die Vögel an den Backwaren labten" (FR).

Die Palette der teils produktspezifisch nichterlaubten Ersatzlebensmittel, teils aber unter Kennzeichnung zulässig verwendbaren Imitationen ist umfangreich.

„Als Butterzopf, Butterkuchen und Buttercremetorte bezeichnete Backwaren wurden ohne Butter oder nur mit einem Butteranteil von 50% im Gesamtfett hergestellt" (SIG). Ähnlich (BI, PB). „Butterbrezeln waren nicht ausschließlich mit Butter hergestellt worden" (FR). „Der Buttergehalt von Sachertorte entsprach nicht den Begriffsbestimmungen für Feine Backwaren, nach denen auf 100 Teile Mehl mindestens 100 Teile Butter zu verarbeiten sind" (ME). Ebenso (FR). „Frankfurter Kranz war in drei Fällen zu beanstanden, da er ohne Butter hergestellt war. Drei Butterstollen enthielten nur anteilig Butter" (AC).

Nicht selten wurden im Belag Erdnüsse anstelle von Mandeln ohne entsprechende Kenntlichmachung mit verarbeitet (AC, SIG u. a.). „Bienenstich muß mit einem Belag bestehend aus Ölsamen, gebunden mit einer karamelartigen Masse aus Fett und Zucker, versehen sein. Der Belag muß mindestens 20% des Teiggewichtes ausmachen. Mehrere Proben hatten weniger als 20% Belag. Darüber hinaus waren Bienenstichproben mit Erdnüssen anstatt mit Mandeln hergestellt worden, war nur unter Kenntlichmachung möglich ist" (FR).

„Nougatringe bzw. andere ‚Nougat'-Backwaren enthielten Zubereitungen, die nicht den Leitsätzen für Ölsamen bezüglich Nougat entsprachen" (AC).

„Wie in den vergangenen Jahren mußten zahlreiche Feine Backwaren aufgrund fehlender Kenntlichmachung von Fettglasur und Farbstoffen beanstandet werden" (SIG).

„Sachertorte war mit Fertigglasur überzogen worden. Bei Spitzenerzeugnissen, und dazu gehört Sachertorte, ist die Verwendung von kakaohaltiger Fettglasur, auch unter Deklaration, nicht möglich" (FR). Ebenso (AC, HAM).

„Sandschleifen, Granatberge und Nougatringe waren mit kakaohaltiger Fettglasur überzogen. Hinweise auf die Verwendung des Ersatzproduktes fehlten" (ME). Ähnlich (AC, HA, HAM u. a.).

„Schwarzwälder Kirschtorte enthielt den wertgebenden Bestandteil Kirschwasser in nicht ausreichender Menge, so daß ein ‚deutlich wahrnehmbarer' Kirschwassergeschmack, wie ihn die Begriffsbestimmung für Feine Backwaren fordern, nicht festgestellt werden konnte" (ME). Ebenso (HA, SIG u. a.).

„Bei Tiramisu handelt es sich um Rührkuchen mit dazwischenliegenden Cremeschichten, zwei Produkte waren unter Verwendung von Mascarpone bzw. Mascarponepulver hergestellt, alle anderen Proben enthielten lediglich eine Fettcreme, zudem waren einige Produkte ohne Kaffeezusatz hergestellt worden" (HAM).

Bei einigen Feinen Backwaren war „keine natürliche Vanille oder ein natürliches Vanillearoma verarbeitet, sondern nur der naturidentische künstliche Aromastoff Vanillin. Auf Vanille durfte deshalb nicht hingewiesen werden" (D).

Die Untersuchung von Feinen Backwaren, vorrangig Erzeugnisse mit Sahne-/Cremefüllung zeigten erneut, daß im Bäckerei- und Konditoreihandwerk ganz offensichtlich nicht die notwendige Sorgfalt im Umgang mit diesen mikrobiologisch außerordentlich empfindlichen Erzeugnissen angewandt wird. Neben hohen Gesamtkeimzahlen waren überhöhte Mengen an coliformen Keimen sowie E. coli nachzuweisen. Die Forderung nach einer entsprechenden Hygieneverordnung und die Festlegung von mikrobiologischen Richt- und Grenzwerten kann hier nur wiederholt werden. Darauf gestützt, können dann Vorsorgemaßnahmen im Rahmen der Lagerung und Produktion von derartigen Erzeugnissen unmittelbar gefordert werden. Der heute notwendige Umweg über die jeweils auslegungsbedürftigen allgemeinen Bestimmungen des LMBG kann dann entfallen (ME).

Bei der mikrobiologischen Untersuchung der Feinen Backwaren standen Erzeugnisse mit Creme- und Sahnefüllung im Vordergrund. Nußcremetorte wies mit einer Koloniezahl von 1.400.000 Keimen pro Gramm bereits Fehler im Geschmack (alt, kratzend) auf. Schwarzwälder-Kirsch-Schnitten wurden mit einer Gesamtkoloniezahl von 4.600.000 Keimen pro Gramm bei 250.000 coliformen Keimen pro Gramm beanstandet. In Käsesahne ergaben sich bei 1.000 E.-coli-Keimen pro Gramm deutliche Hinweise auf Mängel in der Betriebshygiene (PB).

60 Torten aus Konditoreien wurden bakteriologisch im Rahmen einer Reihenuntersuchung begutachtet. Etwa 40% der Proben mußten beanstandet werden, weil sie massenhaft E. coli, Hefen oder apathogene Keime enthielten (HH).

In Siegen (SI) fielen besonders auf Nuß-Sahne-Schnitten, Zitronen-Sahne, Mohrenkopf, Müsli-Sahne, Himbeer-Sahne, Käse- und Flockensahnetorte.

„Zur Überprüfung der Einhaltung der Grenzwerte der Lösungsmittel-Höchstmengenverordnung wurden erneut fetthaltige Backwaren aus Bäckereiverkaufsstellen untersucht, die sich in der Nähe von chemischen Reinigungen befinden bzw. die unter einem Dach untergebracht sind. Es wurden insgesamt 19 derartige Proben auf leichtflüchtige Halogenkohlenwasserstoffe untersucht, von denen 10 Backwaren über der Höchstmenge von 0,1 mg/kg liegende Gehalte an Perchlorethylen aufwiesen. Der höchste festgestellte Gehalt betrug 3,63 mg/kg" (HAM).

„Bei diversen Proben fehlte die Deklaration der verwendeten künstlichen Farbstoffe durch den Hinweis ‚mit Farbstoff'" (ME). Ähnlich (AC, HA, HAM u. a.).

„Eine Probe ‚Flammende Herzen' fiel durch auffallende Gelbfärbung auf. Ihr waren unzulässigerweise synthetische Farbstoffe zugesetzt worden" (PF).

Verbraucherbeschwerden über Feine Backwaren

„Wegen Schädlingsbefall, mangelhaftem Frischezustand und Verdorbenheit (widerlich seifig schmeckende Cremeschicht) kamen weiterhin Verbraucherbeschwerden zur Begutachtung" (FR). Eingereicht wurden:

- „Amerikaner rochen nach Salmiak und zeigten grenzwertüberschreitende Gehalte an Ammoniak;
- eine Marzipantorte roch extrem nach Essigester (Fadenzieher);
- eine Backware enthielt einen eingebackenen Pappclip;

- Kekse mit Sesam waren überlagert und schmecken alt und leicht ranzig;
- Kekse zeigten aufgrund zu warmer Lagerung in einer ungeeigneten Kunststoffverpackung Fremdgeruch und -geschmack" (BI).

Mayonnaise, Fertigsoßen, Salate

Der überwiegende Anteil an Beanstandungen entfiel auf Feinkostsalate, bei denen der Gehalt an Konservierungsstoffen nicht gekennzeichnet war. Daneben wird immer wieder Salatmayonnaise als Mayonnaise in Imbißbetrieben verkauft. Ein Problem stellt auch die mikrobiologische Beschaffenheit der Salate dar, problematisch ist dabei die Verwendung von Wurstabschnitten bei „hausgemachten" Produkten.

Einen schlechten Scherz hatte sich jemand mit einem „Party-Salat" in Düsseldorf erlaubt. Der „Party-Salat in einer Originalpackung mit Kunststoff-Stülpdekkel enthielt ein aufgequollenes Tampon. Im Rahmen der Ermittlungen konnte nicht restlos geklärt werden, ob der Hersteller oder Einzelhändler für den Vorfall verantwortlich war.

Gourmet-Fleischsalat schmeckte tranig, ranzig, sauer; die Haltbarkeitsfrist war um 4 Wochen überschritten" (D).

„Sauce Hollandaise war aufgrund einer Beschädigung der Verpackung stark verschimmelt" (HAM).

„Nicht zum Verzehr geeignet waren

- Obst-Eiersalat, Nudel- und Reissalat aus dem Kühlschrank einer Gaststätte mit muffig-dumpfem, an kalten Zigarettenrauch erinnernden Geruch und Geschmack;
- Fleischsalate mit deutlichem Altgeschmack;
- gärige Kartoffelsalate;
- milchsaurer Karotten-Sellerie-Salat;
- in einem ‚Kühlregal' bei +18°C angebotener Thunfisch- und Geflügelsalat äußerlich erkennbar mit reichlich Gasblasen durchsetzt und faulig;
- infolge von Überlagerung bereits ranzige und verschimmelte Mayonnaisen und Dressings" (FR).

„Feinkostsalate, die an einen Gaststättenbetrieb ausgeliefert werden sollten, wurden über einen längeren Zeitraum ungekühlt transportiert. Die gemessenen Temperaturen lagen z.B. im Nudel- und Kartoffelsalat bei +14°C (Aufbewahrung sollte bei +2 bis +7°C erfolgen). Aufgrund der nicht eingehaltenen Kühltemperaturen wären die angegebenen Mindesthaltbarkeitszeiten mit großer Wahrscheinlichkeit nicht mehr gewährleistet. Der Verantwortliche des Gaststättenbetriebes verweigerte bei der Anlieferung die Annahme der Feinkostsalate. Weitere Beanstandungen ergaben sich bei einem bereits in Gärung übergegangenen Waldorfsalat, bei überlagertem Eier- bzw. Geflügelsalat und bei einem Fleischsalat, dessen Mayonnaisensoße einen Fettgehalt von nur 30% aufwies" (PF).

Bei Mayonnaisen und Salatmayonnaisen wurden häufig Unterschreitungen des deklarierten oder des zu erwartenden Fettgehaltes festgestellt. Insbesondere mit Wasser gestreckte Salatmayonnaise in den Spendern zahlreicher Imbißbetriebe wurde ohne Kenntlichmachung dieser Wertminderung sowie Salatmayonnaise als „Mayonnaise" angeboten (D, HAM, HA u. a.).

Irreführend bezeichnet war Krebsfleischsalat. Er „wurde nicht aus Krebsfleisch, sondern einer Zubereitung aus feinzerkleinertem Fischfleisch (Pollack), Kurzschwanzkrebsen, Eiweiß, Stärke und Sorbit nach dem Vorbild des japanischen ‚Surimi' hergestellt. Durch die unregelmäßige Färbung auf der Oberfläche sowie die teilweise scherenförmig gebogene Form war Krebsbeinfleisch täuschend ähnlich nachgemacht. Die Bezeichnung Krebsfleischsalat für ein derartiges Produkt ist irreführend" (D).

Ebenso irreführend war die Bezeichnung „Münchner Kartoffelsalat" für ein Erzeugnis in einer weiß-blau gehaltenen und somit an Bayern erinnernden Verpackung von einem Hersteller aus Nordrhein-Westfalen; oder wenn anstelle der auf einer Abbildung erkennbaren Fleischstücke bei einem Delikateßsalat die Geflügelfleischeinlage ausschließlich aus Fleischfasern bestand. Feinkostsalate wurden häufig nicht mit der für derart empfindliche und leicht verderbliche Lebensmittel erforderlichen Sorgfalt behandelt. „Sie sind häufig wegen mikrobiellen Verderbs (gärig, hefig, sauer) wertgemindert oder nicht zum Verzehr geeignet oder fallen durch die Verwendung z. B. von älteren, muffigen Wurstabschnitten geschmacklich auf" (S).

„Mehrere Feinkostsalate waren mikrobiologisch erheblich belastet (hohe Koloniezahlen, Verhefung). Ein Nudelsalat war mit 50.000/g Fäkalcoliformen nicht verkehrsfähig. Kartoffelsalat aus einem Imbißbetrieb zeigte mit 1.800.000 Lactobazillen/g bereits einen muffig, metallischen Geschmack. Maissalat war mit 1.300.000 Lactobazillen/g und 1.000.000 Hefen/g wertgemindert" (PB).

Häufig waren bei offen abgegebenen Feinkostsalaten die Konservierungsstoffe Benzoesäure und Sorbinsäure nicht kenntlich gemacht (D, HAM, KA, SIG u. a.).

Bei Fleischsalat wird das Kutterhilfsmittel Diphosphat teils nicht deklariert. Zu beanstanden war die „Angabe ‚nach Hausfrauenart' bei einem Kartoffelsalat mit den im Haushalt hierfür nicht üblichen Zutaten wie Sulfit zur Schwefelung und Benzoesäure zur Konservierung" (FR).

Bei einem anderen Kartoffelsalat wurden „41 g Kartoffelstücke mit Schale aus 500 g herauspräpariert" (PB).

„Waldorfsalat enthält als wesentliche und unverzichtbare Festbestandteile Sellerie, Äpfel und Nüsse. Einige aus Betrieben der Gastronomie entnommenen Proben wiesen nicht die für diesen Feinkostsalat übliche Zusammensetzung auf. Bei einem der Salate fehlten bei minimalem Nußgehalt die Äpfel, bei einem anderen die Nüsse. Eine Probe war ein schlichter Selleriesalat" (ME).

Verbraucherbeschwerden über Feinkostprodukte

„In Kartoffelsalat befand sich ein zusammengeklebtes Heftpflaster; Weißkrautsalat enthielt ein Raupenkokon; bei Shrimpssalat wurden die mit schwarz-grünem Inhalt gefüllten Darmstücke der Krabben beanstandet" (ME).

„Beschwerdeproben wurden aufgrund von Fremdkörpern (Küchenschabenlarve, Papierserviette, angekohlter Fettklumpen) oder wegen abfallenden Geschmacks vorgelegt" (S).

„In einer Remoulade, die als Verbraucherbeschwerde eingeliefert wurde, fanden sich pergamentähnliche Häutchen. Nach der mikroskopischen Untersuchung handelte es sich dabei um ein Zwiebel- oder Knoblauchhäutchen" (BI).

Gefunden wurden „zahlreiche glasig durchscheinende, tote Fadenwürmer – vermutlich handelte es sich um die mitunter im Essig vorkommenden ‚Essigälchen' – in einer Verbraucherbeschwerde über Mayonnaise" (FR).

Puddinge, Cremespeisen

Ganz selten wurden Puddinge beanstandet:

- „Als verdorben zu beurteilen waren mehrere Proben Schokoladenpudding mit schleimigem Belag und phenolischem Geruch" (HAM).
- „Mousse au Chocolat" mit Schimmelbefall;
- Sahnepudding war nicht zum Verzehr geeignet, da Schimmelbelag auf der Oberfläche festgestellt wurde (SI).
- „Rote Grütze war wegen Glassplitter gesundheitsgefährdend" (SI).
- Schoko-Creme-Dessert und Schokoladenpudding waren ungenießbar, seifig, gärig, sauer und in der Konsistenz verändert;
- Milchreis enthielt Fremdkörper (Gummidichtung) (HA).

Irreführend eingestuft wurden einige Bezeichnungen. „Bei nostalgischen Bezeichnungen wie ‚Omas Vanillesauce' dürfte der Durchschnittsverbraucher keine Zutaten wie z.B. modifizierte Stärke erwarten" (FR).

Bei „Mousse au Chocolat" erwartet der Verbraucher „ein Spitzenerzeugnis mit den wertbestimmenden Zutaten Schokolade, Eier und Butter bzw. Sahne. Ein Grundstoff, der anstelle von Butter gehärtete pflanzliche und tierische Fette sowie Gelatine, modifizierte Stärke und Emulgatoren enthielt, war zur Herstellung von Mousse au Chocolat nicht geeignet" (ME).

Teigwaren

Eigentlich sollte man es bei dem großen Angebot an landwirtschaftlichen Produkten innerhalb der EG nicht mehr erwarten, aber die meisten Beanstandungen befassen sich mit zu geringem Eigelbanteil in Teigwaren oder mit den vielfachen Versuchen, einen hohen Eigelbgehalt durch intensive Gelbfärbung vorzutäuschen.

Daneben finden sich natürlich auch noch eine Reihe von Beanstandungen wegen Verderbnis.

„Gequollene Teigwaren in einer Fertigpackung wiesen starken Befall durch Pinselschimmel auf. Glasreisnudeln, ‚mindestens haltbar bis 1986‘! enthielten lebende Käfer. In hausgemachten Paprikanudeln befanden sich tote Käfer und zahlreiche lebende Maden. Die Veränderungen im Fettanteil der Nudeln wurden durch eine Peroxidzahl von 26 und eine Säurezahl von 72 bewiesen“ (ME).

„Vollkorn-Teigwaren mit muffigem und ranzigem Geschmack sowie China-Glasnudeln mit penetrantem Hühnerkotgeruch wurden als genußuntauglich beurteilt“ (S).

Nicht zum Verzehr geeignet waren „Teigwaren, ausnahmslos aus Gaststätten, mit Schimmelbefall; mit Motten und Käfern verunreinigte Teigwaren; Teigwaren mit einem deutlichen Geruch nach Petroleum“ (FR).

„In Gaststätten hergestellte Spätzle wiesen häufig eine beeinträchtigte Beschaffenheit auf (alt, sauer, faulig, gärig, hefig, käsig, pyridinähnlich). Mehrfach waren Spätzle aus diesem Bereich unzulässigerweise mit den künstlichen gelben Farbstoffen E 102/E 110 gefärbt“ (S).

„Sowohl auf Vorrat gekochte Spätzle aus Gaststätten als auch vorgefertigte verpackte Teigwaren fielen aufgrund unsachgemäßer Lagerung und/oder zu lange angesetzter Mindesthaltbarkeitsfristen in ihrem Sinnenbefund (dumpf, stickig, sauer, alt, fruchtig) deutlich bis stark ab, so daß sie als wertgemindert bzw. nicht mehr zum Verzehr geeignet beurteilt werden mußten“ (SIG).

Sowohl bei handwerklich als auch industriell hergestellten Eierteigwaren wurden Eigehaltsunterschreitungen festgestellt.

„Teilweise war der Eigehalt der Teigwaren zu niedrig, weiterhin mußten mehrere in Bäckereien hergestellte Teigwaren wegen zu hoher Kochsalzgehalte beanstandet werden. Als Irreführung des Verbrauchers wurde die Kennzeichnung ‚direkt in Farm, aus tagesfrischen Eiern‘ beurteilt, da die Teigwaren im Lohnauftrag durch eine Teigwarenfirma in einem anderen Landkreis hergestellt wurden“ (SIG).

Irreführend waren Teigwaren mit Angaben wie „handgemacht“. Sie „enthielten weniger als 4 Eier/kg Mahlerzeugnis. Vollkornnudeln wurden mit der Angabe angeprießen: ‚reich an Vitamin B_1 und B_2‘. Beim Verzehr von 100 g Teigwaren werden damit nur 35 bis 40% des physiologischen Tagesbedarfes an Vitamin B_1 und 7% an Vitamin B_2 gedeckt. Bei Werbehinweisen wie ‚reich an . . .‘ sollte in der Tagesverzehrsmenge der gesamte physiologische Tagesbedarf an dem genannten Vitamin enthalten sein“ (FR).

„Bei Importware aus Frankreich wurden anstelle der angegebenen 7 Eier/kg Weizenmahlerzeugnis lediglich 5,3 bzw. 5,8 Eier/kg ermittelt. Außerdem waren diese Eierteigwaren intensiv gelb gefärbt. Eine daraufhin durchgeführte Carotinoidanalyse ergab bei den Erzeugnissen mit zu geringem Eigehalt einen β-Carotinanteil an den Gesamtcarotinoiden von 17 bzw. 14%. Durch carotinoidhaltiges Hühnerfütter läßt sich der Carotinoidgehalt des Eidotters und daraus hergestellter Teigwaren erhöhen und die Farbintensität dadurch verstärken. Da β-Carotin aufgrund seiner unpolaren Struktur jedoch nicht dottergängig ist, kommt dieser Naturfarbstoff in Eidotter nur in Spuren vor. Sofern bei Eierteigwaren der Gehalt an β-Carotin, bezogen auf die Gesamtcarotinoide, erheblich mehr als 5% beträgt, kann davon ausgegangen werden, daß eine Färbung mit β- Carotin stattgefunden hat. Im vorliegenden Fall lagen die β- Carotingehalte, wie oben bereits genannt, deutlich darüber“ (KA).

„Verschiedene Hausmacher-Teigwaren enthielten mehr als 1% Kochsalz. Nach § 4 Nr. 3 der Teigwaren-VO gelten Teigwaren als verfälscht, wenn sie mehr als 1% Natriumchlorid enthalten. Die Hersteller wurden aufgefordert, die Kochsalzmenge entsprechend zu reduzieren“ (BI).

„Eierteigwaren mit dem Hinweis ‚hausgemacht‘ u. ä. wiesen einen zu geringen Eigehalt (erforderlich mindestens 4 Eier/kg Weizengrieß oder -mehl) auf. Die Untersuchung auf Milchsäure ergab bei 11 Produkten Werte über 200 mg Milchsäure/kg. Dabei handelte es sich im wesentlichen um inländische Eierteigwaren aus kleineren bis mittleren Herstellerbetrieben. Erhöhte Gehalte an Milchsäure in Teigwaren wurden zum Anlaß genommen, im Rahmen einer Betriebskontrolle die hygienischen Bedingungen bei der Herstellung genauer zu prüfen“ (S).

Bio-Teigwaren waren nicht pestizidfrei.

„Drei Vollkorn-Teigwaren mit Hinweisen auf die Verwendung von Bio-Weizen enthielten dennoch Rückstände der Pflanzenbehandlungsmittel Pirimiphosmethyl und Malathion.

Wiederholt enthielten Vollkorn-Teigwaren Werbehinweise auf „Vitamin- und Mineralstoffgehalte des ganzen Getreidekorns“. Bei solchen Werbeangaben wird erwartet, daß in der Tagesverzehrsmenge mindestens ein Drittel der empfohlenen Tageszufuhrmenge dieser Nährstoffe enthalten ist (vgl. hierzu ALS-Stellungnahme: Bundesgesundheitsblatt 1988, 31:392). Diese Forderung war jedoch nicht für sämtliche Vitamine und Mineralstoffe der eingesetzten Weizenkörner erfüllt“ (KA).

„Deutlich zurückgegangen ist die Beanstandungsquote wegen unzulässiger Färbung von selbsthergestellten Spätzle in Gaststätten“ (SIG).

Dennoch fanden sich erneut künstliche Farbstoffe in Spätzle, ausnahmslos in Gaststätten, die mit E 102 Tatrazin und E 110 Gelborange gefärbt waren (FR).

Dagegen war die auffallend kräftig gelbe Farbe Elsässer Eierteigwaren auf einen unerlaubten β-Carotinzusatz zurückzuführen (S).

„Der Hinweis ‚ohne künstliche Farben‘ bei mit Spinat- und Tomatenmark gefärbten Teigwaren wurde als irreführend beurteilt, da Teigwaren nicht mit künstlichen Farbstoffen gefärbt werden dürfen“ (S).

Verbraucherbeschwerden über Teigwaren

„Mehrere als Verbraucherbeschwerden vorgelegte Teigwaren waren aufgrund von Schädlingsbefall (z. B. Getriedekapuziner) nicht mehr zum Verzehr geeignet. Industriell hergestellte Spätzle wurden wegen eines grauschwarzen, 2,5 bis 3,5 cm großen, verklumpten Fremdkörpers als verdorben beurteilt. Da dieser Fremdbestandteil zusammengebackene Teigwarenreste enthielt, mußte er offensichtlich aus einer unzureichend gereinigten Produktionslinie stammen“ (KA).

Hülsenfrüchte, Ölsamen, Schalenobst

Schimmel- und Insektenbefall, Aflatoxine und Cadmium sind die Kernprobleme von Nüssen, Pistazien und Leinsaat. Sofern es den Insektenbefall betrifft, wird man damit leben müssen und können. Beim Schimmelbefall und der damit häufig verbundenen Aflatoxinbildung können gesteigerte Sorgfalt von der Ernte bis zum Vermarkten das Problem reduzieren. Auch bei der Leinsaat können durch gezielte Sortenwahl cadmiumärmere Produkte angeboten werden.

Der weitaus häufigste Beanstandungsgrund war die ekelerregende Beschaffenheit durch Schädlingsbefall (Larven, Motten, Insekten, Eiablagen, Gespinste, Fraßspuren, Puppen, Exkremente), zerbrochene leere und bräunlich bis schwärzlich verfärbte Hülsen oder Schalen, schwarze Klumpen oder sensorische Mängel (ranzig, zitronenähnlicher Geschmack, an Putzmittel erinnernd, sauer, seifig, brennend) (BI, D, HAM, ME, PF, S, SIG u. a.).

„In erhöhtem Umfang wurden in Mandeln, Haselnüssen, Sesam und Linsen neben Gespinsten, Eiablagen, Motten, Insektenkot und ähnliche Verunreinigungen auch lebende Larven festgestellt. Bei südafrikanischen Kokosnüssen war das Fruchtfleisch braun verfärbt und in Zersetzung übergegangen. Sie wiesen einen hochgradig fauligen Geruch auf und waren nicht mehr zum Verzehr geeignet“ (S).

„Kokosnüsse waren ausgetrocknet, das Endosperm verdorben, verschimmelt bzw. von Milben befallen. Kokosnußstreifen und Kokosraspel mußten wegen Fettverderbnis als zum Verzehr nicht geeignet beurteilt werden“ (ME).

Nicht zum Verzehr geeignet waren Leinsamen, Mandeln und Studentenfutter mit lebenden Maden und Gespinsten; Mandeln und Studentenfutter mit Fraß- und Kotspuren von Nagetieren. Eine Packung Mandeln enthielt vier Motten, Walnüsse Milben und Gespinsten (FR).

Auch „in Mohnproben befanden sich vor Ablauf der Mindesthaltbarkeit unzählige lebende bzw. tote Milben“ (ME).

„Zwei Walnußproben deutscher Herkunft (jeweils ein großer Spankorb voll) waren massiv verschimmelt. In Mandelstiften wurden tote Maden festgestellt. Pistazienpackungen enthielten Gespinste und zahlreiche lebende Wurmlarven. Türkische grüne Linsen waren mit kleinen Steinchen und verholztem Pflanzenmaterial durchsetzt“ (PF).

„Geröstete und gesalzene Cashewkerne wiesen ranzigen Geruch auf. Der Anteil verdorbener Früchte war bei Eßkastanien erhöht. Gehobelte und gemahlene Haselnußkerne waren ranzig, zum Verzehr nicht geeignet. Kokosnüsse wiesen seifigen Geschmack auf bzw. waren angeschimmelt. Die Dörrobstmotte (Plodia interpunctella) wurde in gehobelten und ganzen Mandeln sowie in gesalzenen und gerösteten Pistazien und Leinsamen festgestellt. Sonnenblumenkerne zeigten Insektenfraßstellen. Überwiegend mikrobiell verdorben waren Walnußkerne. Minderwertige Paranüsse und Walnüsse fanden sich in einer Nußkernmischung“ (HH).

„Trotz nunmehr seit Jahren erfolgender Beanstandungen hat sich die Qualität der im Handel befindlichen Maronen nicht verbessert. 16 Proben wurden untersucht, von denen acht hohe Anteile an innen verschimmelten, verfaulten, von Madenkot verunreinigten bzw. vertrockneten Früchten aufwiesen. Der höchste festgestellte Anteil an verdorbener Ware betrug 78%" (HAM).

„Von 15 hier untersuchten Proben ‚Maronen' wurden 13 aufgrund von Schimmelbefall beanstandet. Hierbei wurden 10 Proben als zum Verzehr nicht geeignet und drei Proben als wertgemindert beurteilt. Bei vier der zum Verzehr nicht geeigneten Proben wurde zusätzlich die Kennzeichnung bemängelt" (BO).

„Einige Maronenproben enthielten mehr als 20 Zählprozent an unbrauchbaren Früchten" (BI).

Andere Maronen waren durch überlange Lagerung knochenhart eingetrocknet oder verschimmelt (ME).

Diverse Proben Haselnußkerne wiesen Schädlingsbefall (Maden, Kot, Gespinst) (ME, BO); „Schimmelbefall, starke Vermilbung (bis in die Trockenrisse im Inneren der Kerne) oder erhebliche sensorische Mängel auf" (ME); „waren alt, ranzig und bitter" (BI).

„Bei gemahlenen Haselnußkernen war das Mindesthaltbarkeitsdatum zum Entnahmezeitpunkt bereits 2 Jahre abgelaufen, der Zustand der Probe entsprechend" (ME).

„In Duisburg waren wieder verdorbene Haselnußkerne, und zwar blanchierte, d.h. zum Schälen schwach geröstete und gehackte zu beanstanden; der nachfolgende Fall (wieder einer – sogar andersartigen – Verbraucherbeschwerde zu verdanken), der zur Überprüfung und ausführlichen Belehrung eines größeren Herstellers führte, ergab auch bemerkenswerte Rückmeldungen: Für geröstete Nüsse charakteristisch waren diese breitflächig ranzig und kratzend (vor allem Oberflächenranzigkeit durch ausgetretenes Öl). Als Ursache des Verderbs z.B. innerhalb ‚nur' zweimonatiger Lagerung nach der Bearbeitung wurde von hier aus mit wahrscheinlich mangelhafter Abkühlung nach dem Rösten argumentiert; da das nicht zuträfe und die verwendeten Haselnüsse erst knapp ein Jahr alt gewesen seien, blieb die Frage nach der Lagertemperatur beim Großhändler offen. Bemerkenswert ist die Reaktion des Herstellers auf unseren Hinweis, solche aus geschälten Nüssen hergestellte Nußpräparate grundsätzlich auch als solche zu kennzeichnen: Die Ware mit der üblichen Bezeichnung ‚Haselnußkerne, gehackt' würde aus einer nur ‚teilgeschälten' Ware hergestellt und bedürfe gemäß ‚Leitsätze für Ölsamen ...' keiner weiteren Kennzeichnung. Doch gerade diese definieren eindeutig, daß einer Röstung unterworfene Nußkerne als ‚Geschälte Nußkerne' bezeichnet werden. Denn jegliches Schälen von Haselnußkernen erfordert unbedingt – zumindest schwaches – Rösten (z.B. 125 bis 130°C), was Nüsse schon belastet und wesentlich kürzerlebig macht.

Man beachte: Auch bei Verwenden dieser korrekten Verkehrsbezeichnung ‚Geschälte Nußkerne' kennen die meisten Abnehmer (Großhändler wie auch Bäckereien) dennoch nicht die Empfindlichkeit und berücksichtigen nicht (z.B. durch Kühllagern um ca. +0°C) die auf wenige Wochen (!) stark verkürzte Haltbarkeit dieser Nußpräparate – eine bittere Erfahrung aller Fachkenner (auf Großgebinden wird zwar die ‚Loskennzeichnung', aber kein MHD gefordert). So ahnt man nur, wie oft geröstete Nüsse, insbesondere die noch zerkleinerten, ohne

Hinweis auf diese (Hitze-)Bearbeitung mehr oder weniger ranzig zu Endverarbeitern gelangen (beachte Nußzutaten in Backwaren, Speiseeis und Desserts). Außerdem sollten sie über die Bedeutung von Rückstellmustern – auch im eigenen Interesse – hingewiesen werden. Demgemäß halten wir auch alle an diesem Großhandel Beteiligten, insbesondere aber Endverarbeiter wie Bäcker, Konditoren und Speiseeishersteller, immer wieder dazu an, gerade Nüsse und Mohnsaat erst nach eigenem Abkosten zu akzeptieren" (DU).

„Die im Rahmen einer Betriebsbesichtigung aus einer Bäckerei entnommene Probe ‚Haselnüsse' war ranzig und massiv von Insekten befallen. Eine Schale mit ‚Sesamsamen' aus einer Brotfabrik war aufgrund zahlreicher Verunreinigungen, Teigreste und Samen als nicht zum Verzehr geeignet anzusehen" (BO).

„Erdnüsse waren vor Erreichen des Mindesthaltbarkeitsdatums ranzig. Im Fettanteil wurden Peroxidzahlen bis 69 festgestellt. Eine der Proben trug den anspruchsvollen Hinweis ‚frisch geröstet' " (ME).

„Bei einigen Erzeugnissen (Pistazien, Erdnüsse) wurden Werbehinweise auf Vitamine, Mineralstoffe und andere Nährstoffe als irreführend beurteilt, da diese – bezogen auf die übliche Verzehrsmenge – ernährungsphysiologisch keinerlei Bedeutung hatten" (SIG).

„Leinsamen können erhebliche Mengen Cadmium enthalten. Aus diesem Grunde wurden im Berichtsjahr 24 Proben auf dieses Element hin untersucht. Minimal- und Maximalgehalte wurden zu 0,148 bzw. 0,836 mg Cd/kg ermittelt. 15 Proben überschritten den Richtwert des Bundesgesundheitsamtes von 0,3 mg/kg, auch der Mittelwert liegt mit 0,420 mg/kg deutlich darüber. Da Leinsamen wegen seiner mild laxierenden Wirkung von bestimmten Verbrauchergruppen regelmäßig genossen wird, bleibt dieses Lebensmittel für kommende Jahre im Untersuchungsprogramm" (SIG).

Auch aus Düsseldorf werden sechs Überschreitungen für Cadmium bei Leinsaat berichtet.

„Der Hinweis ‚aus besten Rohstoffen' bei einer Probe Leinsamen, deren Cadmiumgehalt den BGA-Richtwert deutlich überstieg, wurde als irreführend beurteilt" (SIG).

Eine traurige Bilanz der Aflatoxingehalte findet sich bei Pistazien; Erdnüsse scheinen nicht mehr so stark betroffen zu sein.

„Zwei Pistazienmischproben mußten aufgrund ihres übermäßigen Aflatoxingehaltes beanstandet werden. In beiden Fällen ergaben die Untersuchungen gesundheitlich bedenkliche Aflatoxin-B_1-Werte, so im Mittel 39 µg/kg und 2.010 µg/kg. Die Aflatoxinverordnung schrieb zu diesem Zeitpunkt einen Grenzwert von 5 µg/kg vor, ab Juni 1991 gilt jedoch eine Höchstmengenkonzentration von 2 µg/kg" (PF).

„Geröstete Pistazien in der Schale hatten einen überhöhten Aflatoxingehalt (Aflatoxin B_1 = 360 µg/kg, Aflatoxin B_2 = 70 µg/kg) (PB).

„Eine Probe Pistazien wies Rückstände der Aflatoxine B_1 (131 ppb) und B_2 (19 ppb) auf" (HAM).

„Von sechs Proben Paranüssen war eine, von 14 Proben Pistazien waren vier wegen Überschreitung der Aflatoxinhöchstmengen zu beanstanden" (HH).

Ein unzulässiger Zusatzstoff fand sich in Tofuproben (Sojaeiweißerzeugnis, Sojabohnenquark). Sie „enthielten den Zusatzstoff Gluconodeltalacton, der in Japan bei der Tofuherstellung grundsätzlich verwendet wird. Er dient zur Ausfällung des Sojaeiweißes und zur Stabilisierung des Erzeugnisses. In Deutschland ist seine Verwendung nur über eine Ausnahmegenehmigung möglich. Eine solche lag nicht vor." Weiterhin ist die Bezeichnung „...quark" für ein milchfremdes Erzeugnis unzulässig (D).

Bedenken gibt es gegen den freien Verkauf von Betelnüssen. Sie sind wegen ihrer „physiologischen Wirkung als Arzneimittel einzustufen. Im Rahmen der Kontrolle von Lebensmittelgeschäften mit ausländischem Inhaber wurden vereinzelt diese Produkte, auch in Form von Zubereitungen, angetroffen. Zuständigkeitshalber war der Amtsapotheker der Landeshauptstadt Düsseldorf einzuschalten" (D).

Verbraucherbeschwerden

„Aus einem Studentenfutter aussortierte Nüsse wurden als Verbraucherbeschwerde eingeliefert, da sie angeblich nach Dieselöl riechen sollten. Bei der Untersuchung stellte sich ein deutlicher Schimmelbefall heraus; die ‚Dieselnote' wurde offenbar durch flüchtige Stoffwechselprodukte des Schimmels verursacht" (BI).

„Eine Probe Erdnüsse in der Schale war mit Gespinsten behaftet, die Nüsse zum Teil angefressen" (PB).

„Pistazien mit mehrmals verlängerter Mindesthaltbarkeit waren erheblich wertgemindert" (ME).

Kartoffeln

Nur über wenige Beanstandungen wurde berichtet. Der Zusatz von Diphosphat zu rohen, zerkleinerten Kartoffeln verdient besondere Erwähnung, da er nur wenigen bekannt ist, aber ohne Kennzeichnung häufig erfolgt.

Alle Lebensmittel, die in verdorbenem Fritierfett zubereitet werden, sind dadurch ebenfalls verdorben. Nur selten wird über Proben dieser Art berichtet, da das Fritierfett selbst meist beanstandet wird.

„Zwei Proben Pommes frites waren in überaltertem (verdorbenem) Fett zubereitet worden, was aufgrund der Kennzahlen des extrahierten Fettes nachgewiesen werden konnte. Die Pommes frites waren nach § 17 Abs. 1 Nr. 1 LMBG zu beanstanden" (BO).

Nicht zum Verzehr geeignet waren vorfritierte Pommes frites mit gefrorenem Erdklumpen und verwittertem Papier" (FR).

„Eine Probe Kartoffeln wurde aufgrund einer Kartoffelkrankheit als wertgemindert eingestuft" (BO).

„Zwei Proben Kartoffeln wiesen starke Auskeimungen auf" (PF).

Andere „Kartoffeln entsprachen nicht den Anforderungen der Handelsklassenverordnung. Als Mängel traten auf: zu hoher Anteil an schwarz- und eisenfleckigen bzw. an ergrünten Knollen" (D).

Bei geschälten Kartoffeln im Glas fehlte die Angabe des Ascorbinsäurezusatzes im Zutatenverzeichnis. Kartoffelpüreepulver, Kartoffelknödelpulver und geschälte rohe Kartoffeln enthielten Schwefeldioxid ohne dessen Angabe im Zutatenverzeichnis. Festgestellt wurden Chipsletten mit Diphosphatzusatz ohne Kennzeichnung (FR).

„Schwefeldioxid und Diphosphat verhindern die Verfärbung roher geschälter und zerkleinerter Kartoffeln und tragen so dazu bei, daß aus derartig vorbehandelter Kartoffelmasse hergestellte Erzeugnisse keine unansehnliche Braun- bzw. Grauverfärbung aufweisen" (FR).

„Der Zusatz von Diphosphat ließ sich auch in diesem Jahr bei einigen Kartoffelprodukten nachweisen, ohne daß dieser in der Zutatenliste kenntlich gemacht wurde. Nach Angaben der Hersteller sei dieser Zusatzstoff lediglich einer Zutat des Produktes zugesetzt und habe im Enderzeugnis keine technologische Auswirkung mehr. Die Ausnahmeregelung nach § 8 Abs. 3 Nr. 1 der Zusatzstoff-Zulassungsverordnung müßte in diesen Fällen zur Anwendung kommen.

Nach unserem Dafürhalten trifft diese Argumentation jedoch nicht zu, da die Anwendung dieses Zusatzstoffes direkte Auswirkungen auf das Endprodukt hat. So soll z. B. Diphosphat den geriebenen Kartoffeln zugesetzt werden, um durch Komplexierung der die Bräunung katalysierenden Schwermetalle eine Vergrauung der Zutat Kartoffelteig zu verhindern (nach Angaben der Herstellers). Die Auswirkung auf das Endprodukt ist hier aber eindeutig, selbst wenn eine direkte technologische Wirkung im Endprodukt nicht mehr gegeben ist, da durch die vorgenommene Erhitzung eine Enzymdesaktivierung erfolgte, eine Komplexierung der Metalle somit überflüssig macht.

Die von uns seit Jahren vertretende Auffassung wurde inzwischen vom Oberverwaltungsgericht Hamburg und auch vom Bayerischen Verwaltungsgerichtshof bestätigt. Beide Gerichte halten eine Kenntlichmachung für erforderlich. Die Urteile sind jedoch nicht rechtskräftig, da angekündigt wurde, das Verfahren vor dem Europäischen Gerichtshof zu bringen" (BI).

Verbraucherbeschwerden über Kartoffeln und Kartoffelerzeugnisse

„Drei Verbraucherbeschwerden, die zu Recht bestanden, wurden als nicht mehr zum Verzehr geeignet beurteilt. Es handelte sich dabei um eine in Folie eingeschweißte, vorgebackene Kartoffel, die bereits vor Ablauf des Mindesthaltbarkeitsdatums einen unangenehmen, verdorbenen Geruch aufwies. Auch war ein abweichend-muffiger, Silage ähnlicher Geruch bei Pommes frites feststellbar, der beim Backprozeß intensiver hervortrat. Zwei Kartoffelproben mußten aufgrund von Braunfäule beanstandet werden" (BI).

Folienkartoffeln hatten folgenden „Beschwerdegrund: die Kartoffel sei von Kakerlaken befallen; in Wirklichkeit handelte es sich um zwei Keime, die sich durch den Backprozeß schwarzbraun verfärbt hatten und – zumindest bei Betrachtung mit dem bloßen Auge – tatsächlich den ekelerregenden Küchenschaben ähnlich sahen. Der Inhaber des Restaurants wurde belehrt, in Zukunft mehr Sorgfalt bei der Vorbereitung der Kartoffeln zu verwenden" (D).

Frischgemüse

Ein Großteil der Proben wurde auf ihre Belastung mit Pflanzenschutzmitteln, Schwermetallen und Nitrat untersucht, z.T. erfolgten die Untersuchungen innerhalb des Forschungsprojekts „Bundesweites Monitoring", an dem zahlreiche Untersuchungsämter aktiv beteiligt sind.

Über Beanstandungen wegen Verstoß gegen die Handelsklasseneinteilung von Gemüse wird kaum berichtet, da die Lebensmitteluntersuchungsämter dafür unverständlicherweise nicht zuständig sind.

Für eine Beanstandung nach dem LMBG müssen schon stärkere Mängel vorliegen, so wurden „anfaulige Gemüsepaprika, fleckige, ausgetrocknete Schlangengurken, holzig gewordene Spargel, anschimmelige Karotten, überlagerte Broccoli, Kopfsalat mit starken Belägen und anfauliger Endivie als wertgemindert beurteilt" (S).

„Radieschen-Keimsprossen enthielten massenhaft coliforme Keime. Schimmel wurde auf Spargelstangen festgestellt. Melonenstücke und Zucchini waren infolge Fäulnis zum Verzehr nicht geeignet" (HH).

In gleichem Sinne „wurden stark verschimmelte Maiskolben und Cherrytomaten beurteilt. Eine Probe Spargel mußte aufgrund einer Wässerung beanstandet werden; eine andere war stark verholzt" (BI).

„Vorverpackter, geschnittener Eisbergsalat war wegen Verderbs nicht mehr zum Verzehr geeignet. Fertig abgepackte Mischsalate wiesen unvollständige Zutatenverzeichnisse auf, bei einer Probe wurde die Werbeaussage ‚frisch und knackig' und ‚schnell und frisch auf den Tisch' als irreführend beanstandet, da bei geschnittenem Salat eine dem Zustand bei der Herstellung entsprechende Beschaffenheit nicht über den gesamten Zeitraum der vorgegebenen Haltbarkeitsfrist von 6 Tagen gegeben sein konnte" (SIG).

Sehr schwankend ist der Anteil an Gemüse, in denen Rückstände nachweisbar waren. Hintergrund dürften die sehr unterschiedlichen Nachweisgrenzen sein, die in der Routine zu einem negativen oder positiven Urteil führen.

Zwischen 1/4 und über die Hälfte der Gemüseproben enthielten Rückstände an Pflanzenschutzmitteln.

„Im Jahr 1990 war wiederum auffallend, daß ausländische Erzeuger von Obst und Gemüse offensichtlich Schwierigkeiten bei der Einhaltung der Anforderungen der Pflanzenschutzmittel-Höchstmengenverordnung haben, was auf eine unsachgemäße Anwendung der Pflanzenschutzmittel bei der Ausbringung bzw. zu kurze Wartezeiten schließen läßt. Weiterhin ist erwähnenswert, daß immer noch viele pflanzliche Produkte mehrere Pestizide nebeneinander aufweisen.

Höchstmengenüberschreitungen wurden vor allem in importiertem Treibhaussalat beobachtet. So wiesen zwei französische Kopfsalate überhöhte Rückstände an Dithiocarbamaten auf. Bei einem weiteren französischen Kopfsalat war die Höchstmenge für Procymidon, bei zwei belgischen Kopfsalaten die Grenzwerte für Chlorpyrifos und Procymidon überschritten. Zwei Proben Spinat aus Italien enthielten Chlorthalonil ... Eine Probe spanischer Paprika war mit einem überhöhten Wert an Chlorpyrifos nicht verkehrsfähig" (SIG).

„Überhöhte Rückstände von Pflanzenschutzmitteln führten bei acht Gemüseproben zu Beanstandungen. Bei fünf der acht Höchstmengenüberschreitungen handelte es sich um Salat, der in den Wintermonaten erhoben wurde" (PF).

„Fünf Proben Kopfsalat (viermal aus Frankreich, einmal aus Italien) enthielten überhöhte Mengen an anorganischem Bromid. In einer Probe französische Pfirsiche wurde Iprodion nachgewiesen. Eine Vergleichsprobe zu einer bereits zubereiteten Beschwerdeprobe Kohlrabi, die aufgrund eines deutlich fremdartigen Geruchs und Geschmacks eingereicht worden war, enthielt Rückstände an Tolclofos-methyl" (S).

In Freiburg wurden auch unzulässige Rückstände an Dieldrin in einer Probe Gurken aus Baden-Württemberg nachgewiesen. Höchstmengeüberschreitungen lagen vor durch „Kupferverbindungen in italienischem Endiviensalat, Dithiocarbamate und Thiuramdisulfide in französischen Kopfsalaten, bromhaltige Begasungsmittel in französischem Kopfsalat, Ethion in französischem Feldsalat" (FR).

Gleichfalls bei Salaten wurden in Hamm höchstmengenüberschreitende Gehalte an Pflanzenschutzmittelrückständen festgestellt: zweimal Feldsalat mit Tolclofos-methyl, einmal Feldsalat mit Ethion (Höchstmenge 0,1 mg/kg) und einmal Kopfsalat mit Vinclozolin (Höchstmenge 5 mg/kg) (HAM).

Überschreitungen der Grenzwerte der Pflanzenschutzmittel-Höchstmengenverordnung fanden sich bei Paprika (Gemüse) aus Spanien (enthielt Vinclozolin); Pfirsiche aus Italien (enthielten Proxymidon); bei Weintrauben (zwei Proben) aus Spanien wurde Chlorpyrifos festgestellt. Da sämtliche Proben bei Importeuren entnommen wurden, konnte das weitere Inverkehrbringen der noch vorrätigen Ware unmittelbar gestoppt werden (D).

„Eine Probe Kopfsalat enthielt zuviel Dithiocarbamat (berechnet als Schwefelkohlenstoff: 15 mg/kg; zulässige Höchstmenge: 2 mg/kg). In der Nachprobe wurde ein ähnlich hoher Gehalt von 14 mg/kg festgestellt" (PB).

Hinweise auf Freiheit von Rückständen oder Werbung mit Begriffen wie „Natur" oder „Bio" werden gerne zur Umsatzsteigerung verwendet, halten leider aber nicht immer einer Überprüfung stand.

„Besonders erwähnt sei an dieser Stelle die folgende Zeitungsannonce: ‚Nitrat im Salat, Pestizide in der Möhre . . . bei uns nicht! Wir fordern Rückstandsmessungen von unseren Lieferanten! . . ." An der hierzu entnommenen Probe Möhren wurden im Gegensatz zu der Auslobung Pestizidspuren festgestellt (0,01 mg/kg *cis*-Hepta-chlorepoxid und 0,02 mg/kg Dieldrin). Die zugehörige Salatprobe belegte nicht nur, daß die Züchtung nitratfreien Salates erwartungsgemäß nicht gelungen ist, sondern auch, daß der Nitratgehalt mit 1.625 mg/kg vielmehr völlig im Bereich dessen lag, was durchschnittlich in Kopfsalat enthalten ist" (HAM).

„‚Biologische' Gurken enthielten geringe Rückstände an den Pflanzenschutzmitteln Endosulfan, Endrin und Dieldrin" (FR).

Es fanden sich aber auch positive Beispiele.

„20 Proben Frischgemüse aus biologischem Anbau waren ohne nachweisbare Rückstände der im Routineprogramm überprüften Pestizide" (SIG).

Eine große Zahl pflanzlicher Lebensmittel wurde auf Nitrat und Nitrit untersucht (Einzelergebnisse sind in Kap. 2.4 zusammengestellt). „Überschreitungen der vom Bundesgesundheitsamtes (BGA) für Kopfsalat festgelegten Richtwerte von 3.000 mg Nitrat/kg wurden bei mehreren Proben aus der Bundesrepublik Deutschland, Belgien und den Niederlanden (Höchstwert: 5.808 mg/kg) festgestellt. Nitrit konnte nicht nachgewiesen werden.

Auch in Radieschen und rote Bete waren die Nitratgehalte erhöht. In Spinatproben aus Italien und Deutschland war der BGA-Richtwert von 2.000 mg Nitrat/kg überschritten. In einer dieser Proben wurde auch Nitrit festgestellt" (HH).

„Drei Proben Spinat und eine Probe Kopfsalat, die innerhalb des Monitorings entnommen wurden, wiesen über den Richtwert des BGA liegende Nitratgehalte auf" (HAM).

„Wegen Überschreitung der Nitratrichtwerte in belgischem und französischem Kopfsalat, italienischem und deutschem Spinat sowie deutscher rote Bete wurden Belehrungen ausgesprochen" (FR).

Eisbergsalat und Kopfsalat waren wegen überhöhtem Nitratgehalt nicht zum Verzehr geeignet, ebenso Mischsalat (SI).

„Neun Gemüseproben aus den gewerblichen Anbaugebieten Hamm/Volmerswerth wurden auf ihren Schadmetall- und Nitratgehalt untersucht. Es wurden keine Schadmetall-Richtwertüberschreitungen festgestellt" (D).

„Der Nitratgehalt einer Spinatprobe lag über dem Richtwert, in drei Stielmusproben waren die Nitratgehalte erhöht. Die Erzeuger wurden angehalten, die Düngung zusammen mit der Landwirtschaftskammer Rheinland, Kreisstelle Mettmann, zu überprüfen. Die übrigen Nitratgehalte waren erfreulich niedrig" (D).

Während bei Erzeugern aus dem eigenen Überwachungsbereich noch eine Aussicht besteht, Einfluß i.S.d. Erläuterungen zu den Richtwerten zu nehmen, nämlich Anbau-, Dünge- und Ernteempfehlungen zu geben, ist dies bei anderen Erzeugern wenig aussichtsreich und bei importierter Ware so gut wie ausgeschlossen. Letzteres macht wiederum deutlich, daß Richtwerte für die amtliche Lebensmittelüberwachung wenig brauchbar sind.

Verbraucherbeschwerden über Gemüse

„Eine Verbraucherbeschwerde Rotkohl wies grauweiße bis 5 mm große rundlich-ovale Gewebswucherungen auf. Diese wurden vermutlich durch Thripse verursacht, die vor allem bei warmtrockener Witterung an vielen Pflanzen auftreten können" (S).

Waschmöhren waren in z. T. angefaultem Zustand. Das Kaufdatum vermochte der Beschwerdeführer allerdings nicht mehr anzugeben. Die Verfolgsprobe war einwandfreie Ware (D).

Das Letzte!

„Eine Verbraucherin bemerkte in einem Einzelhandelsgeschäft, daß Tafeltrauben mit ‚Paral'-Insektenspray eingesprüht wurden, um Fliegen fernzuhalten. In diesen Trauben war das synthetische Pyrethroid Tetramethrin in Höhe von 0,03 mg/kg Trauben vorhanden" (S).

Kopfschütteln, Wut und Verzweiflung kann dieser Verfall beim Leser (Verbraucher) nur auslösen. Wer in der oben geschilderten Weise arbeitet, dem sollte die Gewerbeerlaubnis entzogen werden.

Gemüseerzeugnisse

Die „Maus in der Konservendose", meist nur ein Teil davon – aber immer gegart, ist bei dieser Produktgruppe immer wieder für Schlagzeilen gut, aber eigentlich dennoch nicht typisch für die Beanstandungsgründe der Gemüseerzeugnisse.

Vielfach werden Mängel in der Kennzeichnung, beim Abtropfgewicht und der Sortierung bzw. Qualität beanstandet, die nicht weiter hier aufgeführt werden sollen.

Ebenso ist es weit verbreitet, daß tiefgefrorene Erzeugnisse wegen erhöhter Kerntemperatur nicht mehr die Anforderungen der Leitsätze für tiefgefrorenes Obst und Gemüse erfüllen.

Vielfach wird beanstandet, daß Konserven Fremdstoffe enthalten oder das Dosenmaterial beschädigt ist.

Mängel der mikrobiologischen Beschaffenheit bei Salaten und Präserven sind auch häufig anzutreffen. Nicht zu vergessen das schon im Vorjahr aufgegriffene Problem bei Tomatenmark.

Auch Gesundheitsschädlichkeit wurde festgestellt: In einer Spargelkonserve im Schraubdeckelglas befanden sich mehrere kleine Glassplitter (FR).

„Nicht zum Verzehr geeignet waren eine Tomatenpaprikakonserve und eingemachter Knoblauch mit zahlreichen Insekten. Konservendosen mit Tomatenmark aus Italien waren bombiert. Eine italienische Tomatenkonserve enthielt einen grünblauen Schimmelpilz" (FR).

„Eine Konservendose Erbsen enthielt einen großen Tierknochen" (PF).

Auch die Technik hat ihren Preis. So lag in einer Fertigpackung „zwischen gefrorenem Mischgemüse ein größeres, vermutlich von der Felddüngung stammendes Stück Kot. Als Ursache hierfür muß die maschinelle Ernte mit der nachfolgenden nicht fachgerechten Kontrolle im Verarbeitungsbetrieb angesehen werden" (PF).

„Gemüsemais wurde wegen phenolischen, bitteren, medizinartigen Geschmacks beanstandet, offene Olivenkonserven aus Gaststätten wiesen eine weiße Haut von Kahmhefen auf" (SIG).

„Irreführend waren Angaben wie ‚zur allgemeinen Kräftigung der Körperzellen und damit für Ihre Gesundheit' oder ‚schonende Verarbeitung gewährleistet den Erhalt wichtiger Vitamine und Aufbaustoffe als wertvollen Beitrag zur gesunden Ernährung' bei Rote-Bete-Saft, die in dieser verallgemeinernden Form nicht nur wegen der Unbestimmtheit der Aussage, sondern auch wegen des hohen Nitratgehaltes der roten Bete zur Täuschung geeignet sind, ferner der Hinweis „... bietet natürliche Milchsäure und Mineralstoffe" bei Sauerkrautsaft mit 1% Kochsalzgehalt" (S).

„Anlaß zu Beanstandungen geben immer noch sehr häufig küchenfertig vorbereitete, geschnittene Mischsalate. Trotz der nun schon seit Jahren ausgesprochenen Beanstandungen bestehen immer noch Probleme in bezug auf ihre Haltbarkeit bzw. die korrekte Kennzeichnung des Haltbarkeitsdatums. Bei Lagerungsversuchen stellte sich heraus, daß die Ware häufig bereits vor Ablauf des Mindesthaltbarkeitsdatums stark vergoren bzw. angefault, teilweise sogar völlig verfault war" (HAM), wobei als Ursache eine zu weite Vordatierung anzunehmen ist.

„Neun Proben vorgeschnittener, fertigverpackter Mischsalat wiesen nicht unerhebliche Mängel auf, so zusammengefallene Textur aufgrund beginnender mikrobieller Umsetzung sowie stark überhöhte Milchsäure- und Nitritgehalte. Entgegen den in der Deklaration angegebenen Kühlhinweisen wurden die Mischsalate bei zu hohen Temperaturen gelagert und/oder die Kühlkette unterbrochen" (PF).

„Eine küchenfertige Salatmischung im Plastikbeutel roch säuerlich und zeigte mikrobiologische Mängel. Weinsauerkraut im Plastikbeutel zeigte einen abweichenden parfümigen Geruch und Geschmack. Weißkohlsalat und Salatmischungen im Cellophanbeutel hatten einen muffigen, heuigen Geschmack und zeigten mikrobiologische Mängel. Hier waren coliforme Keime, Lactobazillen, Pseudomonaden und Hefen am häufigsten vertreten. In fast allen Fällen lag die Gesamtkeimzahl bei 10.000.000 pro Gramm, einmal sogar bei 140.000.000 pro Gramm" (PB).

„Verschiedene an Salatbuffets entnommene Sprossen wurden untersucht. Obwohl insbesondere Sprossen von Sojabohnen, Bohnen, Erbsen und Kichererbsen blanchiert verzehrt werden sollten, wurden die untersuchten Proben roh angeboten. Eine Probe wies einen gärigen Geruch und Geschmack auf" (S-St).

„Fünf Flaschen Gemüsesaft aus einer Herstellungscharge waren mikrobiell kontaminiert und dadurch in ihrer sensorischen Beschaffenheit deutlich verändert. Ob die Ursache des Verderbs auf Herstellungsfehler bei der Abfüllung oder auf unsachgemäße Lagerung zurückzuführen war, konnte nicht geklärt werden. Rote-Bete-Saft war braun verfärbt, bitter und malzig und daher wertgemindert. Irreführende Hinweise auf Mineral- und Vitamingehalte sowie Kennzeichnungsmängel waren weitere Beanstandungsgründe" (SIG).

Konservendosen sind lange haltbar, aber nur in geschlossenem Zustand und nicht als Aufbewahrungsgefäß zu verwenden.

„Gemüseerzeugnisse aus dem Einzelhandel (offener Verkauf aus Großgebinden) und aus Gaststätten waren aufgrund erhöhter Zinngehalte und/oder lagerungsbedingten Wertverlusts oder Verderbs zu beanstanden. Vorratsbehälter waren teilweise ekelerregend verschmutzt und/oder korrodiert" (S).

„Drei Proben chinesischer Spargelkonserven wiesen metallisch-bitteren Geschmack auf, der auf einen Eisenübergang vom Dosenmaterial auf das Füllgut zurückzuführen war. Holländische Erbsenkonserven und deutsches Weinsauerkraut in Dosen wiesen schwarze Beläge an den Deckelinnenseiten und z.T. rußartige Partikeln im Füllgut auf. Bei den schwarzen Belägen handelt es sich um Eisensulfidablagerungen, die durch chemische Reaktion schwefelhaltiger Eiweißabbauprodukte aus dem Füllgut mit Eisen aus dem Dosenmaterial (Haarrisse in der Deckelinnenbeschichtung genügen hierfür!) entstehen" (FR).

Häufig zu beobachten sind Oliven, die mit Eisengluconat schwarz gefärbt sind, bei denen aber die Angabe „geschwärzt" fehlte (D).

Hinweise bei Weinsauerkraut „Naturprodukt" und „mit natürlichem Vitamin C" trafen nicht zu, weil Ascorbinsäure (stoffgleich mit Vitamin C) aus technologischen Gründen zur Verhinderung von Bräunungserscheinungen durch Luftsauerstoff zugesetzt wurde" (D).

Tomatenmark

Tomatenmark schlechter Qualität ist weiterhin anzutreffen.

„Die Behauptung einiger Importeure, daß die traditionelle Herstellung von Tomatenmark zu Gärungen führt und diese beim Tomatenmark nicht untypisch sind, kann schon allein mit einem italienischen Erlaß widerlegt werden.

Zahlreiche Hinweise auch von seiten des Bundesministeriums, die auf die in Italien angewandten Herstellungstechnologien aufmerksam machten, haben die Regierung in Italien veranlaßt, einen Erlaß am 25. August 1990 herauszugeben, der auf die Herstellung und Behandlung von Tomatenmark abzielt. So darf Tomatenmark u.a. nur noch in gekühlten und gut belüfteten Räumen gelagert werden. Auch wird ausdrücklich darauf hingewiesen, daß während der Lagerung keine Infektion und keine Gärung stattfinden darf. Dieser Erlaß unterstützt diejenigen Hersteller (z.B. in Norditalien), die bereits bisher einen erheblichen Aufwand wie z.B. Kühllagerung, Sterilabfüllung oder sofortige Abfüllung in Endverpackungen nach der Konzentrierung betrieben haben, um Gärungsreaktionen, wie wir sie mit Hilfe der Sensorik und der mikrobiellen Stoffwechselprodukte nachweisen, zu verhindern.

Erfreulich war ebenfalls, daß auch andere Untersuchungsämter Schwerpunktaktionen beim Tomatenmark durchführten und zu gleichen Ergebnissen kamen. Um einheitliche Beurteilungskriterien zu schaffen, haben mehrere Bundesländer einen Antrag beim Arbeitskreis Lebensmittelchemischer Sachverständiger (ALS) gestellt bzw. unterstützt" (BI).

„Die in mehreren Tomatenmarkproben festgestellten überhöhten Gehalte an mikrobiologischen Stoffwechselprodukten zeigten deutlich, daß nicht einwandfreies, sondern bereits angegorenes Ausgangsmaterial von den Tomatenmarkherstellern verwendet wurde" (PF).

„Von 28 Proben (100 Kleindosen) Tomatenmark waren 15 (65%) zu beanstanden, überwiegend wegen Abfüllung bereits mikrobiell verdorbener Rohware (erhöhte Gehalte an Milchsäure und Essigsäure, Ethanol), vier zusätzlich wegen unerlaubten Saccharosezusatzes, drei wegen Wärmeschäden (brenzlige Note, erhöhte HMF-Gehalte, Serumfarbzahl), eine wegen Korrosion des Dosenmaterials mit erhöhtem Eisengehalt der Probe" (HH).

„Von 12 Proben Tomatenmark in Dosen wurden vier wegen widerlich fauligem, essigstichigem, unreinem und käsigem Geruch und Geschmack beanstandet. Alle diese Proben wiesen stark erhöhte Gehalte an Milchsäure, Essigsäure und z.T. Ethanol auf. Eine weitere Probe zeigte zwar bei den für mikrobiellen

Verderb typischen Parameter stark erhöhte Werte, die sensorische Beschaffenheit des Produktes war jedoch nicht verändert" (SIG).

Italienisches Tomatenmark zeigte säuerlichen Geschmack. „Der unnatürlich hohe Milchsäuregehalt sowie der geringe Anteil der Citronensäure an der Gesamtsäure wiesen auf mikrobiellen Verderb hin (eventuell Mitverwendung von verdorbener Rohware)" (FR).

Tomatenmark wies abweichenden Geruch und Geschmack auf; offenbar wurde bereits in Gärung befindliche Ware eingedost und dann „totsterilisiert" (dreimal). Ermittelt wurde auch erhöhter Zinn- und Eisengehalt bei gleichzeitig metallischem Fehlgeschmack. Ursache war Korrosion der Doseninnenwand (fünfmal). In einem Fall lag eine Bombage (Auswölbung der Dosen) vor. Bei untypischem Süßgeschmack infolge Zuckerzusatzes (6,7 g/100 g)) war als vermuteter Grund Streckung und Geschmacksverbesserung anzunehmen (D).

Verbraucherbeschwerden über Gemüseerzeugnisse

„Beschwerdeproben wurden überwiegend wegen Fremdkörpern (Käfer, Raupen, Absplitterung aus einem Gärsilo) oder geschmacklichen Abweichungen vorgelegt" (S).

Und die Maus darf nicht fehlen.

„Fremdkörper und Verunreinigungen – u.a. Schmierfett in Spinat, ein verkohltes Holzstück in einer Erbsen-/Möhrenkonserve und eine bereits leicht in Verwesung übergegangene, gegarte tote Maus – waren Ursache für berechtigte Verbraucherbeschwerden" (SIG).

„Eine Verbraucherbeschwerde Blattspinat enthielt einen grünen Käfer" (DU).

„Von fünf Verbraucherbeschwerden wurden drei als nicht mehr zum Verzehr geeignet beurteilt. Es handelte sich dabei um Tofu mit einem mottenpulverähnlichen Geruch, eine mikrobiell verdorbene Linsenkonserve und Oliven, die geschmacklich abstoßend waren" (BI).

„Dosenspargel enthielt ein 5 cm langes Holzstück. Schnittbohnen in der Dose schmeckten stark brennend auf der Zunge. Ein Glas mit Luzernenkeimlingen zeigte Schimmelbefall im Gewindebereich zwischen Deckel und Glas" (PB).

„Eine Spargelkonserve war mit erheblichen Mengen Mineralöl verunreinigt. Eine weitere Spargelkonserve war mit einem blauen, organischen Farbstoff verunreinigt, der nicht identifiziert werden konnte. Die amtlichen Verfolgsproben waren von einwandfreier Beschaffenheit" (HAM).

Für Aufregung sorgte eine Flasche Tomatensaft, in der Monochlorbenzol in erheblichen Konzentrationen und Propoxur nachgewiesen werden konnten. „Beide Stoffe werden zusammen zur Schädlingsbekämpfung eingesetzt. Wie diese Substanzen in den Tomatensaft gelangten, konnte nicht geklärt werden. Die Angelegenheit wurde der Staatsanwaltschaft übergeben" (BI).

Pilze

Frische Pilze machen wenig Probleme. Die Verbraucher scheinen eine gesunde Empfindlichkeit entwickelt zu haben und kaufen verdächtige Ware erst gar nicht.

Die Bestrahlung könnte für frische Zuchtpilze wirtschaftlich bedeutsam werden. In der Bundesrepublik Deutschland ist diese Behandlung verboten, wie häufig sie in den EG-Nachbarländern schon praktisch durchgeführt wird, kann nur vermutet werden.

Pilzberatungsstellen sind gerade in der heutigen Zeit aus vielerlei Gründen wichtiger denn je, leider finden sich öffentlich bestellte und unterstützte Stellen immer weniger.

„Frische Pilze, überwiegend Zuchtpilze (Champignons, Austernseitlinge) waren häufig wegen lagerungs- und/oder transportbedingter Qualitätseinbußen (Druckstellen, weich, wäßrig, faulig), die oft durch ungeeignete Verpackung (dicht schließende Kunststoffolien) verstärkt werden, wertgemindert oder nicht mehr zum Verzehr geeignet. Pfifferlinge und Austernseitlinge trugen z.T. unberechtigte, Champignons nach Lagerung nicht mehr zutreffende Handelsklassenbezeichnungen" (S).

„Die Bestrahlung von frischen Pilzen sollte auf einfachste Art nach einer Arbeit von R. Guggenberger und H. Heide (Bundesgesundheitsblatt 5/90) nachgewiesen werden. Hierfür werden die Pilze mit der unteren Lamellenseite auf ein Stück weißes Papier gelegt und 24 h liegengelassen. Bei einem bestrahlten Pilz sei nach dieser Zeit kein Sporenausfall sichtbar. Bei den untersuchten Proben Champignons war ein deutlicher Sporenausfall zu erkennen. Eine Bestrahlung war daher nicht nachweisbar" (BI).

Pilzberatungsstellen

„Die Pilzberatungsstelle wurde auch in diesem Jahr wieder rege in Anspruch genommen. Neben der reinen Artenbestimmung wurde bei den Beratungsgesprächen verstärkt versucht, den Pilzsammlern Informationen für ein besseres Verständnis der ökologischen Bedeutung der Pilze für deren Biotope zu vermitteln und in diesem Zusammenhang auf vom Aussterben bedrohte Arten hinzuweisen" (DO).

„Das Berichtsjahr war durch einen sehr heißen und trockenen Sommer charakterisiert. Spät einsetzende Niederschläge führten zu einem relativ kurz andauernden Makromyzetenmassenwachstum" (HA).

„Erwähnenswerte Funde im Berichtsjahr waren: Zvaras Täubling (Russula zvarae), Dunkelhütiger Honigtäubling (Russula melitodes), Stachelschuppiger Wulstling (Amanita echinocephala), bemerkenswert deshalb, weil sie zum ersten Mal in Westfalen gefunden wurden.

Eine wesentliche Erleichterung und Verbesserung ergibt sich nunmehr bei der Bestimmung von Rißpilzen dank der Monographie von J.Stangl ‚Die Gattung Inocybe in Bayern'. Sie ist bestens auch auf die heimische Rißpilzflora anwendbar. Damit konnte u.a. der gar nicht so häufige Rißpilz Inocybe haemacta – enthält wahrscheinlich halluzinogene Stoffe – bestimmt werden" (HA).

„In einem Fall mußten Pilzreste identifiziert werden, die von Eltern eines Kleinkindes asserviert worden waren, daß unter dem Verdacht einer Pilzvergiftung in der Kinderklinik behandelt wurde" (DO).

Aus Hagen ist über einen Fast-Vergiftungsunfall zu berichten. „Ein zweijähriges Kleinkind hatte unbekannte Pilze verzehrt; glücklicherweise konnte Frischmaterial – als Rötling identifiziert – sichergestellt werden. Vergiftungssymptome traten jedoch nicht auf, so daß sich eine Therapie erübrigte. Bei den weltweit derzeit bekannten über 3.000 Arten der Rötlinge sollte von einem Verzehr vorsichtshalber abgesehen werden, insbesondere wegen der zahlreichen in dieser Gruppe vorkommenden giftigen Vertreter, deren Artbestimmung überdies schwierig ist" (HA).

Pilzerzeugnisse

Bei dieser Gruppe finden sich nicht viele Beanstandungen. Kritisch weiter beobachtet werden sollte der Gehalt an krebserregenden, polycyclischen aromatischen Kohlenwasserstoffen bei getrockneten Pilzen. Ansonsten finden sich die üblichen Mängel auch hier.

„Zwischen Mischpilzen in einer Konservendose befand sich ein Bündel verfilzter Pflanzenfasern, die vermutlich aus dem Kompostmaterial des Erzeugerbetriebes stammten. Champignons in einer Konservendose wiesen einen starken Mineralölgeruch auf" (PF). Andere „Champignonkonserven hatten einen abweichenden, säuerlichen Geschmack" (HAM).

„Eine Probe Trockenpilze enthielt eine große Anzahl an Insekten in verschiedenen Entwicklungsstadien und wurde nach § 17 Abs. 1 Nr. 1 LMBG beanstandet" (BI).

Shiitake, getrocknete japanische Waldpilze, wurden „irreführend beworben als ‚reduziert den Cholesterinspiegel und den Blutdruck'; da die genannten Wirkungen wissenschaftlich nicht abgesichert sind, durften solche Angaben bei Lebensmitteln nicht verwendet werden. Die weitere Aussage ‚Gegen Krebs und Tumore vorbeugend' ist gleichfalls nicht belegbar und löst zudem beim Verbraucher Angstgefühle aus" (D).

„Erneut konnten in Pilzkonservern stark erniedrigte Kaliumgehalte festgestellt werden. Diese Mineralstoffminderung deutet auf eine unsachgemäße Behandlung bzw. auf die Verwendung eingesalzener Rohware. Die Pilzkonserven wurden als wertgemindert eingestuft" (BI). „Eine Partie Champignonkonserven hatte Kaliumgehalte von durchschnittlich 420 mg/kg. Es handelte sich somit um wertgemindert Pilze, die entweder aus Salzpilzen hergestellt oder die nach dem Blanchieren zu lange in Flüssigkeit gelagert worden waren. Bei Shiitake-Pilzen in Dosen wurden ebenfalls niedrige Kaliumgehalte festgestellt" (HAM).

„In Übereinstimmung mit Schweizer Literaturangaben wurden in einzelnen Trockenpilzproben bis zu einige hundert Mikrogramm Benzo(a)pyren pro Kilogramm festgestellt. Benzo(a)pyren ist ein stark krebserregender Kohlenwasserstoff, also hochtoxisch. So gilt z. B. für geräucherte Fleischwaren ein Höchstwert von 1 µg/kg, wohingegen für Trockenpilze noch keine Höchstkonzentration festgeschrieben ist. Die in den Trockenpilzen festgestellten stark überhöhten Benzo(a)pyrengehalte rühren mit an Sicherheit grenzender Wahrscheinlichkeit von nicht fachgerechten Trocknungsverfahren her" (PF).

Frischobst

Das Angebot an Frischobst wird heute nur noch beim Preis durch die jahreszeitlichen Ernteperioden geprägt. Daß dieser Luxus dennoch für viele erschwinglich bleibt, hängt immer auch von der Haltbarkeit ab. Folglich sind die mit der Haltbarkeit eng verbundenen Probleme der Pestizid- und Zusatzstoffbelastung bei Frischobst von größter Bedeutung. Keine Berichte finden sich z. Z. über die in einigen Ländern (s. ausführlichen Beitrag in Springers Lebensmittelreport 91) schon zulässige und praktizierte alternative Konservierungsmethode, der Bestrahlung). Eine Verkehrsfähigkeit der bestrahlten Produkte wäre zwar nicht gegeben, die Nachweismöglichkeiten sind es aber ebenfalls nicht. So wird die Frage nicht beantwortet werden können, wieviel bestrahlte Erdbeeren aus Belgien, Frankreich, Israel oder Südafrika nach Deutschland tatsächlich importiert werden.

Erlaubt ist in vielen Lieferländern weiterhin die Bestrahlung von exotischen Obstarten, so z. B. von Papayas in Bangladesch, Brasilien, Chile, Südafrika, Syrien, Thailand und Taiwan oder Bananen, Litchis, Mangos aus Südafrika.

Über verdorbenes oder verunreinigtes Obst wird recht selten berichtet, auch Verbraucherbeschwerden finden sich nicht sehr viele; die Toleranzgrenze scheint bei Frischobst sehr viel höher zu liegen als bei anderen Lebensmitteln.

Nicht zum Verzehr geeignet waren überlagerte, verdorbene Trauben, die zudem einen hellgelben feinkristallinen Belag und einen abstoßenden Geruch nach Schwefel aufwiesen, nachdem Schwefel als Fungizid eingesetzt worden war; ferner verdorbene Karambolafrucht aus der Küche einer Gaststätte, erheblich braunfleckige Blutorangen mit aufdringlichem Fremdgeruch, die vermutlich durch Frostlagerung verursacht worden war (FR).

„In einer Orange befanden sich Maden der Mittelmeerfruchtfliege (Cerstitis capitata)" (HH).

„Abgepackte Moosbeeren waren zu hohen Anteilen angefault bzw. sehr weich" (HAM).

Durch unsachgemäße Lagerung wertgemindert waren Erdbeeren. Sie wiesen bei „äußerlich unauffälligem, frischem Aussehen einen muffig-gärigen Geschmack auf. Ursache dieses Fehlgeschmacks war die Lagerung unter kontrollierter Atmosphäre (CA-Lagerung) bis zu 14 Tagen (!), die in mittelbadischen Erzeugerobstgroßmärkten in großem Umfang durchgeführt wird. Unter ‚kontrollierter kontrollierte Atmosphäre' versteht man im allgemeinen Lagerbedingungen, bei denen gegenüber der normalen Atmosphäre ein O_2-Unterschuß und ein CO_2-

Überschuß vorhanden ist. In der durchgeführten Weise ist die CA-Lagerung für Erdbeeren offensichtlich nicht geeignet" (FR).

„Bei einer Probe Clementinen waren deutliche Austrocknungserscheinungen zu erkennen. Der Saftanteil lag ganz erheblich unter dem in den Qualitätsnormen für Citrusfrüchte festgesetzten Mindestsaftanteil" (PF).

„Bei Blutorangen konnte von 15 Früchten nur bei vier eine leichte Rotfärbung des Fruchtfleisches bzw. Saftes festgestellt werden" (ME).

„Die Werbung für spanische Zitronen auf einem Beiblatt: ‚Zitronen Carmen Spania – mit Vitamin C gegen den Krebs. Die am meisten gefürchtete Krankheit unserer Zeit ist der Krebs. Die letzten Forschungen lassen vermuten, daß Vitamin C dagegen helfen kann ... die Vitamine C und E eine wichtige Rolle beim Kampf gegen den Krebs spielen.' wurde als krankheitsbezogen nach § 18 LMBG beanstandet" (S).

In häufig weit über der Hälfte aller Proben werden Pflanzenschutzmittel nachgewiesen. Überschreitungen finden sich dagegen weitaus seltener, meist liegt der Anteil unter 5%. Erdbeeren führen eindeutig die Beanstandungsstatistik an.

„Die Untersuchung von Erdbeeren wurde intensiviert (Verdachtsproben), da bereits bei ersten Proben im Frühjahr 1990 mehrfach Überschreitungen der zulässigen Höchstmengen an Chlorthalonil festgestellt wurden. Zu beanstanden waren insgesamt fünf Proben Erdbeeren, wobei die Gehalte an Chlorthalonil im Bereich von 0,1 bis 4,4 mg/kg lagen (zulässige Höchstmenge 0,02 mg/kg). Bei mehr als der Hälfte der positiven Befunde bei Erdbeeren wurden mehr als ein Pestizid pro Probe nachgewiesen. Die am häufigsten hierbei gefundene Pestizidkombination war Procymidon/Vinclozolin. In Kombination damit wurden weiterhin gefunden: Dichlorfluanid, Tetradifon, Brompropylat und die verschiedenen Endosulfate" (DO).

„Bei konventionell angebauten Erdbeeren aus Baden-Württemberg war die Belastung mit Pilzbekämpfungsmittteln wiederum hoch. Von 27 untersuchten Proben enthielten 22 Proben (= 82%) Pestizidrückstände, wobei bei 18 Proben (= 67%) Mehrfachanwendungen festgestellt wurden" (SIG).

Spanische Erdbeeren wurden mit bis zu 25facher Überschreitung der zulässigen Höchstmenge an Chlorthalonil angetroffen. Bei Äpfeln war die zulässige Höchstmenge von Pentachloranisol überschritten (FR).

„In Erdbeeren aus Spanien wurde ein überhöhter Gehalt an Dithiocarbamaten (10 mg/kg, berechnet als Schwefelkohlenstoff) bestimmt. In einer Probe wurde ein überhöhter Gehalt an Vinclozolin festgestellt. Zum Teil waren die angebotenen Erdbeeren bereits angefault oder angeschimmelt" (PB).

„Bei Erdbeeren wurden erhöhte Chlorthalonil- und Pirimiphos-methyl-Rückstände ermittelt" (DU).

Verstöße gegen die Bestimmungen der Pflanzenschutzmittel-Höchstmengenverordnung wurden bei folgenden Proben nachgewiesen: Zitronen mit Dichloran, Zitronen, natur, mit Mecarbam und Chlorfenvinphos (Höchstmenge nicht überschritten) und Zitronen mit Mecarbam (HAM).

„In insgesamt sieben Proben Pfirsichen, Erdbeeren und Birnen wurden überhöhte Rückstände von Pflanzenschutzmitteln nachgewiesen" (PF).

„Drei Proben italienische Pfirsiche fielen wegen zu hoher Vinclozolin- und Chlorthalonilrückstände auf" (SIG).

„Im Rahmen des Monitoring-Programmes wurden neun Proben Äpfel auf Rückstände an Daminozid (Alar) untersucht. Daminozid ist ein Wuchsstoff, der gegen vorzeitigen Fruchtfall von Kernobst eingesetzt wird. Rückstände an Daminozid und dessen Abbauprodukt Dimethylhydrazin waren nicht nachweisbar" (S).

„Die Überwachung von Äpfeln aus der Region Bodensee ergab wiederum keine Beanstandung. Die nachgewiesenen Wirkstoffrückstände lagen weit unter den festgelegten Grenzwerten" (SIG).

Hinweise bei Lebensmitteln auf Naturreinheit waren unzulässig.

„Eine Probe Demeter Clementinen (Anbau in Sizilien) enthielt Rückstände an Quinalphos in Höhe von 0,25 mg/kg" (S).

„Als ‚biologisch' bezeichnete Äpfel aus einem Naturkostladen enthielten Pentachloranisol über der zulässigen Höchstmenge" (FR).

Auch als „unbehandelt" gekennzeichnete „Apfelsinen enthielten Rückstände der Stoffe Dicofol, Tetradifon und Azinphsoethyl.

Einmal Erdbeeren mit:
0,66 mg/kg Dicofol (unter Höchstmenge),
0,98 mg/kg Iprodion (unter Höchstmenge),
0,22 mg/kg Tetradifon (unter Höchstmenge),
1,41 mg/kg Captan (unter Höchstmenge),
0,28 mg/kg Procymidon (unter Höchstmenge) und
0,55 mg/kg Chlorthalonil (Höchstmenge 0,01 mg/kg)" (HAM).

„Zitrusfrüchte werden in letzter Zeit immer häufiger mit dem Hinweis ‚unbehandelt', ‚naturrein' oder aber ‚nach der Ernte unbehandelt' angeboten. In vielen Fällen war diese Werbung jedoch nicht gerechtfertigt. Trotz dieser Hinweise konnten bei 21 Proben die Konservierungsstoffe Thiabendazol, *o*-Phenylphenol und Diphenyl nachgewiesen werden" (BI). Ähnlich (DO, ME).

„33 Proben Apfelsinen, Pampelmusen und Zitronen waren zu beanstanden, weil der Handel die Verwendung der Schalenbehandlungsmittel Diphenyl, Orthophenylphenol und Thiabendazol nicht deklariert hatte" (ME).

Vor einigen Jahren noch verbreitet, ist das Schwefeln frischer Weintrauben nur noch selten anzutreffen.

„Der Gehalt an schwefliger Säure war in italienischen Weintrauben erhöht" (HH).

„Frische Ananasscheiben waren durch Kaliumpermanganatkristalle verunreinigt. Die Kristalle fanden sich auch in den der Probe beiliegenden Zellstoffbeuteln. Kaliumpermanganat wird gelegentlich bei der Obstlagerung zur Bindung des bei der Nachreifung entstehenden Ethylens verwendet (Green-Keeper)" (HH).

Obstprodukte

Milben und Maden bei Trockenobst, Zinn und Verunreinigungen in Obstkonserven sind die Hauptmängel dieser Gruppe. Mängel der Kennzeichnung und zu niedriges Abtropfgewicht finden sich häufig, sollen aber nicht einzeln aufgeführt werden.

„In einer Aprikosendose griechischer Herkunft befand sich ein noch intaktes Versuchsthermometer aus dem Herstellerbetrieb. Offensichtlich sollte in einer Versuchsreihe der Erhitzungsprozeß überprüft werden. Diese Versuchskonserve war am Dosenmantel mit einem Klebeband markiert, das jedoch durch das darübergeklebte Etikett nicht mehr zu erkennen war. Bei dieser Versuchsreihe wurde offensichtlich nicht mit der notwendigen Sorgfalt gearbeitet" (PF).

„Apfelmus und eine Pflaumenkonserve enthielten kleine Glassplitter, die aufgrund ihrer geringen Größe leicht verschluckt werden konnten und dadurch eine Gesundheitsgefährdung darstellten" (SIG).

Mehrmals mußten Feigen, Mischobst, Aprikosen und Trockenpflaumen wegen Schädlings- und Milbenbefalls beanstandet werden (DU, HAM, SIG).

„Mikrobielle Qualitätsmängel betrafen getrocknete Äpfel, Erdbeeren, Feigen, Korinthen und Sesam-Frucht-Schnitten. Auf letzteren wurde die Dörrobstmotte (Plodia interpunctella) festgestellt" (HH).

Bei Obstkonserven gaben originalverschlossene Packungen in diesem Jahr wenig Grund zur Beanstandung.

„Pfirsichkonserven waren mit Maschinenöl verunreinigt. zahlreiche Proben Trockenobst waren von Maden und Milben befallen. Überlagerte getrocknete Orangenschnitzel enthielten acht lebende Maden und zwei Motten. Eine Schattenmorellenkonserve war mit zahlreichen toten Fliegen verunreinigt" (FR).

Aus Gaststätten, Cafés und Restaurants wurden häufig geöffnete, angebrochene Konservendosen mit Obstprodukten entnommen. Auch hier zeigte sich ein ähnliches Bild wie bei den Gemüseerzeugnissen. Die Lebensmittel wurden vielfach falsch gelagert. So wurden in den Lebensmitteln erhöhte Zinngehalte festgestellt (FR, HAM, PB u. a.).

„Eine bereits geöffnete Konservendose mit Orangenscheiben aus einem Bäckereibetrieb wies einen nicht unerheblichen überhöhten Zinngehalt auf, so 367 mg/kg im Aufguß und 335 mg/kg in den Orangenscheiben. Die Ursache hierfür ist das Aufbewahren des sauren Füllgutes in der bereits geöffneten Dose. Der Luftsauerstoff und die enthaltenen Fruchtsäuren bewirken am Dosenmaterial massive Korrosionen und somit einen nicht unerheblichen Schwermetallübertritt in das Füllgut. vermieden werden kann dies nur, wenn das Füllgut sofort nach dem Öffnen in korrosionsbeständige und lebensmittelgeeignete Gefäße umgefüllt wird" (PF).

Offene Obstkonserven aus Bäckereien zeigten in einigen Fällen sogar deutlich metallischen Geruch und Geschmack, doch lagen die Gehalte an Zinn durchweg noch unterhalb des Richtwertes von 250 mg/kg (SIG).

„In einer Longanskonserve lag der Zinngehalt mit 422 mg/kg Früchte erheblich über dem vom Bundesgesundheitsamt empfohlenen Höchstwert von

250 mg/kg. Auch der Eisengehalt des Produktes war mit 11,4 mg/kg erhöht" (ME).

In Mandarin-Orangen war der Zinngehalt erhöht. In einer Probe wurde auch ein erhöhter Eisengehalt ermittelt (HH).

Kiwifrüchte enthielten erhöhte Kupfergehalte, die sich nur durch einen Zusatz oder durch Bearbeiten der Früchte mit kupferhaltigem Gerät erklären ließen (HH).

Beruhigter kann man Apfelmus verzehren. „12 Proben Apfelmus wurden auf das Mykotoxin Patulin untersucht. In keiner Probe konnte dieser Indikator für Verwendung fauler Äpfel nachgewiesen werden" (HH).

„Bei einer Probe Sultaninen war Paraffin als Überzugsmittel nachweisbar, welches für diese Produktgruppe einen nicht zugelassenen Zusatzstoff darstellt. In einer weiteren Probe Sultaninen fehlte die Kenntlichmachung einer Schwefelung. Als irreführend wurde bei Trockenpflaumen der Hinweis ‚frisch' beurteilt. Auch Hinweise auf Mineralstoffe und Vitamine in Trockenfrüchten entsprachen nicht den Tatsachen oder waren – bezogen auf die tägliche Verzehrsmenge der Erzeugnisse – nicht relevant und deshalb zur Irreführung geeignet" (SIG).

„Äpfel für backgewerbliche Zwecke wiesen erhöhte Schwefeldioxidgehalte auf. Der Grenzwert von 80 mg/kg SO_2 wurde von sieben Proben bei weitem überschritten" (BI).

„In einem Fall war bei getrockneten Aprikosen der Schwefeldioxidgehalt zu hoch, in einem anderen Fall war die Schwefelung nicht ausreichend kenntlich gemacht" (HH).

Farbstoffe finden sich selten, meist nur in Erdbeer- oder Kirschkonserven.

„Erdbeeren in der Dose waren mit einem anderen Farbstoff gefärbt als auf der Verpackung angegeben war. Eine weitere Probe Erdbeeren in der Dose war gefärbt, obwohl gar kein Farbstoffzusatz angegeben war" (PB).

Trockenpflaumen waren verunreinigt mit Larvenkot, Gespinsten und lebenden Motten; getrocknete Feigen waren mehrfach von Milben befallen, teils enthielten die Früchte im Inneren Schwarzschimmel (D).

Rosinen waren verunreinigt durch braune Rostpartikeln; die Probe stammte aus der rostigen Schublade einer Bäckerei (D).

Für Sultaninen, die Rückstände an dem Akarazid Bromproylat aufwiesen, wurde wie folgt geworben: ‚Anbau Garantie. Dieses Produkt stammt aus kontrolliert biol. Anbau . . .' " (S).

Bei getrockneten Aprikosen wurde überhöhter Schwefeldioxidgehalt festgestellt, einmal war die Schwefelung nicht kenntlich gemacht (D).

„Zunehmend trifft man – lose oder verpackt – Pflaumen an, die nicht mehr ‚steinhart' getrocknet sind, sondern bei höherem Wassergehalt (über 20%) weiche Konsistenz aufweisen. Wegen der erhöhten Verderbnisanfälligkeit dürfen solche Produkte konserviert werden. Bei Loseverkauf ergibt sich das Problem, daß auf den Großgebinden der Konservierungsstoff meist nicht angegeben ist. Nach geltender Rechtslage muß der Einzelhändler die Zusammensetzung beim Lieferanten nachfragen, um seiner Kennzeichnungspflicht nachzukommen." Andererseits waren Trockenpflaumen unzulässigerweise mit Sorbinsäure konserviert, da der Wassergehalt unter 20% lag und getrocknete Datteln enthielten verbotenerweise Sorbinsäure (D).

Verbraucherbeschwerden über Obsterzeugnisse
Blaue Weinbeeren waren durchsetzt von lebenden Larven; eine Nachprobe war nicht mehr erhältlich.

Bei kandierten Kumquats wurde der Grenzwert von Schwefeldioxid erheblich überschritten. Die Probe stammte laut Aussage der Beschwerdeführerin von einer Gesundheitsmesse (D).

„Apfelmus aus einer Gaststätte roch verdorben und war mit Hefen durchsetzt. Schattenmorellen im Glas hatten einen heuigen Geruch" (PB).

„Eine Beschwerdeprobe Pfirsiche enthielt Paraffin" (HH).

4.2 Getränke

Fruchtsäfte, Fruchtnektare

Gravierende Probleme finden sich bei diesen beiden Gruppen selten. Da viele Säfte aus Konzentraten rückverdünnt werden, liegen hier auch die meisten Probleme, teils durch die Gefahr mikrobieller Infektion, teils durch zu starkes Verdünnen, teils auch durch ungeeignetes Wasser oder Zusatz von technischen Hilfsstoffen. Ein immer stärker anwachsendes Problem ergibt sich durch irreführende Werbung.

Über die zahlreichen Kennzeichnungsmängel, wie fehlende, nicht eindeutige Angaben des Mindesthaltbarkeitsdatums, nicht vorschriftsgemäße Angabe der Verkehrsbezeichnung wie Fruchtsaft, Diät-Nektar, Nektar mit Fruchtmark, vorgeschriebene Angaben nicht im gleichen Sichtfeld, nicht in unmittelbarer Nähe der Verkehrsbezeichnung oder nicht deutlich abgehoben von allen anderen Angaben, falsche Reihenfolge der Zutaten bei Fruchtnektaren, soll nicht im Detail berichtet werden.

Über Verfälschungen größeren Ausmaßes wurde in dieser Produktgruppe kaum berichtet, Beanstandungen wurden jedoch häufig wegen geruchlicher und geschmacklicher Abweichungen oder wegen mikrobiellen Verderbs ausgesprochen.

„Besonders auffällig war ein naturtrüber Apfelsaft mit abweichendem, ausgeprägt muffigem Geschmack, bei welchem ein Patulingehalt von 683 µg/l die Verarbeitung von verfaultem Obst anzeigte. Eine Beschwerdeprobe Orangensaft roch unangenehm stechend und fiel durch einen außerordentlich hohen Gehalt an flüchtiger Säure von 7,7 g/l, berechnet als Essigsäure, auf. Mikrobieller Verderb war auch die Ursache der sensorischen Abweichungen einer Probe Grapefruitsaft, bei welcher molkeartiger Geruch und Geschmack verbunden mit stark erhöhtem Gehalt an flüchtiger Säure und nachweisbaren Mengen an Acetoin auftraten. Die an einer Parallelprobe erfolgte bakteriologische Untersuchung am Medizinal Landesuntersuchungsamt Stuttgart bestätigte das Vorhandensein von Verderbniserregern (Lactobazillen). Vermutlich gehörten die Proben zu einer Abfüllcharge des Erzeugnisses, die aus dem gleichen Grund bereits im Vorjahr beanstandet worden war" (SIG).

Eine Verfälschung besonderer, aber seltener Art wurde bei Kirschnektar beobachtet. Dabei hatte „ein findiger Gastwirt den durchaus wohlschmeckenden Aufguß aus Kirschkonserven als Kirschnektar verkauft" (D).

„Zwei Apfelsinensäfte verschiedener Hersteller wiesen aufgrund mikrobieller Umsetzungen eine nicht arteigene, abweichend nachteilige Organoleptik auf. Bei der einen Probe in einer Kartonpackung erreichte die d- und l-Milchsäurekonzentration je 5,7 g/l, zudem lag der Essigsäurewert bei 3,3 g/l. Die hohen Konzentrationen der obigen Säuren können als Parameter für den mikrobiellen Verderb angesehen werden.

Der andere Orangensaft in einer Einwegglasflasche wies ebenfalls überhöhte Milchsäuregehalte auf. Da alle Nach- und Vergleichsproben nicht zu beanstanden waren, handelte es sich offensichtlich um Einzelfälle. Höchstwahrscheinlich lagen Verpackungsmängel vor, die jedoch augenscheinlich nicht erkennbar waren" (PF).

Traubensäfte fielen vereinzelt – wie bereits im Vorjahr – durch extrem niedrige Äpfelsäuregehalte bei gleichzeitig hohen Gehalten an Weinsäure auf. Eine abschließende Erklärung für diese Beobachtung steht noch aus. Es wird jedoch vermutet, daß ein Zusammenhang zwischen dem auf hohe Massenerträge ausgerichteten Anbau von Reben und der Säurezusammensetzung der Trauben bestehen könnte; eventuell ist die Ursache auch in dem extrem heißen Sommer 1989 zu suchen" (SIG).

„Bei einem Traubensaft wurde ein erhöhter Milchsäuregehalt festgestellt. Ein in deutscher Sprache als Traubensaft bezeichnetes türkisches Erzeugnis erwies sich als dunkelbraune sirupöse Flüssigkeit ohne jegliches Fruchtaroma und war damit kein Traubensaft im Sinne der Fruchtsaft-VO und des Weingesetzes. In einem als ‚Biomost' und ‚Naturprodukt' ausgelobten Traubensaft mit der Garantie, daß neben der ständigen labormäßigen Qualitätskontrolle auch regelmäßig auf Pflanzenschutzmittelrückstände geprüft wird, war das Fungizid Procymidon in geringer Menge (0,006 mg/l) nachweisbar" (S).

„Bedingt durch unterschiedliche Erntemengen an Orangen, die zur Saftverarbeitung geeignet sind, schwankt das Angebot auf dem Weltmarkt z.T. erheblich. Es ist bekannt, daß zum Ausgleich derartiger Differenzen Orangensaft zuweilen mit Grapefruitsaft gestreckt wird oder das sog. pulp-wash zur Verlängerung des Orangensaftes eingesetzt wird. Durch quantitative Bestimmung der in Grapefruit und Orangen in relativ konstanten Mengen enthaltenen Bioflavonoide Narirutin und Hesperidin kann zum einen auf die unzulässige Verschneidung der Säfte, zum anderen auf die Mitverwendung von pulp-wash geschlossen werden. Bei der Untersuchung der hier im Handel erhältlichen Orangensäfte wurden im Sommer des Jahres 1990 keine Verfälschungen festgestellt" (ME).

Als irreführend wurden u. a. folgende Angaben beurteilt:

- „‚ohne Zucker‘ bei Apfelsaft mit einem Gesamtzuckergehalt von 106 g/l;
- ‚ohne Zuckerzusatz‘ bei Traubensaft, sofern nicht gleichzeitig darauf hingewiesen wurde, daß ein Zuckerzusatz bei Traubensaft generell nicht zulässig ist;
- ‚preßfrisch‘ bei durch Kellerbehandlung geschöntem, pasteurisiertem Apfelsaft;
- ‚natur‘ bei klarem Apfelsaft, dem die natürlichen Trübstoffe durch Kellerbehandlung entzogen wurden;
- ‚mit Frischsaft‘ bei Orangensaft aus Orangensaftkonzentrat ohne Angabe des prozentualen Anteils;
- ferner pauschale Hinweise auf Vitamine, Mineralstoffe und Spurenelemente“ (S).
- „Ein Getränk war als kalorienarm bezeichnet worden, obwohl der Brennwert zu hoch war, das andere enthielt entgegen der Aussage ‚zuckerfrei gesüßt‘ doch einen erheblichen Anteil an Zucker“ (PB).

„Bei einem Diät-Kirschnektar mit künstlichem Süßstoff war die Angabe ‚alles Gute der Natur‘ unzulässig. Bei verschiedenen Fruchtnektaren waren Angaben wie ‚Naturprodukt‘, ‚natürlich‘, ‚naturfrisch‘, ‚- säfte sind wertvolle Naturprodukte‘ als irreführend zu beurteilen, ebenso unzutreffende Hinweise auf einen hohen Gehalt an Mineralstoffe oder pauschale Hinweise auf eine Vielfalt an wichtigen Mineralstoffen. Ein Mehrfruchtnektar für Kinder mit dem zusätzlichen Hinweis ‚bietet Kindern, die wenig essen, mit seinen wertvollen Vitaminen täglich eine gesunde und bekömmliche Zusatznahrung‘ enthielt nicht einmal ausreichende Mengen an Vitamin C, geschweige denn nennenswerte Mengen anderer Vitamine. Auch die besondere produktbezogene Werbung, daß für diesen ‚. . .nektar nur gesunde Früchte verarbeitet werden‘, war, weil durch die Fruchtsaft-VO ohnehin vorgeschrieben, als irreführend zu beurteilen“ (S).

„Mehrere schwarze Johannisbeernektare enthielten zu wenig Vitamin C, darunter auch ein Erzeugnis mit Hinweis auf einen besonders hohen Gehalt. 3 Wochen nach der Abfüllung entnommene und untersuchte Proben besaßen Vitamin-C-Gehalte knapp über dem verkehrsüblichen Mindestwert von 200 mg/l, eine Mindesthaltbarkeitsgarantie von 18 Monaten erschien damit nicht gerechtfertigt“ (S).

„Bei einem mit Zucker gesüßten Orangennektar wurde durch die Aussage ‚sonnig-süß‘ der Eindruck erweckt, der süße Geschmack sei durch die Verwendung besonders sonnengereifter Apfelsinen bedingt“ (FR).

Neue Qualitätsprüfungen bei Apfelsaft

Bei den unter Beteiligung der gleichen Gremien wie in den vorhergehenden Jahren abgehaltenen zwei Qualitätsprüfungen wurde der Schwerpunkt auf naturtrübe Apfelsäfte gesetzt, da diese Produktgruppe im Verlauf der letzten Jahre zunehmend an Marktbedeutung gewonnen hat.

„Insgesamt wurden 47 naturtrübe Apfelsäfte vorgestellt, 32 davon stammten von Herstellern aus Baden-Württemberg, die restlichen aus dem übrigen Bundesgebiet. Die Qualität der Erzeugnisse war überwiegend als gut oder zufriedenstellend anzusehen, 16 der 47 Säfte erreichten Qualitätszahlen von 4,0 oder darüber. Ein als ‚Bio-Apfelsaft' in den Verkehr gebrachtes Erzeugnis, welches zwar noch mit der Qualitätszahl 3,2 bewertet wurde, fiel durch einen abweichenden, muffigen und phenolartigen Geschmack auf. Da in dem Saft ein Patulingehalt von 683 µg/l ermittelt wurde, ist zu vermuten, daß ein hoher Anteil an angefaulten Früchten mitverarbeitet wurde. Insgesamt erfolgte in 43 Säften eine Patulinbestimmung. In 13 Säften lagen die Gehalte zwischen 6 und 21,5 µg/l, in den übrigen Proben war Patulin nicht oder nur in Spuren nachweisbar. Die Prüfung auf Rückstände des Pflanzenschutzmittels Alar (Daminozid), die in der überwiegenden Anzahl der Proben erfolgte, verlief durchweg negativ.

Bei einem Produkt wiesen ein erhöhter Eisengehalt (21,7 mg/l) und HMF-Gehalt (29 mg/l) zwar auf erhebliche technologische Fehler bei der Verarbeitung hin, sensorisch wurde das Erzeugnis jedoch mit einer Qualitätszahl von 3,4 noch als zufriedenstellend beurteilt. Auch einige weitere Säfte fielen durch mehr- oder weniger ausgeprägten malzig-kochigen Geruch bzw. Geschmack auf, die z. T. sehr hohen HMF-Gehalte bestätigten den sensorischen Befund.

Im Hinblick auf die beabsichtigte Schaffung eines Qualitätssiegels für landwirtschaftliche Produkte aus Baden-Württemberg, u. a. auch für Apfelsäfte, schien eine Prüfung, wieviele der vorgelegten Proben aus Baden-Württemberg die vorgesehenen analytischen Voraussetzungen (mindestens 48 °Oe; mindestens 6,5 g/l titrierbare Säure) erreichen würden, von Interesse: Nur drei der 32 Proben wiesen weniger als 48 °Oe auf, der Mindestsäuregehalt von 6,5 g/l (pH 7, als Weinsäure berechnet) wurde von allen Proben erreicht" (SIG).

„10 Apfelsäfte wurden auf das Mykotoxin Patulin untersucht. In einer Probe wurde der WHO-Richtwert von 50 µg/l erreicht. Der erhöhte Patulingehalt zeigt die Verwendung fauler Äpfel an" (HH).

„*Daminozid-Rückstände in Stein- und Kernobsterzeugnissen.* Es wurden Apfelsäfte, Apfelsaftkonzentrate, Kirscherzeugnisse auf Reste des Pflanzenschutzmittels Daminozid (Alar) untersucht. Dazu wurde eine photometrische Methode angewendet, die nach Behandlung der Probe in siedender Natronlauge das sich dabei aus dem Daminozid bildende Dimethylhydrazin bestimmt. Bei Äpfeln und Birnen ist eine Höchstmenge von 5,0 mg Daminozid/kg Obst zugelassen, bei anderen Lebensmitteln 0,1 mg/kg. Bei den untersuchten Proben konnten keine Rückstandskonzentrationen über 0,1 mg/kg nachgewiesen werden" (PB).

Die erhöhten Gehalte an Natrium, Calcium und Chlorid in einem Apfelsaft deuteten auf die Verwendung nicht geeigneten Wassers bei der Rückverdünnung von Apfelsaftkonzentrat (HH).

„In einem aus Konzentrat hergestellten Apfelsaft betrug der NO_3- Gehalt 62 mg/l; aufgrund des hohen Wertes scheint es fraglich, ob für die Rückverdünnung Wasser im Sinne der Trinkwasserverordnung verwendet wurde" (SIG).

„Ein Apfelsaft war mit ungeeignetem Wasser rückverdünnt (erhöhter Natrium- und Nitratgehalt). 265 mg/l Vitamin C in einem naturtrüben Apfelsaft ließen einen Ascorbinsäurezusatz zum Zwecke der Oxidationshemmung vermuten (eine Zutatenliste fehlte)" (S).

„Ein Apfelsaft fiel durch einen erhöhten Eisengehalt von 27 mg/l auf. Bei anderen Apfelsäften, insbesondere aus kleineren Mostereien, waren Wärmeschädigungen – malziger, kochiger Geschmack, erhöhte HMF-Gehalte – festzustellen. In diesen Betrieben durchgeführte Kontrollen ergaben, daß veraltete technologische Einrichtungen, insbesondere unzureichende Möglichkeiten für eine Rückkühlung der Säfte nach der Pasteurisation die Ursache für die Beeinträchtigung der Erzeugnisse waren“ (SIG).

Verbraucherbeschwerden über Fruchsäfte

„Berechtigte Verbraucherbeschwerden betrafen Geruchs- und Geschmacksabweichungen (muffig bei Apfelsaft), Verunreinigungen wie eingetrocknete und verschimmelte Getränkereste, die bei der Kontrolle der gereinigten Flaschen übersehen worden waren, mikrobiellen Verderb wie Schimmelbildung (unsterile Weichpackungen), Milch- und Essigsäuregärung (am Schraubgewinde beschädigte Flaschen).

In einem als Verbraucherbeschwerde vorgelegten Apfelsaft mit einem äußerst unangenehmen fremdartigen Beigeschmack zeigten Patulingehalte um 600 µg/l die Verarbeitung fauler Früchte an“ (S).

„Ein Apfelsaft wies durch Filterrückstände einen stumpfen Geschmack auf. Eine Flasche Orangensaft war gärig“ (PB).

Erfrischungsgetränke

Anhand der Beanstandungen von Verunreinigungen in Flaschen ist zu erkennen, daß der Anteil der Getränke in Mehrwegflaschen hier deutlich höher liegt als bei den reinen Säften.

Weitere Beanstandungen betrafen irreführende Kennzeichnung von Automatengetränken, fehlende Fruchtgehaltsangabe bei Getränken mit naturgetreuen Fruchtabbildungen, zu geringen Fruchtgehalt in Fruchtsaftgetränk sowie Wertminderung aufgrund von Überlagerung.

Häufig wurde über Kennzeichnungsmängel wie fehlende Angabe von Klassenname, Farbstoff, Antioxidationsmittel, Säuerungsmittel, künstlichem Süßstoff in der Zutatenliste, fehlende oder falsche Reihenfolge von Zutaten, schlecht leserliche Angabe des Mindesthaltbarkeitsdatums, unvollständige Nährwertangaben berichtet.

Nicht mehr zum Verzehr geeignet waren teils Getränke in Mehrwegflaschen.

„In Glasflaschen abgefüllte Zitronenlimonade eines Herstellers war durch Desinfektionsmittelreste verunreinigt (Nachweis von Peroxiden)“ (S).

„Eine Cola-Limonade enthielt Reste eines Metoclopramid-Präparates mit brauner Hartgelatinekapsel, eine andere einen Kunststoffdübel“ (HH).

„Eine originalverschlossene Flasche ‚Brause mit Orangengeschmack‘ enthielt einen zusammengedrückten Kronkorken. Offensichtlich hatte hier die Flascheninspektionseinrichtung im Abfüllbetrieb versagt“ (PF).

Zwei Limonaden waren nicht zum Verzehr geeignet, da sie mit Rizinusöl verunreinigt waren (SI).

„Orangenlimonade war mit Toluol verunreinigt, nachdem die Mehrwegflasche zuvor offenbar zweckfremd verwendet worden war. Limonaden enthielten schwammartige Schimmelpilze. Orangenfruchtsaftgetränk war bombiert" (FR).

„Neun Getränkeproben waren aufgrund des mikrobiologischen Befundes als abweichend von handelsüblichen Erzeugnissen zu beurteilen. So lag bei einem Mineralgetränk eine hohe Gesamtkeimzahl vor, in einer Brause wurden Sproßpilze nachgewiesen. In mehreren Proben eines künstlichen Kaltgetränkes wurde eine hohe Keimzahl an Essigsäurebakterien festgestellt; hier waren in der Flüssigkeit fädige Fremdbestandteile vorhanden" (BO).

Wertgemindert war Orangenlimonade aus dem Schankanlagencontainer einer Gaststätte, die einen erhöhten Milchsäuregehalt und damit sensorische Abweichungen aufwies. Milchsäure wird von Mikroorganismen als Stoffwechselprodukt gebildet (FR).

„Ein durch Milchsäuregärung hergestelltes Brotgetränk wurde irreführend als ‚Brotsaft' bezeichnet und enthielt zudem in einem beigefügten Prospekt zahlreiche gesundheitsbezogene Werbeaussagen und Hinweise auf ärztliche Empfehlungen" (SIG).

„Bei einem Apfelfruchtsaftgetränk mit ‚mindestens 50% Fruchtsaft' wurde ein Fruchtsaftgehalt von lediglich 42% ermittelt. Verschiedene Sportgetränke enthielten Hinweise auf einen hohen Mineralstoffgehalt, obwohl durch ihren Verzehr kein wesentlicher Anteil am Tagesbedarf dieser Stoffe gedeckt werden kann; z.T. lagen die Anteile am Tagesbedarf sogar unter 5%. Bei einem mit Honig gesüßten Erfrischungsgetränk mit über 10% Gesamtzuckergehalt, was dem Zuckergehalt vergleichbarer Erfrischungsgetränke entspricht, war die Auslobung ‚nicht gezukkert' u.E. nicht gerechtfertigt. Bei einem Getränkepulver mit auffälligem Hinweis ‚mit Traubenzucker' war tatsächlich nicht Traubenzucker (Glukose), sondern Rübenzucker (Saccharose) verwendet worden. Ein Gärgetränk enthielt verschiedene unzutreffende und unbestimmte Werbeaussagen, die beim Verbraucher alle möglichen und daher auch nicht zutreffenden Vorstellungen über den ernährungsphysiologischen Wert und die Wirkung des Getränkes hervorrufen können" (FR).

„Ein zur besonderen Ernährung bei Diabetes mellitus im Rahmen eines Diätplanes angebotenes Getränk war als ‚Frucht Aktiv Mineral-Vitamin Fitneßgetränk Apfel-Grapefruit-Zitrone' bezeichnet. Abgesehen davon, daß diese Bezeichnung nicht als Verkehrsbezeichnung i.S. von § 4 LMKV angesehen werden kann, war sie auch irreführend, weil in einer Tagesverzehrsmenge von 0,5 l nur ca. 5 bis 10% der empfohlenen Tageszufuhr an Kalium, Calcium und Magnesium, etwa 1/3 des Tagesbedarfs einiger weniger Vitamine, gleichzeitig aber die für Diabetiker ungünstige Kohlenhydratmenge von 30 g = 2,5 BE enthalten war.

Pulverförmige Grundstoffe, Getränke mit naturidentischen Aromastoffen oder künstlichen Farbstoffen waren nicht als Grundstoff für künstliches Heiß- oder Kaltgetränk bezeichnet. Bei einem Grundstoff für künstliches Kaltgetränk, der Maltodextrin, natürliche und naturidentische Aromastoffe enthielt und mit dem Süßstoff Aspartam gesüßt war, waren die Angaben ‚kalorienreduziert' und 'mit verringertem Kohlenhydratgehalt im Fertiggetränk' als unzulässig zu beurteilen" (S).

„*Dimethyldicarbonat-Rückstände in alkoholfreien Erfrischungsgetränken*: Im vergangenen Jahr wurden 21 Proben auf ihren Methanolgehalt überprüft, um eine eventuelle Überdosierung des Kaltentkeimungsmittels Dimethyldicarbonat, Handelsname z.B. 'Velcorin' festzustellen, das die Getränkeabfüller für trübe, fruchtsafthaltige Erfrischungsgetränke, Limonaden und Brausen verwenden dürfen. Dimethyldicarbonat zerfällt nach der Zugabe zu Getränken u.a. in Methanol. Nach der Änderung der Zusatzstoff-Zulassungsverordnung am 13. Juni 1990 ist ein Zusatz von 250 mg Dimethyldicarbonat (DMDC) zu den in der Verordnung genannten Getränken erlaubt. Die in den untersuchten Proben festgestellten Methanolgehalte deuteten nicht auf eine Überdosierung von DMDC hin" (PB).

„Des öfteren war bei vitaminierten Limonaden der deklarierte Vitamin-C-Gehalt z.T. beträchtlich unterschritten, obgleich die angegebene Mindesthaltbarkeitsgarantie bei weitem noch nicht erreicht war. In einem Fall (Kunststoffflasche) war Vitamin C nicht mehr nachweisbar" (S).

„Zitronenlimonade fiel durch einen für diese Produktgruppe untypischen, intensiv aromatischen Geruch und Geschmack auf, die sensorische Abweichung beruhte, wie Überprüfungen der Aromenzusammensetzung ergaben, auf einer Überdosierung der bei der Herstellung zugesetzten Aromen" (SIG).

Probleme durch den Zerfall des Süßstoffes Aspartam werden noch häufiger anzutreffen sein.

Limonde Light enthielt durch fortgeschrittenen Abbau des Süßstoffes Aspartam zu wenig Süße. Das angegebene MHD war deshalb unzutreffend (HH).

„Eine 'coffeinfreie Brause' enthielt den nur für coffeinhaltige Erfrischungsgetränke zugelassenen Zusatzstoff Orthophosphorsäure" (SIG).

Zum Problem der irreführenden Kennzeichnung bei Limonaden, die unter Verwendung von Natürlichem Mineralwasser hergestellt werden, von dem betreffenden gleichnamigen Mineralwasser jedoch in der Mineralstoffzusammensetzung nicht unerheblich abweichen, wird aus Bochum Stellung genommen:

„Abfüller von Natürlichen Mineralwässern stellen normalerweise auch Süßgetränke, überwiegend Limonaden, unter Verwendung von Natürlichem Mineralwasser (Angabe im Zutatenverzeichnis) her. Häufig ist dabei Etikettierung und Aufmachung sowohl der Süßgetränke als auch des entsprechenden Mineralwassers so gewählt (Form, Farbe, Bezeichnung), daß der Verbraucher auf einen Blick die 'Verwandtschaft' dieser Produkte untereinander erkennen kann. Der Verbraucher wird hierbei in aller Regel davon ausgehen, daß die Herstellung der betreffenden Limonade tatsächlich mit dem Mineralwasser erfolgt ist, dessen Mineralstoffzusammensetzung er vom Etikett der Mineralwasserflasche her kennt und weswegen er das Mineralwasser kauft, beispielsweise weil es natriumarm oder magnesiumhaltig ist. Daß die Praxis z.T. anders aussieht, haben die im Rahmen der amtlichen Lebensmittelüberwachung hier durchgeführten Untersuchungen gezeigt:

Mineralstoffzusammensetzung von Limonaden war im Vergleich zu dem jeweiligen Natürlichen Mineralwasser, welches unter dem gleichen Namen und gleicher Aufmachung in den Verkehr gebracht wird, bei einigen Herstellern durchaus nicht übereinstimmend, d.h. die Limonade war nicht oder nicht ausschließlich mit dem Mineralwasser der entsprechenden Quelle abgefüllt worden. Der Grund ist offenbar häufig folgender. Etliche Hersteller verwenden zur Abfüllung ihrer Limonaden nicht das gleichnamige Natürliche Mineralwasser. Vielmehr betreiben sie sog. ‚Limonadenbrunnen', die zwar ebenfalls eine amtliche Anerkennung als ‚Natürliches Mineralwasser' besitzen, aber einen anderen Quellnamen und z.T. eine erheblich andere mineralische Zusammensetzung haben.

Ein extremer Fall – hier beobachtet – liegt z.B. dann vor, wenn das ‚Natürliche Mineralwasser mit Kohlensäure' faktisch natriumarm ist und auch unter dieser Bezeichnung vertrieben wird, das dem Süßgetränk zugrundeliegende Mineralwasser sich aber durch einen außerordentlich hohen Natriumgehalt von mehreren 100 mg/l ‚auszeichnet', der sogar deklarationsfähig wäre. In diesen Fällen müßte gefordert werden, daß zur Vermeidung einer Irreführung und zur ausreichenden Verbraucherinformation die Bezeichnung des verwendeten Natürlichen Mineralwassers (Quellenbezeichnung) mit in die Kennzeichnung einbezogen wird, damit das verwendete Mineralwasser aus den Angaben auf dem Etikett für den Verbraucher erkennbar ist. Der Verbraucher, der eine bestimmte Limonade kauft, erwartet, daß zur Herstellung der betreffenden Limonade auch das entsprechende Mineralwasser verwendet worden ist, wenn durch die Bezeichnung und eine gleichartige Aufmachung eindeutig der Eindruck erweckt wird, daß das Mineralwasser und die Limonade die gleiche Quelle betreffen. Ohne eine ausreichende Kenntlichmachung des tatsächlich verwendeten Mineralwassers können so falsche Vorstellungen über die tatsächlichen mit dem Lebensmittel verbundenen Verhältnisse hervorgerufen werden" (BO).

Verbraucherbeschwerden über Erfrischungsgetränke

„Berechtigte Verbraucherbeschwerden betrafen Verunreinigungen wie Zementmörtel, Lack- bzw. Kleberückstände, Schleimhautverätzung durch Nitroverdünnerreste, Eisenrückstände usw., die mit Sicherheit zu vermeiden wären, wenn Getränke-Mehrwegflaschen nicht zweckentfremdet verwendet würden; weitere bezogen sich auf mikrobiellen Verderb (Schimmelrasen, Hefen, alkoholische und Milchsäuregärung). Ein als nicht genießbar bezeichnetes Orangen-Fruchtsaftgetränk aus einem 3er-Pack wies ein milchig-trübes Aussehen, einen intensiven Geruch nach Zitrusschalenöl und einen bitteren, kratzenden Geschmack auf. Ursache war ein stark erhöhter Gehalt an ätherischem Öl von 0,54 Vol.%" (S).

„In einer vom Verbraucher bereits geöffneten Coladose wurden Aluminiumstaub und eine Verschmutzung durch Mineralöl festgestellt" (ME).

„Eine Tetra-Packung mit Apfel-Fruchtsaftgetränk war bombiert, das Getränk war gärig" (PB).

Wein

Wahrheit und Wein sind zwei Begriffe, die seit dem Glykolskandal nicht mehr recht zusammenpassen. Wenn auch das meiste Unwahre auf irreführenden, falschen oder unvollständigen Kennzeichnungen basiert, finden sich daneben immer wieder minderwertige Produkte, die als Spitzenqualitäten ausgegeben werden.

Nicht mehr verzehrfähig waren Weine, die oxidiert und trübe, mit Essigstich, Esterton (Geruch nach Lösungsmitteln) und Korkton angetroffen wurden. „Einzelne Flaschen rochen nach Maschinenöl, enthielten tote Käfer oder Spülwasser. Überwiegend handelte es sich um Beschwerdeproben aus Verbraucherhand" (FR). Ähnlich (HH, S-St).

Im Gegensatz zur Kennzeichnung anderer Lebensmittel gilt im Weinbezeichnungsrecht das Verbotsprinzip mit Erlaubnisvorbehalt, d. h. alles ist verboten, was nicht ausdrücklich zugelassen ist. Im Berichtszeitraum war wieder eine Vielzahl verbotener Angaben zu beanstanden, z. B. über

Qualität: „Hervorhebende Bezeichnungen wie ‚Spezialität', ‚Selection', ‚sonnenverwöhnt', sind ebenfalls nicht zugelassen, desgleichen Garantieerklärungen (der Kellermeister sei ‚Garant für einen guten Tropfen'), inoffizielle Auszeichnungen und eigene Auslobungen (‚durch strenge Qualitätskriterien ausgezeichnet'). Weiterhin sind bei Land- und Tafelweinen engere geographische Angaben wie Orts- und Lagenamen verboten.

Beschaffenheit: Begriffe aus der Weinansprache wie ‚süffig', ‚fruchtig', ‚rassig', ‚spritzig', ‚herzhaft', ‚bekömmlich', ‚extra leicht' und ‚elegantes Bukett', ‚zartweiniges Aroma', ‚milde Säure', ‚niedrig im Alkohol' sind in der Weinetikettierung unzulässig. Besonders auf Rückenetiketten und Flaschenanhängern, die entgegen verbreiteter Ansicht ebenfalls zur Etikettierung gehören, fielen solche Angaben gehäuft auf.

Fehlende Angaben: Pflichtangaben zu Abfüller oder Importeur waren unvollständig, Alkoholgehaltsangaben fehlten, Flaschenweine waren gänzlich ohne Etikettierung, ausländische Erzeugnisse hatten nicht die erforderliche Kennzeichnung" (FR).

Anbau und Herstellung: Hinweise mit „Angaben wie ‚Natur', ‚culture biologique' (nicht nachprüfbarer Sachverhalt) und dergleichen versehen oder mit ebenfalls nicht zugelassenen Hinweisen zum Ausbau des Weines (‚ohne unerlaubte Zusätze')" (SIG), sowie „Angaben zu Kelterung, Gärung, Ausbau und Abfüllung (z. B. ‚Sonderfüllung') sind grundsätzlich verboten" (FR). Als irreführend einzustufen sind die Angaben „Erzeugerabfüllung", „Weinbau" etc. für Weine, die nicht ausschließlich dem eigenen Betrieb entstammten sowie falsche Alkoholgehaltsangaben. Nicht entsprechend geprüfte Weine waren als Qualitätsweine bezeichnet und mit erfundenen Amtlichen Prüfungsnummern versehen. Marken- und Phantasienamen täuschten Qualitäts-, Rebsorten- und geographische Herkunftsangaben (insbesondere Lagenamen) vor. Irreführende Angabe des Erzeugers, Abfüllers oder Vermarkters war ebenfalls zu beanstanden (FR).

„In mehreren Lebensmittel-Einzelhandelsgeschäften fanden sich auch in diesem Jahr wieder überlagerte, oxidierte und trübe Flaschenweine verschiedenster Herkünfte in den Regalen" (HH).

„Tafelweine aus Besenwirtschaften wiesen gehäuft Ethylacetatgehalte auf, die sensorisch stark hervortraten. Analytisch lagen die Gehalte in diesen Fällen stets über 150 mg/l.

Weitere Weine aus Besenwirtschaften waren überangereichert, überentsäuert, bakteriell negativ verändert, mit Mäuselgeschmack behaftet" (S).

„An einem Stehimbiß wurde ein Chablis-AC im Getränkeangebot offeriert; der dafür im Ausschank vorgesehene Wein zählte jedoch zur Kategorie „Petit Chablis". Eine Abmahnung erfolgte ebenso wie bei dem Verantwortlichen einer Snack-Bar, dessen ‚Vin de Table Français' als ‚Blanc de blanc AOC' auf der Getränkeangebotsliste geführt wurde" (HH).

„Wein aus der Besenwirtschaft war zu stark angereichert und überstieg den zulässigen Gesamtalkoholgehalt, außerdem wurde der vorgeschriebene Gesamtsäuregehalt unterschritten" (S-St).

„Auf einem Weinfest wurde ein als Qualitätswein b. A. bezeichnetes Erzeugnis auf Faßattrappen umgefüllt und ausgeschenkt. Es mußt festgestellt werden, daß dieser Wein deutliche sensorische und analytische Abweichungen zu dem als Vergleichsprobe erhobenen, in der Flasche abgefüllten, amtlich geprüften Qualitätswein derselben Herkunfts- und Jahrgangsangabe aufwies. Die Bezeichnung des offen abgegebenen ‚Qualitätsweines' war somit als irreführend zu beurteilen. Weiterhin wurde an einem anderen Stand dieses Weinfestes französischer Landwein als Qualitätswein aus der Provence unter entsprechender Bezeichnung angeboten, was ebenfalls durch die Untersuchung einer authentischen Vergleichsprobe bewiesen werden konnte. Ein Viertelliter dieses Weines war zu dem stolzen Preis von 6,00 DM zu erwerben" (SIG).

„Die zunehmende Nachfrage nach landwirtschaftlichen Produkten direkt vom Erzeuger führt dazu, daß immer mehr kleine Nebenerwerbsbetriebe den Wein selbst ausbauen. Oft sind in diesen Fällen jedoch die erforderlichen Kenntnisse sowohl in der Kellerwirtschaft als auch in weinrechtlichen Fragen nicht ausreichend. So mußte für 800 Liter eines Kerner-Riesling-Verschnittes, der aufgrund eines deutlichen Essigstiches nicht von handelsüblicher Beschaffenheit war, ein vorläufiges Verwendungsverbot ausgesprochen werden. Ein unerlaubter Verschnitt von Rotwein mit Weißwein, der als ‚Schillerwein' vermarktet werden sollte (ca. 1.000 Liter), wurde sichergestellt. Des weiteren wurde die Verwendung von 700 Liter Wein der Sorte Kerner untersagt, da die Trauben aus einer ungenehmigten Rebanlage stammten.

Auf einem auch überregional bekannten Weinfest im Regierungsbezirk Tübingen wurden in Flaschen abgefüllte, geprüfte Qualitätsweine mehrmals umgefüllt und unter gleichbleibender Bezeichnung ausgeschenkt. Eine derartige Vorgehensweise ist nach den weinrechtlichen Bestimmung nicht vorgesehen, da sich diese Art des Inverkehrbringens von Qualitätswein jeglicher Kontrolle entzieht.

In einem Fall konnte auch der Nachweis geführt werden, daß der offen abgegebene Wein mit einer authentischen Vergleichsprobe nicht übereinstimmte.

Positiv zu vermerken ist die Bereitschaft der meisten Erzeuger, aber auch der Händler, einschlägige Bestimmungen zu beachten und im Zweifelsfall den Rat der Sachverständigen einzuholen" (SIG).

Der Jahrgang 1990 ist sowohl aus Sicht des Weinbaus als auch kellerwirtschaftlich als hervorragend einzustufen. Probleme ergaben sich kaum, da das Lesegut trotz guter Reife außergewöhnlich gesund eingebracht werden konnte. Aufgrund des günstigen Witterungsverlaufes während der Vegetationsperiode wurden im Überwachungsbereich deutlich höhere Mostgewichte erzielt als im Durchschnitt der letzten 10 Jahre. Die Schwelle zum Q.b.A.-Wein war generell überschritten, ein hoher Anteil der Moste lag im Prädikatsbereich. Aus wirtschaftlichen Erwägungen heraus wird jedoch vermutlich ein Großteil von kabinettgeeigneten Weinen als „einfacher" Qualitätswein vermarktet. Das höchste Mostgewicht wurde von einer Müller-Thurgau Beerenauslese mit 156 °Oechsle erzielt, dicht gefolgt von einem Spätburgunder Eiswein mit 153 °Oe (SIG).

„An unzulässigen önologischen Verfahren waren neben Überschwefelung, Überschönung usw. vor allem zahlreiche Fälle von Überanreichungen von Weinen des Jahrganges Jahrgang 1989 zu beanstanden. Bei dem relativ extraktarmen und teilweise schon angegorenen Lesegut jenes Herbstes wurden häufig die Mostgewichte falsch, d.h. zu niedrig, ermittelt, was in Verbindung mit der bei deutschen Weinen (außer Prädikatsweinen) erlaubten und üblichen Zuckerung des Mostes nicht selten zu Anreicherungen über die festgelegten Höchstwerte hinaus führte. Im Hinblick darauf, daß aufgrund obergerichtlicher Urteile eine Ausnahmegenehmigung für das Vermarkten solcher überangereicherter Weine zukünftig nicht mehr in Betracht kommen kann, ist den Betrieben dringend zu raten, beim Berechnen der Anreicherung ausreichende Sicherheitsabschläge vorzunehmen" (FR).

„In zwei Fällen überstieg der Gesamt-SO_2-Gehalt von Tafelwein die gesetzliche Obergrenze. Zulässigerweise mit Sorbinsäure konservierter Schwäbischer Landwein wies in zwei Fällen einen typischen ‚Geranien'-Ton auf" (S).

In gehäuftem Umfang wurden ungenehmigte Rebanlagen sowie der Anbau nicht zugelassener Rebsorten festgestellt. „Besonders die Anbauverstöße der in Baden nicht mehr erlaubten Rebsorte Elbling erlangten – ausgelöst durch die Pressemitteilung eines (bekannten) Kaiserstühler Winzers und Gastronomen – breite Beachtung in den Medien (Presseartikel, Leserbriefdiskussionen, Fernseh- und Rundfunkbeiträge) und führten zu einer Landtagsanfrage. Der Fall des Elblings erzeugte in der Öffentlichkeit Unverständnis und Kopfschütteln zum einen über die gesetzliche Bestimmung, daß daraus hergestellter Wein nicht einmal mehr selbst getrunken werden darf, zum anderen über die Bürokratie im Weinbau im allgemeinen und über die als restriktiv empfundene Sortenpolitik im speziellen. Meist wurde dabei übersehen, daß die Festlegung der als anbauunwürdig erachteten Rebsorten auf die Initiative der Weinwirtschaft selbst zurückgeht" (FR).

Beispielhaft für die Arbeit der amtlichen Weinkontrolle, die unabhängig von der Lebensmittelüberwachung arbeitet, sei hier die Tätigkeit der Beamten in Baden beleuchtet.

Von den Beamten der Weinkontrolle wurde der Hauptanteil der Proben zur Kontrolle des Herbstgeschehens entnommen. „Es handelte sich um Moste, Maischen und Jungweine aller Bereiche, Rebsorten und Qualitätsstufen, die insbesondere auf ihr Mostgewicht hin überprüft wurden. Erfreulicherweise mußte kein Most zurückgestuft werden. Aufgrund der hohen Qualität des Jahrgangs 1990 lagen die Mostgewichte zum Teil weit über den gesetzlich vorgeschriebenen Mindest-Oechslegraden der einzelnen Qualitätsstufen. Über dem vermarktbaren Hektarhöchstertrag von 90 hl/ha liegende Erntemengen (Übermengen) wurden kaum erzeugt.

Die restlichen Probenahmen entfielen auf Nebenerzeugnisse der Weinbereitung, vor allem auf Trester. Unterschreitungen des für die Weinbauzone B mindestens vorgeschriebenen Restalkoholgehalts von 2,0 Litern pro 100 Kilogramm Trester und damit Anhaltspunkte für ein übermäßiges Auspressen des Leseguts waren jedoch nicht zu verzeichnen.

Im Berichtszeitraum mußten 125 schriftliche Belehrungen und förmliche Beanstandungen ausgesprochen werden. Die hauptsächlichen Verstöße waren mangelhafte oder unterlassene Weinbuchführung, nicht erstattete Ernte- und Erzeugungsmeldungen, fehlende oder fehlerhaft ausgestellte Begleitdokumente sowie falsche Angaben im Qualitätsprüfungsverfahren von Wein und Sekt. Ein Betrieb hatte sogar Wein unzulässigerweise als Qualitätswein vermarktet, obwohl dieser wegen Überanreicherung nicht verkehrsfähig war, deshalb bei der Qualitätsweinprüfung durchgefallen und obendrein von der Weinkontrolle vorläufig sichergestellt, d.h. beschlagnahmt, worden war. Der Verantwortliche hat nun u.a. den Vorwurf des Siegelbruchs zu gewärtigen.

Weitere Verstöße betrafen bezeichnungsrechtliche Vorschriften, vor allem irreführende oder verbotene Angaben in der Weinetikettierung. Bedingt durch den stagnierenden Mengenabsatz sehen sich die Betriebe einem zunehmenden Konkurrenzdruck ausgesetzt, dem immer stärker mit bezeichnungsrechtlich oftmals bedenklicher, teilweise auch unzulässiger Etikettierung und Auslobung zu begegnen versucht wird.

Insgesamt wurden von der Weinkontrolle knapp 50.000 Liter Wein und Sekt vorläufig sichergestellt. Soweit die Erzeugnisse nicht gravierend von den gesetzlichen Bestimmungen abwichen, konnte die Erteilung einer Ausnahmegenehmigung, teils unter Auflagen, befürwortet werden. Der Rest mußte reexportiert oder vernichtet werden“ (FR).

Als Gegenstück zur Inlandsweinkontrolle sei beispielhaft die hamburgische Auslandsweinkontrolle mit ihrer Arbeit vorgestellt.

Die Auslandsweinkontrolle befaßte sich mit einem breit gefächerten Spektrum an Weinen und Likörweinen verschiedener europäischer und außereuropäischer Herkünfte. „Bei der Kontrolle der Begleitscheine und Einfuhrdokumente mußten z.T. erhebliche Mängel festgestellt werden: Die vorgenommenen Angaben waren entweder unvollständig oder sie standen im Widerspruch zur Etikettierung der Weine oder ihrer stofflichen Beschaffenheit.

Ihr Zeichen	Ihre Nachricht vom	Mein Zeichen	7200 Tuttlingen
---	---	A	18.9.1989

Betreff: Schorleweine.

Sehr geehrte Damen und Herren!

Wie ich festgestellt habe,werden von mehreren Gasthäusern in Tuttlingen miserable Schorleweine ausgeschenkt,die Gesundheitsschäden verursachen.

Oßt stellen sich nach ein paar Schlucks Kopfschmerzen ein,länger anhaltende Schäden sind Lähmungen Gelenksentzündungen Darmblutungen etc.

Es besteht der Verdacht,daß die Weine Methanol Natriumacid und Glykol enthalten.

Darauf angesprochen sagte mir eine Wirtin:Mit wird schon übel,wenn ich die Flasche aufmache,aber der Wein ist eben billig!

Bitte nehmen Sie doch Proben zur Untersuchung.

Mit freundlichen Grüßen

a

Ich bin Leiter im Jugendheim "..." in .... Den Wein habe ich im Januar 1990 von der Firma ... in ... geliefert bekommen. Die Lieferung bestand aus 48 Flaschen.

Ende Januar oder anfangs Februar trank ich von dem Wein eine Flasche. Ich muß vorausschicken, daß ich ein Weintrinker bin und auch etwas vertragen kann.

Als ich etwa die Hälfte der Flasche geleert hatte, wurde es mir sehr komisch, d. h. ich wurde richtig lahm und schwach und mußte mich niederlegen. Da ich Dienst hatte und bis gegen Mitternacht wach bleiben mußte, trank ich die Flasche leer. Am anderen Morgen hatte ich starke Kopfschmerzen und fühlte mich noch immer sehr schwach.

Am 20.2.1990 habe ich aus der Weinlieferung nochmals zwei gläser getrunken. Nach dem Genuß des Weines traten die selben Symptome auf, wie beim ersten Mal. Den Rest des Weines schüttete ich weg.

Am 22.3.1990 hat unsere Köchin einem Gast den Wein versuchen lassen (beigefügte angebrochene Flasche). Der Gast sagte sofort, daß der Wein nicht in Ordnung wäre.

b

Abb. 4.5 a–c. Drei Schreiben von Weintrinkern

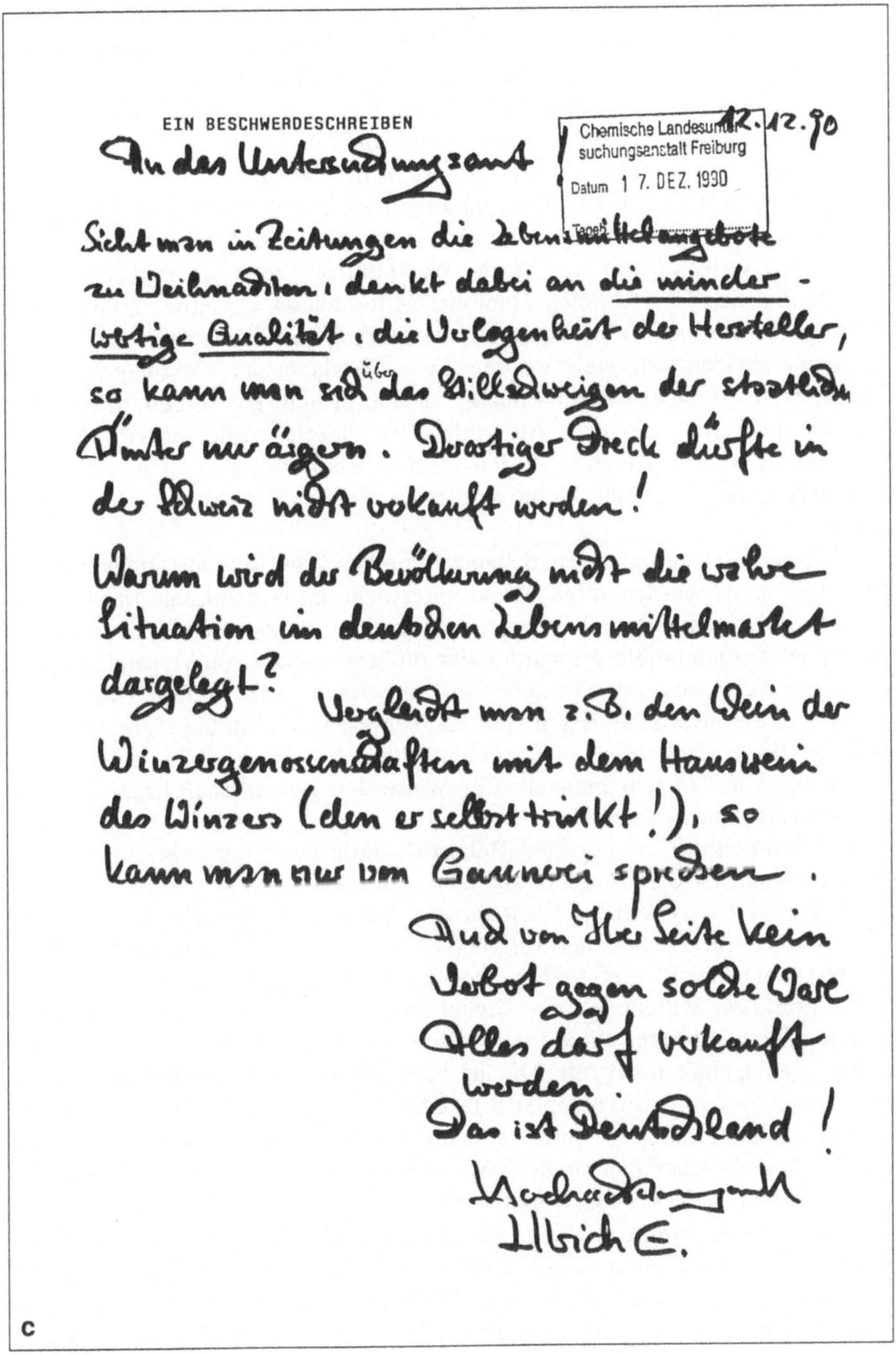

EIN BESCHWERDESCHREIBEN

Chemische Landesuntersuchungsanstalt Freiburg
Datum 17. DEZ. 1990
Tageb.

12.12.90

An das Untersuchungsamt!

Sieht man in Zeitungen die Lebensmittelangebote zu Weihnachten, denkt dabei an die minderwertige Qualität, die Verlogenheit der Hersteller, so kann man sich über das Stillschweigen der staatlichen Ämter nur ärgern. Derartiger Dreck dürfte in der Schweiz nicht verkauft werden!

Warum wird der Bevölkerung nicht die wahre Situation im deutschen Lebensmittelmarkt dargelegt? Vergleicht man z.B. den Wein der Winzergenossenschaften mit dem Hauswein des Winzers (den er selbst trinkt!), so kann man nur von Gaunerei sprechen.

Auch von Ihrer Seite kein Verbot gegen solche Ware. Alles darf verkauft werden. Das ist Deutschland!

Hochachtungsvoll
Ulrich E.

c

Abb. 4.5 a–c. Fortsetzung

Als stoffliche Mängel sind sensorische Fehler (Verdorbenheit, Mäuseln, fehlender Rebsortencharakter) sowie die Nichteinhaltung der Vorschriften über die önologischen Verfahren und Behandlungen zu nennen (Überschwefelung, überhöhte Natrium- und Chloridgehalte, Saccharosezusatz). Weiterhin wurden die Begriffsbestimmungen der Gemeinschaft und die stofflichen Voraussetzungen für die Einfuhr von Drittlandsweinen teilweise nicht beachtet.

Die Überprüfung der Etikettierung ergab wie immer zahlreiche Mängel und auch Unstimmigkeiten in Verbindung mit den vorgelegten Dokumenten.

Im Vorjahr waren von dem für die Weinkontrolle zuständigen Außendienstmitarbeiter des Bezirksamtes Hamburg-Mitte häufig oxidativ verfärbte und überlagerte Retsina-Weine in den Lebensmittel-Einzelhandelsgeschäften und Getränkemärkten festgestellt worden. Es wurde daher der Vorschlag aufgegriffen, Retsina-Weine schwerpunktmäßig zu überprüfen. Es wurden 22 derartige griechische Weine untersucht. Als oxidativ und überlagert fiel nur ein Wein auf. Drei Weine wiesen jedoch nicht den für Tafelwein vorgeschriebenen Mindestsäuregehalt auf. Derartige Weine sind mikrobiologisch nicht besonders stabil" (HH).

„22 italienische aromatische Schaumweine des Typs ‚Moscato spumante' und ‚Asti spumante' wurden vergleichend untersucht. Es bestand eine Information, wonach mit einem Betrug bei als ‚Asti spumante' bezeichneten Schaumweinen gerechnet werden mußte. Es wurden der zulässige Zusatz von Versanddosage in Form von Saccharose oder Traubenmost, zu geringer zuckerfreier Extrakt sowie mangelhafte sensorische Eigenschaften (sehr schwach ausgeprägte Moscato-Note, starke Unsauberkeit) in einzelnen Proben festgestellt. Alle Schaumweine entsprachen nur in sehr mangelhafter Weise den gemeinschaftlichen Schaumwein-Bezeichnungsvorschriften.

Auf Wunsch der vorgesetzten Behörde wurde eine Bestandsaufnahme der österreichischen Weine vorgenommen, die von Hamburger Importeuren Anfang des Jahres in den Verkehr gebracht wurden. Die Untersuchung beinhaltete auch die Prüfung auf Diethylenglykol (NWG: 2 ppm) und Natriumacid (NWG: 10 ppb). Keine der 14 vorgestellten Proben enthielt diese Substanzen.

Aufgrund der Mitteilung französischer Stellen, daß Überschönungen bei Rosé d'Anjou-Weinen festgestellt worden waren, wurde eine Serie dieser Weine auf ihren Cyanidgehalt überprüft. Die in 12 Handelsproben ermittelten Gehalte zwischen 2 und 7 ppb erwiesen sich in Übereinstimmung mit der sensorischen Prüfung als unauffällig. Es wurde jedoch festgestellt, daß diese meist lieblichen, um 25 g/l Restzucker enthaltenen Weine teilweise fälschlicherweise als ‚halbtrocken' (demi-sec) gekennzeichnet waren.

Es wurden insgesamt 11 Weine aus Algerien, Marokko und Tunesien untersucht. Es waren Weine aufgefallen, die von Hamburger Importeuren abgefüllt worden waren. Insbesondere waren Diskrepanzen zwischen den Mustern der importierten Ware und den abgefüllten, im Handel befindlichen Proben zu klären. Außerdem wurden Handelsproben anderer Importeure, die gleichzeitig als Abfüller tätig geworden waren, untersucht. Zwei tunesische Weine erwiesen sich als überschwefelt.

Aufgrund von Hinweisen aus der Einfuhrkontrolle wurden sieben israelische Weine eines Hamburger Importeurs insbesondere auf unzulässigen Saccharosezusatz und überhöhten Einsatz von Citronensäure untersucht. Bis auf einen überlagerten Wein war die stoffliche Beschaffenheit der Weine unauffällig. Die vorgelegten Analysenbulletins wiesen jedoch teilweise keine Nämlichkeit mit den untersuchten Probemustern auf. Diese Feststellung mußte schon häufiger für israelische Weine getroffen werden. Der Importeur wurde darauf hingewiesen, daß entsprechend den Regelungen der Weinmarktordnung Drittlandsweine nur eingeführt werden dürfen, sofern sie von einem zutreffenden Analysenbulletin begleitet sind.

Die Produktpalette der 10 mexikanischen mexikanische Weine zweier Hamburger Importeure wurde untersucht. Dabei wurde festgestellt, daß die Natrium- und Chloridgehalte z.T. ganz erheblich über den in Mosten und Weinen natürlicherweise vorkommenden Konzentrationen lagen. Für die Bewertung war es allerdings von Belang, ob für die im Vergleich zu Weinen normaler Zusammensetzung überhöhten Gehalte Ursachen in Betracht gezogen werden müssen, die auf besondere Weinbaubedingungen (z.B. Klima, Bodenbeschaffenheit) zurückzuführen sind.

Solche Ursachen sind sicherlich bei Weinen mit sog. überschüssigem Chlorid in höheren Gehalten anzunehmen. Derartige Erfahrungen liegen auch für Weine anderer außereuropäischer Länder, die auf Böden wachsen, die durch Beregnungswasser versalzen sind, vor.

Für Weine mit gleichzeitig erhöhten Natriumgehalten in äquimolarer Konzentration dürfen jedoch solche Überlegungen, ob bestimmte Standortbedingungen ursächlich sein könnten, auszuschließen sein: Der Zusatz von Natriumchlorid (Kochsalz) ist eine technologische Maßnahme, die nach mexikanischem Weinrecht in unbegrenzter Höhe erlaubt ist! Weine, die Gegenstand einer derartigen önologischen Behandlung waren, sind jedoch in der Gemeinschaft nicht verkehrsfähig.

Die bei einigen Weinen angeforderte Erklärung einer autorisierten mexikanischen Dienststelle wurde bisher nicht erhalten.

Bei verschiedenen Rotweinen waren außerdem erhebliche Sulfatgehalte festzustellen, die die vom Internationalen Weinamt festgesetzte Höchstgrenze von 1,5 g/l, berechnet als Kaliumsulfat, erheblich überschritten.

Weiterhin ergaben sich Probleme aus der Tatsache, daß von Mexiko bisher bei der Gemeinschaft weder Herkünfte noch Rebsorten noch Qualitätsbezeichnungen angemeldet worden und in entsprechenden Listen erfaßt sind. Daher dürfen alle diese Angaben in der Kennzeichnung der Weine nicht verwendet werden.

Die vorgelegten Analysenbulletins zeigten sehr schlechte Übereinstimmung mit den hier ermittelten analytischen Parametern, so daß eine Zuordnung zu den Weinen sich häufig als fragwürdig erwies" (HH).

„Bei Beaujolais Primeur 1989 wurde bei der gemeinsamen Verkostung mit dem amtlichen Weinkontrolleur festgestellt, daß die sensorischen Merkmale nicht einem Beaujolais primeur entsprachen (oxidativ, keine Gamay-Merkmale). Herr W. bat daraufhin den zuständigen Sachverständigen der französischen Weinüberwachungsbehörde (Direction Général de la Concurrence, de la Consommation et de la Répression des Fraudes) um Mitverkostung. Dieser kam zu dem gleichen Ergebnis und leitete sofort entsprechende Ermittlungen ein. Durch die direkte Zusammenarbeit der Weinkontrolleure konnte so schnell und wirkungsvoll gegen den Verantwortlichen vorgegangen werden" (D).

„Wie in allen landwirtschaftlichen Kulturen, so ist auch im Weinbau der Pflanzenschutz ein bedeutender Produktionsfaktor. Durch den Befall der Reben mit tierischen Schädlingen, vor allem aber mit Pilzkrankheiten werden alljährlich erhebliche Ertrags- und Qualitätseinbußen verursacht. Infolge frühzeitiger Bekämpfung der Schadinsekten treten relevante Insektizidrückstände in Traubenmost und Wein nicht mehr auf. Dagegen ist die Bekämpfung pilzlicher Schaderreger bis heute noch ein Problem. Da die zugelassenen Fungizide nicht ausreichend wirksam sind, werden häufig mehrmals Spritzungen durchgeführt. In 28 von 35 Proben Traubenmost und Wein aus konventionellem Anbau waren noch Spuren der Fungizide Vinclozolin (0,001 bis 0,09 mg/kg) und Procymidon (0,004 bis 0,13 mg/kg) nachweisbar, wohingegen in sechs Weinproben aus alternativem Anbau keine Rückstände von Pestiziden festgestellt wurden" (SIG).

Rebenlaub von „ökologisch" bewirtschafteten Weinbergen

„Verschiedene Betriebe bemühen sich, ihre Weinberge ohne Anwendung organisch-synthetischer Pflanzenschutzmittel zu bewirtschaften. Nach allen vorliegenden Erfahrungen ist eine zuverlässige Unterscheidung zwischen ‚ökologischen' und herkömmlich bewirtschafteten Anlagen am Weine selbst nicht zu treffen, da eventuell vorhandene Rückstände von Pflanzenschutzbehandlungsmitteln bei der Weinbereitung, insbesondere mit dem Hefetrub, weitgehend ausgetragen werden.

In einem ersten Anlauf wurde versucht, die Verwendung von organisch-synthetischen Pflanzenschutzmitteln anhand von Rebenlaubproben, die im Sommer (Anfang August) entnommen wurden, analytisch zu verfolgen. Als Leitsubstanz wurde die Wirkstoffgruppe der Dithiocarbamate, die als Fungizide eingesetzt werden, benutzt.

Zur Untersuchung gelangten acht Proben Rebenlaub von Betrieben, die sich selbst als ‚organisch-biologisch' oder nach den Regeln des ‚Bundesverbandes ökologischer Weinbau' wirtschaftend einstufen. Als Vergleichsmuster wurden drei Proben aus herkömmlichen Anlagen herangezogen. In zwei der drei herkömmlich bewirtschafteten Proben fanden sich Rückstände von Dithiocarbamaten, die dritte wies Spuren von Phosphorsäureestern auf. In drei der acht Proben aus ‚ökologisch' bewirtschafteten Weinbergen waren ebenfalls Dithiocarbamatrückstände nachzuweisen. Phosphorsäureester waren in keinem Falle vorhanden.

Die Untersuchungen sollen fortgesetzt werden. Dabei wird auch auf die (ungewollte) Verschleppung von Wirkstoffen aus herkömmlich behandelten Nachbarparzellen geachtet werden" (S).

Sorbit in südamerikanischen Weinen

„Von den britischen Behörden wurden Verfälschungen bei chilenischen Weinen durch Sorbit mitgeteilt. Daraufhin wurde das Weinangebot der hiesigen Importeure und Händler überprüft. Insbesondere wurden Weine, die aus den von den britischen Behörden namentlich genannten Herstellerfirmen und/oder Weinbaugebieten stammten, berücksichtigt.

Von 17 untersuchten Weinen wiesen 15 Weine Sorbitgehalte zwischen 0,01 und 0,024 g/l auf. Zwei Proben mit Gehalten von 0,7 g/l bzw. 3,0 g/l konnten nur durch Zusatz von Sorbit oder sorbithaltigen Produkten (Mitverarbeitung von Kernobst) interpretiert werden.

Der von den chilenischen Behörden festgesetzte obere zulässige Grenzwert von 0,7 g/l ist nach unserer Ansicht nicht mit den Bestimmungen der Weinmarktordnung hinsichtlich der zulässigen önologischen Verfahren und Behandlungen vereinbar.

Auch die hilfsweise Behauptung, wonach die hohen Sorbitgehalte Ausdruck einer Edelfäule der eingesetzten Trauben seien, konnte weder sensorisch noch durch entsprechende Glycerin- und Gluconsäuregehalte dieser Weine nachvollzogen werden“ (HH).

Die nach den o. g. Hinweisen in Oberhausen „durchgeführte amtliche Kontrolle und Untersuchung hat in drei Proben von südamerikanischem Rotwein positive Sorbitnachweise erbracht. Obschon die zweifelsfrei nachgewiesenen Sorbitgehalte < 160 mg/l geringfügig erscheinen und auch technologisch ohne Bedeutung sein dürften, können diese beiden Befunde im Zuge der gesetzlichen Aufgaben nicht unberücksichtigt bleiben, weil sie die Verbreitung des Zuckeraustauschstoffes Sorbit in Weinen südamerikanischer Herkunft bereits erkennen lassen. Die Probe mit > 6.300 mg Sorbit/l stellt nach den britischen Untersuchungen, welche auch durch die Behörde für Arbeit, Gesundheit und Soziales der Freien und Hansestadt Hamburg bestätigt werden, offenbar keinen Einzelfall dar“ (OB).

Verbraucherbeschwerden über Wein

„Zwei bereits geöffnete Weinflaschen enthielten eine Wasserfüllung. Beide Beschwerdeproben müssen aber unabhängig voneinander gesehen werden, so handelte es sich laut Etikett um einen Ihringer Silvaner und einen Lauffener Riesling von verschiedenen Abfüllern und zwei Beschwerdeführern. Im Fall des Ihringer Silvaners muß nach den Untersuchungsergebnissen von einer Manipulation nach der Kellerabfüllung ausgegangen werden. Bei der Probe Lauffener Riesling ließ sich dagegen ein kellereitechnischer Fehler nicht ausgrenzen“ (PF).

„Eine Probe Wein wies einen überhöhten Gehalt an Ethylacetat auf (1,2 g/l)“ (PB).

Erzeugnisse aus Wein

Unter diese Gruppe fallen hauptsächlich Produkte wie Glühwein, entalkoholisierter Wein, Sekt und Weinbrand. Festgestellt wurden unzulässige Aromen, irreführende Angaben und mangelhafte Kennzeichnung, insbesondere bei Weinbrand. Besonders interessant ist der Import eines gefälschten Champagners.

„Ein Glühwein, der nach der Weinverordnung nur aus Rot- oder Weißwein, Zucker und würzenden Stoffen hergestellt werden darf, war oftmals noch mit anderen Zutaten versehen. So wurden z.B. Fruchtsaft, Likör, Korn oder ähnliches zugesetzt. Auch wurden Glühweine vorgefunden, die Alkoholgehalte von lediglich 2% vol. aufwiesen. Sensorisch war bei diesen ‚Glühweinen' nur noch ein Saftcharakter zu erkennen" (BI).

„Ein weinhaltiges Getränk war als ‚Glühwein' bezeichnet, obwohl es unter Verwendung von Heidelbeeren hergestellt worden war" (FR).

„Weinhaltige Getränke, die unter überregionalen Markenbezeichnungen vermarktet werden, trugen auf dem Etikett Angaben, die den Alkoholgehalt verharmlosen. Worte wie ‚leicht alkoholisch', ‚leicht', ‚nur' können in bezug auf Alkoholgehalte von 6% vol. nicht akzeptiert werden" (S).

„In einem aus Italien importierten weinhaltigen Getränk mit Pfirsichgeschmack wurde die Mitverwendung von naturidentischen Aromastoffen (γ-Decalacton, γ-Dodecalacton) nachgewiesen. Entsprechend den weinrechtlichen Bestimmungen dürfen derartige Getränke nicht in die Bundesrepublik Deutschland gebracht werden, sofern sie andere Stoffe als Früchte oder aus diesen hergestellte Flüssigkeiten bzw. Pflanzen und Pflanzenteile mit einem natürlichen Gehalt an Geruchs- und Geschmacksstoffen oder entsprechende Auszüge enthalten" (SIG).

„Entalkoholisierter Wein mit zulässigen Restmengen an Alkohol trug den Hinweis ‚alkoholfrei'" (FR).

„Ein schäumendes Getränk aus entalkoholisiertem Wein war mit fehlerhaften brennwertbezogenen Angaben bezeichnet. Ferner war ein Konservierungsstoff angegeben, der in der Probe nicht nachgewiesen werden konnte" (S).

„Verschiedene Sekte und Sekte b.A., meist Hausmarken für lokale Abnehmer, waren mit geographischen Angaben z.B. (‚Cuvée Freiburg') sowie mit Wappen und Abbildungen von Städten und Landschaften (z.B. Boden) versehen oder wurden in Inseraten so beworben, ohne daß der verwendete Grundwein der angegebenen Herkunft entstammte. Sekt, der nur knapp die Qualitätsprüfung bestanden hatte, war vollmundig ausgelobt als ‚erlesene Spitzenqualität' mit ‚feinem Bukett' und ‚vollkommener Reife'. Bei einem mittels – einfacher – Flaschengärung hergestellten Sekt wurde die Angabe ‚traditionsreiches Flaschengärverfahren' als verwechselbar mit dem dem Champagnerverfahren vorbehaltenen Begriff ‚traditionelle Flaschengärung' beurteilt" (FR).

„Qualitätsschaumwein, der unter einer Markenbezeichnung angeboten wurde, wies bei jeder der untersuchten Proben eine andere analytische Beschaffenheit auf, obwohl durchgängig ein und dieselbe Amtliche Prüfungsnummer angebracht war. Insbesondere waren die Gehalte an Citronensäure stark unterschiedlich, was auf eine verbotene Verwendung dieses Stoffes zur Säuerung der Cuvee schließen läßt. Die Analysenwerte stimmten in keinem Fall mit den bei der Qualitätsschaumwein-Prüfbehörde hinterlegten Werten überein" (S).

Das Zollfahndungsamt Hamburg bat „anhand von sechs Mustern festzustellen, ob es sich bei den übergebenen Warenproben um Champagner der Marke ‚M... & Ch...' handle. Es bestanden Hinweise von der französischen Zollverwaltung dahingehend, daß Schaumwein, der von der Qualität und der Herkunft nicht den Erzeugnissen der Firma M... & Ch... entspricht, unter diesem Markenzeichen in die Bundesrepublik Deutschland eingeführt worden sei. Als Vergleichsproben wurden Muster aus dem Hamburger Einzelhandel entnommen.

Die Untersuchung ergab. daß sich die Proben in zwei Gruppen einteilen ließen, die sich in sensorischer und analytisch-chemischer Hinsicht sowie in Ausstattungsdetails deutlich voneinander unterschieden.

Bei der sensorischen Prüfung präsentierten sich neben reintönigen, weinigen, mit markanter Säurestruktur ausgestatteten Schaumweinen solche mit unsauberem Geschmack und im Abgang deutlich bitterer Note.

Die analytisch-chemischen Untersuchungen zeigten deutliche Unterschiede der Proben in den Gehalten an Gesamtextrakt und Restzucker. Weiterhin waren die Gehalte an schwer- und leichtflüchtigen Gärungsnebenprodukten, wie Glycerin und die sog. höheren Alkohole sowie Methanol, in ihren Konzentrationen deutlich verschieden. Dies wies auf eine unterschiedliche Art der Grundweinbereitung und/oder Gärführung hin. Während die Gehalte an Gesamtsäure nicht signifikant voneinander abwichen, zeigte das differenzierte Muster der einzelnen organischen Säuren auffällige Konzentrationsunterschiede. Die Analyse der Mineralbestandteile führte gleichfalls zu einer deutlichen Abgrenzung zweier Probengruppen. Daraus und in Verbindung mit den Gehalten an Gesamtschwefeldioxid mußte gefolgert werden, daß hier eine unterschiedliche Art der Schaumweinbereitung und des Ausbaus erfolgt war.

Die technische Prüfung der Ausstattung, der Flaschen, Verschlüsse und Etiketten ergab zahlreiche Hinweise auf Unstimmigkeiten zwischen den als original anzusehenden und den anderen Proben.

Unsere Beurteilung konnte durch ergänzende Untersuchungen der vom französischen Hersteller überlassenen Vergleichsmuster in vollem Umfang bestätigt werden.

Aufgrund der Gutachten über die nicht handelsübliche Beschaffenheit von M...-Ch...-Champagner wurden ausschließlich in Hamburger Firmen kleinere Mengen dieser nichtverkehrsfähigen Ware sichergestellt und deren Importeur (Sitz in Schleswig-Holstein) über den Weg der Buchführungskontrolle ausfindig gemacht. Der größere Anteil dieses gefälschten Champagners liegt noch unter Zollverschluß bei einer Hamburger Spedition" (HH).

Negative Auswirkungen durch die EG-Anpassung finden sich auch bei Weinbrand.

Die Steigerung der Beanstandungsquote bei den Handelsproben „ist alleine darauf zurückzuführen, daß die im Zuge des Inkrafttretens der Verordnung

(EWG) Nr. 1576/89 zur Festlegung der allgemeinen Regeln für die Begriffsbestimmung, Bezeichnung und Aufmachung von Spirituosen anfallenden Änderungen von Kennzeichnungsvorschriften durch die Hersteller nur zögerlich umgesetzt werden. Dies liegt einmal daran, daß aus Sparsamkeitsgründen noch vorhandene Etikettenbestände mit Kennzeichnungsmängeln so lange, wie nur eben erreichbar, weiter verwendet werden. Hinzu kommt noch, daß die o. g. EWG-VO noch gewisse Lücken und Unebenheiten aufweist mit der Folge, daß eine Anpassung im einen oder anderen Fall mangels Klarheit noch nicht erfolgen konnte" (FR).

Mit dem Inkrafttreten der EG-Spirituosen-Verordnung sind die „höheren nationalen Qualitätsanforderungen für Weinbrand ebenso entfallen wie dessen bisherige, obligatorische Qualitätsprüfung. Sie ist nur noch für solche Erzeugnisse vorgeschrieben, die als ‚Deutscher Weinbrand' bezeichnet werden sollen. In diesem Zusammenhang mutet es unverständlich an, daß ein Weinbrand mit der Angabe ‚Deutsches Erzeugnis' diese höheren nationalen Anforderungen einschließlich amtlicher Qualitätsprüfung nicht erfüllen muß. Mit der richtigen Interpretation derart feinsinniger Bezeichnungsunterschiede dürfte der Durchschnittsverbraucher überfordert sein" (Fr).

„Cognac enthielt überhöhte Mengen des natürlicherweise allenfalls in Spuren vorkommenden Heptansäureethylesters, eine Substanz, die wegen ihres ausgeprägten Aromas bei Weinbränden eine bessere Weinigkeit vortäuschen kann. Die somit nicht gerechtfertigte Bezeichnung ‚Cognac' wurde als irreführend gewertet" (FR).

„In zwei Proben Weinbrand desselben Herstellers, die gemäß amtlicher Prüfnummer bereits im Jahr 1982 zur amtlichen Prüfung angestellt worden waren, wurde ein erhöhter Gehalt an Heptansäureethylester festgestellt. Diese Verbindung, die von Natur aus in Weinbränden nur im Spurenbereich vorkommt, kann eine höhere Wenigkeit des Erzeugnisses vortäuschen, weshalb ein Zusatz als Verfälschung zu beurteilen ist" (SIG).

Verbraucherbeschwerde über Spirituosen aus Wein

„Als Beschwerdeprobe wurde ca. 30 ml einer Flüssigkeit überbracht, die in einer Bar als ‚Asbach gedopt' ausgeschenkt worden waren. Der Beschwerdeführer machte geltend, daß das Getränk keinen Weinbrand der Marke Asbach, sondern nur billigen Fusel enthalte. Die gaschromatographische Untersuchung ergab jedoch, daß das Getränk neben Cola auch Anteile des Weinbrandes der Marke Asbach enthielt und somit die Beschwerde unberechtigt war" (KA).

Weinähnliche Getränke

Abweichungen im Geschmack, falsche oder fehlende Alkoholkennzeichnung sind häufiger zu finden. „Mehrere Proben Most aus Äpfeln und Birnen waren wegen sensorischer Mängel (starkes Mäuseln, Essigstich) zu beanstanden; der sensorische Befund bei den essigstichigen Erzeugnissen konnte analytisch durch erhöhte Gehalte an flüchtigen Säuren (bis zu 3,4 g/l) untermauert werden" (SIG).

„Hagebuttenwein war offensichtlich gespritet worden, denn der festgestellte hohe Alkoholgehalt konnte nicht allein durch Gärung entstanden sein. Honigwein war – statt mit Wasser – mit Selleriesaft angesetzt worden. Ein Honigwein hatte zur Geschmacksabrundung unzulässigerweise einen Zusatz von Milchsäure erhalten, ein anderer war mit Apfelsäure und Zucker gestreckt worden" (FR). „Heidelbeerweine mit Invertzuckergehalten von 36 bzw. 44 g/l sowie Apfelcidre mit 37 bzw. 45 g/l Invertzucker und entsprechend mildem, süßlichem Geschmack wurden beanstandet, weil sie als ‚trocken' bzw. ‚herb' angeboten wurden" (SIG). „Eine Probe ‚Honig-Met' war zu beanstanden, da neben den nach dem Weingesetz zulässigen Zutaten Wasser, Honig und Gewürzen auch ein Apfel- und Zuckerzusatz erfolgte" (BI). „Selleriewein wurde in wissenschaftlich nicht haltbarer Weise als ‚entwässernd, nervenstärkend, potenzfördernd' sowie mit ‚Soll die Potenz kräftig sein, probier's mit einem Selleriewein' beworben.

Auf einem Dorffest bekamen die Gewinner gewöhnlichen Obstschaumwein ausgehändigt, obwohl der Wettbewerb als ‚Sektschießen' bezeichnet worden war" (FR).

In Freiburg findet sich ein besonderes Problem. Dort „betraf der überwiegende Teil der Beanstandungen irreführende Hinweise auf Schwarzwälder Herkunft. Zwei regionale Marktführer des Mittel- bzw. Südschwarzwaldes hatten ihre Heidelbeer-, Brombeer, Kirsch- und sonstigen Fruchtweine mit Abbildungen von typischen Schwarzwaldhäusern, Bollenhüten usw. sowie mit Hinweisen wie ‚Aus der Schwarzwaldkellerei' versehen, obwohl die Erzeugnisse weder im Schwarzwald noch aus Früchten des Schwarzwaldes hergestellt wurden. Die Rohware stammte vielmehr überwiegend aus Osteuropa und wurde in Bayern bzw. Rheinland-Pfalz zu Fruchtweinen verarbeitet und abgefüllt. Die angeblichen Schwarzwaldkellereien fungierten somit lediglich als Getränkehändler. Bemerkenswert ist, daß einer der Verantwortlichen deshalb bereits im Vorjahr rechtskräftig zu einer hohen Geldstrafe verurteilt worden war, seine Fruchtweine aber weiterhin mit der beanstandeten Aufmachung vertrieben hat" (FR).

Immer wieder finden sich unzulässige Hinweise auf Naturreinheit. „Geschwefelter Apfelmost und geschwefelter Honigwein wurden als ‚natürlich' bzw. ‚Naturprodukt' ausgelobt. Birnenmost war als ‚ohne Konservierungsmittel' und ‚auf natürliche Weise hergestellt' ausgelobt , obgleich er geschwefelt war" (FR).

„Eine überwiegend aus Milchsäure, Alkohol, Saccharin, Benzoesäure und Farbstoffen bestehende Komposition wurde als ‚Mostzusatz' angeboten. Die letzteren drei Zusatzstoffe dürfen bei der gewerblichen Apfelweinherstellung nicht verwendet werden, das Inverkehrbringen zu diesem Zweck ist nicht zulässig" (S).

„Mischgetränke sind zugelassene Ausnahmen von der Verbotsnorm des § 53 WeinG (Schutz vor Nachmachung und Vermischung). Sie unterliegen den allgemeinen lebensmittelrechtlichen Bestimmungen. In den untersuchten Mischgetränken wurden die Zusatzstoffe schweflige Säure und Sorbinsäure nachgewiesen. Die Verwendung beider Stoffe war jedoch in keinem Fall kenntlich gemacht worden. Für Mischgetränke selbst besteht nach den Regelungen der Zusatzstoff-Zulassungsverordnung (ZZulV) keine Zulassung zur Behandlung mit diesen Stoffen. Für eine rechtmäßige Herstellung der Erzeugnisse ist es daher Voraussetzung, daß diese Zusatzstoffe über die alkoholischen und/oder nichtalkoholischen Zutaten in die Mischgetränke gelangt sind. Die Verwendung geschwefelter Zutaten war aufgrund von Gehalten weit über 50 mg/l deklarationspflichtig. Von der Kenntlichmachung der Sorbinsäure durfte gleichfalls nicht abgesehen werden, da diese in Verbindung mit der schwefligen Säure keinesfalls technologisch unwirksam ist, sondern bei diesen alkoholarmen, aber zuckerreichen Produkten durchaus eine stabilisierende Wirkung ausübt" (HH).

Bier

Nach dem Fall des Reinheitsgebots durch den Europäischen Gerichtshof und der Tendenz der EG-Gesetzgebung, fast alle Probleme durch eine entsprechende Kennzeichnungsregelung lösen zu wollen, deutet sich beim Bier an, wie dies in der Praxis dann aussieht, und es ist leicht abzusehen, was die Überwachungsbehörden in Zukunft zu erwarten haben.

„Im Juli 1990 wurde die neue Bierverordnung verabschiedet, die im wesentlichen die Folgerungen aus der Entscheidung des Europäischen Gerichtshofs vom 12.03.1987 (‚Reinheitsgebots-Urteil') in nationales Recht umsetzt. Seitens der Lebensmittelüberwachung ist zu bemängeln, daß eine klare Regelung des zulässigen Alkoholgehaltes in sog. ‚alkoholfreien Bieren' in diese Verordnung nicht aufgenommen wurde. Der Entwurf mit Stand vom 06.09.1988 beinhaltet die eindeutige Vorschrift, daß Bier unter der Bezeichnung ‚alkoholfrei' oder entsprechenden Angaben nur dann in den Verkehr gebracht werden darf, wenn es keinen Ethylalkohol enthält. In die endgültige Fassung der Bierverordnung wurde diese Regelung – vermutlich auf Betreiben der Hersteller – zum Nachteil für den Verbraucher nicht aufgenommen. Damit kann – wie bisher – die Bezeichnung ‚alkoholfrei' bei Bieren mit einem Alkoholgehalt bis zu 0,5% auch zukünftig nicht beanstandet werden, obwohl diese Angabe objektiv nicht der Wahrheit entspricht" (SIG).

Dieser Auffassung dürfte von zahlreichen Kollegen zugestimmt werden.

Als Beanstandungen sind hauptsächlich zu beobachten Kennzeichnungsmängel bezüglich des Alkoholgehaltes, Trübung und geschmackliche Abweichungen insbesondere durch überzogene Haltbarkeitsangaben. Bei mehreren Proben war der vorgeschriebene Stammwürzegehalt unterschritten. „Altbier war wegen starker Verunreinigung mit bierschädlichen Mikroorganismen nicht zum Verzehr geeignet" (SI).

Unzureichende Leerflaschenendkontrolle mit Abfüllbetrieb ist die Ursache für viele Beanstandungen. In Bierflaschen wurden vorgefunden „ekelerregende Verunreinigungen wie Schimmelpilzmycele und alter poröser Gummidichtungsring; hoher Anteil an Reinigungsmittel im Bier, pH-Wert dadurch 13,2“ (FR), „Käferteile, Pilzhyphen und auch Körperteile von Nagetieren“ (S). „Malztrunk wies Verschmutzungen an der Innenwand der Flasche auf“ (HAM).

„Schankbier wurde als Leichtbier mit fehlerhaften Hinweisen auf einen verminderten Alkohol- und Kaloriengehalt in Verkehr gebracht. Der tatsächliche Alkoholgehalt überschritt jedoch den Toleranzbereich der obligatorischen Alkoholangabe. Zudem fehlten in der Kennzeichnung der durchschnittliche physiologische Brennwert und die verwertbaren Kohlenhydrate“ (PF). Ähnlich (SIG).

Dagegen wurden in Bielefeld bei 10 „Light-Bieren“ die angegebenen Nährstoffgehalte überprüft und dort ergaben sich dabei keine Beanstandungen (BI).

Es deutet sich eine Tendenz an, unter Ausnutzung der in der LMKV angegebenen zulässigen Abweichung nicht den Mittelwert des Alkoholgehaltes, sondern den um die im Einzelfall zulässige Minusabweichung verminderten Alkoholgehalt zu deklarieren.

„Mehrfach lag der Alkoholgehalt bei Vollbieren über der in der Lebensmittel-Kennzeichnungsverordnung festgelegten Toleranz von ±0,5% vol., so daß die Angabe des Alkoholgehaltes als irreführend zu beurteilen war. Offensichtlich wird die vorgegebene Toleranz von zahlreichen Brauereien weiterhin einseitig ausgenützt, indem der tatsächliche Alkoholgehalt zwar innerhalb der zulässigen Toleranz, in den weitaus meisten Fällen jedoch höher als der deklarierte Wert liegt. Es ist deshalb zu vermuten, daß dem Verbraucher im Hinblick auf das negative Image des Alkohols gezielt ein etwas niedrigerer Alkoholgehalt vorgetäuscht wird. Solange die zulässigen Toleranzen nicht überschritten werden, kann diese Praxis bei der derzeitigen Rechtslage nicht unterbunden werden“ (SIG). Ähnlich (BI, FR, HH, S, S-St u.a.).

Selbst in Bier, Nitrat ist Nitratin Bier zu finden. Es „wurden in zwei Fällen von Bieren mit Nitratgehalten um 60 mg/l der jeweilige zuständige WKD gebeten, zu überprüfen, ob die Ursache dafür in zu stark nitrathaltigen Brauwässern liegt. Die Biere selbst konnten nicht beanstandet werden, da kein Grenzwert für Nitrat festgelegt ist“ (FR).

Kennzeichnungsprobleme bei ausländischem Bier

„Bei einem belgischen Bier, das unter Verwendung von Mais, Zucker und Zuckercouleur hergestellt war, war die von den deutschen Vorschriften abweichende Zusammensetzung nicht korrekt kenntlich gemacht“ (SIG). „Es wurde ein Sortiment belgischer Biere und ‚Fruchtbiere‘, d.h. Biere, die mit Früchten spontan vergoren und gereift wurden, untersucht. Bei diesen Erzeugnissen fehlte meist die Verkehrsbezeichnung in deutscher Sprache, die Einkerbungen in die vorgegebenen Datumsleisten waren häufig nicht vorgenommen worden“ (HH). „Bei Bieren aus Australien, Singapur, Südafrika u.a. Ländern fehlte die Kennzeichnung in deutscher Sprache“ (ME). Auch amerikanisches Bier war ohne jegliche deutsche Kennzeichnung“ (FR).

Verbraucherbeschwerden über Bier

„Zahlreiche Beschwerdeproben waren als nicht zum Verzehr geeignet zu beurteilen, weil die Biere trübe und sauer waren bzw. Fremdkörper verschiedener Art (Quecksilberkügelchen, Bierstein, Trinkhalm, Pilzgeflecht) enthielten. Bei mehreren Flaschen eines alkoholfreien Bieres war der Inhalt mit Wasser – wahrscheinlich vom Nachspülen des Leergutes – verdünnt" (SIG).

„In einer Bierflasche fand sich ein Fremdkörper (Plastikring). Eine andere Probe, ebenfalls eine Verbraucherbeschwerde, war nach offensichtlicher Manipulation am Kronkorken mit Pfeffer- und Paprikapulver versetzt worden. Malzbier zeigte geschmackliche Abweichungen und war mikrobiologisch verdorben" (PB).

„Bei zwei Pilsner-Beschwerden war eine Infektion mit bierschädlichen Mikroorganismen festzustellen. Die Proben wiesen erhöhte Essigsäuregehalte auf und erreichten Gesamtmilchsäuregehalte von 1,45 und 0,97 g/l. Demnach waren Essigsäurebakterien und Lactobazillen unter anderem die Ursache für die abweichende Sensorik. Vermutlich wurden diese Mängel durch eine unzureichende Betriebshygiene in der Brauerei hervorgerufen" (FR).

„Eine als Verbraucherbeschwerde eingereichte Bierprobe enthielt eine Kunststoffolie, weitere Proben waren mikrobiell verdorben" (BI).

Vorsicht bei Bier von Tankstellen. Achten Sie auf die Lagerung!

„Bei einer Verbraucherbeschwerde bestehend aus vier Getränkedosen wurde im Deckelbereich ein mehr oder weniger ausgeprägter Geruch nach Treibstoff (Diesel) festgestellt. Bei den über den Deckelbereich abgegossenen Flüssigkeiten war dieser ‚Tankstellengeruch' gleichfalls vorhanden. Diese geruchliche Verunreinigung des Bieres dürfte als Folgeerscheinung einer unsachgemäßen Lagerung bzw. Unterbringung der Getränkedosen bei der Verkaufsstelle (Tankstelle) aufgetreten sein" (HH).

Spirituosen

Hauptgrund der Beanstandungen waren Kennzeichnungsmängel. In vielen Fällen wurde der angegebene Alkoholgehalt unterschritten. Bei vielen Produkten wurde die Angabe „Likör" als die in den Rechtsvorschriften festgelegte Bezeichnung noch nicht als Verkehrsbezeichnung verwendet. Bei einigen Likören wurde die künstliche Färbung nicht in Verbindung mit der Verkehrsbezeichnung vorgenommen. „Mehrere Liköre waren mit der in der Werbung für nährstoff- und kalorienreduzierte Lebensmittel häufig verwendeten Angaben ‚light' gekennzeichnet. Dies ist bei der Produktgruppe ‚Likör' als irreführend zu beurteilen" (HH).

„Eine Probe Eierlikör mußte aufgrund von Schimmelbefall als nicht verkehrsfähig beurteilt werden" (BI).

„Verschiedene Obstbranntweine waren als wertgemindert zu beurteilen, weil sie im sensorischen Befund fehlerhaft waren (unsauber, Esterton, kratzend);

gleichzeitig wurden bei der gaschromatographischen Untersuchung erhöhte Gehalte an Butanol-2, Propanol-1, Essigsäureethylester und anderen Parametern festgestellt, die auf die Verwendung verdorbener Ausgangsprodukte und/oder unsauber vergorener Maischen hindeuten. Vereinzelt war bei Obstbränden im sensorischen Befund ein deutlicher Nachlaufcharakter festzustellen; die gaschromatographische Untersuchung ergab in diesen Fällen erhöhte Gehalte an Phenylethanol, einer Substanz mit typischem Nachlaufcharakter" (SIG).

„Williams-Birnenbranntwein war durch Invertzucker geschönt. Sortenrein bezeichnete Obstbrände waren wegen überhöhten Gehalten arteigener Gärungsnebenprodukte als wertgemindert zu beurteilen. Himbeergeist enthielt Gärungsnebenprodukte, die auf unzulässig angegorene Rohware schließen läßt" (S). „In Williams-Christ- und Kirschbränden wurden geringe Mengen an Zuckern (Saccharose, Glucose, Fructose) nachgewiesen. Durch einen geringfügigen Zuckerzusatz können sensorische Mängel überdeckt und qualitativ weniger anspruchsvolle Erzeugnisse ‚aufgebessert' werden, ein Zusatz ist deshalb nur unter ausreichender Kenntlichmachung zulässig" (SIG).

„Bei ausländischen Likören mit Fruchtangaben wird häufig Fruchtsaft und künstlicher Farbstoff gleichzeitig verarbeitet. Hierbei ergibt sich die rechtliche Schwierigkeit, daß nach den Vorschriften der Zusatzstoff-Zulassungsverordnung lediglich die Färbung von Fruchtaromalikören erlaubt ist. In anderen Mitgliedstaaten werden aber derartige Produktrennungen nicht vorgenommen. Bei bestimmten bildlichen Darstellungen oder Auslobungen ist diese Herstellungsweise besonders geeignet, den Verbraucher hinsichtlich der Art und der Zusammensetzung des Likörs irrezuführen. So wurde ein aus den Niederlanden eingeführter und in der Bundesrepublik Deutschland abgefüllter, mit zwei künstlichen Farbstoffen nachgefärbter Likör als ‚... Fruchtsaftlikör aus frischen schwarzen Johannisbeeren ...' gekennzeichnet.

Verschiedene italienische Liköre enthielten bei geringen Fruchtsaftanteilen Hinweise auf Fruchtsaftverwendung, gleichzeitig künstliche Färbungen und extrem starke Aromatisierung, die mit der deklarierten Fruchtart wenig Verbindung aufwies" (HH).

Das Selbstbrennen kommt wieder in Mode.

Aber Vorsicht, „bei zwei Proben hätte das Untersuchungsergebnis Anlaß zu Folgemaßnahmen durch die Zollbehörden sein können. Bei beiden handelte es sich um undefinierbare graue Brühen aus einer Kleinobst-Geheimbrennerei. Die Untersuchung brachte zutage, daß es sich um stärkehaltige Flüssigkeiten handelte, eventuell um vermuste Brotreste, mit Alkoholausbeuten zwischen 1 und 2% vol. Da jedoch insgesamt eine Alkoholmenge von weniger als einem Liter erzeugt worden war, wurde wegen Geringfügigkeit ein Verfahren erst gar nicht eröffnet" (FR).

Nicht alle Geschenke kommen von Herzen.

„Eine Beschwerdeprobe Whiskey enthielt statt Whiskey altes, abgestandenes und nach Schwefelwasserstoff riechendes Wasser, das zudem eine starke Verkeimung aufwies, zudem befanden sich Manipulationsspuren am Verschluß, der nachträglich wieder mit Klebstoff ‚originalverschlossen' wurde" (HAM).

Unterscheidung von Rumqualitäten

„Zur Charakterisierung tragen insbesondere die flüchtigen Begleitstoffe Ethylacetat, n-Propanol, Isobutanol und die Isoamylalkohole bei. Die Tabelle 4.3 gibt eine Übersicht der Begleitstoffmenge für die Produktgruppen ‚Brauner Rum', ‚Weißer Rum' und ‚Rum-Verschnitt'.

Es zeichnet sich ein weitgehend einheitliches Bild für jede Produktgruppe ab. Typisch ist die für Weißen Rum ermittelte mittlere Begleitstoffmenge von nur ca. 29 mg/100 ml r. A. (reiner Alkohol). Diese stoffliche Beschaffenheit von Weißem Rum wird häufig durch die Deklaration ‚light' zum Ausdruck gebracht. Die Differenzierung zwischen Rum und Rum-Verschnitt läßt sich deutlich über den Methanolgehalt vornehmen" (HH).

Tabelle 4.3. Auswertung der Schwerpunktsuntersuchung „Rum" (HH)

Begleitstoffmenge*) (mg/100 ml r. A.)	Brauner Rum n(%)	Rum-Verschnitt n(%)	Weißer Rum n(%)
0 bis 10			20,0
11 bis 20			13,3
21 bis 30	5,3		20,0
31 bis 40		25,0	
41 bis 50			
51 bis 60		25,0	13,3
61 bis 70		25,0	13,3
71 bis 80	15,8	12,5	6,7
81 bis 90	15,8	6,3	6,7
91 bis 100		6,3	
101 bis 150	15,8		6,7
151 bis 200	15,8		
201 bis 300	26,3		
301 bis 400			
401 bis 500			
> 500	5,3		
	$\hat{x}$ 139	60	29
Methanol	$\bar{x}$ 5,1	31,6	3,8

*) Summe aus Ethylacetat, n-Propanol, Isobutanol und Amylalkoholen
n(%) prozentualer Anteil des Probenumfangs
$\hat{x}$ Medianwert der Begleitstoffe (mg/100 ml r. A.)
$\bar{x}$ arithmetischer Mittelwert (mg/100 ml r. A.)

4.3 Süßes

Zucker

„Wie in den Vorjahren wurde auch in diesem Jahr Gelierzucker beanstandet, dem der Konservierungsstoff Sorbinsäure zugesetzt worden war und der auf der Verpackung eine Rezeptur von 1 kg Frucht und 1/2 kg Zucker (2:1) aufwies.

Eine Konservierung ist nach der Zusatzstoff-Zulassungsverordnung nur bei brennwertverminderten Konfitüren zulässig. Eine Brennwertverminderung ist aber erst ab einer Reduzierung von 40% und mehr gegeben (Nährwert-Kennzeichnungsverordnung). Die mit der Rezeptur 2:1 hergestellten Erzeugnisse erreichen aber allenfalls nur eine Reduzierung von 30%. Eine Konservierung ist somit nicht zulässig und verstößt gegen § 11 LMBG" (BI).

„Aufgrund der Zuckerartenverordnung wurden Glucose und Raffinade untersucht. Stets wurden die in der Verordnung geforderten Grenzwerte eingehalten" (HH).

Honig

Irreführung bei Honig, mehr noch bei Honig-Nebenprodukten, wird am häufigsten beanstandet.

„Durch die Abbildung eines Schwarzwaldhauses und einer Tannengruppe sowie blickfangmäßiger Herausstellung der Herstelleradresse (‚im Schwarzwald') auf dem Etikett wurde bei Honigen überwiegend südostmediteranner bzw. australischer Herkunft der Eindruck erweckt, es handle sich um einheimische Ware" (FR). „Zwei als ‚Tannenhonig' gekennzeichnete Proben erfüllten aufgrund ihres zu geringen Honigtauhoniganteils nicht mehr die geforderten Mindestnormen. Die Beschaffenheit der beiden Honige ließ nur noch die Verkehrsbezeichnung ‚Waldhonig' zu" (PF).

„Bei einem als ‚Waldhonig mit Tannenanteil' bezeichneten Honig konnte kein Tannenanteil festgestellt werden" (FR).

„Weiterhin wurde eine Probe französischer Honig wegen fehlender deutscher Kennzeichnung beanstandet. Bei einer anderen Probe war die Bezeichnung ‚Akazienhonig' nicht gerechtfertigt. Der in der Literatur genannte Mindestwert des Verhältnisses von Fructose zu Glucose von 1,4 war unterschritten und das Ergebnis der mikroskopischen Untersuchung, welche von der Landesanstalt für Bienenkunde durchgeführt worden war, erbrachte einen zu geringen Gehalt an Akazienpollen" (SIG).

„Mischungen von Honig mit Nüssen, Blütenpollen, Aprikosen wurden fälschlicherweise als Honig angesehen und somit unzulänglich gekennzeichnet (Zutatenverzeichnisse und Mindesthaltbarkeitsdaten fehlten). Bei Blütenpollendragées wurde der lediglich zur Färbung dienende Zusatzstoff β-Carotin im Zutatenverzeichnis als Provitamin A bezeichnet" (FR).

Als Dattel-Honig bezeichnet, lag „in Wahrheit eingedickter Dattelsaft vor. Die Eigenschaft ‚ohne Konservierungsstoffe' ist bei dieser Ware selbstverständlich; ein Hinweis darauf wirkt daher irreführend" (D).

„Als grob irreführend präsentierte sich eine Probe, die sehr auffällig als ‚Gelée Royale' gekennzeichnet war und sich aus 99,6% Blütenhonig und 0,4% Gelée Royale zusammensetzte" (HH).

Durch optische Hervorhebung der Bezeichnung ‚Gelée Royale' entstand bei einem Produkt ‚Gelée Royale in Honig' der Anschein, es handle sich hier überwiegend um den Bienenköniginnenfuttersaft ‚Gelée Royale'; dabei betrug der tatsächliche Gehalt lediglich 0,4%. Mit irreführenden und unzulässigen gesundheitsbezogenen Angaben wurde für Blütenpollen, Gelée Royale und deren Mischungen mit Honig geworben. Sie wurden als Allround-Heilmittel ausgelobt. Durch genaue Dosieranweisungen entstand der fälschliche Eindruck, es handle sich um ein Arzneimittel (FR).

„Ein Honig, dem Propolis (Bienenkittharz) zugesetzt war, wurde wegen dieses Zusatzes als in Deutschland nicht verkehrsfähig angesehen. Propolis wird allein wegen seiner bakteriziden Wirkstoffe zugesetzt und enthält keine Nährstoffe. Propolis ist demnach ein Zusatzstoff, der aber nicht zugelassen ist. Die Wirkstoffe von Propolis wirken im übrigen nur bei äußerer Anwendung und werden im Organismus des Menschen abgebaut" (KA).

„Eine Probe Blütenpollen wurde wegen irreführender gesundheitsbezogener Angaben wie ‚hochaktiver Spezial-Blütenpollen, reich an wertvollen Funktionsstoffen' beanstandet. Ein Gutachten des Bundesgesundheitsamtes aus dem Jahre 1976 kommt bezüglich Blütenpollen zu dem Ergebnis, daß hinreichend gesicherte wissenschaftliche Erkenntnisse über nutzbringende Wirkungen von Blütenpollen auf die Gesundheit von Menschen fehlen. Trotz dieser Feststellung gibt es immer wieder Hersteller bzw. Verkäufer von Blütenpollen, welche mit angeblich großartigen positiven Wirkungen auf die menschliche Gesundheit werben" (SIG).

Rückstandsuntersuchungen in Honig

„Aufgrund bekannt gewordener Befunde über 1,4-Dichlorbenzol (1,4-DCB) in Honig wurden 22 Honigproben unter Verwendung einer GC/MS-Bestimmungsmethode untersucht. In vier Proben (ausschließlich Erzeugerhonige) fanden sich Rückstände von 2 bis 34 µg/kg.

1,4-DCB war vor allem in früheren Jahren häufig Bestandteil von Toilettensteinen. In der Imkerei wird 1,4-DCB einerseits verwendet, um die leeren Waben über den Winter zu konservieren, andererseits wird 1,4-DCB zur Bekämpfung der Wachsmotte in den leeren Waben eingesetzt. Aufgrund seiner lipophilen Eigenschaft findet sich 1,4- DCB im Wabenwachs wieder und kann so über die kontaminierten Waben bei der Schleuderung in den Honig übergehen.

Eine Höchstmenge für 1,4-DCB in Honig existiert nicht. Da der Verbraucher das Naturprodukt Honig ablehnen würde, wenn er wüßte, daß der ‚Fremdstoff' 1,4-DCB enthalten ist, sind Rückstände der genannten Art nach § 17 Abs. 1 Nr. 1 LMBG zu beurteilen" (SIG).

„Die Untersuchung ergab für einen Honig einen Gehalt von 6 µg 1,4- Dichlorbenzol/kg, während die Gehalte der übrigen neun Honige unter der Bestimmungsgrenze von 2,0 µg/kg lagen. Das Wachs der Wabendeckel enthielt 51 µg 1,4-Dichlorbenzol/kg. Die Wabendeckel wurden vor dem Ausschleudern des Honig entfernt. Aus diesem Ergebnis geht hervor, daß 1,4-Dichlorbenzol auch in unserem Überwachungsbereich eingesetzt wird. Aus rechtlicher Sicht ist es verboten, Gegenstände (hier: Waben) als Bedarfsgegenstände so zu verwenden, daß von ihnen technisch vermeidbare Stoffe auf Lebensmittel übergehen. Des weiteren ist zu beachten, daß der Verbraucher das Naturprodukt Honig ablehnen würde, wenn er wüßte, daß dieses mit dem Fremdstoff 1,4-Dichlorbenzol verunreinigt ist" (FR).

„Von neun analysierten Honigen war in zwei Honigen kein 1,4-DCB nachweisbar, in sechs Honigen lag die Konzentration unter 0,01 mg/kg und in einem Fall war ein Gehalt von 0,012 mg/kg feststellbar. Die Nachweisgrenze lag hierbei bei 5 µg/kg" (PB).

In Pforzheim wurden 10 Honige untersucht. 1,4-Dichlorbenzol war in keiner der Proben nachweisbar (PF).

Süße Brotaufstriche

„Nach den Leitsätzen für Ölsamen und daraus hergestellten Massen und Süßwaren (02./03.12.1986) enthält Nougatcreme mindestens 10% geschälte Haselnußkerne. Der Gehalt an verarbeiteten Haselnüssen wird über das Haselnußprotein Corylin bestimmt und mit einem für übliche Röstgrade empirischen Faktor berechnet (Amtliche Sammlung von Untersuchungsverfahren nach § 35 LMBG L 40.06.04). Bei der Untersuchung von Nougatcreme fielen vier Proben auf. Es errechnete sich mit dieser Methode nur ein Anteil von 7 bis 8% an Haselnußkernen. Nach Unterrichtung der zuständigen Untersuchungsämter wurde mitgeteilt, daß der betroffene Hersteller im Gegensatz zu anderen die Haselnüsse gemeinsam mit Zucker röstete und dann erst zu Nougatcreme weiterverarbeitet. Nach Herstellerangaben werden genau 10% Haselnußkerne eingesetzt. In diesem Fall – Hochtemperaturröstung von Haselnußkernen und Zucker – stimmt der Umrechnungsfaktor von Corylin auf Haselnußkerne nicht mehr; mit steigender Rösttemperatur und/oder Röstung mit Zucker (Maillard-Reaktionen) geht der Gehalt an intaktem Protein zurück" (KA).

Konfitüren, Marmeladen

Hauptsächlich sind bei Konfitüren Kennzeichnungsmängel zu finden. Vereinzelt werden nicht erlaubte Zusatzstoffe verwendet. Nicht zum Verzehr geeignet war „gärige und angeschimmelte Himbeerkonfitüre aus dem Kühlschrank einer Gaststätte sowie Kokosnußcreme mit seifig-ranzigem Geschmack nach oxidativem Fettverderb" (FR).

„Eine aus 12 Portionspackungen bestehende Probe ‚Erdbeerkonfitüre extra' war wegen malzigen, veränderten Geruchs und Geschmacks als wertgemindert zu beurteilen. Aprikosenkonfitüre enthielt naturidentische Aromastoffe, die nach den Vorschriften des § 2 Konfitüren-VO nicht zu den für die Herstellung von Konfitüre erlaubten Zutaten zählen" (SIG).

Nichts zu suchen hatten „zerdrückte Pfefferkörner in einer Heidelbeerkonfitüre, durch die der süß-fruchtige Geschmack nicht unerheblich gemindert wurde ... Konfitüre ‚nach Hausfrauen-Art' war mit Glucosesirup hergestellt. Dies stellt u. E. keine haushaltsübliche Zutat dar" (FR).

Bei Schwarzwälder Kirschzubereitung „handelte es sich um eine Kirschzubereitung für Schwarzwälder-Kirschtorte; der Alkoholgehalt und damit der Kirschwasseranteil war jedoch so gering, daß sie den Beinamen ‚Schwarzwälder' nicht verdiente" (D).

„Unzulässige Zusatzstoffe konnten bei drei Konfitüren festgestellt werden. Eine der Proben enthielt den Farbstoff Erythrosin. Bei den anderen Konfitüren konnte der Konservierungsstoff Sorbinsäure nachgewiesen werden, der nach Angaben der Hersteller über einen Gelierzucker (2:1) in das Endprodukt gelangte" (BI).

Erdbeer-Melonen-Marmelade war „unzulässigerweise künstlich gefärbt; die Ware enthielt keine Erdbeeren, sondern nur Erdbeeraroma; die Bezeichnung ‚. . .-Marmelade' trifft nicht zu; sie ist ausschließlich Erzeugnissen aus Zitrusfrüchten vorbehalten" (D).

„Eine Diätkonfitüre wurde als Verbraucherbeschwerde eingeliefert. Grund der Beschwerde waren Durchfall und Übelkeit nach dem Verzehr einer größeren Menge dieser Konfitüre. Die Verbraucherin hatte den Hinweis auf Sorbit übersehen, das in größeren Mengen abführend wirken kann" (BI).

Speiseeis

Als häufige Beanstandungsgründe sind fehlerhafte und unzureichende Kennzeichnungen der Speiseeisarten zu nennen, so z. B. nicht gerechtfertigte höherwertige Qualitätsangaben. Häufiger wurden auch zu niedrige Milchfettgehalte ermittelt. Nicht selten bemängelt wurde die Sensorik von Fruchteis bezüglich des Obstanteiles und der typischen Charakteristik. Vielfach wurde Kunstspeiseeis mit künstlichen Farbstoffen als Frucht- oder Milchspeiseeis in Verkehr gebracht, und dies teils auch noch ohne Kennzeichnung. Ein nicht zu unterschätzendes Problem stellt die mikrobiologische Beschaffenheit der in Eisdielen produzierten Produkte dar. Aber auch Rückstände zu intensiver Reinigung kommen vor.

„Mehrere Proben Speiseeis wiesen einen phenolischen Fremdgeruch nach Desinfektionsmitteln auf. Ursache war eine Kontamination mit einem Reinigungsmittel. Die Proben gelangten nicht in den Verkehr" (HH).

„In einer Eiskrem-Fertigpackung eines industriellen Herstellers waren in der Speiseeismasse fünf Büroklammern eingefroren, dies mußte als eine gesundheitlich nicht unbedenkliche Verbrauchergefährdung beurteilt werden" (PF).

„Von einer Spedition zur Verteilung an den Einzelhandel transportiertes Speiseeis in 10-l-Behältern war bereits aufgetaut. Geschmolzenes Eis darf nicht mehr in den Verkehr gebracht werden" (FR).

Bei in Eisdielen hergestelltem Speiseeis entsprach die Zusammensetzung nicht den Vorschriften der Speiseeis-VO:

- „Der Milchfettanteil von Milchspeiseeis war zu knapp bemessen (1,2 bis 2,0%). Bei Eiskrem unterschritt er sogar erheblich den geforderten Mindestgehalt

(Eiskrem Malaga: Milchfettanteil 4,7%, Eiskrem Stracciatella: Milchfettanteil 5,5%)“ (S). Ähnlich (BI, FR, HA, HH u.a.).

- „Der Fruchtanteil von Fruchtspeiseeis lag deutlich unter dem geforderten Anteil von 20%, z.B. Fruchteis Kiwi 3bzw. 8%, Fruchteis Maracuja 3%“ (S). Ähnlich (FR).

Mehrfach enthielt Fruchtspeiseeis Zitrone nicht den erforderlichen 10%igen Fruchtanteil, eine zu geringe Fruchtbeigabe wurde auch bei Fruchteis Banane festgestellt. Bei einer Fruchtzubereitung zur Herstellung von Fruchteis Maracuja, die laut Deklaration ausschließlich Maracujasaftkonzentrat enthalten sollte, wurde die Mitverarbeitung von Kernobst nachgewiesen (SIG). Ähnlich (HA).

„Die Phantasiebezeichnung Creme ... (z.B. Creme Erdbeer, Walnuß, Amaretto) neben der kleiner gedruckten vorgeschriebenen Verkehrsbezeichnung Eiskrem auf der Originalpackung führte dazu, daß das Speiseeis bei loser Abgabe als Kremeis angeboten wurde, an das wesentliche höhere Anforderungen zu stellen sind“ (S).

Häufig fehlte bei Milchspeiseeisproben der Sorte „Stracciatella“ sowie anderen Eissorten, in deren Eismasse kakaohaltige Fettglasur als stückige Zutat, die Schokolade vortäuscht, eingearbeitet war, die notwendige Kenntlichmachung dieser Zutat. Teilweise war dies auch darauf zurückzuführen, daß bereits die entsprechenden Ausgangserzeugnisse unzureichend bezeichnet waren (SIG). Ähnlich (BI, DU, FR, HA, HH, S u.a.).

„Bei der mikrobiologischen Untersuchung von Speiseeis ergaben sich Beanstandungen durch überhöhte Gesamtkeimzahlen und zu hohe Werte an coliformen Keimen. Erstaunlicherweise konnten im Berichtsjahr keine Proben mit E.coli-Keimen nachgewiesen werden“ (PB). „Den Mängeln und erkannten Fehlern in der Fertigung wurde gezielt durch Stufenkontrollen nachgegangen“ (BI). Beanstandungen aufgrund bakteriologischer Befunde wegen hoher Keimzahlen und Verstoßes gegen die Bestimmungen der jeweiligen Speiseeis-Hygieneverordnung wurden weiter berichtet aus (AC, HH, ME, PB, SI u.a.).

Aber auch bei industriell hergestellter Ware finden sich Mängel.

„Das Mindesthaltbarkeitsdatum von Speiseeis-Großpackungen war vom Hersteller in Verbindung mit einer Lagertemperatur von mindestens −18 °C angegeben. Ein Spediteur transportierte die Ware bei −8 °C. Die deklarierte Mindesthaltbarkeit war dadurch nicht mehr gewährleistet“ (FR). „Mehrere Speiseeisproben waren infolge unsachgemäßer Lagerung (Lagerung bei zu hohen bzw. schwankenden Temperaturen) zu bemängeln. Nußanteile in Eiskrem waren ranzig (Peroxidzahl 56), der Inhalt von Portionspackungen war geschrumpft und von zäher Konsistenz“ (S).

„Die Überprüfung von Speiseeishalberzeugnissen, speziell Speiseeispulver für Zitroneneis zeigte, daß im Rahmen der Kennzeichnung für den Eishersteller irreführende Angaben gemacht wurden. So wurde ein Speiseeispulver für Zitroneneis derartig ausgelobt, daß der Anwender davon ausgehen mußte, er brauche keinerlei Fruchtmark/-saft zur Masse hinzusetzen. Das Erzeugnis bestand allerdings fast nur aus reiner Zitronensäure. Bei einem Speiseeishalberzeugnis mit

Pistazien fehlte die Verkehrsbezeichnung in deutscher Sprache, die Kennzeichnung der künstlichen Farbstoffe und der Hinweis, daß aufgrund der künstlichen Färbung das Produkt nur zur Herstellung von Kunstspeiseeis verwendet werden darf“ (ME).

Verbotene Glykole finden sich glücklicherweise kaum mehr.

„Insgesamt wurden sechs Proben italienische Speiseeishalberzeugnisse (Pasten und Pulver) auf einen Gehalt an Diethylenglykolmonoethylether (DEGME) überprüft. Dieser Stoff wird in Italien als Lösungsmittel für Aromastoffe verwendet, in Deutschland ist er jedoch nicht zugelassen. Beanstandungen ergaben sich nicht“ (FR). „In einem Halberzeugnis der Geschmacksrichtung ‚Eierpunsch‘ wurde der in der Bundesrepublik Deutschland nicht zugelassene Aromaträgerstoff Diethylenglykolmonoethylether (DEGME) festgestellt“ (SIG).

Wenn schon die Vorprodukte von großen Herstellern zu beanstanden sind, dann sind Probleme der Verarbeiter (hier: Eisdielen) schon vorprogrammiert.

„Eine als Orangenfruchtzubereitung bezeichnete Eispaste (Speiseeishalberzeugnis), die laut Zutatenliste Orangensaftkonzentrat enthielt, wies einen äußert niedrigen Fruchtanteil auf (berechnet aus dem Kaliumgehalt: 3 g/100 g; der Gehalt an Aminosäuren war sehr niedrig). Es ist nicht möglich, aus diesem Halberzeugnis ein Fruchteis herzustellen“ (S).

„Beanstandungen aufgrund einer unsachgerechten Anwendung silberhaltiger Trinkwasser-Entkeimungsmittel (z.B. ein direkter Zusatz dieser Mittel zum Eismix mit der Absicht, die Keimbelastung im Eis gering zu halten) mußten erfreulicherweise nur noch in Einzelfällen ausgesprochen werden“ (SIG). Positive Befunde wurden auch noch aus (BI, HA, PB) berichtet.

Die Kenntlichmachung von Farbstoffen bei Speiseeis war äußerst mangelhaft. In vielen Eiscafés und Eisdielen wurde Speiseeis angetroffen, ohne daß dabei die Farbstoffe gekennzeichnet wurden, oder aber das Eis wurde mit Farbstoffkennzeichnung als Milchspeiseeis verkauft; betroffen sind dabei insbesondere Sorten mit den Bezeichnungen „Himmelblau“, „After Eight“, „Engelrosa“ und „Amarena“ (DU). Ähnlich (BI, FR, S, SIG).

Bei einigen Produkten wurde unzulässigerweise der Farbstoff Curcumin (Milchspeiseeis Zabaione und Pistazie, Mandel-Pistazien-Aromapaste) verwendet; er war zudem nicht kenntlich gemacht.

„Natürliche“ Pflanzenextrakte

„Von anhaltender Bedeutung war auf diesem Sektor die folgende Problematik: ein Eiskremhersteller setzte seinem Pistazieneis u.a. Spinatpulver und Brennesselaroma zu. Der Fall warf gleich mehrere lebensmittelrechtlich interessante wie brisante Fragen auf: Zunächst war die wichtige Frage zu klären, ob solche Zugaben als ‚Zusatzstoffe‘ oder ‚beigegebene Lebensmittel‘ zu werten sind. Kann man einen eigenen Nähr- oder Geschmackswert bei solchen Zusätzen nämlich nicht ausschließen, so muß man sie als beigegebenes Lebensmittel werten – im anderen Fall als zulassungsbedürftigen Zusatzstoff. Beim Spinatpulver war die selbständige, sensorische Eigenkomponente unstrittig. Beim zunächst als Brennessel*extrakt* bezeichneten Produkt mußte das aber in Frage stehen.

Entsprechende beim Hersteller durchgeführte Geschmackstests ergaben jedoch, daß dem Brennesselerzeugnis durchaus auch eine eigene, aromatisierende Geschmackskomponente (geschmacklicher Abrundungseffekt) zugebilligt werden kann und außerdem eine zusätzliche Farbverstärkung des durch das Spinatpulver bereits erreichten Farbtones nicht vorlag. Die Versuche werden allerdings in amtlicher Regie hier nochmals wiederholt.

Die über diese Tatsache hinausgehende Frage war sodann, in welcher Weise eine Deklarierung auf der Verpackung zu erfolgen hat: Da es sich bei Speiseeis im Prinzip um ein Lebensmittel handelt, das gefärbt werden darf, genügt nach hier vertretener Auffassung eine Angabe im Rahmen des Zutatenverzeichnisses" (BI).

Verbraucherbeschwerden über Speiseeis
„Das Vorkommen von Heftklammern in Speiseeis wurde als Beschwerdegrund angegeben" (HH).

„Eine Beschwerdeprobe Eis enthielt eine Rasierklinge" (AC).

Süßwaren

Die überwiegende Zahl der Beanstandungen ist auf Kennzeichnungsfehler, insbesondere bei Verwendung künstlicher Farbstoffe, zurückzuführen. Seltener berichtet wurde, daß „Bonbons, Dragées, Lokum und holländisches Nougat mit Ungeziefer verunreinigt waren. Fondant aus einer Bäckerei wurde verschmutzt und in einem völlig verdreckten Topf vorgefunden, der zum Auftragen verwendete Pinsel war ebenfalls völlig verdreckt" (HA). Auf der Oberfläche weiß und graugrün verschimmelte Sahnebonbons wurden als zum Verzehr nicht geeignet beurteilt" (PF).

„Eine Probe ähnelte nach Form, Verpackung und Kennzeichnung einer Tafelschokolade, ohne die Anforderungen der Kakao-VO zu erfüllen und war deshalb nicht verkehrsfähig. Der angebrachte Hinweis ‚ohne Milchzucker, ohne Fructose, ohne Zucker' erwies sich als unzutreffend, weil die Probe Saccharose, Glucose, Fructose und Lactose in wesentlichen Mengen enthielt" (ME).

Sehr ansprechend war eine Kaugummiprobe in einer schönen Zigarettenschachtelimitation verpackt. „Wie enttäuscht müssen Kinder wohl sein, wenn sie diese Packung von ihrem wenigen Taschengeld voller Erwartung gekauft haben, dann aber beim Öffnen feststellen, daß die Schachtel zwar die angegebene Anzahl Kaugummis enthält, damit aber nicht einmal halb gefüllt ist. Soll so den Jüngsten schon gezeigt werden, wie ‚schön' Verpackung täuschen kann? Sicher kein Lehrbeispiel" (DU).

Noch selten wird über Süßwaren aus Zuckeraustauschstoffen berichtet. Der Markt ist noch in der Entwicklung. „Für zuckerfreie Bonbons wurde mit krankheitsbezogenen (Karies) und irreführenden Angaben geworben, die Färbung erfolgte mit dem nicht zugelassenen Farbstoff ‚Tageti-Extrakt' " (HA).

Lakritzwaren mit überhöhtem Ammoniumchloridgehalt finden sich weiterhin – nach 1992 sicher noch häufiger –, noch sind sie aber nicht erlaubt. „Zwei Lakritzproben – als lose Ware auf Kirmes-Märkten verkauft – wurden mit viel zu hohen Ammoniumchloridgehalten angetroffen" (DU). Ähnlich (HA).

Halwa – Zulässigkeit der Verwendung von „Gipskraut"

„Bei ‚Halwa', einer aus dem Mittelmeerraum stammenden Spezialität aus Sesam und Zucker, besteht die Frage nach der Zulässigkeit der Verwendung von ‚Gipskraut'.

Im Handel sind Halwa, Helva oder Tahin insbesondere türkischer Herkunft anzutreffen, die mit Gipskraut – oft in der Zutatenliste als ‚Kraut' bezeichnet – hergestellt sind. Aus der Literatur ist bekannt, daß in solchen Produkten in den Ursprungsländern Seifenwurzelextrakt eingesetzt wird. Es handelt sich bei beiden Stoffen um saponinhaltige pflanzliche Drogen (Gypsophila paniculata L. und Saponariae), die offensichtlich in der Zuckerware als Aufschlagmittel dienen und entsprechende Proteinkomponenten ersetzen.

Es stellt sich die Frage, wie diese Stoffe lebensmittelrechtlich einzustufen sind. Nach hiesiger Auffassung handelt es sich nicht um Lebensmittel i. S. des § 1 Abs. 1 LMBG. Bei wörtlicher Auslegung des Zusatzstoffbegriffes des § 2 Abs. 1 LMBG könnten die Drogen als Zusatzstoffe betrachtet werden: sie sind dazu bestimmt, Lebensmitteln zur Beeinflussung ihrer Beschaffenheit oder zur Erzielung bestimmter Eigenschaften oder Wirkungen zugesetzt zu werden.

Der erste Halbsatz des § 2 Abs. 1 LMBG trifft zu. Ausnahmen vom Zusatzstoffbegriff sind nach § 2 Abs. 1 LMBG zweiter Halbsatz bei Stoffen möglich, die

1. natürlicher Herkunft oder den natürlichen chemisch gleich sind und
2. nach allgemeiner Verkehrsauffassung überwiegend wegen ihres Nähr-, Geruchs- oder Geschmackswertes oder als Genußmittel verwendet werden.

Die natürliche Herkunft der Drogen ist zweifelsfrei, die Verwendung wegen ihrer Nähr-, Geruchs- oder Geschmackswerte wird bezweifelt. Da aber beide Bedingungen des zweiten Halbsatzes des § 2 Abs. 1 LMBG gleichzeitig zutreffen müssen, um aus dem Zusatzstoffbegriff herauszufallen, wären Gipskraut und Seifenwurzel als Zusatzstoffe zu betrachten, für die keine Zulassung vorliegt. Damit hergestellte Lebensmittel würden dem Verkehrsverbot des § 11 LMBG unterliegen.

Fraglich an dieser Auslegung sind jedoch die Begriffe ‚überwiegend' und ‚nach allgemeiner Verkehrsauffassung'. Es ist anzunehmen, daß die Verwendung in den Ursprungsländern der allgemeinen Verkehrsauffassung entspricht. Handelt es sich um griechische Produkte, so kommt das Problem des freien Warenverkehrs innerhalb der Europäischen Gemeinschaft hinzu" (HA).

„Natur"-Farbstoffe in Lebensmitteln

Nach Beobachtungen in Bielefeld werden vermehrt Extrakte aus den verschiedensten Pflanzen zur Färbung verwendet. „So wurde im letzten Jahr eine Süßware beanstandet, der Tagetesextrakt zur Färbung zugesetzt worden war. Dieser Extrakt ist als nicht zugelassener Zusatzstoff zu beanstanden. Da immer mehr Verbraucher bei Produkten mit dem Hinweis „mit Farbstoff" zurückhaltend reagieren, versuchen die Hersteller einen Ausweg zu finden, indem sie auf „Naturfarbstoffe" oder färbende Lebensmittel ausweichen. Es bestehen keine Bedenken, wenn man auf Kirschsaft, Spinat, Holundersaft oder auch Rotweinschalenextrakte ausweicht, auch gegen das gelbe Gewürz Curcuma oder roten Paprika ist nichts einzuwenden. Nach unseren Beobachtungen werden aber inzwischen Extrakte angeboten, deren Verwendung zumindest als bedenklich einzustufen sind. Ein Beispiel ist die Färberdistel, deren große, gelborange Blüten schon im Altertum als Färbemittel bekannt waren, sie wurden aber damals nie in Verbindung mit Lebensmitteln genannt. Bis zur Erfindung der synthetischen Farben wurden sie in der Seiden- und Baumwollfärberei verwendet. In Hagers Handbuch der Pharmazie (Ausgabe 1972) wird die Anwendung der Droge wie folgt beschrieben:

Wenn in Zukunft Extrakte aus derartigen Drogen unseren Lebensmitteln zugesetzt werden sollen, so sind zumindest vorher ausreichende toxikologische Untersuchungen zu fordern. Verantwortungsvolle Hersteller verwenden die definierten, zugelassenen Lebensmittelfarbstoffe, die umfangreich toxikologisch geprüft sind, und nehmen den Hinweis ‚mit Farbstoff" in Kauf" (BI).

In der Volksheilkunde als Stimulans, Purgans, Antihydroticum, Emmenagogum, Abortivum, Expectorans und Pneumonie. Als Färbemittel für Butter, Liköre, Konfitüren und Kosmetika. Zum Verfälschen von Safran. Außerdem gegen Tumore (Volksheilkunde!).

Verbraucherbeschwerden über Süßwaren

In einem Süßwarenriegel befand sich (nach Angabe des Verbrauchers) eine 1 cm lange Schraube (ME). „Als Beschwerdeprobe wurde ein Hustenbonbon übergeben, in dem eine ca. 7 mm lange Schraube aus Metall steckte" (PF).

Schokolade

Außer von zweibeinigen Genießern werden erstaunlich viele Schokoerzeugnisse von vielbeinigen und geflügelten Lebewesen geliebt und verzehrt. Leider wird aber keine gegenseitige Freundschaft aufgebaut, so daß von Maden und Vorratsmotten befallene Schokolade und verschimmelte Pralinen zum Verzehr nicht mehr geeignet waren.

„Die meisten Beanstandungen betrafen Nuß-Schokolade und Pralinen, die mit Speichermotten bzw. Dörrobstmotten sowie deren Larven befallen waren. Schädlingsbefall bei Schokolade tritt hauptsächlich im Sommer und Herbst auf, bedingt durch günstige Entwicklungsbedingungen der Motten in der warmen Jahreszeit" (SIG). Viele Schokoladen und Pralinen waren mit Ungeziefer (Larven und Gespinste) befallen (FR, HA, ME, PF u.a.).

„Trauben-Nuß-Schokolade enthielt Pflanzenfasern, die vermutlich von einem Jutesack oder einer Schnur stammten" (PF). „Schoko-Nuß-Riegel enthielten Metallspäne, die in Form und Größe jedoch noch nicht als ‚gesundheitsgefährdend' anzusehen waren" (FR).

„Weiterhin wurden zu warm gelagerte Pralinen wegen starker sensorischer Abweichung als erheblich wertgemindert bzw. nicht zum Verzehr geeignet beurteilt" (SIG). „Pralinen mit alkoholhaltiger Füllung waren ausgetrocknet und damit wertgemindert" (ME).

„Eine Tafel weiße Schokolade, welche in einer Tankstelle zum Verkauf angeboten worden war, wies einen deutlichen Fremdgeschmack in Richtung Mineralöl auf. Der Tankstellenbesitzer nahm alle Schokoladen freiwillig aus dem Verkehr" (SIG).

Manchmal ist auch die Verpackung Ursache von Geschmacksbeeinträchtigungen.

„Ein Rückstellmuster Marzipan-Pralinen, gezogen als Nachprobe beim Hersteller, zeigte in Geruch und Geschmack starke Abweichungen nach Chemikalien bzw. nach Schwelprodukten. Das Rückstellmuster bestätigte so eine frühere Beanstandung, die umfangreiche Recherchen und Untersuchungen im Herstellerbetrieb und bei uns auslöste. Als Ursache konnte eine Überhitzung der Polypropylenfolie beim Ziehen der Trays (Einlegeböden für Pralinen) ermittelt werden. Die Verpackung war bereits beim erstmaligen Auftreten der geschmacklichen Abweichungen geändert und die Trays auf PVC-Mischpolymerisat umgestellt worden, so daß der Fall – auch als Beispiel für eine gedeihliche Zusammenarbeit zwischen Überwachung und Hersteller – als abgeschlossen angesehen werden kann" (FR).

Benzol- und Toluolkontamination von Lebensmitteln beim Anbieten im direkten Einflußbereich von Druckerzeugnissen

„Frühere landesweite Untersuchungen zur Überprüfung von möglichen Lebensmittelverunreinigungen mit leichtflüchtigen Benzinbestandteilen – Verkaufsstellen im Einflußbereich von Tankstellen – ließen keine eindeutige Schlußfolgerung bezüglich der Kontaminationsquelle zu. Aufgrund der Tatsache, daß Druckerfarben ebenfalls lösungsmittelhaltig sind, wurde 1990 schwerpunktmäßig geprüft, ob die Benzol- bzw. Toluolgehalte von Lebensmitteln beim Lagern neben Druckerzeugnissen anstiegen.

Untersucht wurden Schokoladenriegel und Schoko-Nuß-Schnitten, und zwar sechs Proben aus Kiosken sowie sechs vergleichbare Erzeugnisse fern von Zeitschriften aus großen Lebensmittelfilialen. Während Benzol in keinem Fall nachweisbar war, wiesen alle Schokoladenprodukte Toluolrückstände auf. Außerhalb des Einflußbereiches von Zeitschriften wurden Gehalte zwischen 0,09 und 0,12 mg/kg festgestellt. Die Proben aus den Kiosken enthielten mit 0,18 bis 2,5 mg Toluol/kg deutlich höhere Gehalte.

Während eine Schoko-Haselnuß-Schnitte nach 1- und 10tätiger Kiosklagerung mit 0,18 bis 0,24 mg Toluol/kg nur geringfügig höhere Gehalte als die Vergleichsproben aufwies, zeigten sich bei Schokoriegeln nach 10- und 14tätiger Lagerung mit 0,5 bis 2,5 mg Toluol/kg deutlich höhere Belastungen.

Benzol und Toluol wurden mittels Wasserdampfdestillation und nachfolgender Extraktion mit einer modifizierten Clevenger-Apparatur aus dem Lebensmittel isoliert. Die qualitative und quantitative Bestimmung erfolgte kapillargaschromatographisch mit Flammenionisations- bzw. massenselektivem Detektor. Die Bestimmungsgrenze für Benzol/Toluol liegt bei 0,03 mg/kg" (FR). (Siehe Kap. 2.1)

Verbraucherbeschwerden über Schokolade

„Beim Verzehr einer Praline bemerkte ein Beschwerdeführer einen metallischen Gegenstand im Mund. Es handelte sich um ein hartes, scharfkantiges Metallstückchen. Verletzt hatte sich der Beschwerdeführer hierdurch glücklicherweise nicht. Sämtliche Pralinen einer Beschwerdeprobe waren völlig zerfressen, mit Insektenexkrementen übersät und von unzähligen Mottenlarven buchstäblich durchsetzt. Zwischen den Schichten der Papierauflage hatten sich einige Larven bereits verpuppt" (PF). „Zwei Proben wurden von Verbrauchern überbracht, bei denen die gefüllten Schokoladen mit lebenden Maden gefüllt und von denen zerfressen waren" (DU).

„Tafelschokolade war mit Kot tierischer Schädlinge (Kakaomotte) behaftet" (ME).

4.4 Genußmittel

Kaffee

Über Verunreinigungen in Kaffee oder Rückstände wird selten berichtet, auch die Qualität wird selten beanstandet.

„Aufgrund von Befürchtungen, daß gerösteter Bohnenkaffee infolge direkter Beheizung überhöhte Gehalte an carcinogenen polycyclischen aromatischen Kohlenwasserstoffen aufweisen konnte, wurden acht Proben auf Benzo(a)pyren (Bap) untersucht. Bap ist der Leitparameter für diese Stoffklasse. Die Gehalte lagen unter der Nachweisgrenze oder in einem Bereich, wie er bei Röstung durch indirekte Heizung typisch ist" (FR).

„Die Probe einer Verbraucherbeschwerde Kaffee hatte einen alten muffigen Geruch und Geschmack, obwohl sie nur wenige Tage vorher vom Verbraucher gekauft worden war“ (DU).

Tee und teeähnliche Erzeugnisse

Kennzeichnungsprobleme und Verunreinigungen finden sich vereinzelt. Viel Wirbel verursachte dagegen der in einer Zeitschrift erschienene Artikel über hohe Pestizidgehalte in Tee und teeähnlichen Erzeugnissen, wobei die „Gesundheitstees“ besonders schlecht wegkamen. Die in dem Artikel vorgenommene Bewertung der Pestizidgehalte war aus lebensmittelrechtlicher Sicht nicht vertretbar, weil sie nicht nach den einschlägigen Rechtsbestimmungen erfolgte, sondern sich an der Trinkwasserverordnung orientierte. Zahlreiche verunsicherte Verbraucher wandten sich an die Untersuchungsämter, um Näheres über die Schadstoffbelastung besagter Produkte zu erfahren.

„Verschiedene Proben Früchtetee waren mit Tierkot und teilweise zusätzlich mit Gespinsten verunreinigt, so daß ein vorangegangener Mottenbefall zu vermuten war. Offensichtlich lassen die hygienischen Bedingungen bei der Herstellung von Tees aus getrockneten Früchten öfters zu wünschen übrig (SIG). „Eine Beschwerdeprobe loser Kamillentee enthielt eine tote, mumifizierte Maus“ (FR).

„In einem Wildkirschtee – eine Verbraucherbeschwerde – wurde ein Stück grüner Strohhalm aus Kunststoff sowie eine 2 cm lange Vogelfeder gefunden“ (DU).

„Ein Kräutertee war mit gesundheitsbezogener Werbung im Handel (‚Harnsäurelöser‘)“ (BI).

„Zubereitungen für Teegetränke unterschiedlicher Geschmacksrichtungen (Kräuter, Gute-Nacht), bestehend aus mehr als 90% Zucker, wurden irreführend als ‚Tee‘ bezeichnet“ (S).

„Ein Gärgetränk aus Kombuchakulturen war als diätetisches Lebensmittel gekennzeichnet, der deklarierte Alkoholgehalt wurde bei allen Proben weit überschritten, angegebene Dosierungsempfehlungen und Anwendungsgebiete gaben dem Produkt den Anschein eines Arzneimittels, Aussagen, die sich auf die Linderung oder Verhütung von Krankheiten beziehen, waren angegeben, ebenso diverse Hinweise auf ärztliche Empfehlungen oder Gutachten“ (HAM).

Nach dem Bericht eines Hamburger Magazins enthalten angeblich viele Gesundheits- und Kräutertees Rückstände von Pestiziden. laut diesem Magazin waren bei einer Untersuchung von 83 Sorten ca. 74 Prozent der Proben „mäßig“ bis „sehr stark“ belastet, der Aufguß einzelner Tees überschritt teilweise das Hundertfache des Grenzwertes der Trinkwasserverordnung. Die daraufhin an vielen Orten durchgeführten Untersuchungen von Tee und teeähnlichen Produkten, die als Lebensmittel in den Handel gebracht werden, ergaben keinen Anlaß zur Besorgnis. „Bei den 34 überprüften Erzeugnissen (schwarzer Tee, Früchtetee, Kamillen-, Pfefferminz-, Lindenblüten-, Fencheltee) lagen die Pestizidgehalte deutlich unter den jeweiligen Grenzwerten“ (D).

„Drei Teeaufgüsse zeigten höhere Pestizidwerte zwischen 6,8 und 29 µg/kg. Der Grenzwert der Trinkwasserverordnung liegt hier bei 0,1 µg/kg. Insgesamt waren diese Befunde aber keineswegs besorgniserregend" (BI).

„An der CLUA Sigmaringen werden seit vielen Jahren unterschiedliche Teesorten auf Pflanzenschutzmittelrückstände geprüft, wobei Grenzwertüberschreitungen vereinzelt vor allem bei Schwarzteeproben beobachtet wurden. Im Berichtsjahr wiesen 19 von 37 Kräuterteeproben Wirkstoffrückstände auf. Festgestellt wurden vor allem Lindan zwischen 0,005 mg/kg und 0,06 mg/kg (Höchstmenge: 0,5 mg/kg) und Gesamt-DDT zwischen 0,03 mg/kg und 0,05 mg/kg (Höchstmenge: 1,0 mg/kg).

Lediglich eine Probe ‚Kamillentee aus biologisch-dynamischem Anbau' entsprach nicht den lebensmittelrechtlichen Vorschriften. In diesem Erzeugnis wurde ein Gehalt an Malathion ermittelt, der in der gemessenen Größenordnung nur von einer Behandlung mit diesem Pflanzenschutzmittel herrühren kann. Die Auslobung ‚aus biologisch-dynamischem Anbau' wurde deshalb als irreführend beurteilt.

Die vorgenommene Bewertung des Magazins, das die Pestizidgehalte von Teeaufgüssen mit den Höchstmengen der Trinkwasserverordnung vergleicht, ist wissenschaftlich unhaltbar, da letztere Reinheitsanforderungen darstellen, während die Grenzwerte der Pflanzenschutzmittel-Höchstmengenverordnung auf toxikologischer Basis festgelegt werden. In diesem Zusammenhang muß darauf hingewiesen werden, daß solche unsachlichen Veröffentlichungen nicht dem Schutz des Verbrauchers dienen, sondern lediglich eine Verunsicherung bewirken" (SIG).

„Die Werte bestätigten die bereits in den früheren Jahren gemachten Beobachtungen und geben keinerlei Anlaß zu Bedenken und Warnhinweisen, wie sie im Stern-Artikel ‚Gift im Tee' vom Mai ‚90 aufgeführt sind. Im Gegenteil, die Gehalte an PCB und Pestizidrückständen sind eher rückläufig. Dabei ist noch zu berücksichtigen, daß beim Aufgießen der Tees 90 bis 95% der Rückstände im Siebrückstand verbleiben (siehe Untersuchungswerte aus 1984, Jahresbericht (FR), Seite 110)" (FR).

„Aufgrund eines Berichtes einer Illustrierten wurden teeähnliche Erzeugnisse aus Pfefferminzblättern und Kamillenblüten auf den Gehalt an Blei und Cadmium untersucht: In den getrockneten Erzeugnissen lagen die Gehalte an Cadmium zwischen 0,02 und 0,32 mg/kg, an Blei zwischen 0,8 und 2,4 mg/kg. In den daraus zubereiteten Getränken waren Cadmiumgehalte nicht nachweisbar, die Bleigehalte lagen um 0,001 mg/l Tee" (S).

„Vier Teeaufgüsse hatten erhöhte Bleiwerte (zwischen 5,3 und 29 µg/kg. Der Grenzwert der Trinkwasserverordnung beträgt für Blei 40 µg/kg. Die jeweils zugehörigen Teesorten wiesen Gehalte auf zwischen 0,34 und 11 µg/kg (der Grenzwert für Küchenkräuter frisch beträgt hier 2 mg/kg). Fünf Teeaufgüsse hatten nennenswerte Cadmiumgehalte zwischen 0,6 und 2,2 µg/kg (Grenzwert TrinkwV Cd = 5 µg/kg). Die zugehörigen Tees wiesen Cadmiumgehalte zwischen 30 und 300 µg/kg auf" (BI).

„13 Proben Kräutertee wurden auf ihre Gehalte an Blei und Cadmium überprüft. Von den Produkten, welche die höchsten Metallgehalte aufwiesen (Maximalwert für Blei: 4,87 mg/kg, für Cadmium: 0,486 mg/kg), wurde ein Aufguß hergestellt (ein Beutel auf 100 ml Wasser) und der Übergang der Schwermetalle in den trinkfertigen Tee gemessen. Es ergaben sich Konzentrationen bis 0,007 mg/l für Blei und 0,0008 mg/l bei Cadmium. Entsprechende Richtwerte des Bundesgesundheitsamtes existieren nicht. Eine Beurteilung der Ergebnisse ist jedoch durch einen Vergleich mit den Richtwerten für Erfrischungsgetränke möglich. Diese liegen um zwei Zehnerpotenzen höher als die gemessenen Werte (Blei: 0,2 mg/l, Cadmium: 0,05 mg/l). Die Beurteilung im Bericht eines Magazins, in dem eine Reihe von Kräutertees als ‚hoch belastet' bzw. ‚sehr hoch belastet' eingestuft wurde, ist unzutreffend und führt lediglich zu einer unnötigen Verunsicherung des Verbrauchers" (SIG).

4.5 Speziallebensmittel

Säuglings- und Kleinkindernahrung

„Bei der Untersuchung von Säuglings- und Kleinkindernahrung fiel auf, daß Angaben hinsichtlich der Menge von Spurenelementen schon rechnerisch nicht mit den zu erwartenden Gehalten übereinstimmten. Analytisch ergeben sich darüber hinaus noch weitere Diskrepanzen zwischen deklarierten Werten und tatsächlich zu findenden Gehalten. Es hat den Anschein, daß diese Angaben von den in den Herstellerfirmen unterschiedlich zuständigen Abteilungen (Entwicklungslabor, Werbeabteilung, Labor etc.) nicht ausreichend sorgfältig überprüft werden" (BI).

„Kindergrieß enthielt zahlreiche lebende Larven und Gespinste. Schmelzflokken enthielten eine ca. 25 mm lange, weiße, geriffelte Kunststoffspitze" (HAM).

„Gläschenkost aus Apfel und Naturreis eignete sich entgegen der Anwendungsempfehlung nicht als Breikost in das Fläschchen ab 3. Monat, da die gekochten Reiskörner zu groß waren, um überhaupt das Loch im Sauger passieren zu können" (S).

„Werbehinweise wie ‚ohne Zucker', ‚kristallzuckerfrei' o.ä. wurden wegen Irreführung beanstandet, da solche Produkte mit Lactose noch andere kariogen wirkende Zuckerarten enthielten (BI).

„Bei Breinahrung, die 23 g Zucker/100 g Pulver bzw. 7 g Zucker in einer verzehrsfertigen Portion enthielt, wurden Hinweise auf niedrige Gehalte an Kristallzucker als irreführend beurteilt. In einem Instant-Teegetränk waren in 100 g 90 g Kohlenhydrate enthalten, aber nur 0,9 g Kohlenhydrate/100 g angegeben. Die Bezeichnungen Vollkorn-Früchte-Brei und Vollkorn-Trinkbrei bei Gläschenkost wurden als zur Irreführung geeignet beurteilt, weil der Vollkornmehlanteil unter 5% lag, auch Hinweise auf wertvolle Aufbau- und Ballaststoffe waren bei diesen Erzeugnissen nicht berechtigt" (S).

„Die Überprüfung von Fruchtsäften und fruchtsafthaltigen Getränken für Säuglinge und Kleinkinder ergab zwar bezüglich der Zusammensetzung kaum

Grund für Beanstandungen, die Kennzeichnung entsprach jedoch sehr häufig nicht den gesetzlichen Anforderungen, insbesondere wurden die Vorschriften der Fruchtsaft-VO, die auch für diese Erzeugnisse Gültigkeit besitzt, nicht Beachtet. Nicht den Anforderungen der Verordnung entsprechende Verkehrsbezeichnungen, fehlende oder nicht ordnungsgemäß angebrachte Hinweise auf die Verwendung von Konzentrat und irreführende Angaben über Vitamingehalte waren die vorrangigen Beanstandungsgründe bei 15 von insgesamt 22 untersuchten Erzeugnissen" (SIG).

„In einem Mischgemüse für Säuglinge wurde der für Säuglings- bzw. Kleinkindernahrung festgelegte Nitratgrenzwert von 250 mg/kg verzehrsfertigem Erzeugnis ausgeschöpft bzw. knapp überschritten. Dies war vermutlich durch die Mitverarbeitung von roter Bete in diesem Erzeugnis bedingt" (SIG).

Dagegen lag in Stuttgart bei keiner der 28 untersuchten Proben Babykost auf Gemüsebasis der Gehalt an Nitrat über dem in der Diät-VO festgelegten Grenzwert von 250 mg/kg (S).

„Eine Trockennahrung zur Zubereitung eines Joghurtbreies mit Früchten enthielt den Konservierungsstoff Sorbinsäure. Der relativ geringe Gehalt ließ den Schluß zu, daß eine konservierte Zutat verarbeitet worden war. Diese Vermutung bestätigte sich in der Stellungnahme der Herstellerfirma, es wurde die Anwendung eines konservierungsstoffhaltigen Flüssigenzyms eingeräumt. Obwohl diese Tatsache dem Hersteller somit bekannt war, wurde das Erzeugnis als ‚frei von Konservierungsstoffen' beworben" (SIG).

Verbraucherbeschwerden über Säuglingsnahrung

„Im Berichtszeitraum gingen relativ viele, überwiegend berechtigte Verbraucherbeschwerden ein. Ein Großteil der Beschwerden wurde aufgrund festgestellter Fremdpartikeln in Säuglingsnahrung verschiedener Art überbracht. Beispielsweise mußte ein pelletierter Kinder-Früchtetee als wertgemindert beurteilt werden, da er durch verklumpte Pellets anderer Teezubereitungen (Fenchel bzw. Kräutermischung) verunreinigt war" (SIG).

„Teiladaptierte Dauernahrung wurde als Beschwerde eingesandt, weil sich am Boden der Milchflasche Rückstände gezeigt hatten, die sich als eisenhaltige Partikelchen erwiesen. Nach Angaben des Herstellers wurde zur Eisenanreicherung eine mikroverkapselte Eisenverbindung eingesetzt. Die Probe war wegen des Bodensatzes als wertgemindert zu beurteilen; die schwerlösliche Eisenverbindung wird im Organismus vermutlich nicht vollständig resorbiert. Eine Beschwerdeprobe Karottenpüree enthielt winzige Metallsplitterchen" (S).

„Gegenstand einer Verbraucherbeschwerde waren unansehnliche dunkle ‚Fremdpartikeln' in Säuglingsnahrung. Es handelte sich dabei um verklumpte, offenbar karamelisierte Teilchen, die wahrscheinlich durch lokale Überhitzung bei der Herstellung entstanden waren" (BI).

Diätetische Lebensmittel

Ein weiterhin sehr umstrittenes Gebiet sind die Sportlernahrungen, insbesondere wegen ihrer Werbeversprechen. Von wachsender Bedeutung sind die Nahrungsergänzungsmittel; inwieweit diese Produkte dem Verbraucher helfen können, ist nicht immer sicher nachvollziehbar. Diabetiker stellen einen bedeutenden Verbraucherkreis dar, nur die für diesen Abnehmerkreis wichtigen Informationen finden sich nicht immer. Bei offener Abgabe von Backwaren für Diabetiker fehlten die nach der Diät-Verordnung zu fordernden Kennzeichnungselemente: Angabe der Nährstoffe (Eiweiß, Fett und Kohlenhydrate), des physiologischen Brennwertes sowie der verwendeten Zuckeraustauschstoffe und/oder Süßstoffe (FR).

In Hamburg stellten den größten Anteil an Lebensmittelproben innerhalb dieser Warengruppe die Diabetiker-Back-Konditoreiwaren dar. „Überwiegend handelte es sich dabei um lose angebotene Waren bzw. um Waren aus eigener Herstellung. 77% dieser Proben wiesen Mängel auf, bei 74% dieser auffälligen Proben waren neben Kennzeichnungsmängeln auch Mängel in der stofflichen Zusammensetzung festzustellen. Von den Mängeln sind hervorzuheben:

- fehlende Angaben der ernährungsbezogenen Eigenschaften,
- fehlende Angaben der Besonderheiten in der Zusammensetzung,
- fehlende oder falsche Angaben der Nährstoffgehalte,
- fehlende Angabe des Warnhinweises ‚kann bei übermäßigem Verzehr abführend wirken' bei Lebensmitteln mit mehr als 10% Zuckeraustauschstoff Sorbit,
- fehlender Warnhinweis ‚zur besonderen Ernährung bei Diabetes mellitus im Rahmen eines Diätplanes' bei Lebensmitteln, die in der Kennzeichnung für ‚Diabetiker' angeboten werden,
- überhöhte Gehalte an Sorbit,
- Verwechslung von Fructose und Sorbit,
- erhöhte Gehalte an Saccharose und
- erhöhte Gehalte an Glucose, vor allem bei ‚Rosinen'-Stollen" (HH).

Auch bei anderen Diätprodukten wurden vorwiegend Beanstandungen aufgrund von Kennzeichnungsmängeln ausgesprochen, bei einigen Produkten lagen unzulässige schlankheits- oder gesundheitsbezogene Werbeaussagen vor.

Verdorbene Produkte finden sich hier ebenfalls.

„Beanstandet wurde ein Diabetiker Spritzgebäck, bei dem ein hartes, spitzes Kunststoffstückchen eingebacken war" (PF). „Eine Charge eines Diät-Multi-Vitamin-Nektars in Weichpackungen war in Gärung geraten und mußte aus dem Verkehr gezogen werden, ein Diät-Grapefruitnektar war mit Zitronensaft aufgesäuert" (SIG). „Diät-Süßwarenriegel waren verschimmelt, da durch einen Fehler der Verpackungsmaschine sämtliche Verpackungen einen Riß aufwiesen" (AC).

Eigentlich schon als gesundheitlich bedenklich einzustufen sind Produkte z. B. für Diabetiker, die nicht die erwartete Abwesenheit von Zuckerarten aufweisen. So enthielten Schokoherzen für Diabetiker „neben Fructose die für diese Personengruppe nicht verträglichen Saccharide Glucose und Saccharose in relevanter Menge (10 bzw. 3%). In einer industriell hergestellten Diät-Fertigmahlzeit wurde der laut § 14a Diät-VO geforderte Gehalt an essentiellen Fettsäuren nicht erreicht" (SIG).

„Besonders problematisch stellt sich die Situation bei Diabetiker-Stollen dar. Von 13 eingelieferten Stollen enthielten acht Stollen bis zu 20% Rosinen. Nach § 12 Abs. 1 Nr. 2 Diät-VO darf Diabetiker-Lebensmitteln z. B. keine Saccharose und Glucose zugesetzt werden. Wie aus einem Kommentar hervorgeht (Zipfel, C20 § 12 Anm. 24), wird unter Zusatz nicht nur der unmittelbare, sondern zum Schutz des Verbrauchers auch der mittelbare Zusatz verstanden. Als mittelbarer Zusatz wird im Kommentar beispielhaft Bienenhonig angeführt. Aber auch Rosinen enthalten einen hohen Gehalt an diesen unerwünschten Kohlenhydraten. Es wird z. Zt. kontrovers diskutiert, ob ein Zusatz von Rosinen zu Diabetiker-Lebensmitteln zulässig sei. Im Sinne des vorbeugenden Verbraucherschutzes beurteilen wir Gehalte an Rosinen aber gemäß § 12 Diät-VO" (HH).

Vielfach werden übliche Lebensmittel einfach als „diätetisch" bezeichnet, ohne daß sie tatsächlich die dafür erforderlichen Merkmale besitzen.

„Aufgrund eines Urteils des OLG Koblenz (Beschluß vom 16.11.1989) ist Distelöl als Lebensmittel des allgemeinen Verzehrs und nicht als diätetisches Lebensmittel zu betrachten. Ein als ‚Diät-Speiseöl' gekennzeichnetes Produkt bestand laut Zutatenliste aus reinem Distelöl mit einem Zusatz an Vitamin E. Es liegen hier aber keine für diätetische Lebensmittel geforderten maßgeblichen Unterscheidungsmerkmale vor. Auch der Zusatz von Vitamin E führt nicht zu einer Einstufung als Diät-Lebensmittel" (HH).

„Kur-Molke wurde unzulässigerweise als diätetisches Lebensmittel, geeignet bei Übergewicht und bei Harnsäureerhöhung angeboten. Ein ‚Ballast-Diät-Quark' enthielt pro Packung (= 150 g) nur 1,2 g Gesamtballaststoffe (= 4% der DGE-Tagesempfehlung). Als Zusatznahrung für Schwächliche und Rekonvaleszenten wurde in irreführender Weise ein ‚Stärkungsmittel' angeboten, das neben 72% Milchzucker 20% Blütenpollen enthielt. Es war für diese Zweckbestimmung völlig ungeeignet" (S).

„Ein pektinhaltiges Diätetikum aus Weizenkleie und Pektin wurde unzulässigerweise zur besonderen Ernährung bei überhöhtem Blutcholesterinspiegel angeboten. Die Hinweise im Prospekt waren völlig übertrieben und unberechtigt, z. B.: Naturstoffe helfen beim Abspecken und Cholesterinspiegel-Senken" (S).

„Ein ‚Kombucha'-Gärgetränk wurde als diätetisches Gärgetränk bezeichnet. Unter Kombucha ist ein Getränk aus vergorenem, gezuckertem, schwarzen Tee zu verstehen. Da sich diätetische Lebensmittel von anderen Lebensmitteln vergleichbarer Art durch ihre Zusammensetzung oder ihre Eigenschaften maßgeblich unterscheiden müssen – was nicht der Fall war –, mußte die Angabe ‚diätetisch', die allein diätetischen Lebensmitteln vorbehalten ist, beanstandet werden" (FR).

„Die Kennzeichnung von Diät-Kur-Molke enthielt zusätzliche, nicht in § 3 Diät-VO aufgeführte krankheitsbezogene Angaben, Hinweise auf ärztliche Empfehlungen und Natriumarmut, zudem fehlte das Mindesthaltbarkeitsdatum" (HAM).

„Die Angaben ‚wertvoll in der Ernährung bei Fettstoffwechselstörungen' und ‚zur Senkung des Cholesterinspiegels' für ein Erzeugnis auf Sojaeiweißbasis sind mit § 18 Abs. 1 Nr. 1 LMBG unvereinbar" (FR).

Verschiedene, teilweise wertlose Schlankheitsmittel finden immer wieder hoffnungsvolle Abnehmer. Die Abnahme des Geldbeutels ist dabei ganz sicher.

- „Bio-Schlank-Pille aus Zitronenfruchtpulver, Orangenfaser- und Magermilchpulver, Zucker und Stärke. Als Hersteller war eine Firma in Costa Rica angegeben.
- Reduzier-Kaudrops bestehend aus Ananas-, Papaya-, Magermilchpulver und Milchzucker.
- T. . .zym Tabletten aus 40% Gesamtzucker, Verdickungsmitteln, Erbsenschalen als Ballaststoff mit Ananas- und Papayaenzymen. Papain war aber nicht nachweisbar.
- Ananas-Bits aus kandierten Ananasstückchen, die mit einem schwarz verfärbten, fetthaltigen Überzug versehen waren. Als mysteriöse Zutat war Bio-Enzym QS-LR Quickslim aufgeführt.

Schlankheitsbezogene Aussagen sind für diese Erzeugnisse unzulässig. Dies betraf auch ein Schlankheitsmittel aus Österreich mit der Anpreisung: entspricht dem letzten Stand der Ernährungswissenschaft und den Vorschriften der Reduktionsdiät-VO. In der Bundesrepublik Deutschland gibt es eine solche Verordnung nicht. Es enthielt unzulässigerweise Kieselsäure und nicht zugelassene Spurenelemente" (S).

„Für verschiedene Milchprodukte wurde in Tageszeitungen u. a. mit folgenden Aussagen geworben:

a) „Wie wichtig ist Ihnen eigentlich Ihre Figur?"
„Diät-Dickmilch, die Zauberformel zum Schlankwerden."
b) „Eiweiß, Vitamine und Mineralstoffe in der Milch wirken positiv auf Knochensubstanz, Stoffwechsel, Sehkraft und viele Organe."

Nach § 17 Abs. 1 Nährwert-Kennzeichnungs-VO ist es verboten, u. a. in der Werbung für Lebensmittel, die nicht dem § 14a Diät-VO (Tagesration) entsprechen, schlankheitsbezogene Angaben (a) zu verwenden. Dickmilch entspricht hinsichtlich der stofflichen Zusammensetzung nicht diesen Anforderungen. Gesundheitsbezogene Aussagen (b) sind als indirekte Hinweise auf die Wirkung eines Lebensmittels, das der Beseitigung, Linderung und Verhütung von Krankheiten dienen soll, anzusehen. Beim Verbraucher können dadurch krankheitsbezogene Assoziationen ausgelöst werden; die Angaben sind als unzulässig gemäß § 18 Abs. 1 LMBG zu betrachten" (HH).

„Eine bei reinem Pflanzenöl hervorgehobene Angabe ‚frei von tierischem Cholesterin' stellt eine Irreführung im Sinne des § 17 Abs. 1 Nr. 5 LMBG dar. ‚Tierisches' Cholesterin gibt es nicht. Cholesterin ist ein sowohl in tierischen als auch in pflanzlichen Fetten enthaltener Fettbegleitstoff aus der Gruppe der Sterine. In tierischen Fetten sind erheblich höhere Gehalte vorhanden, die Steringruppe besteht fast ausschließlich aus Cholesterin. In pflanzlichen Fetten ist Cholesterin ein

Minorsterin, die Hauptmenge der Sterine besteht je nach Pflanzenart aus Sitosterin, Stigmasterin u.a. Wenn pflanzliche Öle Cholesterin in der üblichen Größenordnung enthalten, können sie nicht als cholesterinfrei bezeichnet werden. Es wäre sinnvoll, wenn bei der Umsetzung der EG-Nährwert-Kennzeichnungs-Richtlinie definiert würde, was unter cholesterinfrei bzw. cholesterinarm zu verstehen ist" (HH).

Sportlernahrung

„Bei Sportlergetränken lagen die ermittelten Vitamin-C-Gehalte manchmal unterhalb der deklarierten Werte, der Hinweis ‚mit viel Magnesium' war bei einem Gehalt von 35 mg pro 500-ml-Flasche (= 10% der DGE-Tagesempfehlung) nicht berechtigt, bei einem weiteren Getränk war die Angabe ‚hoher Anteil an Magnesium, Kalium, Calcium' aufgrund der ermittelten Gehalte irreführend, zuweilen stimmten die Nährwertangaben nicht. Bei Sportlereiweißerzeugnissen war der Zusatz von künstlichen Süßstoffen Saccharin und Cyclamat zu bemängeln, da es sich nicht um diätetische Lebensmittel handelt. Gehalte von 10% Gelatine in der Eiweißnahrung berechtigten nicht zu Hinweisen wie ‚günstiger Einfluß auf Knochen, Knorpel und Gelenke'. Zuweilen waren die Mineralstoffgehalte falsch deklariert. Bei Mineralstoffbonbons für Sportler stimmten weder die Mineralstoff- noch die Vitamingehalte, die auf der Packung angegeben waren. Die Werbeaussage ‚das Mineralstoffbonbon, das die gleichen Leistungsmineralien enthält, die der Körper durch sportliche Leistung verliert' war unsinnig, weil das einzelne Bonbon fast keine Mineralstoffe enthielt. Ein Präparat in Kapselform ‚Muscle speed' versprach optimalen Muskelzuwachs und sollte der verbesserten Proteinausnutzung dienen. Es war wegen des darin enthaltenen, nicht zugelassenen Zusatzstoffes Bentonit nicht verkehrsfähig" (S).

„Der Trend, daß einige Hersteller von Präparaten für Kraftsportler Erzeugnisse mit einem Zusatz an freien Aminosäuren als ‚bilanzierte Diät' bzw. ‚ergänzende bilanzierte Diät' bezeichnen, hat sich im Berichtsjahr verstärkt. In den der CLUA Sigmaringen bekannt gewordenen Fällen wurde diese Einstufung jedoch jeweils als unzulässig angesehen. Bei einem entsprechenden Präparat aus Belgien, das sich aus 12 Aminosäuren, Citronensäure, Aspartam, Aromastoffen, einem synthetischen Farbstoff und Wasser zusammensetzte, wurde diese Auffassung in erstgerichtlicher Instanz bestätigt. Gewisse Probleme bei der Abgrenzungsfrage bereitet allerdings die Tatsache, daß in der EG-Rahmenrichtlinie für diätetische Lebensmittel sowohl ‚bilanzierte Diäten (diätetische Lebensmittel für besondere medizinische Zwecke)' als auch ‚Lebensmittel für intensive Muskelanstrengungen, vor allem für Sportler' explizit angeführt sind, daß aber Einzelrichtlinien, in denen diese Produktgruppen definiert werden, bisher nicht vorhanden sind" (SIG).

„Bei eiweißreichen Sportlernahrungen wird gelegentlich Eisen in Form von Eisen-III-diphosphat zugesetzt. Wir beurteilen diese Produkte deswegen als diätetische Lebensmittel. Allerdings müssen dann auch die nach § 18 Abs. 1 und 2 Diät-VO erforderlichen Kennzeichnungselemente angegeben werden. Die unbestimmte Angabe ‚angereichert mit Mineralstoffen' entspricht dem nicht" (HH).

„Darüber hinaus mußte zum wiederholten Male festgestellt werden, daß Eiweißkonzentrate für Sportler, die als ‚cholesterinfrei' beworben werden, z.T. erhebliche Mengen an Cholesterin enthalten. Offensichtlich führen einige der Herstellerfirmen, welche diese Werbeaussagen verwenden, keine entsprechenden Untersuchungen durch, sondern gehen davon aus, daß ihre Produkte, die praktisch fettfrei sind, demzufolge auch kein Cholesterin enthalten. Dieser Rückschluß ist jedoch falsch" (SIG).

Nahrungsergänzungsmittel – Markt der Zukunft

Das Angebot an diesen Mitteln wird immer umfangreicher und ist für den Verbraucher schwer durchschaubar. Es ist trauriger Ausdruck der Unfähigkeit vieler Verbraucher, sich richtig zu ernähren. Lieber falsch essen und Pillen schlucken.

„Zur Untersuchung gelangten Magnesiumperlen und Selenhefepräparate, die mit unzulässigen krankheitsbezogenen Werbeaussagen angeboten wurden. Häufig waren Gelatinepräparate zu beurteilen, die als reines Gelatinehydrolat oder mit Zusätzen von Fruchtzucker bzw. Calcium-, Magnesium- und Eisensalzen in den Verkehr gebracht wurden. Ein Erzeugnis enthielt den nicht zugelassenen Zusatzstoff Kieselerde. Diese Präparate werden durchweg als Nahrungsergänzungsmittel angeboten. Die Inverkehrbringer scheint es wenig zu stören, daß die Werbeaussagen auf Etiketten und in Prospekten über die bei Lebensmitteln üblichen und erlaubten hinausgehen; z.B.:

- Für die Pflege von Gelenkknorpel, Bindegewebe, Haut, Haare und Nägel. Beugt den natürlichen Abnutzungserscheinungen der Gelenke und des Bindegewebes vor, Aufbaustoff für Bandscheiben und Knochenmark. Diätetische Nahrungsergänzung zur Erhaltung der Funktionsfähigkeit der arthrotischen Gelenkflächen und Knorpel.

Durch diese Aussagen wird beim Verbraucher die nicht zutreffende Vorstellung geweckt, durch Gelatine würden besonders diese Organe aufgebaut bzw. gestärkt. Die in Gelatine enthaltenen nicht essentiellen Aminosäuren Glycin, Prolin und Hydroxiprolin werden im Körper aus Vorstufen synthetisiert. Hydroxiprolin aus Gelatine läßt sich für die Collagen-Biosynthese nicht einsetzen" (S). Ebenso (FR).

„Eine Nahrungsergänzung bestehend aus einer Mischung verschiedener Lebensmittel (Sojamehl, Weizenkleie, gemahlene Hasel- und Erdnüsse, Hagebuttenmark) wurde als Mittel gegen Arthrose in den Verkehr gebracht. Die massive arzneiliche Werbung erstreckte sich nicht nur auf die Angaben auf dem Etikett, sondern auch auf die mündliche Anpreisung des Präparates. Zu diesem Zweck wurden – in der Presse angekündigte – Informationsveranstaltungen in verschiedenen Drogerien durchgeführt. Hier erläuterte ein Herr in weißem Mantel dem vorwiegend aus älteren Personen zusammengesetzten Interessentenkreis Näheres zu Anwendung und Wirkungsweise dieses Erzeugnisses. Die Zusammensetzung wurde jedoch, da es sich um ein ‚Geheimrezept' handele, nicht preisgegeben" (SIG).

Fertigdiätkost

Selbst bei Fertigdiätkost ist Vorsicht geboten. Empfehlenswerter ist es, sich sachkundig zu machen und seinen Menüplan selbst zu erstellen. Er wird nicht nur besser schmecken.

„Fertigmenü-Wochenprogramme (eine Probe bestand dabei aus 73 Einzelproben) mit schlankheitsbezogenen Angaben entsprachen allein schon hinsichtlich der gekennzeichneten stofflichen Zusammensetzung (Eiweiß-/Kohlenhydratgehalte) nicht dem § 14a Diät-VO. Auch allgemeine unzulässige Hinweise auf ärztliche Empfehlungen und übertriebene Vitaminwerbeaussagen für Margarine (ein Vitaminzusatz war nicht zu erkennen) wurden festgestellt" (HH).

„‚Leichte Schlemmer-Menüs', die tiefgefroren von Haus zu Haus ausgeliefert werden, waren mit der Angabe ‚kalorienreduziert' versehen. Nach § 7 Abs. 4 der Nährwert-Kennzeichnungsverordnung dürfen Lebensmittel, die zur Verwendung als Mahlzeit oder an Stelle einer Mahlzeit bestimmt sind mit Angaben, die auf einen geringen oder verminderten Brennwert hindeuten, nur versehen werden, wenn sie den Anforderungen des § 14a Diät-VO entsprechen. Die Gehalte an Calcium und Eisen lagen z. T. erheblich unter den in § 14a Diät-VO festgelegten Mindestgehalten. Die Angabe ‚kalorienreduziert' wurde als irreführend beurteilt" (FR).

Die Untersuchung von Diätkost in der Gemeinschaftsverpflegung wurde in Freiburg intensiv fortgesetzt.

„Abweichend von der Verfahrensweise in den vergangenen Jahren wurden jeweils die Speisen von zwei aufeinanderfolgenden Tagen bestehend aus Frühstück, Zwischenmahlzeiten, Mittagessen und Abendbrot als Proben erhoben. Die Inhaltsstoffe wurden im Homogenisat der Mahlzeiten der zwei Tage bestimmt. Insgesamt wurden 25 ‚Zwei-Tages-Diäten' als Proben erhoben. Es handelte sich dabei um

9 Diabetes-Diäten
9 Reduktions-Diäten
1 Natriumarme Diäten
12 ‚Schonkost', ‚Leichte Vollkost' oder allgemein als ‚Diät-Kost' bezeichnete Kostformen.

Kochsalz. Nach den Empfehlungen der Deutschen Gesellschaft für Ernährung sind 5 g/Tag ausreichend. Eine höhere Zufuhr ist unnötig und unter Umständen schädlich. 96% der Proben enthielten mehr als 5 g Kochsalz/Tag. Die Gehalte erstreckten sich von 5,1 bis 14,1 g Kochsalz/Tag. Wir forderten die Verantwortlichen auf, weniger Kochsalz zuzusetzen.

Calcium. Die wünschenswerte Zufuhr beträgt hier 800 mg/Tag. 64% der Proben hatten weniger als 800 mg und der mittlere Gehalt dieser Proben lag bei 601 mg Calcium/Tag. In diesen Fällen empfahlen wir, vermehrt Milchprodukte als Dessert zu geben.

Vitamin B_1. Die wünschenswerte Zufuhr beträgt 1,5 mg/Tag. 69% der Proben hatten weniger als 1,5 mg/Tag. Der mittlere Gehalt dieser Proben lag bei 1,03 mg/Tag (Schwankungsbreite 0,61 bis 1,4).

Linolsäure. Die wünschenswerte Zufuhr beträgt 10 g/Tag. 32% der Proben hatten weniger als 10G Linolsäure/Tag. Der mittlere Gehalt dieser Proben lag bei 7,8 g/Tag. In diesen Fällen wurde empfohlen, Fette und Öle mit einem hohen Anteil mehrfach ungesättigter Fettsäuren zu verwenden.

Cholesterin. Es gibt keinen definierten Richtwert für eine Aufnahmeempfehlung, jedoch sollten nicht mehr als 300 mg/Tag mit der Nahrung verzehrt werden. Gefunden wurde ein Mittelwert von 215 mg/Tag bei einer Schwankungsbreite von 56 bis 908 mg/Tag. Nur 24% der Proben enthielten mehr als 300 mg Cholesterin/Tag" (FR).

Fertige Gerichte und zubereitete Speisen

Die Bedeutung der fertigen Gerichte steigt in unserer modernen Gesellschaft mit immer weniger Zeit fürs Essen weiter an. Leider findet sich aber nur vereinzelt die dieser Entwicklung entsprechende Untersuchungstätigkeit. Teils waren Gerichte geeignet, die Gesundheit zu schädigen.

Eine Pizza enthielt fünf eingebackene, scharfkantige Glassplitter bis zu 7 mm Länge (PF); gefunden wurde auch eine Pizzatasche mit einem ca. 1,5cm langen und 0,8cm breiten Glassplitter (FR).

„Cevapcici und Fleischspieße aus einer Vereinsgaststätte waren faulig-sauer und wegen Überschreitung der Fristen für das Inverkehrbringen hackfleischartiger Erzeugnisse zu beanstanden" (S).

„Nicht zum Verzehr geeignet war russisches Ei mit gärigem Fleischsalatanteil; fauliges Fleisch sowie verschimmelte Maultaschen aus Gaststätten; Tortellini mit saurer Fleischfüllung; Fischanteil bei tiefgefrorener Paella stark ranzig; belegte Brötchen mit ranziger und im Randbereich stark vertrockneter Wurstauflage" (FR).

„In abgepackten Würzhacksteaks, die aufgrund starken urinösen Schweißgeruchs auffielen, wurde Androstenon, die Hauptkomponente des im Fettgewebe von Ebern vorkommenden Ebergeschlechtsgeruchs, festgestellt" (S).

Die Verwendung von Glutaminsäure ist nach Anlage 2 der Zusatzstoff-Zulassungsverordnung auf 10 g/kg verzehrsfertiges Lebensmittel begrenzt. In Nasi Goreng und Bami Goreng wurden Mengen von 15,7 g/kg bzw. 23,7 g/kg festgestellt (ME).

Erfreulich aktiv war die Untersuchungstätigkeit in Hamburg.

„Routinemäßig wurden ca. 3.500 zubereitete Speisen aus Restaurants, Imbißbetrieben, Kantinen etc. entnommen. Diese Essenproben wurden wiederum sowohl bakteriologisch (MUA) als auch organoleptisch (Sensorikgruppe der CLUA) überprüft. Ca. 14% waren in mikrobiologischer und/oder sensorischer Hinsicht auffällig" (HH).

In Menüs bzw. Teilmenüs aus Gemüsesalat, Pfannkuchen, gefüllt mit Sauerkirschen, Spießbraten und Vorsuppe ließ der Nachweis von Colibakterien auf hygienische Mängel im Herstellerbetrieb (Großküche) schließen (ME).

Häufiger wurden geruchliche und geschmackliche Mängel bei verschiedenen Gerichten festgestellt.

„Folienverpackte Maultaschen waren bereits vor Ablauf des angegebenen Mindesthaltbarkeitsdatums nachteilig verändert (sauer, faulig) oder enthielten entgegen den Vorschriften der Fleisch-VO umgerötete Brätfüllungen“ (S).

Nicht geschmeckt haben Pizzas mit ranziger Salamiauflage oder stellenweise verbranntem Hefeteigboden; Paella, die mit sandhaltigen Muscheln hergestellt waren (FR).

„‚Hühnersuppentopf‘ (12 Dosen aus fünf verschiedenen Produktionschargen) enthielt im Durchschnitt nur 47,5 g Hühnerfleisch pro Dose, was nur 73% der deklarierten ‚Einwaage des vorbehandelten (gekochten) Hühnerfleisches ... 65 g ...‘ entsprach; üblicherweise werden bei solchen Erzeugnissen im Mittel jedoch 115%, mindestens aber 103% der jeweils deklarierten Hühnerfleischeinwaage wiedergefunden“ (BO).

„Erneut fielen Fertigpackungen ‚Hühnerfrikassee‘ auf. Die Unterschiede zwischen dem tatsächlichen Erscheinungsbild der Speisen und der Abbildung auf der dazugehörigen Verpackung waren gravierend“ (HH).

„Kühlbedürftige Feuchtteig-Tortellini in einer Folienpackung wurden lediglich mit dem Hinweis ‚kühl lagern‘ in Verkehr gebracht. Hier fehlte die unbedingt erforderliche Angabe der Kühltemperatur“ (PF).

Die große Zahl der Tiefkühlprodukte sind insbesondere während des Transports gefährdet.

Tiefgefrorene Lebensmittel (Leberknödel, Maultauschen, Rinderrouladen) wurden nicht sachgerecht (ohne Tiefkühlung und Isolierung) in einem Auslieferungsfahrzeug bei einer Umgebungstemperatur von +3,5°C mehrere Stunden transportiert. Mit diesen Leberknödeln, Maultaschen und Rinderrouladen wurden Temperatur-Zeit-Diagramme erstellt, wobei die Lebensmittel bis –30°C tiefgefroren und danach bei +3,5°C gelagert wurden. Nach 30 bis 40 Minuten war die Kerntemperatur auf mindestens -10°C angestiegen. Nach 100 Minuten ergaben sich bereits Werte zwischen –6 und –4,5°C. Als noch risikoreicher wäre der ungekühlte Transport von Tiefkühlkost in der heißen Jahreszeit zu beurteilen. Nur eine lückenlose Einhaltung der Tiefkühlkette kann die Mindesthaltbarkeit und die einwandfreie Beschaffenheit der Lebensmittel sicherstellen. Darüber hinaus waren noch Kennzeichnungsmängel zu verzeichnen (PF). Zahlreiche tiefgefrorene Fertiggerichte wurden wegen der nicht mehr zutreffenden Angabe „Tiefkühlkost“ als irreführend bezeichnet beurteilt (FR, S u.a.).

„Pizza Salami (tiefgefroren) waren überlagert. Die Qualitätsmängel drückten sich im unbefriedigenden organoleptischen Befund und in hydrolytischen und oxidativen Veränderungen des Fettanteils aus (Peroxidzahl bis 50)“ (ME).

Weniger ein Problem der Lagerung, als vielmehr eines der Rezeptur lag bei einem tiefgekühlten indischen Fleischgericht mit Gemüse vor, das deutlich sauer schmeckte. „Hier handelte es sich um eine Fehlproduktion, in der 570 mg Citronensäure/100 g enthalten waren, was etwa das Achtfache des normalerweise in diesem Produkt enthaltenen Säuerungsmittel war“ (AC).

Verbraucherbeschwerden über zubereitete Speisen
Zahlreiche Verbraucherbeschwerden wurden abgegeben: „Entweder enthielten die Speisen ungewöhnliche Bestandteile, wie z.B. Reismehlkäfer und -larven oder ein Stück Reinigungsschwamm, oder die Fertiggerichte wiesen, wie auch die durchgeführten mikrobiologischen und sensorischen Prüfungen bestätigten, mehr oder minder starke nachteilige Veränderungen auf" (HH).

Verschiedene Beschwerdeproben waren als genußuntauglich zu beurteilen:
- „Pizza mit eingebackener Kellerassel;
- gefüllte Paprika mit Raupe;
- Kartoffelpuffer mit Motte;
- Tortellini mit gebrauchtem Heftpflaster.
- In auffallend dunkelgrünfarbenen gefüllten Weinblätterröllchen wurden erhebliche Kupfergehalte (47 mg/kg) festgestellt" (S).
- Reis mit Huhn in der Dose enthielt ein Stück eines Einwegfeuerzeugs;
- an panierten Fischstäbchen haftete ein Stück Pappe;
- Zigeunerschnitzel als Menü enthielt einen Gummiring;
- Käsebrötchen zeigten Schimmelbefall;
- Käse-Sahne-Kartoffeln enthielten eine tote Fliege (D).

4.6 Würzmittel und Zusätze zu Lebensmitteln

Würzmittel

Interessante Beanstandungen finden sich bei Würzmitteln selten. Bei alten flüssigen Würzen findet sich immer noch das Problem des cancerogenen Dichlorpropanol.

„Drei Proben Tomatenketchup waren wegen erheblicher sensorischer Abweichungen (faulig, gärig bzw. bitter und adstringierend) als nicht verkehrsfähig zu beurteilen. Ein Kräuter-Würzmittel mit Hinweisen auf geringen Kochsalz- und Natriumgehalt enthielt 154 mg Natrium/100 g, bei einem anderen Würzmittel wurde die Angabe ‚natürlicher Aromastoff: Vitamin-B-Extrakt' als irreführend beanstandet, da aus Vitaminen keine Extrakte gewonnen werden können" (SIG).

„Der Bodensatz in einem Wein-Branntwein-Essig verhielt sich chemisch wie Zuckercouleur. Mango-Gewürz, Brinjal-Pickle sowie eine Gewürzsoße wiesen Kennzeichnungsmängel auf.

Erheblich wertgemindert war ein Tafelsenf" (HH).

„Die Schärfe von Senf, die im wesentlichen durch das darin enthaltene Allylsenföl verursacht wird, läßt durch Abbau dieser Verbindung im Laufe der Lagerung nach. Eine als ‚scharf' bezeichnete Senfprobe besaß daher nach Lagerung von 7 Monaten über das angegebene Mindesthaltbarkeitsdatum hinaus diese Eigenschaft nicht mehr. Der Allylsenfölgehalt lag bei 7,8 mg/100 g" (ME). Ähnlich (FR). Anzutreffen war auch unzulässige gesundheitsbezogene Werbung. „Für

‚Miso‘ (fermentiertes Lebensmittel aus Gerste und Reis) wurde mit folgender Angabe geworben ‚stärkt die Abwehrkräfte des Körpers‘. Die Verkehrsbezeichnung ‚Weinessig aus Madeira bei Aceto basamico‘ ist irreführend, da es sich hierbei nicht um Weinessig i. S. der EWG-Verordnung handelt, sondern um Gärungsessig i. S. der Essigverordnung“ (FR).

„In einer im Rahmen von 10 hier überprüften Flüssigwürzen und Sojasaucen untersuchten Probe wurde kapillargaschromatographisch (ECD und MS) das bei der salzsauren Hydrolyse aus Glycerin entstehende und wegen der im Tierversuch festgestellten carcinogenen Wirkung toxikologisch bedenkliche 1,3-Dichlorpropanol-2 (DCP) gefunden. Das Bundesgesundheitsamt (BGA; Schreiben des BMJFFG vom 14.05.87 Gesch.-Z.: 414–6393) fordert, daß DCP in Lebensmitteln aus Vorsorgegründen möglichst nicht nachweisbar sein sollte (vorläufiger Richtwert 50 µg/kg). Bei der o. g. Probe handelte es sich um drei Flaschen einer flüssigen Zwiebelwürze aus inländischer Produktion, deren MHD (Ende 1987) bereits weit überschritten war. In den Erzeugnissen wurden DCP-Gehalte zwischen 70 und 540 mg/kg festgestellt. Eine Entfernung der Ware aus dem Handel wurde angeraten“ (HH).

Gewürze

Erstaunlicherweise finden sich immer wieder eigentlich schon als vergessen gewähnte Verfälschungen bei Gewürzen wieder, ebenso lukrativ ist der Ersatz von Gewürz durch Salz, Zuckerarten oder Stärke. Hier bestehen rechtliche Regelungen, doch selbst die werden teils überschritten.

Noch gibt es nur einen negativen Bericht über bestrahlte Gewürze. Doch das kann in nächster Zeit schon ganz anders aussehen. Nach Zulassung der Bestrahlung dürften Schädlinge leicht zu vermeiden sein.

„Befall mit tierischen Schädlingen im Raupenstadium war von einzelnen Gespinsten bis zum vollkommen eingesponnenen, mit gelben Raupen überbevölkerten Sauerbratengewürz zu beobachten“ (S).

Paprikapulver wurde mit zahlreichen Brotkäfern, unappetitlich geklumpte Gewürzmischung in einem mit Gespinsten und Altfett behafteten Edelstahlbehälter (entnommen in einer Gaststätte) angetroffen (FR).

Nicht zu vermeiden ist menschliches Versagen.

„Ein in Frankreich abgepacktes Importerzeugnis ‚Oregano‘, das in Norddeutschland bereits zu Verbraucherbeschwerden wegen Verunreinigungen mit Drahtstiften geführt hatte, gelangte auch hier zur Untersuchung. In vier von sieben vorgelegten Packungen waren insgesamt 14 stecknadeldicke Drahtstifte von 1 bis 3 cm Länge enthalten. Die Stifte waren mit bloßem Auge zwischen den Oreganoblättern nicht zu erkennen und konnten erst mittels Magneten entfernt werden. Die Charge wurde wegen Eignung zur Gesundheitsgefährdung beanstandet“ (SIG).

Einzelne Gewürze waren derart überlagert, daß ein Gehalt an ätherischen Ölen kaum mehr feststellbar war.

„Rosenpaprika war überlagert. Die Ware schmeckte zwar noch scharf, wies aber keine typischen Paprikafarbstoffe mehr auf (braunes Pulver). Weißer, gemahlener Pfeffer war mit einem hohen Anteil an Pfefferschalenbestandteilen gestreckt. In einem anderen Fall handelte es sich um geschälten, schwarzen Pfeffer, der als „weißer" Pfeffer bezeichnet war.

Lebkuchen-Würzmischung bestand zu 75% aus Fremdstoffen (25% Saccharose, 25% Lactose, 25% Stärke). Der Gewürzanteil konnte infolgedessen höchstens 25% betragen. Ein Zucker- und Stärkezusatz in dieser Höhe wurde ebenfalls als Streckung gewertet. Es besteht jedenfalls keine Notwendigkeit bei Lebkuchengewürz, diese Stoffe in solcher Höhe zuzusetzen. Darüber hinaus stimmte die angegebene Reihenfolge in der Zutatenangabe nicht.

Paprika, gebrochen, enthielt 20% Kochsalz ohne Kenntlichmachung. Eine Gewürzzubereitung wies 23% Kochsalz ohne Kenntlichmachung auf. Ab 5% muß im Zusammenhang mit der Verkehrsbezeichnung deklariert werden. Zwiebelsalz war aufgrund der Beigabe von natürlichem Zwiebelaroma auf den Trägerstoff Lactose eine „Gewürzaromazubereitung" und hätte auch so bezeichnet werden müssen.

Es wurden Nachproben von Currypulver untersucht, da 1989 erhöhte Gehalte an Lactose und Glutamat festgestellt worden waren. Beide Zutaten werden von hier als Streck- und Schönungsstoffe angesehen, die in reinen Curryprodukten eigentlich nicht zu finden sein dürften. Erstaunlicherweise gingen die Gehalte auch bis an die Nachweisgrenze für die jeweilige Untersuchungsmethodik zurück. Lediglich ein Produkt hatte noch einen nennenswerten Glutamatgehalt, was aber möglicherweise darauf zurückzuführen ist, daß es sich noch um Restbestände gehandelt hatte" (BI).

Eine noch erfreuliche Bilanz bei der Bestrahlung.

„28 Proben Gewürze und 17 Proben Würzmittel wurden zur Untersuchung auf eine unzulässige Bestrahlung an die CLUA Karlsruhe übersandt. Eine Bestrahlung war in keiner Probe nachweisbar" (SIG).

„Aufgrund von Informationen aus einem indischen Gewürz-Forschungsinstitut wurden Curry und Curcuma (Tumeric) auf Schwermetalle (Blei und Chrom) untersucht. Die hier stichprobenartig vorgenommenen Untersuchungen führten zu folgenden Ergebnissen:

Gewürzart	Blei (Pb) mg/kg	Chrom (Cr) mg/kg
Currypulver	0,71	
Curry	0,68	
Curry powder	0,81	1,24
Curry indisch	2,81	2,44
Curry, engl. Import	2,05	0,43
Curry	0,57	0,40
Curcuma	0,65	1,46
Curcuma	0,30	0,70
Curcuma, indisch	1,37	0,80
Curcuma, indisch	0,79	1,78
Curry	0,26	0,68
Curry	0,33	1,16

Die Werte betätigen nicht den geäußerten Verdacht, daß Chromgelb zum Färben verwendet wurde" (BI).

Nicht zu vernachlässigen und mehr beachtet werden sollte der Nitratgehalt. „Einige getrocknete Blatt- und Krautgewürze wurden auf ihre Gehalte an Nitrat untersucht. Zum Teil wurden sehr hohe Gehalte festgestellt, so in Dillspitzen über 7.000 mg/kg" (HH).

Bedenklich ist natürlich der Einsatz synthetischer Farbstoffe als Ersatz der natürlichen Inhaltsstoffe. „Chillipulver enthielt Reisspelzen und war künstlich mit den fettlöslichen Azofarbstoffen Ceresorange R (Sudan I) und Ceresrot BB (Sudan IV) gefärbt" (HH). Ähnlich (S).

Nach neuesten Ergebnissen finden sich bei einzelnen Chillichargen hohe Aflatoxinmengen.

Essenzen, Aromen

Nur selten scheinen Essenzen oder Aromen untersucht zu werden. Meist werden sie von Lebensmittelherstellern eingesetzt, dort aber auch in großen Mengen. Für den Verbraucher sind nur die wenigen Backaromen von Bedeutung.

„Mehrfach wurden Produkte angetroffen, bei denen ein werbender Hinweis auf ‚Bourbon-Vanille' vorhanden war. Nachgewiesen werden konnte allerdings nur das synthetische Vanillin. Die Begleitstoffe der Vanilleschote waren nicht feststellbar. Eine Probe Vanillezucker enthielt nicht den in den Richtlinien für Vanillezucker geforderten Vanilleanteil von 0,5 g pro Päckchen" (BI).

Hilfsmittel, Zwischenprodukte

Voraussetzung, um in diesem Bereich erfolgreich Überwachung betreiben zu können, ist die Recherche vor Ort, gute Kenntnisse der Technologie und Betriebsabläufe.

Ein seltener Bericht über die Beanstandung eines Lebensmitteltransports stammt aus Freiburg. Gefunden wurde Hefeautolysat in einem Tank eines Fahrzeuges, in dem zuvor tierische Abfallfette transportiert worden waren. Bei der Vielzahl der Wechseltransporte und den aus dem technischen Bereich bekannten häufigen Verunreinigungen durch die Vorladungen verwundern die seltenen Überprüfungen.

Weitaus mehr bemängelt wurden Hilfsmittel und -stoffe für die Fleischwarenherstellung.

„Zum Färben von Wurstwaren wurde in zwei Metzgereien fermentierter Reis verwendet. In einem Fall war das Mittel als ‚Paprika' bezeichnet. Fermentierter Reis ist in Asien weit verbreitet. Er wird hergestellt, indem gemahlener Reis mit einer Schimmelpilzkultur (Monascus purpureus) beimpft wird, die während der

Fermentierung einen roten Farbstoff bildet. Die stark färbende Wirkung des Produkts steht eindeutig im Vordergrund, während eine würzende Wirkung nur schwach bemerkbar ist“ (FR).

„In einem Betrieb, der Gewürze und Hilfsstoffe für die Fleischwarenherstellung produziert, wurde ein unzulässiges Phosphatpräparat vorgefunden. Es enthielt neben Diphosphaten auch Tripolyphosphate. Der pH-Wert der wäßrigen Lösung lag mit 9,4 über dem zulässigen Höchstwert. In einem Fleischwarenbetrieb wurde ein salpeterhaltiger Pökelhilfsstoff vorgefunden, dessen Etikettierung die Angabe ‚für alle Rohpökelwaren‘ enthielt. Diese Angabe mußte beanstandet werden, da sie auch die unzulässige Verwendung in Rohpökelware aus nur einer Muskelpartie (Lachsschinken, Nußschinken) einschließt. Das Präparat wurde entgegen den Vorschriften der Fleisch-VO zur Herstellung von Schinkenspeck eingesetzt. Weiterhin wurde in einem kleineren Betrieb ohne Exportlizenz ein diphosphathaltiger Pökelhilfsstoff vorgefunden, der entsprechend der Etikettenangabe (Lakezusatz zum Spritzen von Kochpökelwaren) bei der Herstellung von Kochschinken eingesetzt wurde. Allerdings trug das Etikett auch den Hinweis ‚nur für Exportfleischwaren‘, jedoch werden ganz offensichtlich derartige Produkte von den Verkäufern mündlich auch zur Verwendung im Bereich des LMBG empfohlen. Ein Fertiggewürz für rohe Bratwurst enthielt Ascorbinsäure, die hier an sich zwar nicht zu beanstanden ist. Beanstandet werden mußte aber der Hinweis in der Etikettierung: ‚die frischrote natürliche Fleischfarbe bleibt hierdurch mehrere Tage bis zum Verkauf weitgehend erhalten‘. Rohe Bratwurst darf entsprechend der Hackfleisch-VO allenfalls noch am Tage nach der Herstellung in den Verkehr gebracht werden“ (BI).

„Ein Hilfsmittel zur Wurstherstellung sollte Paprikagewürz enthalten. Da dem Mittel jegliches Paprikaaroma fehlte und keine pflanzlichen Bestandteile erkennbar waren, kam ihm lediglich eine färbende Wirkung zu. Das Färben von Fleischerzeugnissen ist jedoch verboten“ (FR).

Weitere Mängel:
- „Ein für Blutwurst verwendeter Zusatzstoff erwies sich als Angkak, ein stark rotfärbender Stoff, der von auf Reis wachsenden Schimmelpilzen der Gattung ‚Monascus‘ gebildet wird;
- der gleiche Hersteller verwendete für seine Blutwurst Trockenblut;
- bei einem flüssigen Lakezusatz für Kasseler handelte es sich um Flüssigrauch;
- Phosphatmischungen enthielten Triphosphate;
- Zusatzmittel für Kochpökelwaren enthielten pflanzliche Verdickungsmittel;
- Zusatzmittel für Brühwurst enthielt pflanzliches Verdickungsmittel“ (HAM).

„Eine von einem Verbraucher überbrachte Originalprobe Backpulver zeigte eine rote Verfärbung, die auf ein Reaktionsprodukt mit Vanillin zurückgeführt werden konnte: Wenn Backpulverpackungen mit Vanillin oder Vanillestangen räumlich zusammen gelagert werden, können davon durch die Backpulververpackung dringende Spuren im Backpulver solche graurötlichen Verfärbungen verursachen“ (DU). Ein anderes Backpulver wurde mit dem hierfür nicht zugelassenen Zusatzstoff Aluminiumsulfat und außerdem Kennzeichnungsmängeln angetroffen (D).

Untersuchungen über Pentachlorphenol (PCP) in Buchenholzspänen und -mehlen, die zum Räuchern von Lebensmitteln verwendet werden, wurden intensiv durchgeführt.

„Von insgesamt 42 untersuchten Proben lagen bei 36 (= 86%) die Gehalte unter der Nachweisgrenze von 0,002 mg/kg. Bei zwei Proben lagen die Gehalte mit 0,004 und 0,006 mg/kg nur knapp über der Nachweisgrenze. Lediglich vier Proben (= 10%) hatten Gehalte zwischen 0,01 und 0,1 mg/kg. Diese Ergebnisse zeigen u. E., daß als Richtwert für PCP in unbehandelten Sägeholzspänen 0,01 mg/kg angesetzt werden kann. Formelle Beanstandungen könnten u. E. ab > 0,05 mg/kg erfolgen. Ein solcher Grenzwert hätte bei den von uns untersuchten Proben in zwei Fällen (= 5%) zu einer Beanstandung geführt" (FR).

Zusatzstoffe

Nicht nur die unzulässige Verwendung von Zusatzstoffen ist bedenklich, sondern ebenso die Verwendung unzulässiger Zusatzstoffe sowie fehlende Hinweise über die Zulässigkeit und Anwendung von Zusatzstoffe.

„Aus einem asiatischen Lebensmittelladen wurden drei Proben eines Kutterhilfsmittels erhoben. Das Kutterhilfsmittel bestand aus einer Doppelpackung, von der eine Packung Nitritpökelsalz mit zu hohem Nitritgehalt und die andere Packung für Fleischerzeugnisse nicht zugelassene Zusatzstoffe (Triphosphate, Isoascorbinsäure) enthielt. Die Kennzeichnung war nur in chinesisch und englisch erfolgt. Ein Kutterhilfsmittel auf Acetatbasis wurde entgegen der Gebrauchsanweisung zur Herstellung von Fleischerzeugnissen verwendet, für die Acetate nicht zugelassen sind. Unzulässige Verwendung von Zusatzstoffen: Aus einer Metzgerei wurde ein flüssiges Rauchpräparat erhoben, das durch Verwendung bei gepökelten Fleischwaren zur Verbesserung des Rauchgeschmacks und der Rauchfarbe führen sollte, obwohl zum Räuchern von Fleisch- und Wurstwaren nur frisch entwickelter Rauch aus naturbelassenen Hölzern verwendet werden darf" (FR).

„Nitritpökelsalz wurde in einem offenen, schmierigen Behälter ohne die in der Zusatzstoff-Verkehrs-VO vorgeschriebenen Warnhinweise vorrätig gehalten" (AC).

Bei vielen Proben gebrauchsfertiger Brezellauge war die in der Zusatz-Zulassungsverordnung vorgeschriebene Höchstmenge von 4,0% Natriumhydroxid überschritten (FR, PF, SIG). Daneben enthielten einige Brezellaugen auffallend viel gelöstes Aluminium. „Viele Bäcker verwenden noch immer Backbleche aus Aluminium zum Tauchen von Laugengebäck. Nach den Vorschriften der Bäckerei-Hygieneverordnung Baden-Württembergs müssen Gerätschaften, die mit Backlauge in Berührung kommen, aus laugenresistentem Material bestehen. Manchen Bäckern scheint offensichtlich nicht bekannt zu sein, daß Aluminium nicht laugenbeständig ist" (SIG). Ähnlich (FR, PF).

„Ähnlich wie bei dem Gelierzucker wurden auch Geliermittel, die einen Konservierungsstoff enthielten und eine Rezeptur von 1 kg Frucht und 1/2 kg Zucker

(2:1) angaben, beanstandet. Mit diesen Geliermitteln sind keine brennwertverminderten Konfitüren o. ä. Erzeugnisse herzustellen. Ein Konservierungsstoff ist somit nicht zulässig (§ 11 LMBG)“ (BI).

Citronensäure war irreführend als „Zitronenpulver“ bezeichnet worden (HA).

„Ein Mineralsalzgemisch, das bestimmungsgemäß dem Wasch-, Einweich- und Kochwasser für Lebensmittel zugesetzt werden soll, enthielt ein als Zusatzstoff nicht zugelassenes Mangansalz“ (S).

4.7 Mineral-, Trinkwasser

Mineralwasser

Selbst Mineralwasser wird nicht immer seinem Anspruch gerecht, völlig unbelastet von Umwelteinflüssen zu sein. Bedenklich zu werten ist auch, daß nach wie vor die Mehrzahl der Beanstandungen aus Beschwerdeproben resultiert, „die als nicht zum Verzehr geeignet beurteilt wurden. Auch wenn der juristische Nachweis eines Verschuldens des Herstellers in diesen Fällen selten zu führen ist, da die Proben von den Beschwerdeführern meist geöffnet sind, muß daraus bedauerlicherweise immer noch – wie in den vergangenen Jahren – auf unzureichende Kontrollen durch verschiedene Mineralwasserproduzenten geschlossen werden. Dies ist um so unverständlicher, als dem Verbraucher in der Werbung das Produkt Mineralwasser als besonders hochwertig und rein angepriesen wird. Unter anderem gaben folgende Verunreinigungen und Rückstände Anlaß zu Beanstandungen: Farb- und Lösungsmittelreste, schleimige und fädige Pilzbildung, Geruch und Geschmack nach Chlor, ein stark angerosteter, zusammengedrückter Kronkorken, Apothekengeruch durch Jodoform“ (SIG), „Draht, Kunststoffolien, Lack, ranziges Fett, Papierstückchen, Trübungen, Mineralwasserprobe mit parfümartigem Fremdgeruch“ (FR). Ähnlich (AC, D, DU, DO, GE, HA, HH).

In verschiedenen Mineralwasserproben mußten je ein Glassplitter, eine tote Fliege und ein Pilzmycelgebilde beanstandet werden. Das Pilzmycel stammte sicherlich von einer vorausgegangenen Süßgetränkefüllung, wobei anzunehmen ist, daß die Flaschenreinigung nicht sachgerecht durchgeführt wurde und die Flascheninspektion die Mängel nicht erkannte. (PF). Ebenso (HH, S).

In den Sommermonaten befanden sich bei mehreren Mineralwasserflaschen verschiedener Abfüller im Gewinde der Schraubverschlüsse zahlreiche kleine schwarze lebende Kornfliegen (Fransenflügler, Gewitterfliegen). Beim Öffnen der Flaschen mußte der Verbraucher diesen Befall als ekelerregend empfinden (PF, S).

„Eine Charge eines bestimmten Mineralwassers wies einen knoblauch- /zwiebelartigen Geruch auf; typische Inhaltsstoffe dieser Pflanzenteile waren jedoch nicht nachweisbar. Die Ursache wurde in einer Verunreinigung der Kohlensäure vermutet“ (S).

„Zwei Mineralwässer mit der Angabe ‚geeignet für die Zubereitung von Säuglingsnahrung' enthielten mehr als 800 mg Sulfat/l. Wird Mineralwasser zur Herstellung von Säuglingsnahrung verwendet, so wird es als Ersatz für Trinkwasser benutzt und soll nicht, wie es sonst beim Verzehr von Mineralwasser üblich ist, dem Organismus ernährungsphysiologisch wichtige Salze zuführen. Nach Höll (1986, Wasser, 7. Aufl., De Gruyter) wirken Wässer mit hohen Sulfatgehalten abführend; schon bei Mengen von 200 bis 300 mg/l macht sich der Sulfatgehalt durch Störung der Darmfunktion bemerkbar. Die Abfüller der Mineralwässer wurden auf die Problematik hingewiesen und aufgefordert, den Hinweis ‚geeignet für die Zubereitung von Säuglingsnahrung' zu unterlassen" (HH).

„Bei zwei Abfüllbetrieben kam es zu Pannen in der Flaschenfüll- bzw. Spülanlage: in einem Fall konnte eine Chlor- bzw. Peressigsäure enthaltende Reinigungslösung in ein begrenztes Kontingent von abgefüllten Flaschen gelangen. In einem anderen Fall – bedingt durch Handwerksarbeiten während der Mittagspause mit Abschaltung der Nachspülung – handelte es sich um reine chlorhaltige Spüllauge (wirksamer Restchlorgehalt im Mineralwasser 30 bis 40 mg/l bei ca. 400 bis 500 Flaschen). Eine entsprechende Pressemitteilung warnte die Verbraucher" (BI).

Im Rahmen der Anerkennung und Überwachung von Mineralbrunnen wurden zahlreiche Proben gezogen und untersucht: „Die Schwierigkeiten, die sich ergaben, lagen zum einen auf bakteriologischem Sektor; so konnten Pseudomonas-aeruginosa-Keime (ein Herstelle), coliforme Bakterien (vier Hersteller) sowie erhöhte Keimzahlen (ein Hersteller) nachgewiesen werden" (BI). Ähnlich (BO).

Sobald vermehrt Keime festgestellt werden, erfüllt ein derartiges Wasser nicht mehr die mikrobiologischen Anforderungen, und der Abfüller muß unverzüglich jede Gewinnung zum Zweck des Inverkehrbringens unterlassen (§ 5 Abs. 3 MTVO). Die Gewinnung und Abfüllung des Mineralwassers ist erst dann wieder möglich, wenn das Brunnenwasser nachweislich keine Keime mehr enthält.

In einem Fall wurden die Gründe der Verschmutzung „im Stapeltank bzw. in der Flaschenfüllanlage (Rinser) gefunden und abgestellt. Auf der anderen Seite ergeben sich Probleme in bezug auf die Zusammensetzung: hier war es vor allem die schwankende Mineralisation, die den zulässigen Rahmen von ± 20% überschritt. Dieses Problem ist für viele Hersteller noch lange nicht gelöst. Es fragt sich, ob es überhaupt in den Griff zu bekommen sein wird" (BI). Ähnlich (BO, S).

Darüber hinaus ergeben sich z. T. sogar auch noch Diskrepanzen zwischen der Abfüllung und dem Rohwasser aus dem Brunnen" (BO). In solchen Fällen besteht der Verdacht, daß Leitungswasser in das Abfüllsystem eingespeist wird oder daß Mineralwasserproben unter Verwendung von nicht amtlich anerkanntem Mineralwasser abgefüllt werden (FR).

„Bei einem neu gebohrten Mineralbrunnen tauchte nach dem endgültigen Ausbau eine Verunreinigung auf, die massenspektrometrisch als Triallylcyanurat identifiziert wurde. Da diese Substanz als trifunktionelle Vernetzungskomponente für die Herstellung von Thermoplasten und Kabelisoliermassen verwendet wird, wurden sämtliche in dem Brunnen befindliche Gegenstände aus Kunststoff (wie Elektrokabel, Klebebänder und Rohrstücke), die mit dem Wasser in Kontakt stehen, auf die Abgabe von Triallylcyanurat geprüft. Das Elektrokabel für die Unterwasserpumpe erwies sich schließlich als die Verunreinigungsquelle, es wurde daraufhin ausgetauscht“ (FR).

„Veranlaßt durch die Verunreinigung eines französischen Mineralwassers mit Lösungsmitteln wurden verstärkt Mineral- und Tafelwässer deutscher Hersteller auf Lösungsmittelverunreinigungen untersucht. Eine Verunreinigung konnte in keiner der untersuchten Proben festgestellt werden“ (S-St).

Auch bei den „im Regierungsbezirk Tübingen ansässigen Mineralbrunnenbetrieben wurden 15 Brunnenproben auf konstante Zusammensetzung und ursprüngliche Reinheit untersucht. In keinem Fall wurde eine anthropogene Beeinflussung z. B. durch Pflanzenschutzmittel festgestellt“ (SIG). Ähnlich (PF).

Demgegenüber wird aus mehreren anderen Untersuchungsämtern berichtet, daß viele (zu viele!) Mineralwasserproben nicht die geforderte ursprüngliche Reinheit aufweisen. „So waren Herbizide in 14 Proben, Chloroform in 22, Nitrit in zwei und ein erhöhter Nitratgehalt in einer weiteren Probe nachweisbar“ (FR).

„Sechs Proben Mineralwasser eines Brunnenbetriebes enthielten erneut Jodoform als Verunreinigung. Das Vorkommen von Trihalogenmethanen im Mineralwasser wird grundsätzlich als anthropogene Verunreinigung beurteilt“. Die Jodoformgehalte hatten bereits im vergangen Jahr Grund zur Beanstandung gegeben (DO). Ebenso (DU). Die auch von anderen Ämtern ermittelte Verunreinigung bei diesem Brunnen hat das dafür zuständige Untersuchungsamt zu umfangreichen Untersuchungen veranlaßt.

„Auf ein möglicherweise im Mineral- wie auch Trinkwasser vorliegendes Trijodmethanproblem (Jodoform-) wurde das Chemische Untersuchungsamt in Bielefeld durch zahlreiche Reklamationen aus der Verbraucherschaft aufmerksam, die das Mineralwasser eines hier ansässigen Herstellers betrafen. Obwohl bei diesem Mineralwasser in gewissen Zeitabständen (überwiegend Frühjahr/Herbst) immer wieder ein deutlich medizinischer Fremdgeruch bzw. Fremdgeschmack reklamiert wurde, konnten Ursachen und Zusammenhänge zunächst nicht näher gedeutet werden. Gleichwohl wurden bei den Mineralwasserproben wegen sensorischer Mängel Beanstandungen erhoben (nach § 17 Abs. 1 Nr. 1 LMBG, § 2 bzw. 5 · MTVO vom 01.08.1984).

Das Problem nahm jedoch schärfere Konturen an, als parallel hierzu an einigen Trinkwasserproben aus Eigenversorgungsanlagen (Brunnen), die am Institut nach den Bestimmungen der Trinkwasserverordnung untersucht wurden, vergleichbare sensorische Mängel auftraten. Chemische Untersuchungen ergaben den Nachweis von Trijodmethan (Jodoform). Vergleichende Modellverdünnungsversuche mit geruchsfreiem Wasser und Jodoform bestätigten und identifizierten die abweichende Geruchsnote auch in sensorischer Hinsicht (Geruchsschwellenwertkonzentration 2 bis 3 µg/kg). Auch andere Untersuchungsinstitute bestätigten mittlerweile den Nachweis von Trijodmethan. Die bisher nachgewiesenen Maximalwerte an Trijodmethan lagen bei 180 µg/kg.

Bei der Ursachenforschung fiel auf, daß bei den betroffenen Wasserqualitäten öfters ähnliche Mineralisationen festgestellt werden konnten (höhere Leitfähigkeiten, höhere Gehalte an Halogenen – Fluorid, Chlorid, Bromid, Jodid). Ein für Modellversuche benutzter Trinkwasserbrunnen zeigte das folgende Analysenbild:

Leitfähigkeit 7.720 µS/cm:			
Fluorid	bis	6	mg/l
Chlorid	bis	2.150	mg/l
Bromid	bis	2,5	mg/l
Jodid	bis	0,97	mg/l.

Bei den Modellversuchen zeigte sich auch, daß die Wasserproben zunächst bei der Entnahme sensorisch und chemisch in bezug auf Trijodmethan völlig unauffällig waren. Erst nach 3 bis 4 Tagen bildete sich das Jodoform deutlich aus. Danach nahmen die Konzentrationen langsam wieder ab. Die Ausbildung des Jodoforms war dabei unabhängig vom Gefäßmaterial (Glas oder Kunststoff). Kunststoff schien jedoch eine etwas beschleunigende und verstärkende Wirkung auszuüben.

Inzwischen wurde hier bekannt, daß an einer anderen Untersuchungsstelle durchgeführten Untersuchungen zufolge sich die Jodoformbildung auch erheblich länger (bis 5 oder 6 Monate) verzögern kann.

Obwohl die genauen Zusammenhänge für die Bildung des Trijodmethans als noch nicht geklärt gelten können, dürften nach dem bisherigen Erkenntnisstand die nachfolgend aufgeführten Ursachen in Frage kommen:

1. Geologische Faktoren. In diesem Zusammenhang ist die Verbraucherbeschwerde einer Geologin interessant, die in dieser Hinsicht mögliche Zusammenhänge andeutet: es wird auf eine Flußspatmodifikation (sog. ‚Stinkspat') hingewiesen.
2. Mikrobiologische Faktoren. Hierfür spricht die verzögerte Ausbildung des Jodoforms. Es würde auch die Feststellung bei den Verbraucherbeschwerden erklären, daß in einer bestimmten Herstellungscharge Mineralwasser u. U. nicht alle, sondern nur einige wenige Flaschen betroffen waren. Zudem können recht unterschiedliche Konzentrationen an Jodoform gebildet werden. Inzwischen wollen auch andere Untersuchungsstellen, die an der Klärung des Problems mitarbeiten, bereits bestimmte Bakterienarten (Flavobakterien, Pseudomonaden?) aus solchen Wasserproben isoliert haben.

– Möglicherweise liegen aber auch Wechselwirkungen zwischen Ziffer 1 und 2 vor!

3. Nicht von der Hand zu weisen sind allerdings auch direkte oder indirekte Folgeschäden des unkontrollierten Einsatzes halogenhaltiger Desinfektionsmittel bei der Erstellung der Brunnenanlagen oder Umweltaltlasten. Bestätigungen in dieser Richtung durch den Nachweis anderer HKW-Verbindungen konnten bisher allerdings nicht geführt werden.

Zur Frage der Toxizität von Trijodmethan in diesem Konzentrationsbereich für den Menschen liegen hier keine speziellen Erkenntnisse vor. Im Augenblick wird der Grenzwert von 25 µg/l (jetzt 10 µg/l) für organische Halogenverbindungen (Anlage 2 Ziffer 12 TVO zugrunde gelegt" (BI).

Neben inhaltlichen Problemen finden sich erstaunlicherweise auch zahlreiche Täuschungen des Verbrauchers.

„Als zur Irreführung geeignet wurde die Etikettenangabe ‚Geschmacksveredelung bei Tee, Kaffee, Suppen und Speisen' beurteilt. Das betreffende Mineralwasser wies hohe Gehalte an Calcium (420 mg/l) und Magnesium (94 mg/l) auf, die mit den Gerbstoffen von Tee und Kaffee zu Eintrübungen, Häutchenbildung und Aromaverlust des Getränkes führen. Die hohen Magnesium- und Sulfatgehalte können zusammen mit dem Coffein des Kaffees abführend wirken, so daß eine besondere Eignung des Mineralwassers zur Zubereitung von Kaffee und Tee nicht gegeben ist" (SIG).

„Ein Mineralwasser, leicht mit der Deklaration ‚leicht' zu versehen, muß nach unserer Ansicht im Hinblick auf die üblicherweise gebräuchliche Verwendung des Wortes ‚leicht' im Zusammenhang mit kalorienreduzierten Lebensmitteln nur als Werbung mit Selbstverständlichkeiten und daher als Irreführung nach § 17 Abs. 1 Nr. 5b LMBG angesehen werden" (HH).

„In letzter Zeit wird vermehrt festgestellt, daß Hersteller dazu übergehen, die analytischen Daten auf dem Etikett nicht mehr in mg/l anzugeben, sondern in g/l. Der Grund für diese Vorgehensweise, die in der Mineral- und Tafelwasser-VO nicht expressis verbis verboten ist, liegt offenbar darin, daß dies eine Möglichkeit darstellt, den Verbraucher über die tatsächlichen Konzentrationen oft unliebsamer Inhaltsstoffe zu täuschen. Ein Natriumgehalt von 0,6 g/l wirkt eben nicht so hoch wie einer von 600 mg/l. Daß dies der wahre Grund ist, ist nicht nur die bloße Vermutung des Lebensmittelchemikers an seinem Schreibtisch bzw. im Labor. Sie wird vielmehr dadurch belegt, daß ein Abfüller im Zuständigkeitsbereich des Amtes ein Etikett vorlegte (Dimension in g/l) und frank und frei äußerte, er wolle sein Wasser schließlich verkaufen und könne deshalb den Verbraucher nicht mit einer so hohen Zahl beim Natriumgehalt erschrecken.

Die Irreführung des Verbrauchers durch solche Methoden liegt auf der Hand. Besonders kraß ist dies in einem solchen Fall, wo – wie festgestellt und ebenfalls beanstandet – alle Werte in mg/l angegeben werden, nur der Natriumgehalt in g/l" (BO).

In einigen Fällen wurde die „jeweilige Verkehrsbezeichnung nicht in dem für Mineralwasser vorgeschriebenen Wortlaut wiedergegeben (38 Abs. 1 bis 9 MTVO), z. B. ‚Natürliches Mineralwasser mit Kohlensäure versetzt' oder ‚Natürliches Mineralwasser mit eigener Quellkohlensäure versetzt'. Der Grund hierfür ist sehr wahrscheinlich darin zu sehen, daß noch alte Etiketten mit der jahrelang üblichen Verkehrsbezeichnung ‚natürliches Mineralwasser, enteisent und mit Kohlensäure versetzt' Verwendung finden. Die jetzt vorgeschriebene Verkehrsbezeichnung enthält das Wort ‚enteisent' nicht. Zugegebenermaßen handelt es sich hierbei nur um recht ‚formalistische' Beanstandungen" (BO).

Verbraucherbeschwerden über Mineralwasser
„Fast ‚typisch' sind die Beanstandungen der eingereichten Beschwerdeproben. Probleme gibt es immer dann, wenn leere Mineralwasserflaschen zur Aufbewahrung von Chemikalien aus dem haushalt mißbraucht werden. Nach Rückgabe der Pfandflasche führt dies oft zu Schwierigkeiten bei der Flaschenreinigung. Oft verbleiben Fremdkörper in den Mineralwasserflaschen, die bei der optischen Kontrolle im Betrieb nicht immer erkannt und aussortiert werden" (BO). Ähnlich (DU, PF, S).

Verbraucherbeschwerden bezogen sich auf
- geruchliche und geschmackliche Abweichungen (‚Malerflaschen', jodoform-medizinisch, pappeähnlich, Chlor, Desinfektionsmittel);
- verschmutzte Flaschen (Fadenbakterien, Algen, Farbreste, Schimmelmycel, Kunststoffreste;
- Ausfällungen in der Flasche (Eisen und/oder Mangan);
- zuviel bzw. zuwenig Kohlensäure;
- Gewitterfliegen (AC, BI, DU, FR, HA, S u. a.).

Tafelwasser, Quellwasser

Leider ist den wenigsten Verbrauchern bewußt, daß in Gaststätten häufig Mineralwasser laut Getränkekarte angeboten, aber lediglich Tafelwasser aus einem Container abgefüllt wird; ein häufiger Verstoß gegen die Mineralwasserverordnung.

Folgende Kennzeichnungsmängel waren zu beanstanden:
- „nährstoffbezogene Angaben bei Quellwasser;
- Quellabbildungen bei Quellwasser;
- Angabe ‚kaliumhaltig' statt ‚calciumhaltig';
- zu hoher Sulfatgehalt im Zusammenhang mit der Auslobung ‚geeignet zur Zubereitung von Säuglingsnahrung';
- Stilles Wasser enthielt zuviel Kohlensäure" (BI).

Bei Tafelwasser wurden zahlreiche Beanstandungen wegen „mangelhafter mikrobiologischer Beschaffenheit ausgesprochen. Häufigster Beanstandungsgrund war das Vorkommen von coliformen Keimen, fäkalen Streptokokken und Pseudomonas aeruginosa in Mineralwässern. Eine Überschreitung der Keimzahlgrenze von 100 pro Milliliter wurde in wenigen Fällen festgestellt.

Bei einer Schwerpunktuntersuchung von Eiswürfeln aus Restaurationsbetrieben, die oft den ausgeschenkten Getränken zugegeben werden, wurde in den meisten Fällen die Keimzahlgrenze von 100 pro Milliliter überschritten, wobei zusätzlich noch coliforme Keime festgestellt wurden" (BO). Ähnlich (DO).

Trinkwasser

Daß Wasser unser wichtigstes Lebensmittel ist, scheint sich nach der Vielfalt der Beanstandungen noch nicht überall herumgesprochen zu haben. Hohe Wellen hat die Asbestproblematik in Wasser geschlagen. Bei den vor der Abgabe ins Netz bekannten Rückständen kann man sich noch durch Zumischen von unbelastetem Wasser helfen, bei Asbest besteht diese Möglichkeit nicht, da es erst im Netz hineingelangt.

„Auf dem Trinkwassersektor sorgte der Verkauf von sog. ‚Levitiertem‘ Levitiertes Wasser für Furore. Das Wasser wird als Trinkwasser dem normalen öffentlichen Wasserversorgungsnetz entnommen (Leitungswasser) und in speziellen Apparaten durch elektromagnetische Behandlung verwirbelt und mit sog. ‚Saugenergie‘ angereichert. Auf diese Weise soll es in Struktur und Eigenschaften verändert werden. Das hat, wie die Werbung verspricht, vor allem in gesundheitlicher Hinsicht positive Wirkungen, soll sich aber auch bei der Lebensmittelverarbeitung (Brotherstellung), ja sogar im technischen Bereich (Härtung von Beton) förderlich auswirken. Die Schwierigkeit, die sich für die Überwachung ergibt, liegt in erster Linie darin, diese Argumentationen durch wissenschaftliche Untersuchungen nachzuvollziehen“ (BI). (Siehe auch Kapitel 1.6)

Schwerpunkte der Trinkwasseruntersuchung liegen eindeutig bei der Prüfung auf Nitrat, Pestiziden und Haloformen.

„Als nicht zum Verzehr geeignet war ein Trinkwasser zu beurteilen, das einen fremdartigen, unangenehmen Geruch und Geschmack bekam, weil im Zuge von Baumaßnahmen in einem Straßenzug einer Gemeinde die Rohrleitung durch einen Feuerwehrschlauch ersetzt wurde“ (S).

„Auch 4 Jahre nach dem Inkrafttreten der in der Trinkwasserverordnung (TrinkwV) festgelegten Grenzwerte für den pH- Wert wird im Regierungsbezirk Freiburg von über 100, allerdings meist kleineren, zentralen Wasserversorgungen im Schwarzwald Trinkwasser abgegeben, dessen pH-Wert noch unter 6,5 liegt und/oder dessen pH-Wert weit unterhalb des pH-Wertes der Calciumcarbonatsättigung liegt, also den Bestimmungen der Trinkwasserverordnung nicht entspricht. Da nicht zu erwarten ist, daß gemäß § 4 TrinkwV aufgrund der Besonderheiten des geographischen Bereichs von der Landesregierung durch eine Rechtsverordnung abweichende Grenzwerte festgesetzt werden, sind Ausnahmegenehmigungen – wie z.B. bei überhöhten Nitratgehalten – nicht möglich. Den betroffenen Wasserversorgungen bleibt daher kein anderer Weg als eine Aufbereitung des Wassers. Eine Entsäuerung mit kalkhaltigen Filtermaterialien ist zwar technisch nicht schwierig durchzuführen, jedoch entstehen z. T. erhebliche Kosten bei der Einrichtung einer solchen Anlage“ (FR).

„Nach wie vor stellen auch die hohen Nitratgehalte im Grundwasser die Trinkwasserversorgungen in den betroffenen Gebieten vor große Probleme. Da eine Sanierung des Grundwassers in einem überschaubaren Zeitraum nicht möglich erscheint, werden immer mehr Trinkwasserbrunnen – und damit auch die entsprechenden Wasserschutzgebiete – aufgegeben, die einzelnen Gemeinden schließen sich zu größeren Versorgungsgebieten zusammen und die neuen Trinkwasserbrunnen werden wieder eher in Rhein-Nähe gebohrt, da hier infolge der Mischung des Grundwassers mit Rheinuferfiltrat die Nitratgehalte geringer sind. Ein wirksamer Schutz des Grundwassers ist auf diese Weise nicht zu erreichen" (FR).

„Trinkwasserversorgungen, in deren Einzugsgebiet Bahnhöfe oder Gleise der Deutschen Bundesbahn liegen, erweisen sich mehr und mehr als stark gefährdet, vor allem bei Strecken, bei denen (noch) kein Wasserschutzgebiet ausgewiesen wurde. Unter ungünstigen geologischen Bedingungen können, ausgehend von Spritzungen der Gleisanlagen, relativ große Mengen an Herbiziden in das Grundwasser gelangen. Bei einer Einzelwasserversorgung in der Nähe von Bahngleisen wurde eine Konzentration an Bromacil von 19 µg/l ermittelt. Der in der Trinkwasserverordnung festgelegte Grenzwert für Herbizide beträgt 0,1 µg/l. Bei einer anderen Einzelwasserversorgung in der Nähe von Gleisanlagen waren nicht weniger als fünf verschiedene Herbizide nachweisbar" (FR).

„Ein Untersuchungsschwerpunkt war auch im vergangenen Jahr die Überprüfung von Trinkwasser auf Verunreinigungen durch Pflanzenbehandlungsmittel. Über die im Rahmen der Lebensmittelüberwachung hinaus entnommenen Proben wurden von den Gesundheitsämtern weitere Proben zur Untersuchung auf Pflanzenbehandlungsmittel, Nitrat und pH-Wert überbracht. Insgesamt wurden 198 Proben (180 aus zentralen Wasserversorgungen und 18 aus Eigenbrunnen) untersucht. Neben Atrazin und Simazin sowie deren Abbauprodukten wurden vereinzelt noch folgende Wirkstoffe nachgewiesen: Terbutylazin, Sebutylazin, Hexazinon und Mexoprop. Bei Proben aus zentralen Wasserversorgungsanlagen wiesen 9,4% (= 17 Proben) mindestens einen Pestizidwirkstoff in einer Konzentration über 0,1 µg/l (Grenzwert nach der Trinkwasserverordnung) auf. Bei Eigenbrunnen lag die diesbezügliche Beanstandungsquote sogar bei 33% (= sechs Proben). Der Summengrenzwert von 0,5 µg/l wurde jeweils von zwei Proben aus zentralen Wasserversorgungsanlagen und Eigenbrunnen überschritten. Der Höchstgehalt mit 2,15 µg/l wurde im Wasser eines Eigenbrunnens aus dem Landkreis Ulm gemessen. Dieser Eigenbrunnen enthielt folgende Pestizidrückstandsmengen

---

0,85 µg/l Atrazin,
0,43 µg/l Desethylatrazin,
0,22 µg/l Desisopropylatrazin,
0,43 µg/l Simazin,
0,22 µg/l Sebutylazin" (SIG).

„Bei der Untersuchung der Pflanzenschutz- und Schädlingsbekämpfungsmittel wurden in vier von 142 Proben eine Grenzwertüberschreitung (Grenzwert 0,1 µg/l) festgestellt. Diese vier Proben stammten aus dem Enzkreis und wurden je zweimal aus zwei Brunnen entnommen. Ein Brunnen war außer Betrieb. Das Wasser aus dem anderen Brunnen wurde erst vermischt mit Bodenseewasser der öffentlichen Wasserversorgung als Trinkwasser zugeleitet" (PF).

Leichtflüchtige Halogenkohlenwasserstoffe. Der Grenzwert für leichtflüchtige Halogenkohlenwasserstoffe bei Trinkwasser von 0,025 mg/l wird auf 0,010 mg/l gesenkt. Diese Herabsetzung des Grenzwertes könnte in der Zukunft einzelnen Wasserwerken Schwierigkeiten bereiten.

Jetzt schon wird aus Sigmaringen berichtet, daß 17 Proben Rohwässer, zwei Eigenbrunnen, 11 Brauchwässer und 26 Grundwässer oberhalb der 0,010 mg/l Grenze liegen.

Welche Auswirkungen dies haben kann, zeigt die seit 1982 gesperrte Wasserversorgung von Ostelsheim. Dort wurde „aus Überwachungsgründen erneut auf halogenierte Kohlenwasserstoffe untersucht. Der erhöhte Wert an Trichlorethylen (0,053 mg/l) zeigt, daß diese Wasserversorgung auch weiterhin gesperrt bleiben muß“ (PF).

Besondere Vorkommnisse. „Drei Ereignisse von erheblicher Bedeutung sind besonders hervorzuheben:

Starke Niederschläge und tauender Schnee führten im Februar 1990 zu großflächigen Überschwemmungen der Donau insbesondere im Bereich Sigmaringen bis Riedlingen. Mehrere Brunnen wurden durch eindringendes Oberflächenwasser verunreinigt und mußten zeitweilig abgeschaltet werden. Aufschwimmende Öltanks ließen außerdem Verunreinigungen durch Kohlenwasserstoffe befürchten. 15 Proben wurden in diesem Zusammenhang in hygienisch-chemischer Hinsicht und auf Kohlenwasserstoffe untersucht. Eine Beeinträchtigung der Trinkwasserbrunnen war nicht festzustellen. Ein umgekippter Tanklastzug an der Honauer Steige (Kreis Reutlingen) gefährdete durch ausgelaufenes Dieselöl und Benzin mehrere Trinkwasserbrunnen, so daß insgesamt 28 Proben kurzfristig über das Wochenende zu untersuchen waren. Glücklicherweise war keine Beeinträchtigung erkennbar. Ausgelaufenes Dinitroortocresol, ein früher im Obstbau verwendetes Spritzmittel von erheblicher Toxizität, erforderte die vorsorgliche Kontrolle mehrerer Trinkwasserbrunnen. Positive Ergebnisse wurden nicht erhalten“ (SIG).

„Aufgrund von außergewöhnlich starken Niederschlägen war das aus einer Trinkwassertalsperre gewonnene Rohwasser stark getrübt. Die Wasseraufbereitung im Wasserwerk konnte diese feinen mitgerissenen Erdteilchen nicht entfernen, so daß auch das abgegebene Trinkwasser eine starke Trübung aufwies (ca. 20 TE/F). Hierdurch kam es zu verschiedenen Verbraucherbeschwerden. An einem Samstagabend wurden wir über einen Einbruch in einen Trinkwasser-Hochbehälter informiert. Zwar waren bei einigen durchgeführten Schnelltests sowie einem Fischtest bei den entnommenen Wasserproben keine Auffälligkeiten festzustellen, eine ausführliche Trinkwasseranalyse kann unter diesen Umständen jedoch nicht abgewertet werden. In derartigen Fällen ist – wenn möglich – eine sofortige Umstellung der Wasserversorgung notwendig“ (FR).

Asbest in Trinkwasser
(Auszug aus der Drucksache 11/8120 auf eine kleine Anfrage der Fraktion DIE GRÜNEN, 11. Wahlperiode)

„Eine Zusammenstellung aller in der Bundesrepublik Deutschland durchgeführten Messungen über den Asbestgehalt von Trinkwasser steht der Bundesregierung nicht zur Verfügung. Das Bundesgesundheitsamt (BGA) hat in den Jahren 1977 bis 1980 Messungen durchgeführt und in den Jahren 1989 und 1990 erneut untersucht.

Bei den Untersuchungen der Jahre 1977 bis 1980 ergaben sich Asbestfasergehalte im Trinkwasser zwischen weniger als 1.000 und 1 Million Fasern länger 5 µm pro Liter. Die Meßergebnisse aus den Jahren 1989 und 1990 lagen zwischen unter 1.000 und 100.000 Fasern länger 5 µm pro Liter.

Die Anhebung des pH-Wertes in den Bereich der Calciumcarbonatsättigung führt zur sofortigen Beendigung der Korrosion, nicht jedoch zur sofortigen Beendigung der Faserabgabe aus angegriffenen Oberflächen und freiliegenden Faserschichten.

Die Einstellung der pH-Werte der Calciumcarbonatsättigung führt zu einem chemischen Gleichgewicht zwischen der Zementmatrix der Rohrwand und der im Wasser enthaltenen Calcium- und Carbonationen. Nach abgesicherten naturwissenschaftlichen Erkenntnissen ist dieses Gleichgewicht stabil; die Korrosion, die in der Auflösung der Rohrwand besteht, wird beendet.

Nach den vorliegenden Erkenntnissen ist eine Faserabgabe im Bereich von 10.000 Fasern länger als 5 µm pro Liter als technisch unvermeidbar anzusehen. Hierbei ist der meßbedingte hohe Umrechnungsfaktor zu beachten, mit dem die Zahl der im Elektronenmikroskop gefundenen Asbestfasern multipliziert werden muß, um eine virtuelle Faserkonzentration zu errechnen. Bei der derzeit vom Bundesgesundheitsamt angewandten Meßmethode führt eine im Elektronenmikroskop gefundene Faser so zu einer Konzentration von 2.000 Fasern länger 5 µm pro Liter. Aufgrund statistischer Gesetzmäßigkeiten besitzt ein solches Meßergebnis einen Vertrauensbereich, in dem mit 95prozentiger Wahrscheinlichkeit die wahre Faserkonzentration liegt. Dies bedeutet zugleich, daß Meßergebnisse, die zu einer berechneten Konzentration kleiner als 10.000 Fasern länger 5 µm pro Liter führen, sich statistisch nicht signifikant unterscheiden. Sofern also die Meßergebnisse vor und hinter einer Asbestzementleitung in diesem Bereich liegen, ist eine Faserabgabe als statistisch nicht signifikant anzusehen.

Höhere Asbestfaserkonzentrationen sind ein Hinweis darauf, daß technische Störungen, Bauarbeiten oder Vorschädigungen zu erhöhten Belastungen geführt haben.

Nach Ansicht der US-EPA liegt die als gesundheitlich unbedenklich angesehene Grenze bei 7 Millionen Fasern länger als 10 µm. Dies entspricht bei der in Deutschland angewandten Meßmethode einem Wert von 14 Millionen Fasern länger als 5 µm. Geringere Faserkonzentrationen sind insoweit zulässig, wenn sie technisch unvermeidbar sind.

Für ein Verbot der Verwendung von Asbestzementrohren zur Fortleitung von Trinkwasser gibt das LMBG keine Rechtsgrundlage.

Der § 31 des LMBG beschränkt die Verwendung von Bedarfsgegenständen dadurch, daß die Abgabe von Stoffen aus dem Bedarfsgegenstand an das Lebensmittel auf technisch unvermeidbare Mengen limitiert wird, sofern diese gesundheitlich, geruchlich und geschmacklich unbedenklich sind.

Die Verwendung von Asbestzementrohren ist demnach zulässig, solange sich die Abgabe von Asbestfasern auf unvermeidbare Konzentrationen beschränkt und diese unterhalb der als gesundheitlich bedenklich anzusehenden Konzentration liegen."

4.8 Tabakerzeugnisse

Tabak

Wegen der Schwierigkeit der Untersuchung befassen sich nur wenige Untersuchungsämter intensiv mit Tabakerzeugnissen. Besondere Vorkommnisse innerhalb dieser Gruppe waren nicht zu verzeichnen.

Zigaretten

„In der Bundesrepublik Deutschland müssen, wie in anderen europäischen Ländern auch, aufgrund gesetzlicher Vorschriften die unter Standardrauchbedingungen bestimmten Gehalte an Nikotin (‚N') und Kondensat (‚K') auf den Zigarettenpackungen angegeben werden, um dem Verbraucher eine Orientierung über das relative Risiko, das mit der einzelnen Zigarettensorte verbunden ist, zu ermöglichen.

In den letzten Jahren führte die allgemeine Marktentwicklung zur Produktion von Zigaretten mit niedrigeren und sehr niedrigen Nikotin- und Kondensatgehalten, um ‚weniger schädliche' Zigaretten zu erreichen. Gemäß einer Vereinbarung der am Werbeabkommen beteiligten Mitgliedsfirmen betreffend die Werbung mit ‚Leicht-Bezeichnungen, Zigaretten' dürfen derartige Werbeaussagen nur unter bestimmten Voraussetzungen verwendet werden (Leicht-Abkommen). Nach dem Leicht-Abkommen ist die Bezeichnung ‚leicht' nur dann zulässig, wenn die für Zigaretten nach geltenden DIN-Vorschriften ermittelten Durchschnittswerte von 10 mg nikotinfreiem Trockenkondensat und 0,8 mg Nikotin nicht überschritten sind.

Im Berichtsjahr wurden beim Abrauchen von Tabakerzeugnissen besonders die von den Herstellern als ‚leicht' bezeichneten Filterzigaretten berücksichtigt: Gekennzeichnet waren Nikotinwerte von 0,2 bis 0,7 mg und Kondensatwerte von 2,0 bis 7,0 mg im Rauch einer Zigarette.

Die Überprüfung ergab im allgemeinen eine Bestätigung der deklarierten Angaben, wobei die ermittelten Werte in den meisten Fällen unterhalb der angegebenen Nikotin- und Kondensatgehalte lagen. Bei vier Zigarettensorten lagen die Kondensatwerte unwesentlich über den deklarierten Angaben. Die erhöhten Werte bewegten sich innerhalb der zulässigen Toleranzen. Die Untersuchungen der leichten Zigaretten werden fortgesetzt.

Bei der Gruppe der mittelstarken Zigaretten wurden verschiedene Filterzigaretten ausgewählt und auch auf den Nikotin- und Kondensatgehalt überprüft. Die ermittelten Nikotin- und Kondensatwerte lagen generell unter den deklarierten Gehaltsangaben. Zum gleichen Ergebnis führte die stichprobenartige Überprüfung von filterlosen Zigaretten: Überschreitungen der angegebenen Nikotin- und Kondensatwerte waren nicht festzustellen“ (DU).

In Hamburg wurde bei „acht Zigarettenmarken der auf den Zigarettenpakkungen anzugebende Nikotin- und Teergehalt gemessen. In keinem Fall waren Überschreitungen der Sollwerte feststellbar“ (HH).

„In einer Probe waren die analytisch bestimmten Gehalte höher als auf der Packung angegeben. Zur Überprüfung der festgestellten Abweichungen ist jeweils eine repräsentative Probenahme nach DIN 10246, Teil2 erforderlich. Im vorliegenden Fall war dies innerhalb des Zuständigkeitsbereichs der Chemischen Landesuntersuchungsanstalt Sigmaringen nicht möglich, da die betroffene Zigarettenmarke nicht mehr im Sortiment geführt wurde. Die Angelegenheit wurde an das für den Hersteller zuständige Untersuchungsamt weitergeleitet“ (SIG).

Als Nachwirkung des DEG-Weinskandals ist nach der Zweiten Verordnung zur Änderung der Tabakverordnung vom 21.03.1986 „Diethylenglykol als Feuchthaltemittel für Rauchtabak nicht mehr zugelassen. Wir haben in 10 Rauchtabaken auf die Feuchthaltemittel Glycerin, 1,2-Propylenglykol, 1,3-Butylenglykol und Diethylenglykol geprüft. Gefunden wurde dabei weniger als 5% Glycerin und 1,2-Propylenglykol (auch in Mischung); in keinem Fall aber Diethylenglykol“ (HH).

Verbraucherbeschwerden über Zigaretten

„Wir haben drei Zigarettenmarken, über die Beschwerde geführt wurde, überprüft. Es konnten zwischen Beschwerde- und Verfolgsproben keine Unterschiede erkannt werden. Den beschwerdeführenden Personen wurde empfohlen, einen Arzt aufzusuchen, welcher der Ursache der beim Rauchen aufgetretenen gesundheitlichen Beschwerden nachgehen kann“ (HH).

Zigarettentabak

Die Bestimmung der Feuchthaltemittel stand auch bei dieser Produktgruppe im Vordergrund. In allen Proben war die zulässige Höchstmenge von 5% eingehalten. In der DIN Ad-hoc-Arbeitsgruppe ‚Probenahme-Feinschnitt-Tabak‘ wird derzeit eine allgemeine Vorschrift zur Probenahme von Feinschnitt-Tabak erarbeitet. Die Übernahme in das deutsche Normenwerk ist für 1991 geplant. Ziel ist es, u.a. für die geplante Deklarationspflicht hinsichtlich Nikotin- und Kondensatgehalt für Feinschnitt-Tabak eine geeignete Probenahmevorschrift zu erstellen“ (SIG).

Pfeifentabak

„Der Schwerpunkt lag hier bei der Bestimmung von Feuchthaltemitteln. Bei keiner Probe gab es Anlaß zur Beanstandung. Im Rahmen der Amtshilfe wurde für das Hauptzollamt Stuttgart-West eine Probe Pfeifentabak auf den Aromastoff Cumarin untersucht. In der Probe wurden 0,9 g/kg Cumarin nachgewiesen. Cumarin darf bei der Herstellung von Tabakerzeugnissen nicht verwendet werden" (SIG).

Zigarren und Zigarillos

„In den Proben wurde hauptsächlich der Gehalt an Feuchthaltemitteln bestimmt. Es zeigte sich, daß in allen Fällen die zulässige Höchstmenge eingehalten wurde. Bei einer Probe fehlte der nach der Tabakverordnung (TabV) vorgeschriebene Warnhinweis hinsichtlich der Gesundheitsgefährdung durch Rauchen. Des weiteren wurden acht Proben auf Organochlorpestizide untersucht. Als eine der Hauptkontaminanten war p.p.-DDT in allen Proben nachweisbar (0,01 bis 0,2 ppm; $\bar{x}$ = 0,07 ppm). Höchstmengenüberschreitungen gemäß der Pflanzenschutzmittel-Höchstmengenverordnung waren nicht gegeben" (SIG).

„Das Färben des Kunstumblattes von Zigarren dient zur Verschönerung dieser Erzeugnisse. Nach TabV dürfen Zigarren nur dann durch die Angabe ‚farbmattiert' kenntlich gemacht werden, wenn sie ausschließlich mit einer begrenzten Auswahl an bestimmten Lebensmittelfarbstoffen gefärbt sind. Bei acht der gefärbten oder gepuderten Zigarren (auch Zigarillos und Stumpen) ergab sich kein Grund zu einer Beanstandung" (HH).

„Im Verpackungsmaterial von Zigarren konnten geringe Gehalte an Pentachlorphenol, was ja nicht ungewöhnlich ist, festgestellt werden. Eine gesundheitliche Beeinträchtigung erscheint jedoch in Anbetracht der Gefährlichkeit des Rauchens dadurch nicht gegeben" (BI).

Mittel zum Schnupfen

„In den untersuchten Proben wurden die Gehalte an Campher und Menthol überprüft. In keinem Fall wurden die zulässigen Höchstmengen der Tabakverordnung überschritten" (SIG).

4.9 Bedarfsgegenstände

Gegenstände im Kontakt mit Lebensmitteln

Unüberschaubar groß ist die Zahl und Vielfalt sowie Herkunft der Gegenstände. Irreführungs- und Kennzeichnungsprobleme finden sich hier nicht, da dafür keine Vorschriften existieren.

Bei einem Teil der Proben handelt es sich ausschließlich um Proben, die während Betriebskontrollen in den Betrieben entnommen wurden.

„Eine ‚Schmutzprobe aus einem Verkaufsfahrzeug' bestand aus einer lebenden Larve, zahlreichen lebenden Milben, einer Vogelfeder, einem vertrockneten Blatt und verschmutzten, alten Teigresten. Die Probe wurde vom Kühlrost im Bereich der Backwarenlagerung entnommen. Eine mittelbare Beeinträchtigung der unverpackten Backwaren war anzunehmen" (HAM).

„Aus Bäckereien kamen ein Transportkorb für Backwaren, der eine dunkle Schicht aus Schmutz, Körnern, Gebäckkrümel und Verkrustungen aufwies sowie ein Holzgestell, das zur Formgebung von Zuckerherzen gedacht war, zur Untersuchung. Das aus einer Preßspanplatte, Bauhölzern und Holzstielen selbst zusammengebastelte Gestell war ungeeignet, als Bedarfsgegenstand in einer Bäckerei Verwendung zu finden: es wies u. a. mehrere defekte Stellen, rissige bzw. unebene Flächen und hervorstehende Nägel auf und befand sich außerdem in einem unsauberen Zustand" (FR). Ähnlich (DU, FR, S).

„Tortenpapier, ‚Bäckerfahne' (Aufnehmer, mit dem in einer Bäckerei Arbeitstische und Geräte ‚gereinigt' wurden) und Teile vom Arbeitstisch einer Bäckerei waren völlig verschmutzt, verdreckt und mit Mäusekot durchsetzt" (HA).

Erneut wiesen zahlreiche Brötchendielen unterschiedlich starken Befall mit Grün- und/oder Schwarzschimmel auf. Einige waren zudem mit alten, verkrusteten Teigresten, ranzigem Fett und Vogelkot verschmutzt. Auf einigen Brötchendielen wurden Brötchenrohlinge in die Verkaufsstätten transportiert (HAM). Ähnlich (BI, D, DU).

Schalen und Deckel aus Schaumpolystryrol „wie sie z.B. in Imbißstuben zur Aufnahme und zum Transport von Lebensmitteln verwendet werden, erwiesen sich als ungeeignet für den Kontakt mit heißen Lebensmitteln, wie Pommes frites, die unmittelbar aus der Friteuse kamen. Die Schalen begannen bei 130°C zu schmelzen" (D). Ähnlich (S).

„Kunststoffgeschirre für die Erhitzung von Lebensmitteln in Mikrowellenöfen waren häufig in sensorischer Hinsicht ungeeignet. Die Prüfung erfolgt entsprechend einem im Bundesgesundheitsamt mit den Herstellerfirmen abgestimmten Untersuchungsschema" (S). (Siehe Kap. 2.9)

„Aluminiumfolie ist nicht geeignet zum Einwickeln oder Aufbewahren von stark sauren Lebensmitteln und von Fleischerzeugnissen, die mit Nitritpökelsalz umgerötet wurden. Im Vergleich zu den Vorjahren fehlte nicht der Hinweis wie ‚nicht geeignet zum Verpacken von säure- und salzhaltigen Lebensmitteln'" (HH).

„Die Marktsituation bei Kunststoffolien für Käse, Fleisch und Fleischerzeugnissen hat sich gewandelt. Von 89 der insgesamt untersuchten Proben waren nur noch neun aus Weich-PVC hergestellt. Die Verwendung zur Verpackung von Fleisch ist nach den Empfehlungen des Bundesgesundheitsamtes und in Übereinstimmung mit absehbarem EG- Recht zu dulden" (S).

Zum Verpacken von Käse sind Frischfleischfolien aus weichmacherhaltigem PVC ungeeignet. Dafür gibt es sog. Käsefolien. Mußten 1988 noch 29% der eingelieferten Folien wegen falscher gewerbsmäßiger Verwendung beanstandet werden, verringerte sich jetzt die Beanstandungsquote auf 6% (HH). Ähnlich (D, S-St).

„Ein Leinendarm für Plockwurst mit Farbaufdruck zeigte eine Farblässigkeit mit Öl. Ein Farbübergang auf Lebensmittel ist grundsätzlich technisch vermeidbar und im Kunststoffbereich nach den Empfehlungen des BGA nicht zulässig.

Um eine Farblässigkeit durch mechanischen Abrieb ging es bei der Beurteilung von Polyethylenbeuteln, die außen bedruckt waren. Sie wurden in Fleisch- und Wursttheken verwendet. Beim Abriß der Beutel vom Stapel faßte das Personal auf den Farbaufdruck, wobei sich durch feuchte Hände (Schweiß und Fett) und mechanische Beanspruchung der Farbaufdruck löste und auf den Fingern haften blieb. Durch das nachträgliche Berühren von Lebensmitteln mit bloßen Händen findet indirekt ein Kontakt statt, so daß man von einem Einwirken de Bedarfsgegenstandes auf das Lebensmittel sprechen kann. Die gewerbsmäßige Art der Verwendung wurde beanstandet“ (BI).

Zu den jährlich wiederkehrenden Untersuchungen zählt die Bestimmung der Blei- und Cadmiumlässigkeit von keramischen Massen im Sinne von § 5 Abs. 1 Nr. 1 LMBG.

„Überwiegend wurden Keramikgeschirre und außen im Trinkrandbereich dekorierte Trinkgläser auf ihre Blei- (Pb) und Cadmiumabgabe (Cd) überprüft. Eine Grenzwertüberschreitung (Keramik-Bedarfsgegenstände-VO, DIN 51 032) wurde nicht festgestellt“ (FR).

Dagegen zeigten zwei Likörgläser und zwei Weinbrandgläser eine erhebliche Bleilässigkeit des Trinkrandes (BI).

„Drei Proben Teegläser französischer Herkunft wiesen sehr hohe Bleilässigkeiten des Trinkrandes auf. Die abgegebenen Mengen lagen um das 30- bis 40fache über den zulässigen Grenzwerten nach DIN 51 032.

Eine Chinaschale wies einen erhöhten Wert für die Bleilässigkeit auf“ (DO). Ähnlich (D).

„Ein Trinkglas aus der Türkei war mit einem unbeständigen Außendekor versehen, die Bleiabgabe war deutlich erhöht.

Eine Probe ‚Porzellanlöffel‘ mit bunter Glasur wies ebenfalls eine erhöhte Bleilässigkeit auf“ (DO).

„In insgesamt 55 Geschirrteilen aus Keramik (19 Flach-, 36 Hochgeschirrteile), drei Bedarfsgegenständen aus Metall, 12 Besteckteilen und fünf Proben beschichtetem Koch- und Bratgeschirr wurde die Blei- und Cadmiumlässigkeit und in 17 Proben (z. B. Bedarfsgegenstände aus Metall) zusätzlich die Angabe an Chrom und Nickel mittels Extraktion mit 4%iger Essigsäure bzw. Wasser bestimmt.

In 11 nicht füllbaren Geschirrteilen konnte eine Bleilässigkeit bis zu 0,48 mg/dm_2 (Grenzwert 0,8 mg/dm_2) gefunden werden. Bei vier gleichartigen Untertellern wurde der Grenzwert für Cadmium (0,07 mg/dm_2) mit Werten zwischen 0,09 und 0,13 mg/dm_2 überschritten.

In sechs Geschirrteilen lag die Bleilässigkeit mit Werten zwischen 0,16 und 2,6 mg/l unter dem Grenzwert für füllbare Gegenstände von 4,0 mg/l, während in einer Keramikschale aus Griechenland dieser Grenzwert mit 7,5 mg/l überschritten wurde.

In drei Proben konnte eine Cadmiumlässigkeit mit Werten bis zu 0,21 mg/l (Grenzwert 0,3 mg/l) nachgewiesen werden.

10 von 19 Trinkrändern gaben Bleigehalte bis zu 1,1 mg/Gegenstand (Richtwert 2,0 mg/Gegenstand) und vier von 19 einen Cadmiumgehalt bis zu 0,03 mg/Gegenstand (Richtwert 0,20 mg/Gegenstand) ab.

Bei den weiteren Proben konnte nur in einem Metallsieb eine geringe Abgabe an Cadmium und in einer Gabel eine Chromabgabe von 2,4 mg/Gegenstand nachgewiesen werden" (PF).

„Sog. Wachspapiere wurden immer noch zur Verpackung von Fleisch- und Wurstwaren verwendet, obwohl sie nicht für den Kontakt mit Fetten und Ölen sowie fetthaltigen Lebensmitteln geeignet sind. Die Hersteller wurden aufgefordert, die Verwendungsbeschränkung zu deklarieren.

Kunststoffbeutel, die auf der Außenseite bedruckt waren, färbten beim Aufreißen auf die Haut der Hände ab, wodurch indirekt der Farbstoff auf die Lebensmittel übertragen wurde.

Eine Zusatzhülle aus Kunststoff für Wurst war so stark perforiert, daß aus hygienischer Sicht Bedenken gegen die Verwendung als Verpackung im Selbstbedienungsbereich geäußert wurden.

Bei Gummidichtungen für Konservendosen war z. T. der durch Empfehlung des BGA festgelegte Beschleunigeranteil überschritten.

Bei Backförmchen aus Papier war die Verwendungsbeschränkung nicht deklariert. Außerdem enthielten sie den nicht zulässigen Konservierungsstoff Salicylsäure.

Getränkeschläuche aus Kunststoff wiesen bezüglich ihrer sensorischen Qualitäten trotz ihrer Zulassung für den Betrieb in Getränkeschankanlagen (‚SK'-Zeichen) deutliche Mängel auf. Die Proben wurden beanstandet und die Hersteller wurden aufgefordert, verstärkte Qualitätskontrollen durchzuführen.

Eine Backmatte aus Glasfasermaterial war mit Polysiloxan beschichtet. Die Beschichtung erwies sich für diesen Einsatzzweck als ungeeignet, da sie sich durch die Beanspruchung beim Backen und dem danach notwendig werdenden Reinigungsprozeß z. T. ablöste.

Ein kunststoffbeschichtetes Backblech aus Aluminium war für das Abbacken speziell von Laugengebäck nicht geeignet, da durch die Einwirkung der Lauge die Kunststoffschicht sich ablöste und das Aluminium sich auflöste" (S).

„Ein innen teflonbeschichteter Milchtopf, nach der Gebrauchsanleitung vorgereinigt, gab im Kontakt mit dem Prüflebensmittel Wasser einen deutlich fremdartigen Geruch und Geschmack ab.

Nach einer Woche wies der alkoholische Inhalt einer Taschenflasche gegenüber dem Vergleich im Geschmack eine deutlich erhöhte Schärfe, im Abgang aufkommende metallische Note auf. Der Importeur wurde aufgefordert, auf der Verpackung den Hinweis ‚Alkohol nicht länger als 3 Tage in der Flasche aufbewahren' in deutscher Sprache anzubringen" (HH).

„Ein Feuerzangenbowlentopf bestehend aus Kupferblech mit verzinnter Innenwand wurde einem Migrationsversuch mit Rotwein, dem Zitronensaft zugesetzt war, unterzogen, Bedingungen also, die in der praktischen Anwendung durchaus realistisch sind. Bereits nach 1 Stunde wies die Prüfflüssigkeit einen stark metallischen Geschmack auf und der Zinngehalt betrug 172 mg/l. Dieser war nach 2 Stunden auf 257 mg/l angestiegen und betrug nach dem Stehen über Nacht sogar 327 mg/l. Wegen der erheblichen geschmacklichen Beeinträchtigung und der Abgabe gesundheitlich nicht unbedenklicher Stoffe war der Topf nach § 31 Abs. 1 LMBG zu beurteilen“ (HAM).

„Ein sowohl für den Privatgebrauch wie für den gewerblichen Gebrauch in Gaststätten angebotener Steingrill aus Speckstein wies keine auffällige Schwermetallabgabe auf. Jedoch sollte das weiche Specksteinmaterial aus hygienischen Gründen auch in der Saftrille glatt geschliffen sein; die Gebrauchsanweisung sollte davor warnen, mit scharfen Gegenständen auf dem Stein zu hantieren“ (S).

„Zwei Bedarfsgegenstände (Bratenwender, Kartoffelstampfer) aus rostfreiem Stahl 18/10 zeigten bereits nach einmaligem Spülen Korrosionserscheinungen (Rostansatz)“ (DO).

„Bei Schneebesen wurde die Nickellässigkeit überprüft. Bei sechs Proben waren keine Übergänge von Nickel auf eine essigsaure Prüflösung festzustellen (Nachweisgrenze 2 µg/Schneebesen). Weitere sechs Proben gaben bis zu 5 µg ab, fünf Proben bis zu 10 µg. Bei einem Schneebesen konnte eine sehr hohe Nickelabgabe von 240 µg festgestellt werden. Eine derart hohe Nickellässigkeit erscheint hier, insbesondere in Anbetracht der oben aufgeführten Ergebnisse, außergewöhnlich hoch und technisch vermeidbar“ (BI).

„Bei einer Milchflaschenbürste und einer Spülbürste, die wegen ihres abweichenden Geruchs zur Untersuchung eingeliefert wurden, konnten mittels GC/MS Naphthalin, Naphthalinderivate und Ester der *o*-Benzoesäure festgestellt werden. Auffällig war, daß es sich hier nicht um Produkte mit Naturborsten handelte, wie seinerzeit bei Zahnbürsten und Rasierpinseln. Weshalb überhaupt eine Behandlung dieser Produkte mit Chemikalien erfolgte, ist nicht verständlich“ (BI). Ebenso (DU).

Verbraucherbeschwerden über Gegenstände im Kontakt mit Lebensmitteln

„Aufgrund einer berechtigten Beschwerde über eine Metalltrinkflasche mit Kunststoffinnenlackierung wegen eines Geruchs und Geschmacks nach Aminen wurden weitere Proben gezielt auf die Abgabe von sekundären aliphatischen und cycloaliphatischen Aminen untersucht; es ergaben sich bisher keine auffälligen Befunde“ (S).

„Bei einem als Verbraucherbeschwerde eingelieferten Dosenöffner wurde bei Gebrauch festgestellt, daß feine Metallspäne vom Dosenmaterial abgeschert werden und in das Füllgut gelangen. Diese feinen, spitzen Metalldrähte sind im Lebensmittel sehr leicht zu übersehen, so daß sie mit verzehrt werden können. Aufgrund der äußeren Beschaffenheit dieser Späne ist die Gefahr der Verletzung gegeben.

Die Teflonbeschichtung einer Bratpfanne zeigte deutliche Ablöseerscheinungen. In der dazugehörigen Gebrauchsanweisung wurde auf eine maximale Betriebstemperatur von 230 °C hingewiesen, außerdem wurde die Beschichtung als ‚kratzfest, schält und blättert nicht ab‘ bezeichnet. Das Ablösen wurde als technisch vermeidbar beurteilt

Eine als Trennlage für Schnittkäse verwendete Zellglasfolie wurde als Verbraucherbeschwerde eingereicht. Die Beschichtung der Folie löste sich ab und blieb als dünner Film auf den Käsescheiben zurück. Die Folie war beidseitig mit Cellulosenitrat beschichtet und entsprach nach unseren Untersuchungen in ihrer Zusammensetzung zwar der Zellglas-Bedarfsgegenstände-Verordnung. Aufgrund der sich ablösenden Beschichtung wurde es für den o.g. Verwendungszweck als nicht geeignet beurteilt. In einer Mitteilung des Importeurs hieß es: ‚lediglich bei der Verpackung von aggressiven (weichen oder stark riechenden) Käsesorten sind alle lackierten Zellglassorten generell nicht zu empfehlen, da hier ein Ablösen der Lackierung auftreten kann'. Da in der Praxis eine Unterscheidung von ‚aggressiven' und ‚nicht aggressiven' Käsesorten kaum sinnvoll erscheint, wurde der Inverkehrbringer aufgefordert, den Verwendungszweck einzuschränken. Es wurde ein allgemeiner Hinweis ‚zum Verpacken von Käse nicht geeignet' empfohlen. Außerdem wurde er darauf aufmerksam gemacht, daß die Zellglasfolie künftig nur mit dem Hinweis ‚für Lebensmittel' oder dem nach der o.g. Verordnung vorgegebenen Symbol gewerbsmäßig vertrieben werden darf" (BI).

Spielwaren, Scherz- und Hobbyartikel

Spielwaren

Die üblichen Probleme bei Spielwaren, weichmacherhaltige Produkte, von denen kleine Teile abzureißen waren und Spielwaren, bei denen eine deutliche Farblässigkeit festzustellen war, tauchen jedes Jahr wieder auf, ohne daß sich Grundlegendes ändert.

Beanstandet wurde von mehreren Untersuchungsämtern eine Ballonblasmasse wegen ihrer Eignung zur Gesundheitsschädigung. Bei diesem Produkt handelt es sich um eine in Ethanol und Aceton gelöste Kunststoffmasse in einer Metalltube. „Mittels eines kleinen Blasrohres, auf dessen Ende ca. 0,5 g dieser Masse aufgebracht werden, kann man nunmehr einen Ballon blasen. Beim Blasevorgang werden die enthaltenen Lösungsmittel freigesetzt und können eingeatmet werden. Insbesondere bei kleinen Kindern besteht die Möglichkeit, daß auch Anteile der Balloninnenraumluft wieder eingeatmet werden, da eine für Kinder annehmbare Ballongröße nicht mit einem Atemzug herzustellen ist. Selbst unter bewußter Vermeidung des Einatmens der Balloninnenraum wurden nach Herstellen von mehreren Versuchsproben deutliche Anzeichen von lösungsmittelbedingten gesundheitlichen Beeinträchtigungen (Schwindelgefühl, Magendruck, leichtes Zittern, kratziges Gefühl auf der Zunge) festgestellt. Aus unserer Sicht sind dieses schon Erscheinungen einer Gesundheitsschädigung. Auch nach Zipfel ist eine Schädigung der Gesundheit nicht nur eine Krankheit im medizinischen Sinne, sondern jedes Hervorrufen einer Beeinträchtigung der Gesundheit, auch wenn diese nur vorübergehend ist. Lediglich ganz geringfügige Beeinträchtigungen der Gesundheit sind dabei nicht zu berücksichtigen.

Auch das Bundesgesundheitsamt, welches in dieser Frage zu einer Stellungnahme gebeten wurde, kommt eindeutig zu dem Schluß, daß Lösungsmittel in Spielwaren zu vermeiden sind. Dieses gilt für Restgehalte an Lösungsmitteln und insbesondere für produktbedingte hohe Gehalte, wie im vorliegenden Falle. Auch entspricht ein lösungsmittelhaltiges Produkt nach Ansicht des Bundesgesundheitsamtes in keiner Weise der Verordnung über die Sicherheit von Spielzeug, da die Grundvoraussetzung, Nichtgefährdung der Sicherheit und der Gesundheit, nicht erfüllt wird.

Auch aus gesundheitsvorsorgenden Gesichtspunkten muß auf die Verwendung von Lösungsmitteln in Spielwaren verzichtet werden, selbst wenn es sich um relativ harmlose Lösungsmittel handelt. In vielen Fällen hat eine Schnüffelsucht ihren Anfang im süßlich angenehm-berauschenden Geruch von Klebstoff, Filzstift und Verdünner gefunden. Auch muß die Frage erlaubt sein, warum gerade Kinder einer völlig unnötigen Belastung ausgesetzt werden müssen.

Analytisch interessant ist, wieviel Lösungsmittel überhaupt in der Innenraumluft eines aufgeblasenen Ballons festgestellt werden kann. Zu diesem Zweck wurden innerhalb von jeweils ca. 20 Sekunden annähernd gleichgroße Ballons aufgeblasen und die Innenraumluft in ein Head-Space-Gläschen übergeführt. Im Mittel wurde eine Balloninnenraumkonzentration an Ethanol von 20,4 mg/l und an Aceton von 34,7 mg/l bestimmt" (BI). Ähnlich (DU).

„Spielwaren aus Weich-PVC (Gruseltiere, verwechselbare Radiergummis mit Süßwarenkomprimaten) befinden sich nach wie vor im Verkehr, von denen leicht abreißbare oder leicht abbeißbare Teile verschluckt werden können. Wegen der Gesundheitsgefahr, die sich durch eine Verhärtung des verschluckten Kunststoffmaterials im Magen-Darm-Bereich infolge der Herauslösbarkeit des Weichmachers ergeben kann, wurden sie beanstanden" (HH). Ebenso (FR, HA, S).

„Bei Spielwaren aus Kunststoffen werden z. T. noch cadmiumhaltige Pigmente zur Färbung eingesetzt. Aus Umweltschutzgründen sollen die Hersteller derartiger Produkte auf den Einsatz cadmiumhaltiger Farbmittel verzichten" (S).

„Außerdem fielen Weich-PVC-Spielwaren erneut durch einen z. T. sehr unangenehmen Geruch auf, der durch flüchtige Stoffe und Lösungsmittel, wie z. B. Phenol, Cyclohexanon und Isophoron, verursacht wird. Auch der in den Empfehlungen des BGA nicht aufgeführten Stabilisator tert.-Butylbenzoesäure war in diesen Materialien z. T. nachweisbar. Einige Spielwaren enthielten Organo-Zinnverbindungen, deren Verwendung bei der Herstellung von Weich-PVC nicht zulässig ist, da die weichmachende Komponente als ‚Schlepper' fungiert und die gesundheitlich nicht ganz unbedenklichen Organo-Zinnverbindungen herauslösen kann. Aus Gründen des vorbeugenden Gesundheitsschutzes wurden die Hersteller jeweils aufgefordert, ihre Rezepturen bzw. Herstellungsverfahren entsprechend den Anforderungen des BGA anzupassen" (S).

„Ein Wasserspielzeug aus PVC (Schwimmflügel) enthielt den in den Empfehlungen des Bundesgesundheitsamtes aufgeführten Stabilisator tert.-Butylbenzoesäure, der bei gleichzeitiger Verwendung von Weichmachern nicht zugesetzt werden sollte" (HH).

„Bei Luftballons waren die Richtwerte für Nitrosamine und für nitrosierbare Stoffe z. T. immer noch erheblich überschritten" (S).

„Luftballons enthielten 15,6 mg Mercaptobenzothiazol/l Migrat. 5 mg/l werden als technisch unvermeidbar angesehen" (HA). Ähnlich (SI).

„Bei einer Schwabbelmasse konnte N,N-Dimethylanilin nachgewiesen werden. Wahrscheinlich wurde diese Substanz als Konservierungsstoff eingesetzt. Wegen der gesundheitlichen Relevanz wurde der Hersteller aufgefordert, künftig auf den Einsatz derartiger Stoffe zu verzichten“ (S).

„Glasbonbons und Glasnachbildungen eines Lutschers werden von Kleinkindern voraussehbar in den Mund genommen. Sie können sie verschlucken und sich an scharfkantigen Ecken verletzen. Derartige Artikel dürfen nicht in Kinderhände gelangen und müssen abgelehnt werden. Sie wurden im Hinblick des vorbeugenden Gesundheitsschutzes beanstandet“ (HH).

„Bei einem Topf-Set handelte es sich um verkleinerte Nachbildungen von Metallkochtöpfen, die Kinder zum Spielen anregen sollen. In einem Praxistest wurden die Töpfe mit Wasser gefüllt und erhitzt. Beim Erwärmen schmolz die Lackschicht und platzte in großen Bereichen ab. Auch wenn die Töpfe nicht für den Einsatz als Kochtöpfe bestimmt sind, mußte dieser Gebrauch wegen der nachahmenden Spielweise kleiner Kinder berücksichtigt werden. Die Töpfe sind für den Kontakt mit Lebensmitteln nicht geeignet“ (HH). Ebenso (S).

In großem Umfang durchgeführte Untersuchungen von Wachsmalkreiden auf Schwermetalle ergaben durchweg positive Ergebnisse, d. h. sehr niedrige Schwermetallgehalte. Lediglich in einem Fall wurde ein über dem Grenzwert der DIN EN 71 liegender Bariumgehalt von 3.930 mg/kg (Grenzwert 500 mg/kg) festgestellt (HAM).

Wasserfarben überschritten mit Bleigehalten von 190 und 600 mg/kg deutlich den in der DIN EN 71 Teil 3 fixierten Grenzwert von 100 mg/kg (PB).

Bemalte und lackierte Holzspielwaren waren nicht speichel- und schweißecht. Sie entsprachen somit nicht der Empfehlung XLVII der Kunststoff-Kommission des Bundesgesundheitsamtes (HH). Ebenso (S).

„Im Rahmen der Untersuchung von Fasermalern, bei denen Lebensmittelfarbstoffe ausdrücklich ausgelobt waren, lag eine Probe ‚Fasermaler Öko-Norm‘ vor. Die verwendeten Farbstoffe waren weder Lebensmittelfarbstoffe noch Farbstoffe, die zur Herstellung von Kosmetika zugelassen sind. Trotz umfangreicher Bemühungen gelang es nicht, die synthetischen Farbstoffe zu identifizieren. Zwar konnte aufgrund dieser Tatsache keine abschließende toxikologische Beurteilung der Fasermaler erfolgen, die Angabe ‚mit ungiftigen Lebensmittelfarben‘ im Zusammenhang mit der Bezeichnung ‚Öko-Norm‘ und dem recht beachtlichen Verkaufspreis von 20,00 DM für neun Stifte stellt u. E. eine Irreführung des Verbrauchers dar. Nach eigenen Untersuchungen sind durchaus preiswerte Fasermaler auf der Basis von Lebensmittelfarben im Handel, die auch sonst nur gesundheitlich unbedenkliche Stoffe enthalten. Leider sieht das Lebensmittel- und Bedarfsgegenständegesetz (LMBG) den Begriff der Irreführung bei Bedarfsgegenständen nicht vor, so daß eine Weiterverfolgung der Angelegenheit nur nach den Bestimmungen des Gesetzes gegen den unlauteren Wettbewerb erfolgen könnte“ (SIG).

Bei der Untersuchung von feuchten Toilettenpapier fiel auf, daß ein Produkt mit Werbeaussagen wie „für sensible und gereizte Haut, besonders mild und pflegend, pflegt und schützt äußerst sensible und gereizte Haut, beugt Beschwerden vor" als Konservierungsmittel Formaldehyd enthielt. Im Hinblick auf die bekannten allergieauslösenden Eigenschaften des Formaldehyd und die Erwartungen der Verbraucher an „milde Pflege der sensiblen Haut" wurde der Hersteller zu einer Stellungnahme aufgefordert. Darin führte der Rechtsbeistand der betroffenen Firma aus, daß wegen der (angeblich!) vorgeschriebenen Haltbarkeit des Produktes von mindestens 3 Jahren eine Konservierung unumgänglich und der festgestellte Gehalt von 0,05% Formaldehyd einerseits auch bei Kosmetika ohne Deklaration zulässig und andererseits nach Literaturangaben nicht mehr allergieauslösend sei (SIG).

„Bei Spielwaren aus Sperr- oder Spanholz kann aus dem Klebeharz in unterschiedlichen Mengen Formaldehyd an die Raumluft abgegeben werden. Die Untersuchungen der vergangenen Jahre wurden in Düsseldorf und Duisburg konsequent weitergeführt. Bei einem bedeutenden Importeur im Überwachungsgebiet Duisburg führte eine umfassende Information und Beratung zu freiwilligen intensiven Bemühungen, den in Ostasien beheimateten Hersteller zu einer Produktionsumstellung innerhalb weniger Monate zu bewegen.

Als Untersuchungsmethode wird bundesweit die WKI-Flaschenmethode im 24-Stunden-Test durchgeführt und der vorsorgliche Richtwert von 110 mg/kg bei der Beurteilung zugrunde gelegt.

Da mit der WKI-Prüfmethode nur der Übergang in die Raumluft simuliert wird, kann über die orale Aufnahme keine Aussage gemacht werden. Es war da-

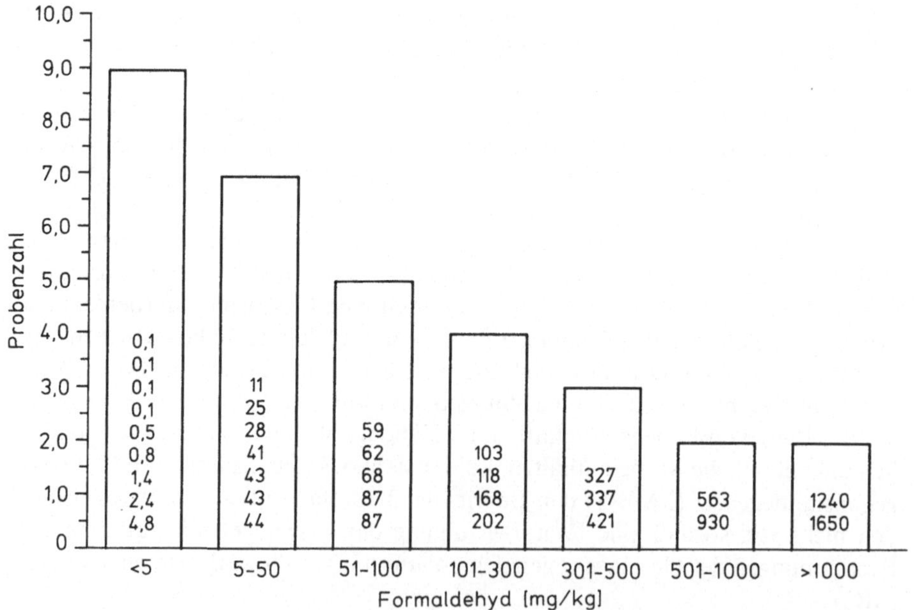

Abb. 4.6. Formaldehydgehalte in Holzspielwaren (Ergebnisse aus Duisburg und Düsseldorf – die jeweiligen Einzelergebnisse sind den Klassen zugeordnet); BGA-Richtwert: 110 mg/kg (WKI-Flaschenmethode, 24 h).

her naheliegend, auch einmal den Übergang in die für die Prüfung von Bedarfsgegenständen üblichen Speicheltestlösung festzustellen. Dies wurde in Duisburg bei einigen Proben simultan durchgeführt. Ein Problem stellt der Auftrieb des Holzes dar; dieser wurde mit Gewichten aufgehoben, so daß die bei beiden Methoden annähernd gleichartigen Holzteile ganz in die Flüssigkeit eintauchten.

Das Volumen entspricht natürlich nicht mehr dem bei der WKI-Methode eingesetzten, so daß von daher schon Unterschiede zu erwarten waren. Die Bestimmung erfolgte mittels Polarographie (Additionsmethode).

Zu aller Überraschung und auch erfreulicherweise gehen jedoch in die Speicheltestlösung nur verhältnismäßig geringe Mengen über. Vergleicht man diese von Kindern durch Ablecken möglicherweise oral aufgenommenen Mengen beispielsweise mit dem Formaldehydgrenzwert von 25 mg/kg bei der italienischen Käsesorte Provolone (einzige Zulassung), dann ist festzustellen, daß nur in zwei Fällen die Speicheltestwerte höher lagen.

Tabelle 4.4. Formaldehydabgabe von Spielwaren nach der WKI-Methode und mit Speicheltestlösung (DU)

Formaldehydbestimmungs-methode	Gehalt an Formaldehyd in mg/kg Spielzeug								
nach WKI (24 h)	421	202	87	43	168	44	327	1.240	43
Speicheltest (1 h bei 37 °C)	2,3	0,7	21	0,2	1	9,6	13	64	61

Überraschend ist auch, daß keine direkte Abhängigkeit zu den in die Luft abgegebenen Mengen erkennbar ist. Hier wird eher die Quelle (Klebeharz, Überzug o. a.) eine Rolle spielen, was noch genauer zu untersuchen bleibt.

Eine Normierung der Prüfmethode für die Bestimmung von oral aufnehmbarem Formaldehyd aus Spielwaren ist notwendig, ebenso eine darauf abgestimmte Richtwertfestsetzung. Hier wird mit Schwierigkeiten zu rechnen sein, da Formaldehyd auch in geringer Menge natürlicherweise in Lebensmitteln und im Stoffwechsel des Körpers vorkommt. Der bei Provolone tolerierte Gehalt kann aber sicher kein Maßstab sein.

Bei der Richtwertfestsetzung für oral aufgenommenen Formaldehyd ist insbesondere zu berücksichtigen, daß die hier angesprochenen Kleinkinder gegenüber Schadstoffen viel empfindlicher reagieren als Erwachsene und daß die ‚Leckkontaktzeiten‘ mit dem mehr oder weniger stark formaldehydhaltigen Spielzeug recht unterschiedlich sind. Ebenso liegen bislang keine Kenntnisse darüber vor, welche absoluten Formaldehydmengen von Kindern beim ‚Leckkontakt‘ mit dem Spielzeug aufgenommen werden.

Aus Gründen des vorbeugenden Gesundheitsschutzes ist ein möglichst niedriger Richtwert anzustreben. Diskussionsgrundlage könnten 5 mg/kg sein“ (DU).

Deutlich andere Ergebnisse werden aus Freiburg berichtet. Hintergrund ist ein anderer Bezug der ermittelten Formaldehydabgabe.

„Die Untersuchung von Holzpuzzles zeigte, daß die Formaldehydabgabe bei 90% der Proben unter dem vom BGA für Wohnräume empfohlenen Richtwert

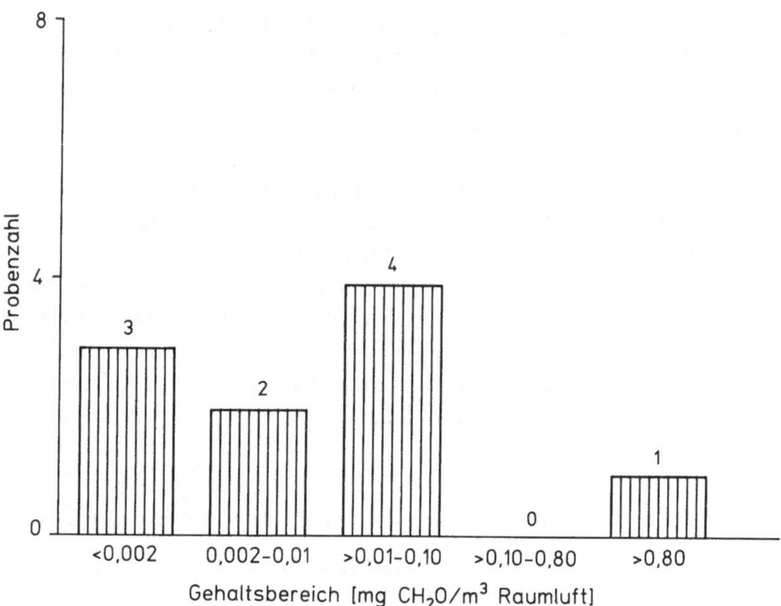

Abb. 4.7. Formaldehydabgabe aus Holzpuzzles; BGA-Richtwert: 0,12 mg CH_2O/m^3 Raumluft; Maximalwert: 0,83 mg/m^3 Raumluft (FR)

von 0,12 mg/m^3 lag. Die Verteilung der CH_2O-Abgabe ist nachfolgender Graphik zu entnehmen.

Zur Überprüfung der Formaldehydabgabe wird ein nicht weiter zerkleinertes Puzzleteil während 24 Stunden über einer definierten Wassermenge in einem geschlossenen Gefäß bei Raumtemperatur belassen. Anschließend wird Formaldehyd in der wäßrigen Lösung bestimmt (WKI-Methode). Die über die Formaldehydabgabe des Einzelteils ermittelte Abgabe des Gesamtpuzzles wird auf ein Zimmer von 30 m^3 Rauminhalt bezogen. Bei der Berechnung pro m^3 wird zusätzlich ein stündlicher Luftaustausch berücksichtigt. Das beschriebene Bestimmungs- und Bewertungsverfahren ist u. E. zur Risikobewertung der Formaldehydabgabe aus Puzzles gut geeignet, weil für die Risikoabschätzung nur die von einem Puzzle tatsächlich abgegebene CH_2O-Menge berücksichtigt wird. Das Verfahren wurde in Baden-Württemberg einheitlich vereinbart" (FR).

Scherzartikel

„Eine Probe Scherztinte besaß einen pH-Wert von 12,3. Dies entspricht einer ca. 0,1%igen (0,02 mol/l) Kaliumhydroxidlösung. Laut einer freiwilligen Vereinbarung der chemischen Industrie vom 11.07.1985 gelten Stoffe und Zubereitungen mit einem pH-Wert > 12 als ätzend und sollten in kindergesicherten Packungen, die zusätzlich mit dem Warnhinweis ‚Von Kindern fernhalten' oder ‚Darf nicht in die Hände von Kindern gelangen' ausgestattet sind, an den Verbraucher abgegeben werden. Die Probe wurde beanstandet" (S).

„Beanstandet werden mußten zwei Proben Bierpulver, die als Scherzartikel in den Verkehr gebracht wurden. Der Beschreibung zufolge sollte das Produkt, welches hauptsächlich aus Carbonat, Säure, Farbstoff und Tensid bestand, nach Wasserzugabe einem Bier täuschend ähnlich sein, was auch durch Herstellungsversuche bestätigt wurde. Aus unserer Sicht ist es vorhersehbar, daß dieses Produkt verzehrt wird, insbesondere wenn das Geschmacksvermögen, z.B. durch Alkoholgenuß, beeinträchtigt ist. Durch den Gehalt an anionischen Tensiden (Na-Laurylsulfat) kann es beim Trinken zu starker Schaumbildung und dadurch bedingt zu Hustenreizungen kommen. Dabei ist es durchaus möglich, daß ein Schaum/Flüssigkeitsgemisch in die Lungen kommen kann, was zu lebensbedrohenden Erstickungsanfällen führen kann. Grundsätzlich sollten Scherzartikel, bei denen ein Verzehr vorhersehbar ist, so wie Lebensmittel beschaffen sein" (BI).

„Sog. Neon-Luftschlangen, ein Scherzartikel, bei dem aus einer Spraydose luftschlagenartige Gebilde aus einem weichen Kunststoffmaterial freigesetzt werden, enthielten ein brennbares Treibmittel (Dimethylether), das dazu führte, daß es zu verpuffungsartigen Entzündungen kam, wenn die Schlangen in eine brennende Kerze gesprüht wurden. Der Hersteller war zwar seinen Kennzeichnungspflichten i.S. d. Gefahrstoff-Verordnung – wenn auch in sehr kleiner Schrift – nachgekommen, da es sich aber um einen Partygag handelte und hier auch mit brennenden Kerzen gerechnet werden muß, wurde der Hersteller auf seine Haftungspflicht nach dem Produkthaftungsgesetz aufmerksam gemacht" (HAM). Ebenso (DU, FR, S).

„Ein großes Sortiment an Lebensmittelimitationen (insgesamt 60 verschiedene Erzeugnisse) aus weichgemachten PVC mit hohem Weichmacheranteil lag zur Untersuchung und Beurteilung vor. Eigentliche Zweckbestimmung der Gegenstände war die Verwendung als Haarspangen, Ohr- oder Schlüsselanhänger. Imitiert wurden alle Arten von Früchten, Gemüse, Kleingebäcke, Partyhäppchen, Käse, Pralinen, Pommes frites usw., wobei die Vorbilder täuschend ähnlich nachgemacht worden waren.

Gemäß Weisung des BMJFFG vom 27.12.1989 ist bei Gegenständen der vorliegenden Art bereits vor der Umsetzung der Richtlinie 87/357/EWG in deutsches Recht der § 30 Nr. 4 LMBG i.S.d. Richtlinie auszulegen. Unter die Richtlinie fallen Erzeugnisse, die zwar keine Lebensmittel sind, bei denen jedoch aufgrund ihrer Aufmachung, Größe usw. vorhersehbar ist, daß sie von Verbrauchern, insbesondere von Kindern, mit Lebensmitteln verwechselt werden und deshalb zum Munde geführt, gelutscht oder verschluckt werden, was mit Risiken wie der Gefahr des Erstickens, der Vergiftung, der Perforation oder des Verschlusses des Verdauungskanals verbunden ist. Bei nahezu allen in Rede stehenden Proben waren die Kriterien der Richtlinie erfüllt" (HAM).

Hobbyartikel

„Emailpulver enthielt z.T. lösliche Cadmiumverbindungen. Die Migrationsgrenzen, die in DIN EN 71/3 festgelegt sind, waren um ein Vielfaches überschritten.

Eine Keramikglasur enthielt lösliches Blei. Der Hersteller wurde aufgefordert, eindeutige und leicht lesbare Warnhinweise bezüglich der Handhabung der Pulverglasur zu machen.

Bei Polystyrol-Schmelzgranulaten waren der nach Empfehlung XLVII vorgeschriebene Warnhinweis entweder unvollständig oder fehlte ganz. Die Hersteller wurden aufgefordert, diesen anzubringen bzw. zu ergänzen“ (S)

Gegenstände mit Körperkontakt

Lederjacke, Lederhose, Uhrarmbänder, Arbeitshandschuhe, Schuhleder wurden auf ihren Gehalt an Pentachlorphenol (PCP) untersucht. Wie nachstehende Graphik zeigt, enthielten 14 von 74 Proben (= 19%) mehr als 5 mg PCP/kg und überschritten somit die in der Pentachlorphenol-Verbotsverordnung festgelegte Höchstmenge.

Die Einführung des PCP-Grenzwertes hat im Vergleich zum Vorjahr bisher keine Veränderung der PCP-Gehalte von Leder bewirkt. Der Anteil der Proben, die mehr als 100 mg PCP/kg enthielten, lag 1989 wie auch 1990 bei 5%“ (FR).

In Bielefeld wurde die Schwerpunktaktion Pentachlorphenol in Bedarfsgegenständen aus Leder weiter intensiviert. Daneben wurden auch andere Bedarfsgegenstände in diese Schwerpunktuntersuchung miteinbezogen.

„Insgesamt wurden 216 Einzelproben auf ihren Gehalt an Pentachlorphenol überprüft. Es konnte bei 42 Proben ein oberhalb des Grenzwertes von 5 mg/kg

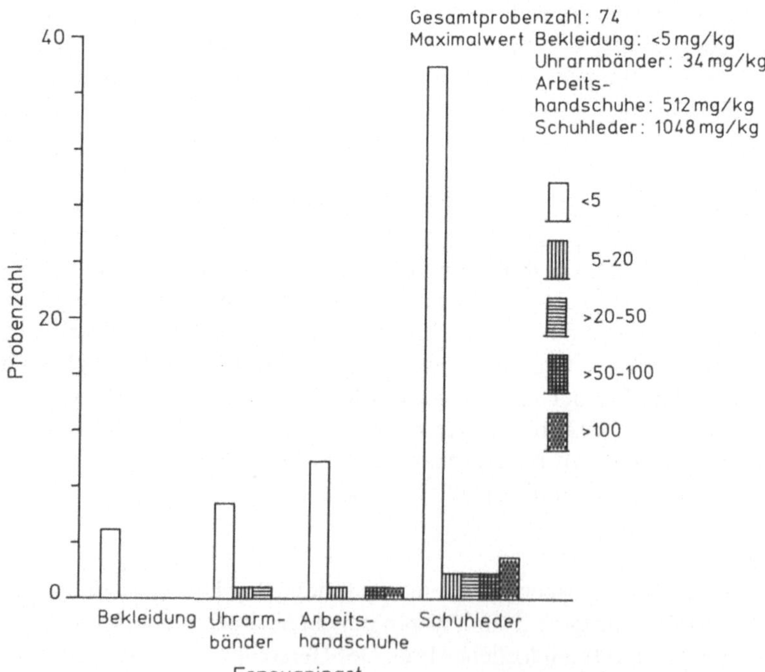

Abb. 4.8. PCP-Gehalte in Bedarfsgegenständen aus Leder (mg PCP/kg Leder) (FR)

liegender Gehalt festgestellt werden. Dabei handelte es sich ausschließlich um Bedarfsgegenstände aus Leder bzw. mit Anteilen aus Leder. Spitzenreiter war ein Brustbeutel aus Leder mit weit über 500 mg/kg an Pentachlorphenol. Besondere Beachtung verdienen u.E. Leder-Patchwork-Produkte. Da hier sehr viele unterschiedliche Lederarten und -sorten verarbeitet werden, ist es möglich, daß einige Lederstücke überhaupt nicht belastet sind, andere Stücke jedoch um so mehr. Es empfiehlt sich, in solchen Fällen in allen unterschiedlichen Ledersorten eine Untersuchung durchzuführen. Lederarbeitshandschuhe hingegen fielen, im Gegensatz zum vergangenen Jahr, kaum noch durch überhöhte Gehalte auf. Offensichtlich hat diese Branche sehr schnell Konsequenzen gezogen" (BI).

„Aufgrund einer Verbraucherbeschwerde wurden Regenponchos aus Bundeswehrbeständen untersucht. Es bestand der Verdacht, daß die Ponchos wegen ihres Gehaltes an ‚krebserregenden Substanzen' von den Streitkräften ausgesondert werden sollten und – entgegen den Anweisungen zur Vernichtung – an private Wiederverkäufer abgegeben wurden. Im Rahmen der Untersuchung konnten chargenabhängig unterschiedliche Gehalte an Pentachlorphenol (PCP) festgestellt werden (0,8 bis 12 mg/kg Ponchomaterial). Da zum Entnahmezeitpunkt die PCP-Verbotsverordnung noch nicht in Kraft war bzw. die Übergangsfrist berücksichtigt werden mußte, konnte eine förmliche Beanstandung auch bei den Ponchos, die die jetzt gültige Höchstmenge von 5 mg/kg überschritten, nicht erfolgen. Im Gutachten wurde jedoch die Frage aufgeworfen, ob der Verkauf von Bekleidungsgegenständen, die den Bundeswehrangehörigen in Friedenszeiten aus gesundheitlichen Gründen nicht mehr zugemutet werden können, an Zivilpersonen überhaupt verantwortet werden kann. Aus der Stellungnahme des zuständigen Ministeriums ging hervor, daß die Aussonderung wegen des durch Reaktion der Polyurethanbeschichtung mit einer Arsenverbindung entstandenen Arsentrioxid angeordnet worden war. Das Vorhandensein von PCP als Ausrüstungsmittel wurde zunächst bestritten; Nachuntersuchungen im wehrwissenschaftlichen Institut bestätigten jedoch die Befunde der CLUA Sigmaringen. Die gesundheitliche Beurteilung der festgestellten Werte durch das Bundesgesundheitsamt steht noch aus" (SIG).

„Uhrenarmbänder aus Leder enthielten entgegen den Vorschriften der Pentachlorphenol-Verbotsverordnung mehr als 5 mg PCP/kg Erzeugnis" (S-St), Lederhandschuhe enthielten 119 mg PCP/kg (HA).

„Arbeitshandschuhe und Uhrenarmbänder aus Leder mit auffälligen Pentachlorphenolgehalten stammten hauptsächlich aus dem Fernen Osten. Deshalb wurde vorgeschlagen, die Zolldienststellen anzuweisen, Importe von Bedarfsgegenständen aus Leder aus dem Fernen Osten vor der Zollabfertigung auf den Pentachlorphenolgehalt zu untersuchen" (S).

„Neben der festgestellten Problematik des Überschreitens der zulässigen Höchstmengen an PCP ist u.E. der mit dem PCP vergesellschafteten Dioxinproblematik bislang so gut wie keine Aufmerksamkeit gewidmet worden, obwohl hinlänglich bekannt ist, daß technisches PCP, welches für die Behandlung von Leder eingesetzt wird, mit sehr hohen Dioxingehalten belastet ist" (BI).

„Eine Wärmflasche aus PVC gab große Mengen an Phenol an die Umgebungsluft ab. Es wurden über 100 mg Phenol pro Kilogramm Material festgestellt" (S).

Gegenstände und Mittel zur Reinigung und Pflege

Die Zahl der Beanstandungen ist weiterhin gering; es sei denn, es handelt sich um fehlende oder falsche Warnhinweise, R-, S-Sätze oder die Inhaltsstoffliste ist unvollständig oder fehlt. Dabei ist immer häufiger zu beobachten, daß eindeutige Begriffe (mit negativem Ansehen) durch blumige Umschreibungen ersetzt werden, um einen „Naturstoff" daraus zu machen.

„Reinigungs- und Pfegemittel für den häuslichen Bereich können ätzende Stoffe enthalten. Als ätzend gelten Stoffe und Zubereitungen, die einen pH-Wert von kleiner 1,5 (1,5 bis 2 mit Warnhinweis) und größer 12 aufweisen und deswegen einen kindergesicherten Verschluß erfordern. Bei zwei Proben fehlte der Warnhinweis ‚Von Kindern fernhalten'. Für die anderen Proben ist die freiwillige Vereinbarung über die Verwendung kindergesicherter Packungen eingehalten worden" (HH).

„Ein erfreuliches Ergebnis hatte die wohlwollende Information an einen Hersteller, daß ein von ihm verwendeter ‚kindersicherer Verschluß' nach mehrmaligem Öffnen nicht mehr ‚kindersicher' war. Seine Nachprüfung bestätigte die Beobachtung, er will in Zukunft einen verbesserten Verschluß verwenden; dies ganz ohne juristische Veranlassung. Ein nachahmenswertes Beispiel.

Formaldehyd wurde bei fast allen Proben vergeblich gesucht, Konservierungsmittel aber sind erforderlich, und als Ersatz für Formaldehyd kann man auch z. B. Glutaraldehyd einsetzen, der nicht den Regelungen für Formaldehyd unterliegt, aber identisch wirkt" (DU).

„Nach der Gefahrstoff-Verordnung müssen Wasch-, Reinigungs- und Pflegemittel, die mehr als 0,1% Formaldehyd enthalten, durch die Angabe ‚Enthält Formaldehyd' gekennzeichnet sein. In keinem Fall wurde der Grenzwert überschritten" (HH).

„Bei Bedarfsgegenständen i.S. d. § 5 Abs. 1 Nr. 7 und 8 · LMBG wurde ein Schwerpunkt auf neu auf dem Markt befindliche Produkte gelegt oder zumindest auf solche, die diesen Anschein erwecken konnten. Es ist immer wieder erstaunlich, wie die althergebrachten Produkte mit einem neuen Image versehen, möglichst noch mit der Bezeichnung ‚Bio' oder ‚Natürlich' geschmückt, dann auch bevorzugt gekauft werden.

Weiterhin verkauft sich ‚viel Wasser' sehr gut (diese Erkenntnis hat sich auch anderswo schon verbreitet), und bei wenig Tensid und viel Wasser (Glasreiniger) und etwas Ethylalkohol kann man das Ganze mit gutem Gewissen nun auch noch als ‚Bioprodukt' verkaufen.

Auch bei anderen Reinigern ist man dazu übergegangen, die doch im Verhältnis zu Wasser recht teuren Stellmittel durch diesen preiswerteren und unbedenklicheren Rohstoff zu ersetzen. Ein Gewinn nicht allein für die Umwelt; vielleicht für die noch am wenigsten.

Auch hier zeigt sich, daß die Verbraucher und Verbraucherinnen mehr nach ‚Gefühl' als nach Erkenntnissen einkaufen, obwohl ein gestiegenes Umweltbewußtsein positiv zu bemerken ist" (DU).

Tabelle 4.5. Wassergehalte verschiedener Reinigungsmittel (DU)

Produktgruppe	Wassergehalt in %
Universalwaschmittel, flüssig	44 bis 51
Maschinengeschirrspüler, flüssig	43 bis 58
Maschinenklarspüler	70 bis 83
Waschpasten/Universalreiniger	60 bis 92
Glasreiniger	82 bis 94

„Ein als Waschzusatz ‚Biozym' bezeichnetes Produkt wurde beanstandet, da die Angaben der Rahmenrezeptur sowie die Dosierungsempfehlungen fehlten. Der Proteinanteil als Bezugsgröße für eventuell vorhandenes Enzym lag unter 0,03 %. Auch war unklar, worauf sich die Bezeichnung ‚Bio' beziehen sollte" (HA).

„Schwerpunktmäßig wurden Desinfektionsreiniger für Lebensmittelbetriebe und für den Haushalt, Backofenreiniger, Silberputzmittel, Fleckentferner, Entkalker, Rohrreiniger und Reiniger für den Sanitärbereich untersucht. Desinfektions- und Reinigungsmittel für den gewerblichen Gebrauch enthielten Wasserstoffperoxid (30%), quartäre Ammoniumsalze auch im Gemisch mit Guanidiniumsalzen und Hypochlorit als wirksame Bestandteile.

In einer Brauerei wurden ‚Formalin'-Tabletten (polymerisiertes Formaldehyd) in Lagergefäßen verbrannt. Das Produkt wurde zur ‚Entkeimung von Lagergefäßen aus verschiedensten Materialien in der Lebensmittelindustrie' angeboten. Warnhinweise und Ratschläge zum sicheren Umgang waren nicht deutlich genug vom Text der ausführlichen Gebrauchsanweisung abgehoben, und es fehlten Hinweis auf eine Gefahr der Sensibilisierung und des möglichen irreversiblen Schadens.

Bei einem Backofen-Grillreiniger mit 8% Monoethanolamin und einem pH-Wert von 11,5 waren die Warnhinweise unauffällig in kleiner Schrift und brauner Farbe auf der Rückseite des Behältnisses angebracht. Mit einer in größeren und roten Buchstaben ins Blickfeld gerückten Werbeaussage ‚hautschonend' verloren die Warnhinweise an Wirkung, und dem Verbraucher wurde ein leichtfertiger Umgang mit diesem Produkt nahegelegt.

Ein Silber-Reinigungsbad mit 7% Thioharnstoff und einem pH-Wert unter 1 war nicht kindersicher verschlossen. Auch die Kennzeichnung entsprach nur ungenügend den Sicherheitserfordernissen für den Umgang mit diesem Produkt.

Bei einer Silbermilch wurde vor einer Berührung mit der Haut ausdrücklich gewarnt, gleichzeitig aber empfohlen, das Produkt mit einem feuchten Lappen auf Silbergegenstände aufzutragen. Ein Kontakt mit der Haut war vorprogrammiert.

Universalfleckentferner zur Reinigung von hartnäckigen Flecken auf Händen und Textilien müssen als kosmetisches Mittel auch mit einem Kennzeichen zur Identifizierung des Herstellungspostens gekennzeichnet sein. Bei zwei Produkten fehlte diese Angabe. Die ungenügende Kennzeichnung eines Fleckentferners aus einem Gemisch von 1,1,1-Trichlorethan, Trichlorethylen und Benzinkohlenwasserstoffen gewährleisteten keinen ausreichenden Schutz vor Gesundheitsschäden.

Soda wurde als Reinigungsmittel für Kochgeschirr mit angebrannten Speiseresten, für Vorratsregale und verstopfte Ausgüsse angeboten. Die Aufmachung entsprach zwar den Kennzeichnungsvorschriften der Gefahrstoff-Verordnung, für die Sicherheitserfordernissen im Haushalt fehlten jedoch ein kindersicherer Verschluß und der Hinweis ‚Von Kindern fernhalten'.

Bei einem sauren Reinigungsmittel wurde mit den verharmlosenden Produktmerkmalen ‚hautschonend und verträglich, umweltschonend und -freundliche, hochwirksam und trotzdem nicht ätzend' als Ersatz für ‚alle aggressiven, sauren Reiniger und Entkalker' geworben. Das Produkt ‚ohne Chlor, ohne Phosphat, ohne Salzsäure, ohne Phosphorsäure, ohne Essig' enthielt 12% Amidosulfonsäure, der pH- Wert betrug 0,5. Eine sorglose Anwendung mit Gesundheitsgefährdung war voraussehbar. Die ‚ohne'-Werbung, bei der alle in der Öffentlichkeit als kritisch beurteilten Chemikalien der Reihe nach aufgezählt werden, ist im Trend und nimmt zuweilen groteske Züge an.

Ein WC-Reiniger in Granulatform enthielt Natriumbisulfat und Natriumchlorid. Die Packung war nicht kindersicher verschlossen und unzureichend mit Warnhinweisen ausgestattet. Die Angabe ‚ohne Salzsäure' verleitet auch zu unvorsichtigem Umgang. Die beim Lösen mit Wasser aus Natriumbisulfat entstehende Schwefelsäure hat mindestens die gleiche Säurestärke wie Salzsäure; zudem verhält sich Natriumchlorid im stark sauren pH-Wert wie Salzsäure.

Ein im Überwachungsgebiet hergestellter Sanitärreiniger mit einem pH-Wert von 1 enthielt als Aktivsubstanz nicht, wie auf dem Etikett angegeben, ‚organische Säuren', wie sie derzeit bevorzugt in Sanitärreinigern eingesetzt werden, sondern 8% Phosphorsäure. Ein kindersicherer Verschluß und der Hinweis, daß das Produkt von Kindern fernzuhalten ist, fehlten. Vermutlich waren Rezepturänderung vom Hersteller geplant und Etikettenneudruck veranlaßt worden, die Umstellung von Phosphorsäure auf organische Säuren war jedoch nicht erfolgt.

Ein Spezial-Zementschleier-Entferner mit 10% Salzsäure, der in Baumärkten auch für den häuslichen Gebrauch angeboten wird, hatte nicht nur zu unbefriedigenden Reinigungsergebnissen, sondern auch zu Hautreizungen bei der Anwenderin geführt. Der Hersteller hatte aber ausdrücklich auf das Tragen von Gummihandschuhen bei Personen mit empfindlicher Haut hingewiesen. Das Produkt war nicht mit einem kindersicheren Verschluß ausgestattet.

Ein als ‚ozonfreundlich' ausgelobter Spezialreiniger für Magnetköpfe an Video- und Tonbandgeräten enthielt 1,1,2- Trichlortrifluorethan (Kp. 46 °C) als Lösungsmittel. Für den umweltbewußten Verbraucher sind werbliche Hinweise wie ‚ozonfreundlich' für den Kauf von Reinigungsmitteln mitbestimmend" (S).

In Freiburg stellte man fest, „daß hypochlorithaltige Reinigungs- und Pflegemittel, die als Schimmelentferner für den häuslichen Bedarf oder als Bleichwasser mit breitem Anwendungsfeld in den Verkehr gebracht wurden, nicht dem für sie geltenden Sicherheitsstandard entsprechen. Die Kennzeichnung eines Schimmel- und Algenbekämpfungsmittels mit 2% Natriumhypochlorit und einem pH- Wert von 11,9 enthielt hervorgehoben den Hinweis ‚nicht kennzeichnungspflichtig'. Die meisten Schimmelentferner wurden in nicht kindersicher verschließbaren Behältnissen mit Spritz- bzw. Sprühvorrichtung angeboten. Da zudem auch die

Kennzeichnung nicht immer der Gefährlichkeit des Erzeugnisses entsprach, mußte mit einem sorglosen Umgang im Haushalt (z. B. nicht kindergeschützter Aufbewahrungsort) gerechnet werden. Haben Kinder Zugang zu derartig abgefüllten Reinigungsmitteln, so muß damit gerechnet werden, daß sie diese u. U. wie eine mit Wasser gefüllte Spritzpistole verwenden. Die Folgen können beim Verspritzen der ätzenden Flüssigkeiten ins Auge oder auf die Haut erheblich sein.

Hypochlorithaltiges Bleichwasser, das im Hinblick auf das breite ausgewiesene Anwendungsfeld als normales Reinigungsmittel eingestuft werden mußte, verfügte nicht über eine Alkalireserve. Sie ist erforderlich, damit beim Vermischen mit sauren Mitteln kein Chlorgas freigesetzt werden kann" (FR).

Weiterhin angetroffen wurden Mottenkugeln, die zu über 95% aus *p*-Dichlorbenzol bestanden, wurden von Drogerien in Papier- und Cellophanbeuteln ohne jede Kennzeichnung abgegeben. Bei Verschlucken von *p*-Dichlorbenzol besteht akute Vergiftungsgefahr (FR).

„Zur Untersuchung wurde ein Insektenvernichtungsmittel auf der Basis Pyrethrum/Pyperonylbutoxid eingereicht. Von seiner Zusammensetzung und Kennzeichnung her war das Produkt nicht zu beanstanden. Bedenklich erschien jedoch die Anwendung in einer Lebensmittelverkaufsstelle.

So sollte mittels einer automatisierten Sprühvorrichtung in konstanten Zeitabständen (angegeben waren jeweils alle 10 Minuten) vorbeugend Insekten bekämpft werden. Eine derart unspezifische Anwendung zieht eine vermeidbare Kontamination der angebotenen Lebensmittel nach sich. Auch widersprach diese Art der Anwendung völlig der Beschreibung auf der Sprühdose selbst, die eine Anwendung nach Bedarf und nicht in unmittelbarer Nähe von Lebensmitteln vorsah" (BI).

Kosmetische Mittel

Die Zahl der unter diese Gruppe fallenden und zu untersuchenden Produkte ist riesig. Andererseits sind die tieferen Kenntnisse, insbesondere der technisch bedingten Verunreinigungen, noch nicht zufriedenstellend. Noch weitaus größere Schwierigkeiten bereitet die Bewertung der dermatologischen und gesundheitlichen Auswirkungen im Zusammenspiel der Mischungen.

Die Zahl der als Allergie erkannten Krankheiten nimmt ständig zu, ohne daß in gleichem Maße die Erkenntnisse über deren Ursachen steigen. Es ist daher nicht verwunderlich, daß nicht nur die amtliche Lebensmittelüberwachung, sondern u. a. auch Dermatologen und Verbraucherverbände sich immer wieder für eine vollständige Deklaration der Inhaltsstoffe bei Kosmetika einsetzen.

„Sie wäre beispielsweise für empfindliche oder allergische Personen eine wertvolle Hilfe, um entsprechende Produkte meiden zu können, und könnte das in den letzten Jahren durch verschiedene ‚Skandale' (Dioxan, Laurylsulfat, Nitrosamine, Kathon ...) angeschlagene Vertrauensverhältnis zwischen Kosmetikindustrie und Verbrauchern verbessern helfen.

Erfreulicherweise sind einige Firmen (immerhin 30 Erzeugnisse von 283 = 10%) schon freiwillig dazu übergegangen, die Inhaltsstoffe anzugeben. Die Deklaration erfolgt meist in Anlehnung an die amerikanischen Bezeichnungen nach CTFA (Cosmetic, Toiletries and Fragrance Association)" (FR).

Irreführungen und Täuschungen finden sich bei vielen Kosmetika, häufig werden den Produkten Wirkungen zugesprochen, die entweder eindeutig falsch oder wissenschaftlich nicht hinreichend gesichert sind.

„Was bedeutet ‚wissenschaftlich hinreichend gesichert'?
Auf einem Symposium der Deutschen Gesellschaft für wissenschaftliche und angewandte Kosmetik e.V. wurden Anforderungen formuliert, die an die im Gesetz geforderte wissenschaftlich hinreichende Sicherung von Wirkungen zu stellen sind. Sie betreffen z.B. die Versuchsbedingungen, die Überwachung der Versuche, die Probandenzahl, die Signifikanz der Ergebnisse und ähnliches. Hiermit sind der Überwachung Kriterien für die Einschätzung vorgelegter Wirksamkeitsnachweise an die Hand gegeben" (FR).

Zum großen Teil handelte es sich bei den Beanstandungen um Kennzeichnungsmängel. Neben der Nummer des Herstellungspostens fehlte z.B. die Angabe des Herstellers oder Vertreibers bzw. der Ort der gewerblichen Niederlassung dessen, der das Erzeugnis in Verkehr bringt.

Die Nummer des Herstellungspostens (Chargen-Nummer) auf den Packungen und Behältnissen von kosmetischen Mitteln ist eine Angabe zum Schutz der Gesundheit und soll eine Identifizierung der Herstellung ermöglichen, die natürlich ohne Kenntnis des Verantwortlichen auch wertlos ist. Diese Beanstandungen werden im einzelnen nicht erwähnt, sie liegen von allen Untersuchungsämtern vor, die Kosmetika untersuchen.

„Als ‚Dauerbrenner' erweist sich die Werbung mit ‚Bio', ‚Natur' und ähnlichen Attributen für Produkte, die keineswegs ausschließlich aus natürlichen Stoffen hergestellt sind. Überdies werden teilweise die natürlichen Bestandteile in einer Inhaltsangabe aufgelistet, die den Eindruck der Vollständigkeit erweckt, aber die enthaltenen synthetischen Konservierungsstoffe unterschlägt" (FR).

Augenkosmetika
Augencremes, Augenlotionen und Augenmake-up-Entferner enthielten Konservierungsstoffe. „Die gleichen Produkte hatten dem Medizinischen Landesuntersuchungsamt zur mikrobiologischen Untersuchung vorgelegen und waren als einwandfrei befunden worden.

Verschiedene Augenpflegecremes, aber auch Hautcremes wurden mit irreführenden Wirkungsbehauptungen in den Verkehr gebracht, die nährende, aufbauende und regenerierende Eigenschaften beinhalteten.

In den werblichen Aussagen zu einer exklusiven Augenpflegecreme wurden Wirkungen von speziellen Zellwachstumsfaktoren, die bei Zellkulturen (Fibroblastenkulturen) beobachtet worden waren, ohne weitere Nachprüfung auf die intakte menschliche Haut übertragen. Dazu waren den Werbefachleuten neue Zelltypen ‚Zibloblasten' und ‚Ziblozyten' eingefallen. Zellkulturen entsprechen nicht den lebenden Hautzellen im Gewebeverband, deren Versorgungslage mit lebenswichtigen Stoffen grundsätzlich eine andere ist und bei der auch die Hornschichtbarriere berücksichtigt werden muß. Die angegebenen Wirkungen waren irreführend und als wissenschaftlich nicht gesichert zu beurteilen" (S).

Badezusätze

„Kamillen- Badekonzentrate für Sprudelanlagen wurden wegen ungewöhnlich tiefblauer Farbe (Patentblau VF) des damit versetzten Badewassers und mangelnden kamillentypischen Geruchs als Beschwerde vorgelegt. Laut Angabe enthielten die Konzentrate in 100 ml 1 g Extrakt aus 100 g Kamillenblüten. Die lipophilen wirksamen Kamilleninhaltsstoffe bewegten sich jedoch im Spurenbereich (zwischen 0,1 und 0,2 mg/100 ml) und die wasserlöslichen (Apigenin-7-glucosid u. a.) in Mengen unter 1 mg in 100 ml Konzentrat (HPLC). Die Auslobung als Kamillenprodukt und die Angaben über den Gehalt an Kamillenbestandteilen wurden als irreführend beurteilt" (S).

Ein „Anti-Stress-Activator" entpuppte sich als handelsübliches Ölbad (Badezusatz) (SIG).

Haarkosmetika

Haartönungsmittel und Haarfärbemittel. „Auf dem Markt ist eine verwirrende Vielzahl von Produkten anzutreffen, die das Haar tönen oder färben. Für den Verbraucher ist beim Kauf bedauerlicherweise aus den Packungsangaben auf dem Umkarton oft nicht eindeutig erkennbar, welches Produkt aus dem großen Angebotssortiment er gerade vor sich hat. Es gibt die Erzeugnisse in unterschiedlicher Konsistenz als Flüssigkeit, Lotion, Gel, Creme oder als Schaumaerosol.

Die farbintensivierenden oder farbveränderten Artikel werden als Festiger, Spülung, Shampoo oder Pflegecreme angeboten. Die umfangreiche Produktpalette läßt sich aufgrund ihrer farbgebenden Komponenten und der damit zusammenhängenden unterschiedlichen Haftfestigkeit wie folgt unterteilen.

Haartönungsmittel:

- mit temporären (= direktziehenden) Farbstoffen,
- mit semipermanenten Farbstoffen,
- mit permanenten Farbstoffen (= Oxidationsfarbstoffen); je nach Einwirkzeit und Konzentration der farbgebenden Wirkstoffe erfolgt hier eine intensivere Tönung und ein fließender Übergang zur Gruppe der Haarfärbemittel.

Haarfärbemittel:

- mit vorwiegende Oxidationsfarbstoffen, die eine bessere Deckkraft und eine nicht auswaschbare Umfärbung bewirken;
- mit ntürlichen Farben (z. B. Henna).

Die Haartönungsmittel lassen sich nach zunehmender Tönungsintensität und Haftfestigkeit nochmals unterteilen in:

- Tönungsfestiger,
- Tönungsspülung,
- Schaumtönung,
- Tönungsshampoo,
- Intensivtönung,

wobei die beiden letzten Produktetypen meistens Oxidationsfarbstoffe enthalten und damit zu den Haarfärbemitteln überleiten.

Zu besseren Informationen der Verbraucher wäre die Kosmetikindustrie gut beraten, konkreter Produktbeschreibungen bereits auf dem Umkarton anzubringen" (DU).

Haarpflegemittel. „Ein Haarelixier enthielt laut Deklaration u.a. den Preßsaft der Früchte der südamerikanischen Seronoa-Palme. Der Palmenextrakt soll den erblich bedingten Haarausfall stoppen und die Haarwurzeln zu vermehrter Aktivität anregen. Nach unserer Recherchen wird diese Wirkung zur äußerlichen Anwendung in der Fachliteratur nicht beschrieben" (HH).

„Ein Haarshampoo wurde mit der Bezeichnung ‚Ei-Cognac' in den Verkehr gebracht und wies einen dem Eierlikör ähnlichen Geruch auf. Eine Verwechslung mit Eierlikör war nicht auszuschließen. Mit Hinweis auf die Richtlinie Nr. 357/EWG vom 25.06.1987 wurde der Hersteller aufgefordert, sowohl die Bezeichnung ‚Ei-Cognac' als auch die Aromatisierung seines Produktes zu ändern, um Gesundheitsschäden als Folge einer Verwechslung zu vermeiden. Inzwischen besteht für ein derartiges Produkt ein Verkehrsverbot (§ 8 Nr. 3 LMBG)" (S).

„Mehrere Haarfluids eines Herstellers trugen auf den Etiketten rein kosmetische Anwendungshinweise, während auf einer dazugehörenden Werbeschrift daneben auch Krankheiten wie Kopfhaut- und Haarwurzelsklerose (krankhafte Verhärtung), Kopfhautekzeme (Juckflechte) und Kopfgrind (ansteckende chronische Pilzinfektion) aufgeführt waren. Bei derartigen Erkrankungen ist von ethanolischen Haarwässern (30%) mit Kräuterextrakten wohl kaum eine Heilwirkung zu erwarten" (FR).

„Ein Haarspray im Pumpzerstäuber enthielt Ethanol als Lösungsmittel. Die Angabe zum sachgemäßen Gebrauch und die ausführlichen Warnhinweise waren nur in englischer und französischer Sprache angebracht. Im Gutachten wurde ausführlich dargelegt, welche Gefahren mit dieser mangelhaften Kennzeichnung verbunden sein können. Ungeachtet dessen hat das zuständige Ordnungsamt inzwischen ohne jede Begründung die Einstellung des Verfahrens verfügt" (SIG).

Die „Bio"-Welle schwappt nun auch auf Kosmetika über, die ersten „Light"-Shampoos wurden auch schon gesehen. Ob das der Verbraucher tatsächlich glaubt?

„Ein Shampoo wurde zu Unrecht als ‚100% biologisch' ausgelobt. Darüber hinaus waren Werbeaussagen über die konsequente Beseitigung von übermäßigem Haarausfall, Umweltverträglichkeit und biologische Abbaubarkeit unzutreffend.

Zwei Haarpflegeprodukte mit überwiegend synthetischen Inhaltsstoffen wurden unzutreffend, aber werbewirksam als ‚Bio'-Produkte herausgestellt" (D).

„Als natürliche Kosmetik ausgelobte Honigshampoos enthielten u.a. hohe Gehalte an anionischen Tensiden in Verbindung mit Dioxan, in anderen waren pHB-Ester eindeutig nachzuweisen. Ein Kamillenshampoo wurde als ‚dioxanfrei' ausgelobt, dennoch waren Gehalte bis zu 5 mg/kg nachweisbar. Ein als Haarkosmetikum ausgelobtes Präparat enthielt Thioglykolsäure, ohne den erforderlichen Warnhinweis. Ein weiteres ‚Bio-Protein-Produkt' enthielt in der Liste der eingesetzten Substanzen fast ausschließlich synthetische Stoffe, so daß die Bezeichnung ‚Bio' als irreführend beanstandet werden mußte" (HA).

„Bei Dauerwellmitteln aus Belgien waren die für thioglykolsäurehaltige Wellmittel und wasserstoffperoxidhaltige Fixiermittel nach der Kosmetik-Verordnung erforderlichen Warnhinweise nicht oder nur unvollständig auf den Behältnissen angebracht. Diese Produkte und anderer Haarpflegemittel mit handelsüblichen Formulierungen dieses Herstellers wurden unter der Bezeichnung ‚Bio' in den Verkehr gebracht" (S). Ähnlich (FR).

„Auch ein im Überwachungsgebiet hergestellter Haarfestiger (PVP/VA, Quats) wurde als ‚Bio'-Produkt vertrieben" (S).

„Bei einer Dauerwelle hatte eine Verbraucherin Abweichungen von den gewohnten Eigenschaften festgestellt. Im Vergleich zum Originalprodukt, das die Herstellerfirma zur Verfügung stellte, wurden Unterschiede in der chemischen Zusammensetzung sowie bei Geruch und Farbe festgestellt. Es besteht der begründete Verdacht, daß in einem Friseurgeschäft ein Dauerwellpräparat in den Behältnissen und mit der Kennzeichnung eines anderen Herstellers verkauft worden war" (FR).

Oxidationshaarfarben. „Oxidationshaarfarben sind Gemische aus farblosen Farbstoffvorstufen, die mit Oxidationsmitteln zu Farbstoffen reagieren. Als farbbildende Komponenten wird eine Vielzahl verschiedener Derivate aus der Gruppe der *p*-Toluylendiamine und *p*- Phenylendiamine verwendet. Ihre Einsatzkonzentration ist durch die Kosmetik-Verordnung begrenzt. Die Überprüfung der Höchstmengen ist nur möglich, wenn die entsprechenden Vergleichssubstanzen zur Verfügung stehen. Die wenigsten sind aber über den üblichen Chemikalienhandel erhältlich. Auch unsere Anfragen bei den Rohstoffherstellern waren bisher erfolglos. Nachdem auch der Industrieverband nicht auskunftsbereit war, stellt sich die Frage, *ob die Industrie hier etwas zu verbergen hat.*

Enthaarungsmittel. Was der eine mit viel Mühe versucht, zum Wachsen anzuregen, will ein anderer nicht und bekämpft es mit starken chemischen Mitteln.

„Enthaarungscremes werden verwendet, um störende Haare an Beinen und Achseln zu entfernen. Sie bewirken aufgrund ihres hohen pH-Wertes und des Gehaltes an Thioglykolsäure eine Quellung und anschließende Aufspaltung des Keratingerüstes der Haare. Proben mußten wegen unvollständiger Angabe der Warnhinweise beanstandet werden" (HH). Ebenso (D).

„Innerhalb eines Untersuchungsschwerpunktes Haarentfernungsmittel bzw. Haarentkräuselungsmittel mußten mehrere Beanstandungen ausgesprochen werden, da die vorgesehene und vorgeschriebene Anbringung der Warnhinweise nur unvollständig war. Möglicherweise hing dieses damit zusammen, daß es sich bei den eingelieferten Produkten um Produkte älteren Herstellungsdatums handelte, doch blieb immer noch eine nicht unbedeutende Anzahl zu Recht ausgesprochener Beanstandungen übrig" (BI).

„Eine stark alkalische, thioglykolsäurehaltige Enthaarungscreme wurde fälschlich als ‚hautschonend' bezeichnet" (D).

Hautkosmetika

„Eignung zur Gesundheitsschädlichkeit: Wie schon im vergangenen Jahr wurde in einem Puderlidschatten ein hoher Bleigehalt (> 1.000 mg/kg) festgestellt, der die vom Bundesgesundheitsamt festgestellte Toleranzgrenze der technisch vermeidbaren Spuren (20 mg/kg) bei weitem überschritt.

Beurteilt wurde nach § 26 Abs. 2 LMBG im Sinne der EG-Richtlinie, wonach auch durch Kontamination eines Grundstoffes eingebrachte technisch vermeidbare Bleigehalte zu beanstanden sind" (FR).

„Bei drei Hautbleichcremes (Import aus den Niederlanden) wurde Hydrochinon als Wirkstoff nachgewiesen. Auf den Behältnissen fehlten folgende Angaben in deutscher Sprache:

- Enthält Hydrochinon.
- Den Kontakt mit den Augen vermeiden.
- Nur auf kleine Flächen auftragen.
- Bei Reizung die Verwendung beenden.
- Nicht für Kinder unter 12 Jahren verwenden" (D).

„Die deutliche Auslobung von Vitamin E in der Kennzeichnung von vier Produkten (zweimal Hautmilch, einmal Tagescreme, einmal Shampoo) war nicht berechtigt, weil dieser Inhaltsstoff nicht nachweisbar war bzw. nur in minimaler, kosmetisch nicht wirksamer Menge (unter 0,005%) vorlag. Vitamin-E-Zusätze und darauf zurückzuführende Wirkungen werden bei auffallend vielen kosmetischen Produkten in der Kennzeichnung werbewirksam herausgestellt. Die Gehalte in 30 Proben, berechnet als α-Tocopherol (nach Verseifung), sind in nachfolgender Übersichtstabelle (Tabelle 4.6) zusammengefaßt.

Tabelle 4.6. Tocopherolgehalte in kosmetischen Erzeugnissen (D)

Zahl der untersuchten Produkte	Gehalt an α-Tocopherol in %
4	< 0,005
3	> 0,01 bis 0,1
10	> 0,1 bis 0,5
7	> 0,5 bis 1,0
6	> 1,0 bis 2,6
30	

Welche Vitamin-E-Mengen in kosmetischen Produkten bereits kosmetisch wirksam sind und somit eine Auslobung in der Produktkennzeichnung rechtfertigen, darüber gibt es in der Fachliteratur recht unterschiedliche Angaben, da der für eine Pflegewirksamkeit notwendige Vitamin-E-Zusatz produktabhängig ist. Auslobungen von Vitamin E sind bei Gehalten unter 10 mg/100 g nach u. A. mit Sicherheit immer unberechtigt.

- In dem Inserat einer Kosmetikzeitschrift wurde in Wort und Bild zu Unrecht damit geworben, daß eine Produktserie u. a. bei der Büstenmodellierung, der Remodellierung des ganzen Körpers sowie bei Akne und Cellulite spektakuläre Erfolge erzielt habe. Fotos vor und nach der Behandlung sollten die Wirksamkeit der Produkte ‚dokumentieren', stammten aber von verschiedenen Personen. Der ergangene Bußgeldbescheid ist inzwischen rechtskräftig.

Werbeanzeigen in einschlägigen Fachzeitschriften enthalten nicht selten überzogene Angaben in den Produktbeschreibungen, die die Grenzen des Zulässigen überschreiten. Wünschenswert wäre, daß man in allen Bundesländern diesem Problem mehr Aufmerksamkeit schenkte" (D).

„In den Produktbeschreibungen von zwei Propolis enthaltenden Erzeugnissen (Maske und Emulsion) wurde mit Wirkungsaussagen geworben, deren Richtigkeit anzuzweifeln war. Wissenschaftliche Belege, die diese Zweifel ausräumen, konnten bislang nicht vorgelegt werden" (D).

„Ein weiterer Fall der Irreführung lag bei einer mit überschwenglicher Werbung vertriebenen Vitamin-Hautmilch vor. Neben der wissenschaftlich nicht haltbaren Aussagen ‚zur biologischen Regenerierung der Haut, gegen Falten ... und erschlafftes Untergewebe' wurde auch der zu geringe Gehalt an Vitamin A beanstandet. Das Produkt enthielt nur ein Hundertstel des Wertes, von dem ab nach Literaturangaben mit einer kosmetischen Wirksamkeit zu rechnen ist. Erwähnenswert erscheint bei dieser Hautmilch, daß die werbemäßig hervorgehobene Trockenmasse, die die wertgebenden Bestandteile enthält, bei einem Preis von 35,60 DM pro 125 ml um mehr als 20% unterschritten war" (SIG).

„‚Lifting'-Präparate sollen entsprechend der Werbung die Haut glätten und sogar die ‚Gesichtskonturen straffen', was aber wohl nach wie vor nur durch operatives Lifting möglich ist. Ein dauerhafter Einfluß kosmetischer Mittel auf das Bindegewebe, dessen Zustand ausschlaggebend für die Straffheit der Haut ist, wurde bis jetzt jedenfalls nicht nachgewiesen.

Im wahrsten Sinne des Wortes ‚tiefgreifende' Wirkungsversprechen waren bei den 12 untersuchten ‚Liposomen'-Präparaten anzutreffen. Liposomen sind Hohlkügelchen aus einer oder mehreren Lipid-Doppelschichten, deren Inneres bzw. deren Zwischenräume mit Wirkstoffen beladen sein können. Bei geeigneter Formulierung können sich diese Liposomen sehr gleichmäßig in der Hornschicht der Haut (oberste Schicht der Epidermis) verteilen und eine Art Wirkstoffdepot darstellen. Der gegenüber den Präparaten auf Emulsionsbasis verbesserte feuchtigkeitsbindende Effekt ist kosmetisch erwünscht und von wissenschaftlicher Seite bisher unbestritten. Auch vermitteln diese Pflegemittel ein sehr angenehmes Hautgefühl.

Bei acht von 12 Liposomenpräparaten ging die Werbung jedoch darüber hinaus, d. h. ‚tiefer‘: „... gelangen in die unteren Zellschichten und aktivieren die Regeneration und Zellteilung‘, „... Zellerneuerung wird angeregt‘, „... Liposomen verschmelzen mit den Zellen und polstern so das Gewebe auf ...‘, ‚verbesserte Zellatmung der Haut‘, „... gibt Funktionsfähigkeit wie in jüngeren Jahren zurück‘, ‚wahre Wunderwaffe gegen das Altern‘ usw.

Es wurde also der Eindruck erweckt, als sei es mittels der auf dem Gebiet der Kosmetik relativ neuen Technologie (1986 ‚Niosome‘ von L..., 1987 ‚Capture‘ von D...) gelungen, Wirkstoffe aus kosmetischen Mitteln bis zu den lebenden Zellen der Haut zu transportieren und als könnten diese Wirkstoffe dann Einfluß auf die vitalen Eigenschaften der Zellen wie Atmung oder Zellteilung nehmen.

für die vielversprechenden Wirkungen werden dann gelegentlich firmeneigene ‚Wirkstoffkomplexe‘ verantwortlich gemacht (‚Skin Vital Complex‘, ‚Biostimulatoren‘, ‚biologische Zellextrakte‘ ...).

Unseres Wissens sind derartige Wirkungen für kosmetische Mittel bisher nicht wissenschaftlich hinreichend gesichert, weder für liposomale Zubereitungen noch für solche auf Emulsionsbasis. Wir haben daher die Firmen um Stellungnahme gebeten. Die bisher vorgelegten Unterlagen waren wenig überzeugend. Es wurden acht von 12 Liposomenpräparaten wegen irreführender Aufmachung und Aussagen beanstandet. Außerdem war so ‚Kostbares‘ (Preisspanne bei den von uns untersuchten Präparaten: 0,42 bis 4,87 DM je ml) gelegentlich (fünf von 12) so aufwendig verpackt, daß u. E. der Verbraucher über den tatsächlichen Inhalt der Packung getäuscht wurde. Das größte Mißverhältnis zwischen Nennvolumen und Volumen der Außenverpackung betrug 1:16“ (FR).

„Bei einer Gesichtsmaske wurde damit geworben, daß das Erzeugnis ‚nur minimal konserviert‘ sei. Tatsächlich enthielt es jedoch zugelassene Konservierungsstoffe in Konzentrationen, wie sie für solche Kosmetika handelsüblich sind. Auch war bei diesem Präparat der gemessene pH-Wert von 5,0 unzutreffend deklariert ‚pH 5,5 bis 6,0‘.

Ein Hautfluid, das ‚einmalige tiefe gesunde Lebens-Sonnen-Bräune‘ bewirken und ‚hochwirksam vor Sonnenbrand‘ schützen sollte, wurde beanstandet, da die Absorption der sonnenbranderzeugenden UV- Strahlen statt der geforderten 90% unmeßbar gering war. Der Nachweis einer eventuell denkbaren Sonnschutzwirkung, die nicht auf Absorption beruht, wurde vom Hersteller nicht erbracht.

Dem Wunsch nach kosmetischer Hilfe zur ersehnten natürlichen Sonnenbräune sollen Produkte nachkommen, die entsprechend ihrer Wirkungsversprechen die Bildung des Hautfarbstoffes Melanin fördern und beschleunigen. An ihrer Wirksamheit werden in wissenschaftlichen Veröffentlichungen erhebliche Zweifel geäußert. Die bisher vorliegenden Wirkungsnachweise erscheinen unbefriedigend und fragwürdig“ (FR).

„Neben anderen Wirk- und Inhaltsstoffen war bei einer Sonnenmilch Tyrosin als Bräunungsverstärker für schnellere Bräune ausgelobt. Untersuchungen mehrerer Produktionschargen ergaben, daß diese Aminosäure im Gegensatz zu den Rezepturangaben von 0,8% in Konzentrationen unter 0,01% enthalten war. Da die bräunungsverstärkende Wirkung bei derart niedrigen Tyrosingehalten nicht wirksam werden kann, wurden die entsprechenden Werbeaussagen – z. B. auch der Zusatz ‚rapid' – als Irreführung des Verbrauchers beurteilt" (SIG).

Lippenkosmetika
„14 Lippenstifte wurden auf Verunreinigungen bzw. Lösungsmittelrückstände von Halogenkohlenwasserstoffen mittels Dampfraum-GC untersucht. Dabei fielen vier Lippenstifte durch einen Tetrachlorethengehalt (PER-Gehalt) von über 0,1 mg/kg auf. Den Herstellern wurde empfohlen, der Ursache nachzugehen.

Bei 11 Lippenstiften wurde die Pestizidrückstandsbelastung überprüft. Vier Lippenstifte wiesen Rückstände von Organochlor- und drei Lippenstifte von Organophosphorpestiziden auf" (S).

Nagelkosmetika
Aceton ist ein häufig verwendetes technisches Lösungsmittel und wird im Kosmetikbereich vorwiegend in Nagellackentfernern eingesetzt. Aceton hat einen Flammpunkt von – 20 °C und muß daher als Reinsubstanz mit dem Gefahrensymbol F und dem Hinweis „Leicht entzündlich" und „Von Zündquellen fernhalten – Nicht rauchen" versehen werden. Zubereitungen, die Aceton enthalten, sind zwar nicht in der beschriebenen Form kennzeichnungspflichtig, sie sind aber ebenfalls bei Annäherung an eine offene Zündquelle brennbar.

„Bei Nagellackentfernern waren in einigen Fällen keinerlei Warnhinweise bezüglich der leichten Brennbarkeit vorhanden. In Anbetracht der relativen Gefährlichkeit solcher Produkte mit hohem Lösungsmittelanteil sollten unbedingt Warnhinweise zum vorbeugenden Gesundheitsschutz (§ 4 Abs. 2 Nr. 3 Kosmetik-VO) vorhanden sein. Mindestens sollten derartige Produkte gekennzeichnet sein mit:

- Von Kindern fernhalten.
- Leicht entflammbar.
- Nur äußerlich anwenden.
- Vor Hitze und Feuer schützen.

Von insgesamt 21 Proben Nagellackentferner waren immerhin 17 mit Warnhinweisen ausgestattet, was eigentlich eine gewisse Notwendigkeit, die auch von den meisten Herstellern gesehen wird, bekundet. Dennoch meinen einige Hersteller, daß sie nicht zur Angabe von Warnhinweisen verpflichtet seien, da ja die Kosmetik-Verordnung explizit keine vorschreibt. Diese Ansicht kann nicht geteilt werden" (BI). Ähnlich (HH).

Auch bei Nagelhautentfernern sieht mancher Hersteller keine Notwendigkeit, Warnhinweise anzubringen. „Die erforderlichen Warnhinweise ‚Enthält Alkali, Kontakt mit den Augen vermeiden. Erblindungsgefahr. Darf nicht in die Hände von Kindern gelangen' waren bei einem Nagelhautentferner auf Basis von Alkali nur auf dem Umkarton und nicht wie erforderlich auch auf dem Behältnis angegeben. Es besteht die Gefahr, daß diese so wichtige Information für den Verbraucher durch Wegwerfen der Umhüllung verlorengeht.

Als zusätzlicher Verwendungszweck wurde bei einem Nagelhautentferner ‚Nagel- und Handreinigung sowie Fußpflege (Hornhauterweichung' angegeben.

Er enthielt als hauterweichenden Wirkstoff 3,7% Kaliumhydroxid (= 2,6% berechnet als Natriumhydroxid), der in Konzentrationen über 2% nur zur Nagelhautentfernung zugelassen ist. Der Gehalt wurde als unzulässig i. S. von § 2 Abs. 1 Satz 1 Kosmetik-VO beurteilt" (FR).

Nagelhärter enthielten überwiegend filmbildende Formaldehydharze. Der mit einer Diffusionsmethode bestimmte Anteil an freiem Formaldehyd lag bei allen Proben unterhalb der Deklarationsgrenze von 0,05%. Die Angabe „ohne Formaldehyd" bei einem dieser Produkte mit meßbarem, aber nicht deklarationspflichtigem Formaldehydgehalt wurde als irreführend beurteilt.

Bei Nagelverstärkungsmitteln wurde „Calcium" werblich herausgestellt und für eine Strukturverbesserung sowie Erhöhung von Widerstand und Flexibilität verantwortlich gemacht. Die hier ermittelten Calciumgehalte von 0,02 und 0,03% lassen Zweifel an der Beteiligung von „Calcium" an der beworbenen Wirkung aufkommen (S).

Zahnkosmetika

„Ein flüssiges Präparat mit 24 Gew.% Ethanol, das als ‚reine biologische kausalaktive Zahn- und Mundpflege' bezeichnet war und keinerlei Anwendungshinweise trug, wurde als Mundwasser angesehen. Es sollte gegen Paradentose (= Parodontose), Stomatitis (Entzündung der Mundschleimhaut) und Karies wirksam sein. Eine mögliche antiseptische Wirkung des Alkohols gegen Parodontose und Stomatitis kann aufgrund der üblichen Verdünnung eines Mundwassers nicht eintreten, eine prophylaktische Wirkung gegen Karies durch Remineralisation war aufgrund des äußerst geringen Fluoridgehaltes nicht gegeben" (FR).

Spezielle Inhaltsstoffe

Dioxan. Dioxan ist kein Problem mehr. „Bei insgesamt 84 auf Dioxan untersuchten tensidhaltigen Erzeugnissen waren lediglich in sieben Proben ein Gehalt an Dioxan von über 100 mg/kg bezogen auf den Tensidanteil vorhanden. Dioxangehalte bei den eingesetzten Tensiden von 100 mg/kg bezogen auf 100% Tensid sind mittlerweile mit Sicherheit vermeidbar, in der Regel werden Gehalte von unter 50 mg/kg von den Rohstoffherstellern eingehalten" (BI). Ähnlich (HA).

Benzo(a)pyren in Teershampoos. „Teere sind braune bis schwarze halbfeste Produkte, die bei der trockenen Destillation von Kohlen, Holz oder Ölschiefer entstehen. Sie werden klassischen Hautmitteln aufgrund ihrer stark antientzündlichen, juckreizstillenden und leicht antibakteriellen Wirkung eingesetzt.

Solche Teere werden auch in kosmetischen Haarshampoos verwendet, die unseres Wissens ausschließlich über Apotheken vertrieben werden. Sie enthalten jedoch u.a. PAK, von denen eine ganze Reihe ein erhebliches cancerogenes Potential aufweist.

Somit erhebt sich die Frage nach der gesundheitlichen Bewertung von PAK-haltigen Haarshampoos, zumal diese als Kosmetika ohne ärztliche Indikation und Kontrolle angewendet werden.

Um eine einheitliche Bewertung vornehmen zu können, wurden alle (insgesamt sieben) in Apotheken erhältlichen Teershampoos auf PAK untersucht." Als Ergebnis wurden zum Teil hohe Gehalte bis 50 mg/kg von Benzo(a)pyren (Bap) festgestellt (FR).

Nickel. „In zwei Kinderpudern wurden Nickelgehalte von 12 bis 17 mg/kg festgestellt. Nach der derzeitigen Rechtslage ergab sich daraus kein Beanstandungsgrund.

Jedoch wurden die Hersteller darauf hingewiesen, daß das Bundesgesundheitsamt an der Festlegung eines Höchstwertes für Nickel in kosmetischen Mitteln arbeitet. Unseres Wissens wird ein Gehalt von 10 mg/kg als ‚technisch vermeidbar' angesehen werden. Die Gehalte an Nickel dürften hier über die Pudergrundlage Talkum als Verunreinigung in die Erzeugnisse gelangt sein.

Insgesamt wurden 15 Kosmetika (drei Kinderpuder, 10 Lidschatten, zwei Hautpflegeprodukte) auf ihren Nickelgehalt untersucht."

Nur in 6% der Proben war Nickel nicht nachweisbar, 25% enthielten weniger als 10 mg/kg, bei fast 70% der Proben lag der Gehalt über 10 mg/kg (FR).

Kathon CG als Konservierungsstoff in Kosmetika. „Kathon CG (ein Gemisch aus Chlormethyl- und Methyisothiazolon) hat bereits in geringer Konzentration von 3 bis 15 mg/kg antimikrobielle Wirksamkeit.

Bald nach der Einführung des Kathon CG wurden allergische Reaktionen und Sensibilisierungen nach Anwendung kosmetischer Mittel, die mit Kathon CG konserviert worden waren, beobachtet. Dies wurde in der Fachpresse veröffentlicht.

Die derzeit zulässige Höchstkonzentration für kosmetische Mittel beträgt 15 mg/kg. Einer entsprechenden Übergangsregelung zufolge waren bis 31.12.1990 Kosmetika mit Gehalten bis zu 30 mg/kg verkehrsfähig.

Im Jahr 1990 sind in der Fachliteratur immer wieder Artikel u.a. über die Bewertung des allergenen Potentials von Kathon erschienen. Einer amerikanischen Studie zufolge, an der Überwachungsbehörden und Dermatologen beteiligt waren, wurde die Sicherheit von Kathon CG in kosmetischen Mitteln bestätigt, sofern Maximalgehalte von 15 mg/kg für sog. ‚rings-off'-Produkte (solche, die wieder abgespült werden) und von 7,5 mg/kg (nach einem vorläufigen Bericht!) bei ‚leave-on'-Produkten (... die auf der Haut verbleiben) eingehalten werden.

Insgesamt 28 Produkte (‚leave-on'-Produkte wie Gesichts- und Körperpflegecremes, Babycremes, Schminkcremes usw.) wurden auf ihren Gehalt an Isothiazolonen untersucht. In nur fünf Proben (= 18%) war Kathon enthalten. In zwei Pflegecremes lagen die Gehalte über 7,5 mg/kg, jedoch unter der zulässigen Höchstkonzentration von 15 mg/kg. In keinem Fall wurden Gehalte über 15 mg/kg nachgewiesen.

Im Vergleich zu den Vorjahren ist der Einsatz von Kathon in kosmetischen Mitteln offensichtlich rückläufig" (FR).

Phenoxyethanol zur Konservierung kosmetischer Mittel. „Ist die Öffentlichkeit erst einmal für ein Problem wie z.B. das allergene Potential von Konservierungsmitteln in Kosmetika ‚sensibilisiert', zeigt dies auch auf die Industrie eine entspre-

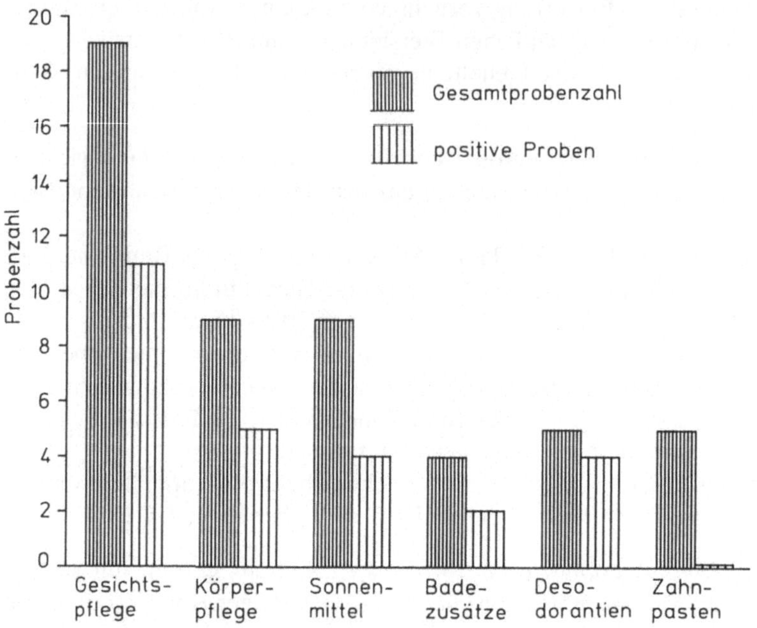

Abb. 4.9. Phenoxyethanol, Einsatz in kosmetischen Mitteln (FR)

chende Wirkung. Die Tendenz zu sog. ‚milden Konservierungsmitteln' wie Phenoxyethanol ist nicht zu übersehen. Es weist sowohl humantoxikologisch wie auch ökotoxikologisch Vorteile auf, und es wurden bisher nur vereinzelt allergische Reaktionen beschrieben. Es wird meist in Kombination mit anderen Konservierungsstoffen wie *p*-Hydroxybenzoesäureestern, Dibromdicyanobutan, Isothiazolonen usw. eingesetzt.

Es wurden insgesamt 50 kosmetische Mittel auf Phenoxyethanol geprüft, 26 enthielten es (neben anderen) in Konzentrationen unterhalb der zulässigen Höchstmenge von 1%. Einen Überblick über die Verwendung von Phenoxyethanol bei den verschiedenen Erzeugnisgruppen gibt nachfolgendes Schaubild" (FR).

Verbraucherbeschwerden über kosmetische Mittel

„Eine Beschwerde über angeschimmelte feuchte Reinigungstücher war berechtigt, wie die mikrobiologische Überprüfung ergab. Die daraufhin entnommene amtliche Probe war ebenfalls verschimmelt und mithin für den vorgesehen Verwendungszweck unbrauchbar.

Eine Verbraucherin beschwerte sich über ein als ‚Tönungsshampoo' bezeichnetes Produkt, das nach ihrer Auffassung keine Tönung, sondern eine Färbung der Haare bewirkte. Das Produkt rief eine unerwünschte, nicht auswaschbare Färbung hervor. Hiervon und von der Tatsache, daß das Erzeugnis eine allergische Reaktion hervorrufen könne, erfuhr die Verbraucherin erst nach Durchlesen des Beipackzettels" (D).

5 Sachverzeichnis

L

M